JN001167

電験三種

計算問題の基本&解法が面白いほどわかる本

石井理仁 著

読者の皆様へ

第三種電気主任技術者試験（通称「電験三種」）は，**電気技術者の登竜門**ともいわれる国家試験です。この試験に合格して免状を取得すれば，電圧５万Ｖ未満の発電所だけでなく，工場・ビル等の需要設備の電気主任技術者となることができます。そして何より，合格率が10%前後という難関試験であることから，社会的評価が高く，試験に合格すれば人生の道が大きく開ける可能性をも秘めています。

電験三種の合格率が低いのは，**試験全体の半分以上を計算問題が占める**ことに加え，公式の丸暗記ではほとんど通用しないこと，多段階の計算や思考，面倒な計算が必要なこと等が理由としてあげられるでしょう。これらの対策として，問題設定の把握，公式の内容理解，公式の組み合わせによる解法，数学力（計算力）などを身に付ける必要があります。

本書は，上記のような計算問題に対処できる基礎力を養うことを目的とした，書き下ろしの受験対策書です。平成期（30年間）の電験三種の過去問題のなかから，出題頻度の高いテーマや今後も繰り返し出題が予想される90題の計算問題を選抜し，400ページに及ぶ分量で**他に類を見ないほど詳しく丁寧に解説しています**。何となく問題を解いて，答えが合っていれば先に進むといった不効率な勉強法を脱して，本書を余すところなく活用し，本当に「分かった！」という達成感を味わっていただければと思います。そうなれば，勉強するのが苦しいだけでなく，きっと「面白い」とも感じられることでしょう。**読者の皆様が合格することを心から願ってやみません**。

最後になりましたが，本書の企画・執筆に際し多くの意見や指摘をいただきましたオーム社 編集局の皆様にお礼を申し上げます。

2023年4月

石井　理仁

本書の特長と使い方

本書は平成期に出題された電験三種の過去問題のうちから，計算問題の基本が身につく 90 題を選抜，収録したものです。やや難しい問題も含まれていますが，いずれも合格には必須といってよいでしょう。基本を身につけるのが目的とはいえ，実践的な内容ですので，手持ちのテキストで一通りの学習を済ませた上で本書に取り組んでください。学習進度に応じて，どの問題からでも取り組むことができますが，やはり問題番号の順に学習するのが最も効率的です。

■問題タイトルほか

各問題には問題タイトルのほか，出題テーマが表示されています。チャレンジしたい問題を探す際の目安にするなど，必要に応じて活用してください。

■ POINT

問題を解く際の着眼点やヒント，重要事項です。

■出題テーマをとらえる！

問題で扱われている知識や使用する公式など，出題テーマを整理しています。ここを押さえておかなければ，自信を持って解答することはできません。

■解説

問題の実践的な解き方をまとめたものです。できるだけ多くの別解を紹介しています。解き方は必ずしも解説と同じでなくても構いませんが，解説で紹介した方法は「より基本に忠実」な解き方ですので，必ず確認，理解しておきましょう。自力で問題が解けた場合でも，何かしら得るところがあるはずです。

■より深く理解する！

問題や出題テーマをより深く掘り下げて解説しています。また，背景・周辺知識，実践的ではない別解などを紹介する場合もあります。やや応用的な内容を扱う場合もありますので，学習進度に応じて活用してください。

本書の構成

本書は以下の点に留意して構成してあります。

1 重要と思われる用語，記述等は，**太字**で示したり，さらに色を付けたりして強調しました。

2 注意してほしい語句，記述等は，色付きの実線の下線を付けたり破線の下線を付けたりして強調しました。

3 単位の表し方は，原則として次のようにしました。

① 抵抗 R や電流 I などの量記号（物理量の記号），円周率 π，虚数単位 j など，数字以外の記号を含む値に単位を示す場合は，[ ]を付けました。

(例) R [Ω]，$2I$ [A]，3π [rad]，$4j$ [A]

② 数字のみの値に単位を示す場合は，[ ]を付けていません。ただし，数式中の数字のみの値には，[ ]を付けています。

(例) 2Ω，$R=2$ [Ω]

③ 単位だけを独立して示す場合は，[ ]を付けました。

(例) 抵抗の単位には [Ω] を使います。

4 図記号については，令和 4 年度時点の試験問題に準拠しています。

5 有効数字については，その都度，必要十分な桁数（けたすう）を取っています。

目 次

理論の計算問題（31 題）

電力の計算問題（18 題）

機械の計算問題（26 題）

法規の計算問題（15 題）

［理論］

01 静止する三つの点電荷

図のように，真空中の直線上に間隔 r [m] を隔（へだ）てて，点 A，B，C があり，各点に電気量 $Q_A=4\times10^{-6}$ [C]，Q_B [C]，Q_C [C] の点電荷を置いた。これら三つの点電荷に働く力がそれぞれ零になった。このとき，Q_B [C] 及び Q_C [C] の値の組合せとして，正しいものを次の(1)～(5)のうちから一つ選べ。

ただし，真空の誘電率を ε_0 [F/m] とする。

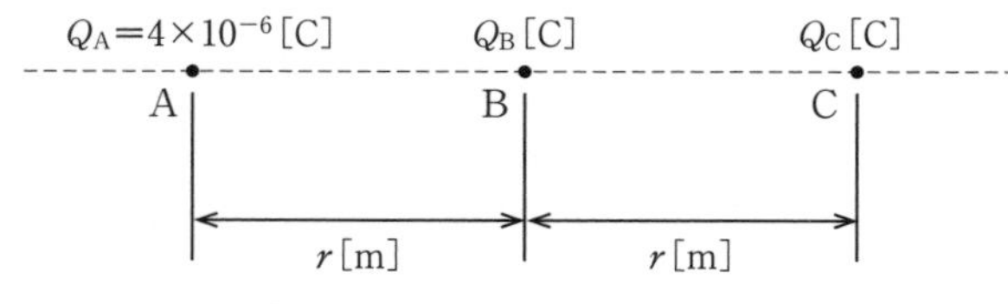

	Q_B	Q_C
(1)	1×10^{-6}	-4×10^{-6}
(2)	-2×10^{-6}	8×10^{-6}
(3)	-1×10^{-6}	4×10^{-6}
(4)	0	-1×10^{-6}
(5)	-4×10^{-6}	1×10^{-6}

POINT

三つのうちの一つの点電荷に働く力に着目して解答します。このとき，できるだけ楽（らく）に問題を解くため，どの点電荷に着目すればよいかを判定します。

⇨ 出題テーマをとらえる！

❶ 物質や電子，原子核などが持つ電気を**電荷**（でんか）といいます。電荷には正（せい）（＋（プラス））と負（ふ）（－（マイナス））の二種類があり，それぞれ**正電荷**，**負電荷**といいます。

❷ 大きさの無視できる電荷を**点電荷**といいます。これは，空間の一点に電荷が凝縮（ぎょうしゅく）していると仮定したものです。

❸ 同じ種類の電荷の間には反発力（斥（せき）力）が働き，異なる種類の電荷の間には

引力（吸引力）が働きます。この力を**静電力**（または，静電気力，**クーロン力**）といいます。

❹　二つの点電荷 Q_1，Q_2 [C] の間に働く静電力 F [N] の大きさは，両電荷の積に比例し，電荷間の距離 r [m] の二乗に反比例します。これを静電気に関する**クーロンの法則**といいます。

$$F=k\frac{Q_1Q_2}{r^2} \quad \cdots(1)$$

Q_1 と Q_2 が同じ種類（同じ符号）→ $F>0$（反発力）
Q_1 と Q_2 が異なる種類（異なる符号）→ $F<0$（引力）

なお，静電力 F の値が正の場合は反発力，負の場合は引力を意味します。
また，k [N·m²/C²] を**クーロンの法則の比例定数**といいます。

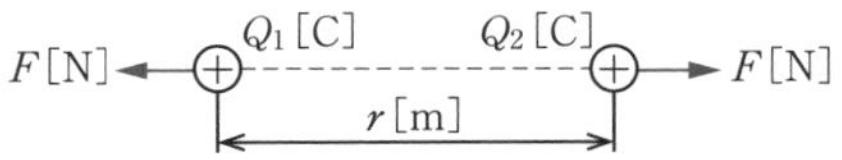

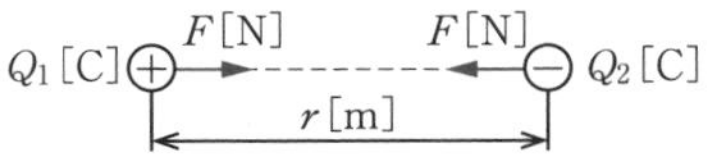

F[N] ← ⊕ Q_1[C] - - - Q_2[C] ⊕ → F[N]　　r[m]

Q_1[C] ⊕ → F[N] - - - F[N] ← ⊖ Q_2[C]　　r[m]

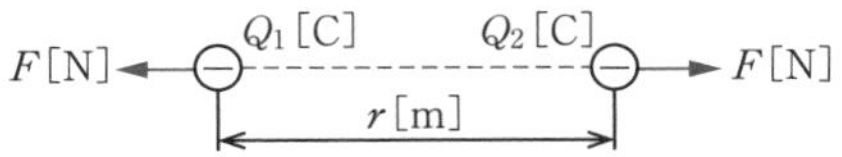

F[N] ← ⊖ Q_1[C] - - - Q_2[C] ⊖ → F[N]　　r[m]

これらの図は，大きさFの二つの力がワンセットで存在している様子を表しています。

補足　❺　点電荷が置かれた空間を満たす物質（媒質）の**誘電率**（38ページ参照）を ε [F/m] とすると，比例定数 k [N·m²/C²] は，

$$k=\frac{1}{4\pi\varepsilon} \quad \cdots(2)$$

この(2)式を(1)式に代入して，一つの公式にまとめると，

$$F=\frac{1}{4\pi\varepsilon}\times\frac{Q_1Q_2}{r^2} \quad \cdots(1)'$$

答　(3)

解説

ここでは，点電荷 Q_B に着目して解答します。

Q_B は，Q_A からも Q_C からも等距離（r）にあるので，計算がしやすいと考えられます。Q_A や Q_C ではなく，Q_B に着目するのは，そのような理由からです。

題意のように，Q_B に働く力が零（0 N）になるためには，Q_A が Q_B に及ぼす力と，Q_C が Q_B に及ぼす力が，①大きさが等しく，かつ，②お互いに反対向きになるという**二つの条件が必要**です。

「働く力が零になる」というのは，決して力が働かなくなったということではありません。力は働いていますが，合力（複数の力を合成したもの）が零になったということであり，複数の力が釣り合っているということです。

ここで，Q_A と Q_B，Q_B と Q_C の間に働く静電力の大きさを F_{AB}，F_{BC} とすると，(1)式より，

電荷が三つもあるので，式の符号（＋，－）で静電力の向きを考えるのは混乱しそうです。ですから，静電力の向きは図から考えることにして，ここでは大きさ（絶対値）だけを考えることにします。

$$F_{AB}=\left|k\frac{Q_AQ_B}{r^2}\right|=k\frac{Q_A|Q_B|}{r^2}$$

← k，$r^2(r)$，Q_A は正の値なので，そのまま絶対値記号を外せる

$$F_{BC}=\left|k\frac{Q_BQ_C}{r^2}\right|=k\frac{|Q_BQ_C|}{r^2}$$

← Q_B と Q_C は正の値か負の値か分からないので，ここでは絶対値記号を外さない

まず，条件①（$F_{AB}=F_{BC}$）を考えると，

$$k\frac{Q_A|Q_B|}{r^2}=k\frac{|Q_BQ_C|}{r^2} \qquad \therefore\ Q_A=|Q_C|$$

この式（$Q_A=|Q_C|$）を満たす選択肢は，(1)と(3)しかありません。

続いて，条件②について考えます。

題意より $Q_A=4\times10^{-6}$ [C] なので，Q_A は正の値（正電荷）です。

選択肢(1)のように，Q_B が正の値（正電荷），Q_C が負の値（負電荷）と考えると，下図(a)のような向きに力が働きます。また，選択肢(3)のように，Q_B が負の値，Q_C が正の値と考えると，下図(b)のような向きに力が働きます。

以上から，条件①と②を同時に満たすのは，Q_B が負の値，Q_C が正の値である下図(b)の場合，すなわち選択肢(3)だけです。

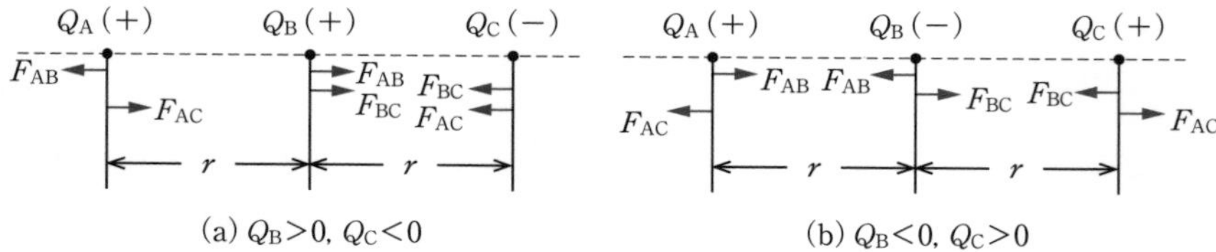

(a) $Q_B>0$, $Q_C<0$　　(b) $Q_B<0$, $Q_C>0$

より深く理解する！

問題文の但(ただ)し書きで“真空の誘電率 ε_0 [F/m]”が与えられていますが，これは誘電率が一定であることを示しています。もし誘電率が一定でなかったとしたら，比例定数 k が定まらない（(2)式参照）ので静電力 F も定まりません（(1)’式参照）。

具体的に電荷 Q_B と Q_C の値を求めてみましょう。

ここでは(1)式を利用して，力の大きさ F_{AB}，F_{BC}，F_{AC} を式に表してみます。「大きさ」なので符号は無視して，電荷は絶対値で計算します。

$$F_{AB}=k\frac{|Q_AQ_B|}{r^2},\quad F_{BC}=k\frac{|Q_BQ_C|}{r^2},\quad F_{AC}=k\frac{|Q_AQ_C|}{(2r)^2}$$

さて，「三つの点電荷 Q_A，Q_B，Q_C に働く力がそれぞれ零になる」（題意）ということは，図(b)から，$F_{AB}=F_{BC}=F_{AC}$ ということです。つまり，次の関係が成り立ちます。

$$k\frac{|Q_AQ_B|}{r^2}=k\frac{|Q_BQ_C|}{r^2}=k\frac{|Q_AQ_C|}{(2r)^2}$$ ←各辺に $\frac{r^2}{k}$ を掛ける

$$|Q_AQ_B|=|Q_BQ_C|=\frac{1}{4}|Q_AQ_C|$$

この関係を利用して，まずは Q_C から求めてみます。

$$|Q_AQ_B|=|Q_BQ_C|$$ ←両辺を $|Q_B|$ で割る

$$|Q_A|=|Q_C|$$ ← Q_A と Q_C は同じ符号なので，絶対値記号をそのまま外せる

$$\therefore\ Q_C=Q_A=4\times10^{-6}\ \text{[C]}$$

次に，Q_B を求めます。

$$|Q_BQ_C|=\frac{1}{4}|Q_AQ_C|$$ ←両辺を $|Q_C|$ で割る

$$|Q_B|=\frac{1}{4}|Q_A|$$ ← Q_B と Q_A は異なる符号なので，絶対値記号を外すときは，Q_B と Q_A のどちらかに負（−）の符号を付ける

$$\therefore\ Q_B=-\frac{1}{4}Q_A=-\frac{1}{4}\times(4\times10^{-6})=-1\times10^{-6}\ \text{[C]}$$

以上のように，電荷 Q_B と Q_C の値が求められました。

［理論］

02 三つの点電荷の間に働く静電力

真空中において，図に示すように，一辺の長さが6 mの正三角形の頂点Aに4×10^{-9} Cの正の点電荷が置かれ，頂点Bに-4×10^{-9} Cの負の点電荷が置かれている。正三角形の残る頂点を点Cとし，点Cより下した垂線と正三角形の辺ABとの交点を点Dとして，次の(a)及び(b)に答えよ。

ただし，クーロンの法則の比例定数を9×10^{9} N·m²/C²とする。

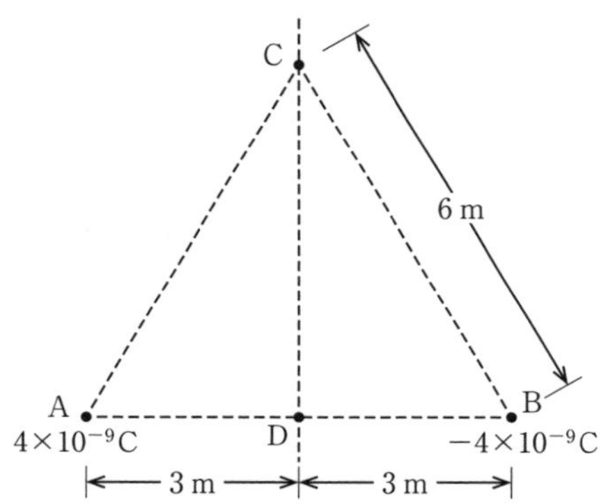

(a)　まず，q_0 [C]の正の点電荷を点Cに置いたときに，この正の点電荷に働く力の大きさはF_C [N]であった。次に，この正の点電荷を点Dに移動したときに，この正の点電荷に働く力の大きさはF_D [N]であった。力の大きさの比$\dfrac{F_C}{F_D}$の値として，正しいのは次のうちどれか。

(1)　$\dfrac{1}{8}$　　(2)　$\dfrac{1}{4}$　　(3)　2　　(4)　4　　(5)　8

(b)　次に，q_0 [C]の正の点電荷を点Dから点Cの位置に戻し，強さが0.5 V/mの一様な電界を辺ABに平行に点Bから点Aの向きに加えた。このとき，q_0 [C]の正の点電荷に電界の向きと逆の向きに2×10^{-9} Nの大きさの力が働いた。正の点電荷q_0 [C]の値として，正しいのは次のうちどれか。

(1)　$\dfrac{4}{3}\times10^{-9}$　　(2)　2×10^{-9}　　(3)　4×10^{-9}

(4)　$\dfrac{4}{3}\times10^{-8}$　　(5)　2×10^{-8}

POINT

電界は大きさ（強さ）と向きを持つベクトル量であることに注意します。

⇨ 出題テーマをとらえる！

❶ 「静電気に関するクーロンの法則」11 ページ参照

❷ **電界**（**電場**）とは，電荷の周囲に存在する，特別な性質を持った領域のことです。これは，**「電界中の電荷には力（静電力）が働く」**という性質です。

❸ 電気量 q [C] の電荷が強さ E [V/m] の電界から受ける静電力 F [N] は，

$$F = qE \quad \cdots(1)$$

$q>0 \rightarrow F>0$（静電力と電界が同じ向き）
$q<0 \rightarrow F<0$（静電力と電界が逆向き）

なお，正電荷の場合は電界と同じ向き，負電荷の場合は電界と逆向きに静電力が働きます。

❹ **電界の強さは，電界中に置かれた点電荷（微小な電荷）に働く力の大きさから決定されます**。すなわち，電界中に置かれた点電荷を q [C]，点電荷に働く静電力を F [N] とすると，電界の強さ E [V/m] は，

$$E = \frac{F}{q} \quad \cdots(1)'$$

←(1)式を変形しただけの公式

このように，電界の単位 $\left[\frac{\mathrm{N}}{\mathrm{C}}\right]=\left[\frac{\mathrm{V}}{\mathrm{m}}\right]$ であることは覚えておきましょう。

なお，**電界は大きさ（強さ）と向きを持ったベクトル量**です。

補足 ❺ 正電荷の周囲には電荷から遠ざかる向き，負電荷の周囲には電荷に近づく向きの電界が生じます。Q [C] の点電荷から r [m] 離れた点における電界の強さ E [V/m] は，クーロンの法則の比例定数を k [N·m²/C²] として，

$$E = k\frac{Q}{r^2} \quad \cdots(2)$$

$Q>0 \rightarrow E>0$（正電荷から遠ざかる向き）
$Q<0 \rightarrow E<0$（負電荷に近づく向き）

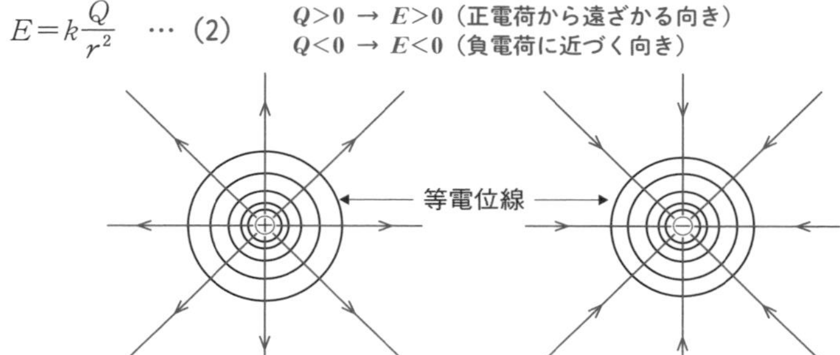

＊等電位線は電位（電気的な高さ）の等しい点を結んだ線です。

(a) 正電荷の周囲の電界　　(b) 負電荷の周囲の電界

なお，二つ以上の点電荷によって生じる電界は，それぞれの点電荷が作る電界のベクトルを合成したものに等しくなります。

答　(a)－(1)，(b)－(3)

解説

(a)　力の大きさの比 $\dfrac{F_C}{F_D}$ の値

F_C と F_D のうち，まず F_C を求めます。

正電荷 q_0 [C] を点 C に置いたとき，点 A の正電荷 Q_A（$=4\times10^{-9}$ [C]）との間に働く静電力 F_{AC} [N] は，クーロンの法則の比例定数を k（$=9\times10^{9}$ [N·m²/C²]）として，

$$F_{AC}=k\frac{q_0Q_A}{\overline{AC}^2}$$ （反発力なので，向きは A → C）…(a)

同様に，点 B の負電荷 Q_B（$=-4\times10^{-9}$ [C] $=-Q_A$）との間に働く静電力 F_{BC} [N] は，

$$F_{BC}=k\frac{q_0Q_B}{\overline{BC}^2}=k\frac{q_0(-Q_A)}{\overline{BC}^2}=-F_{AC}$$ （引力なので，向きは C → B）

よって，F_{AC} と F_{BC} の合力（ごうりょく）（合成した力）F_C [N] は，次ページの図から，

$$F_C=|F_{AC}|\cos\frac{\pi}{3}+|F_{BC}|\cos\frac{\pi}{3}=2F_{AC}\cos\frac{\pi}{3}=2F_{AC}\times\frac{1}{2}=F_{AC}$$ ←(a)式を代入

$$\therefore\ F_C=k\frac{q_0Q_A}{\overline{AC}^2}=k\frac{q_0Q_A}{6^2}=\frac{kq_0Q_A}{36}$$ …(b)

△ABC は正三角形なので，$\overline{AC}=\overline{BC}=\overline{AB}=6$ [m] です。

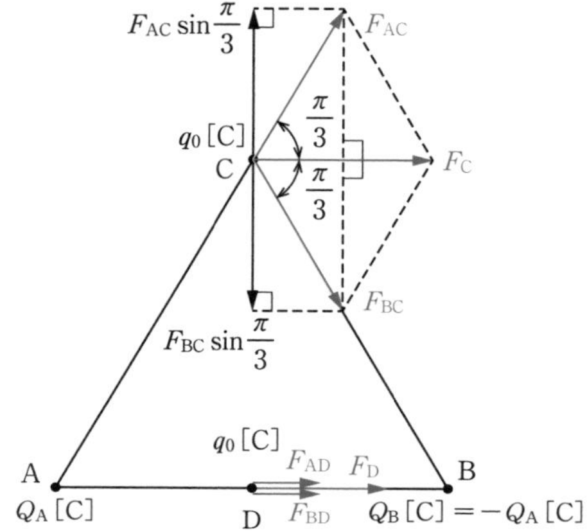

次に，F_D を求めます。

正電荷 q_0 を点 D に置いたとき，点 A の正電荷 Q_A との間に働く静電力 F_{AD} は，

$$F_{AD}=k\frac{q_0Q_A}{\overline{AD}^2}$$ （反発力なので，向きは A → D） …(c)

同様に，点 B の負電荷 Q_B（$=-Q_A$）との間に働く静電力 F_{BD} は，

$$F_{BD}=k\frac{q_0Q_B}{\overline{BD}^2}=k\frac{q_0(-Q_A)}{\overline{BD}^2}=-F_{AD}$$ （引力なので，向きは D → B）

F_{AD} と F_{BD} の合力 F_D は，上図から，

$$F_D=|F_{AD}|+|F_{BD}|=2F_{AD}$$ ←(c)式を代入

$$\therefore\ F_D=2\times k\frac{q_0Q_A}{\overline{AD}^2}=2k\frac{q_0Q_A}{3^2}=\frac{2kq_0Q_A}{9}$$ …(d)

以上から，力の大きさの比 $\frac{F_C}{F_D}$ の値は，(b)式 ÷ (d)式より，

$$\frac{F_C}{F_D}=\frac{\frac{kq_0Q_A}{36}}{\frac{2kq_0Q_A}{9}}=\frac{1}{36}\times\frac{9}{2}=\frac{1}{8}$$

小問(a)では，最後まで詳しい計算をせず，（k や Q_A の量記号そのまま残したかたちで）できるだけ文字式（量記号による数式）を使って計算を行いました。k や Q_A の数値を代入しても解答はできますが，詳しく計算せずに済ませられるなら，計算ミスを避けられる分だけ，その方が賢明です。

(b)　正の点電荷 q_0 の値

点Cの位置に戻した正電荷 q_0 は，小問(a)で求めた静電力 F_C のほかに，電界による静電力を受けます。そして，それらの合力（複数の力を合成したもの）が，「電界の向きと逆の向きに 2×10^{-9} N の大きさ」（題意）であるというわけです。

まず，F_C を詳しく計算してみましょう。(b)式に各数値を代入すると，

$$F_C=\frac{kq_0Q_A}{36}=\frac{9\times10^9\times q_0\times4\times10^{-9}}{36}=q_0\,[\mathrm{N}]\qquad(\text{向きは A}\rightarrow\text{B に平行})$$

次に，一様な電界（強さ $E=0.5\,[\mathrm{V/m}]$）によって正電荷 q_0 に働く静電力 F_E は，(1)式より，

$$F_E=q_0E=0.5q_0\,[\mathrm{N}]\qquad(\text{向きは B}\rightarrow\text{A に平行})$$

題意より，下図のように，F_C から F_E を引いた値が 2×10^{-9} N となるので，

$$F_C-F_E=q_0-0.5q_0$$
$$=0.5q_0=2\times10^{-9}\qquad\therefore\ q_0=\frac{2\times10^{-9}}{0.5}=4\times10^{-9}\,[\mathrm{C}]$$

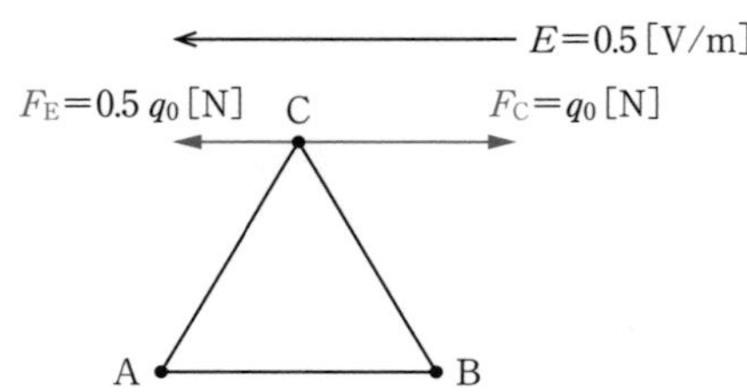

より深く理解する！

小問(a)がなく，いきなり小問(b)が出題されたとしたら，どのようにして解答するのが賢明でしょうか？　**ぜひ考えてみてください。**

その場合は，点A，Bの電荷 Q_A，Q_B が点Cに作る各電界を考え，それらの合成電界により正電荷 q_0 に働く静電力を考えて解答します。

略解　点A，Bの電荷 Q_A，Q_B が点Cに作る電界をそれぞれ E_A，E_B とすると，(2)式より，

$$E_A=k\frac{Q_A}{\mathrm{AC}^2}\qquad(\text{向きは A}\rightarrow\text{C})$$

$$E_B=k\frac{Q_B}{\mathrm{BC}^2}=k\frac{(-Q_A)}{\mathrm{AC}^2}=-E_A\qquad(\text{向きは C}\rightarrow\text{B})$$

これらの合成電界 E_{AB} は，

$$E_{AB}=2\times E_A\cos\frac{\pi}{3}=2\times k\frac{Q_A}{AC^2}\times\frac{1}{2}$$ ←ここで各数値を代入

$$=9\times10^9\times\frac{4\times10^{-9}}{6^2}=1\,[\mathrm{V/m}]$$ （向きはA→Bに平行）

合成電界 E_{AB} によって正電荷 q_0 に働く静電力は q_0E_{AB} [N]（向きはA→Bに平行），一様な電界（強さ 0.5 V/m）によって正電荷 q_0 に働く力は $0.5q_0$ [N]（向きはB→Aに平行）なので，題意より，

$$q_0E_{AB}-0.5q_0=q_0-0.5q_0$$
$$=0.5q_0=2\times10^{-9}\qquad\therefore\ q_0=\frac{2\times10^{-9}}{0.5}=4\times10^{-9}\,[\mathrm{C}]$$

［理論］

03 二つの点電荷の周囲の電位

真空中において，図に示すように点 O を通る直線上の，点 O からそれぞれ r [m] 離れた 2 点 A，B に Q [C] の正の点電荷が置かれている。この直線に垂直で，点 O から x [m] 離れた点 P の電位 V [V] を表す式として，正しいのは次のうちどれか。

ただし，真空の誘電率を ε_0 [F/m] とする。

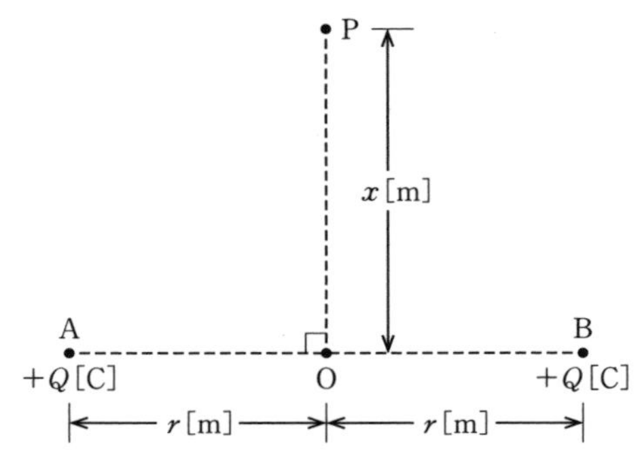

(1) $\dfrac{Q}{2\pi\varepsilon_0\sqrt{r^2+x^2}}$　(2) $\dfrac{Q}{2\pi\varepsilon_0(r^2+x^2)}$　(3) $\dfrac{Q}{4\pi\varepsilon_0\sqrt{r^2+x^2}}$

(4) $\dfrac{Q}{2\pi\varepsilon_0 x^2}$　(5) $\dfrac{Q}{4\pi\varepsilon_0(r^2+x^2)}$

POINT

電界は大きさ（強さ）と向きを持つベクトル量ですが，電位は大きさだけを持つスカラー量です。

出題テーマをとらえる！

❶ 無限遠（むげんえん）（限りなく遠いところ）を基準（電位 0 V）にすると，Q [C] の点電荷から距離 r [m] だけ離（はな）れた点の電位 V [V] は，

$$V = k\frac{Q}{r} \quad \cdots(1)$$

k [N·m²/C²] は**クーロンの法則の比例定数**で，点電荷が置かれた空間を満たす物質（媒質(ばいしつ)）の**誘電率**（38 ページ参照）を ε [F/m] とすると，

$$k = \frac{1}{4\pi\varepsilon} \quad \cdots(2)$$

補足　(1)式に(2)式を代入して，公式を一つにまとめると，

$$V = \frac{1}{4\pi\varepsilon} \times \frac{Q}{r} \quad \cdots(1)'$$

❷　二つ以上の点電荷の周囲の電位(でんい) V [V] は，それぞれに電荷による電位を V_1，V_2，V_3，…… [V] とすると，

$$V = V_1 + V_2 + V_3 + \cdots\cdots \quad \cdots(3)$$

答　(1)

解説

∠AOP と ∠BOP はいずれも直角（90°）なので，△AOP と △BOP について**三平方の定理**が成り立ちます。すなわち，

$$\overline{\mathrm{AP}}^2 = \overline{\mathrm{BP}}^2 = r^2 + x^2 \qquad \therefore\ \overline{\mathrm{AP}} = \overline{\mathrm{BP}} = \sqrt{r^2 + x^2}$$

$\overline{\mathrm{AP}} = \overline{\mathrm{BP}}$ なので，点 A，B の各電荷による点 P の電位 V_A，V_B [V] は，(1)' 式より，

$$V_\mathrm{A} = \frac{1}{4\pi\varepsilon_0} \times \frac{Q}{\overline{\mathrm{AP}}} = V_\mathrm{B} = \frac{1}{4\pi\varepsilon_0} \times \frac{Q}{\overline{\mathrm{BP}}} = \frac{Q}{4\pi\varepsilon_0\sqrt{r^2 + x^2}}$$

したがって，点 P の電位 V [V] は，(3)式より，

$$V = V_\mathrm{A} + V_\mathrm{B} = 2V_\mathrm{A} = 2V_\mathrm{B} = 2 \times \frac{Q}{4\pi\varepsilon_0\sqrt{r^2 + x^2}} = \frac{Q}{2\pi\varepsilon_0\sqrt{r^2 + x^2}}$$

より深く理解する！

ここまでで（理論 01〜03 までで），次の三つの公式が登場しました。

クーロンの法則による静電力 $F=k\dfrac{Q_1Q_2}{r^2}$ [N]

点電荷が作る電界 $E=k\dfrac{Q}{r^2}$ [N/C]（[V/m]）

点電荷の周囲に生じる電位 $V=k\dfrac{Q}{r}$ [V]

これらの公式は別々に覚えるのではなく，内容を理解しながら，関連づけて覚えることが重要です。

ここで，距離 r 隔(へだ)てて置かれた二つの点電荷 Q_1，Q_2 について考えてみましょう。

Q_1 に着目すると，Q_1 が Q_2 の位置に作る電界 $E=k\dfrac{Q_1}{r^2}$ です。すると，この電界 E によって Q_2 が受ける静電力 F は次のように計算できて，静電気に関するクーロンの法則の公式が導かれます。

$$F=Q_2E=Q_2\times k\frac{Q_1}{r^2}=k\frac{Q_1Q_2}{r^2}$$

Q_1 ではなく Q_2 に着目しても，もちろん同じ公式が導かれます。

次に，点電荷 Q から距離 r だけ離れた位置の電位 V と電界 E について考えてみましょう。

「**電界の強さ＝電位の傾き（単位長さ当たりの電位差）**」（38 ページ参照）という定義があります。これより，電界 E は次のように計算できて，電界 E と電位 V の公式が関連づけられます。

$$E=\frac{V}{r}=\frac{k\dfrac{Q}{r}}{r}=k\frac{Q}{r^2}$$

［理論］

04 電気力線の性質

図に示すように，誘電率 ε_0 [F/m] の真空中に置かれた静止した二つの電荷 A [C] 及び B [C] があり，図中にその周囲の電気力線が描かれている。電荷 $A = 16\varepsilon_0$ [C] であるとき，電荷 B [C] の値として，正しいのは次のうちどれか。

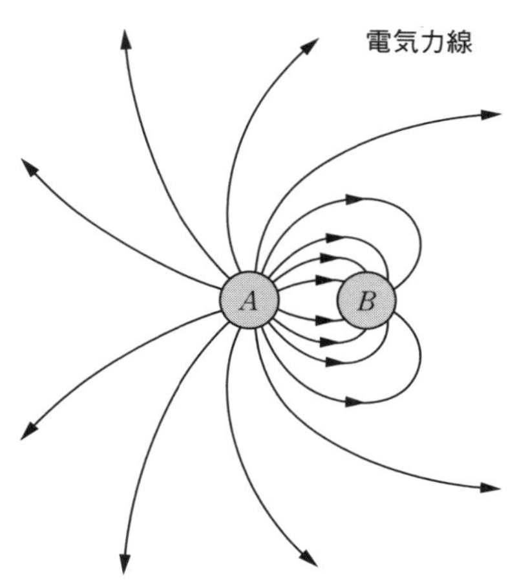

(1)　$16\varepsilon_0$　(2)　$8\varepsilon_0$　(3)　$-4\varepsilon_0$　(4)　$-8\varepsilon_0$　(5)　$-16\varepsilon_0$

POINT

目に見えない「電界」の様子を，視覚的に図で表したものが電気力線です。

出題テーマをとらえる！

電界の様子は，**電気力線**（でんきりきせん）という仮想（かそう）の線で視覚的に表すことができます。電気力線には，以下のような性質があります。

❶　$+Q$ [C] の電荷からは $\dfrac{Q}{\varepsilon}$（本）の電気力線が出る。(ε：誘電率)

また，$-Q$ [C] の電荷へは $\dfrac{Q}{\varepsilon}$（本）の電気力線が入る。

❷　電気力線は導体（どうたい）（38 ページ参照）の表面に垂直に出入りし，導体の内部に

は存在しない。

❸　電気力線は，途中で枝分(えだわ)かれしたり，他の電気力線と交(まじ)わったりしない。

❹　電気力線はゴムひものように縮(ちぢ)もうとする。また，同じ向きの電気力線同士は反発し合う。

❺　ある点での電気力線の接線(せっせん)方向は，その点の電界の方向を表す。

❻　ある点での電気力線の密度(みつど)（単位面積当たりの電気力線の本数）は，その点での電界の強さを表す。

答　(4)

解説

問題に示された図を見ると，電気力線は電荷 A から出て，B へ入っています。よって，電気力線の性質❶より，電荷 B は（負の符号を持つ）**負電荷**です。

また，出入りする電気力線の本数は，電荷 A（$=16\varepsilon_0$）が 16 本，電荷 B が 8 本なので，

$$A:|B|=16\varepsilon_0:|B|$$ ←電荷 B は負の符号を持つので，絶対値とする

$$=16:8$$

$$16\times|B|=16\varepsilon_0\times8 \qquad \therefore\ B=-8\varepsilon_0$$

ここでは，次の公式を使いました。
$a:b=n:m \Leftrightarrow a\times m=b\times n$（外側の積＝内側の積）

別解　問題に示された図を見ると，電荷 B へは 8 本の電気力線が入っています。よって，電気力線の性質❶より，電荷 B は**負電荷**であり，また，その値は，

$$8\,(\text{本})=\frac{|B|}{\varepsilon_0}$$ ←電荷 B は負電荷なので，絶対値とする

$$\therefore\ B=-8\varepsilon_0\,[C]$$

補足　念のため，電荷 A から出る電気力線の本数を確認すると，

$$\frac{A}{\varepsilon_0}=\frac{16\varepsilon_0}{\varepsilon_0}=16\,(\text{本})$$

このように，問題に示された図中の電気力線の本数と一致しました。

より深く理解する！

電気力線の性質❶と❻を少し掘り下げて考えてみましょう。

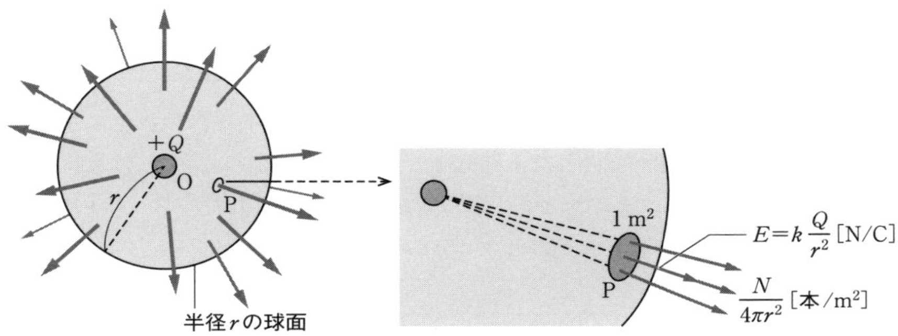

点電荷 Q [C] から本数 N [本] の電気力線が出ると仮定します。すると，点電荷を中心とする半径 r [m] の球面上の任意(にんい)の点 P において，球の表面積は $4\pi r^2$ [m²] であることから，電気力線の密度は $\dfrac{N}{4\pi r^2}$ [本/m²] です。また，点 P における電界の強さは，クーロンの法則の比例定数を k [N·m²/C²] として，$k\dfrac{Q}{r^2}$ [N/C] です。

「電気力線の密度（単位面積当たりの電気力線の本数）が，その点での電界の強さを表す」（性質❻）ことから，

$$\frac{N}{4\pi r^2}=k\frac{Q}{r^2}$$

が成り立つので，この式を N について解くと，

$$N=4\pi r^2\times k\frac{Q}{r^2}=4\pi kQ \quad \cdots\text{(a)}$$

この関係を**ガウスの法則**（**ガウスの定理**）といいます。

さらに，クーロンの法則の比例定数 $k=\dfrac{1}{4\pi\varepsilon}$ を(a)式に代入すると，

$$N=4\pi\left(\frac{1}{4\pi\varepsilon}\right)Q=\frac{Q}{\varepsilon}$$

このように，性質❶における電気力線の本数 $\dfrac{Q}{\varepsilon}$ が得られます。

ガウスの法則は，電気力線を数学的に表現したものです。(a)式とその導出過程を覚えておく必要はありませんが，内容を理解することは必要です。

［理論］

05 コンデンサの電極間距離の縮小

直流電圧1 000 Vの電源で充電された静電容量8 μFの平行板コンデンサがある。コンデンサを電源から外した後に電荷を保持したままコンデンサの電極間距離を最初の距離の $\frac{1}{2}$ に縮めたとき，静電容量［μF］と静電エネルギー［J］の値の組合せとして，正しいものを次の(1)～(5)のうちから一つ選べ。

	静電容量	静電エネルギー
(1)	16	4
(2)	16	2
(3)	16	8
(4)	4	4
(5)	4	2

POINT

コンデンサの電極間距離を縮めるとき，電荷が保持されたままであることに着目します。

出題テーマをとらえる！

❶ コンデンサに電圧を加えると，電荷が蓄（たくわ）えられます。これを**充電**（じゅうでん）といいます。充電によって，コンデンサの二枚の電極板には**正負の等しい量**の電荷が蓄えられます。

❷ コンデンサが電荷を蓄える能力は**静電容量**（せいでんようりょう）で表します。静電容量の単位は［F］（ファラド）ですが，静電容量はとても小さい値なので，実際には 10^{-6} を意味する"μ（マイクロ）"を付けた［μF］で表す場合がほとんどです。

❸ 平行板コンデンサの静電容量 C［F］は，電極板の面積を S［m²］，電極間距離（電極板の間の距離）を d［m］とすると，

$$C=\varepsilon\frac{S}{d} \quad \cdots(1)$$

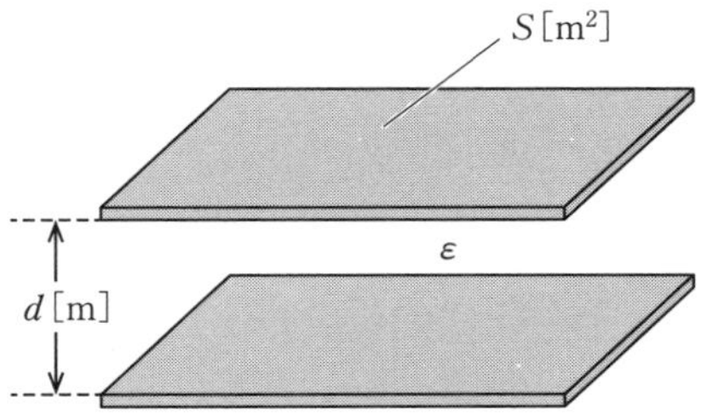

この式中の“ε（イプシロン）”を**誘電率**（ゆうでんりつ）といいます。誘電率は，電極間を満たす物質（媒質（ばいしつ））で決まる定数です。

誘電率についての詳しい説明は，38 ページを参照して下さい。

❹ 静電容量 C[F]のコンデンサに電圧 V[V]を加えたとき，蓄えられる電荷の量（電気量）Q[C]は，

$$Q=CV \quad \cdots(2)$$

❺ コンデンサに電荷が蓄えられることは，電気的なエネルギー（**静電エネルギー**）が蓄えられるのと同じことです。この静電エネルギー W[J]は，

$$W=\frac{1}{2}QV=\frac{1}{2}CV^2=\frac{1}{2}\cdot\frac{Q^2}{C} \quad \cdots(3)$$

(3)式の式変形は(2)式を利用したものです。

答　(2)

解説

◎静電容量の値

(1)式と題意の数値（静電容量 $C=8$[μF]）から，

$$C=\varepsilon\frac{S}{d}=8\,[\mu\mathrm{F}] \quad \cdots(a)$$

コンデンサの最初の電極間距離を d[m]とすると，縮めた後の距離は $\frac{1}{2}d$ です。このとき，ε や S[m²]に変化はありません。よって，縮めた後の静電容量

C' は，

$$C' = \varepsilon \frac{S}{\left(\frac{1}{2}d\right)} = \varepsilon \frac{2S}{d} = 2\left(\varepsilon \frac{S}{d}\right)$$

この式に(a)式を代入すると，

$$C' = 2C = 2 \times 8 = 16\ [\mu\mathrm{F}]$$

◎静電エネルギーの値

静電エネルギーは(3)式により求められますが，ここでは $C' = 16\ [\mu\mathrm{F}]$ の値しか分かっていません。したがって，電圧 V [V] か電荷 Q [C] のどちらかの値を求める必要があります。

さて，問題文には「電荷を保持したまま」電極間距離を縮めた，とあるので，「電荷 Q＝一定」です。すなわち，電極間距離を縮める前の電圧を V（$= 1\,000$ [V]），縮めた後の電圧を V' とすると，(2)式より，

$$Q = CV = C'V' \qquad \therefore\ V' = \frac{CV}{C'}$$

この式に題意の数値と C'（$= 16\ [\mu\mathrm{F}]$）の値を代入すると，

$$V' = \frac{8 \times 10^{-6} \times 1\,000}{16 \times 10^{-6}} = \frac{1\,000}{2} = 500\ [\mathrm{V}]$$

したがって，(3)式より，静電エネルギー W' [J] の値は，

$$W' = \frac{1}{2}C'V'^2 = \frac{1}{2} \times 16 \times 10^{-6} \times 500^2 = 8 \times 10^{-6} \times 250\,000 = 2\ [\mathrm{J}]$$

補足 電圧 V' の代わりに電荷 Q を求めてから静電エネルギー W' を計算しても構いません。

$$Q = CV = 8 \times 10^{-6} \times 1\,000 = 8 \times 10^{-3}\ [\mathrm{C}]$$

$$\therefore\ W' = \frac{1}{2} \cdot \frac{Q^2}{C'} = \frac{1}{2} \times \frac{(8 \times 10^{-3})^2}{16 \times 10^{-6}} = \frac{8^2 \times (10^{-3})^2}{2 \times 16 \times 10^{-6}} = \frac{64 \times 10^{-6}}{32 \times 10^{-6}} = 2\ [\mathrm{J}]$$

より深く理解する！

静電容量を表す(1)式$\left(C=\varepsilon\dfrac{S}{d}\right)$について，電極板の面積$S$が大きいほど，より多くの電荷を蓄えられる（静電容量Cが大きくなる）ことは理解しやすいと思います。それでは，電極間距離dについてはどうでしょうか？

電極間距離dが小さいほど静電容量Cが大きくなることについては，静電気に関するクーロンの法則（11ページ参照）から理解できます。すなわち，二枚の電極板に蓄えられた正負の電荷の間には，電極間距離が近ければ近いほどより強い引力が働くので，それだけ多くの電荷が蓄えられるというわけです。

電界中で電荷q[C]を動かすとき，動かした位置の電位差をV[V]とすると，動かすのに必要なエネルギー（仕事）W[J]は，

$$W=qV \quad \cdots(4)$$

この(4)式も重要な公式なので，必ず覚えておく必要があります。この(4)式を静電エネルギーの公式$\left(W=\dfrac{1}{2}QV\right)$と混同しないように注意しましょう。

電極間距離を縮める前の静電エネルギーWを求めてみましょう。最初の状態では，静電容量$C=8$[μF]，電圧$V=1\,000$[V]なので，(3)式より，

$$W=\frac{1}{2}CV^2=\frac{1}{2}\times8\times10^{-6}\times1\,000^2=4\times10^{-6}\times10^6=4[\mathrm{J}] \quad \cdots(\mathrm{b})$$

つまり，電極間距離を$\dfrac{1}{2}$に縮めると，静電エネルギーも4Jから2Jに，すなわち$\dfrac{1}{2}$倍になることが分かりました。

（電荷Qを保持したまま）**電極間距離を縮めると静電エネルギーが減少するのはなぜでしょう？　また，電極間距離を増やすと，静電エネルギーは増加するのでしょうか？**　ぜひ考えてみてください。

充電された平行板コンデンサの2枚の電極板は帯電（たいでん）しています（電気を帯（お）びています）。すると，電極板の間には，クーロンの法則に従う静電力が働きます。この場合，電極板は正と負に帯電しているので，静電力は必ず**引力**（引き合う力）です。お互いに引き合う電極板の間の距離を増やす（電極板を引き離す）には，外力（がいりょく）（外部からの力）による仕事が必要になることは感覚的にも理解できると思います。そして，このときの**外力による仕事が静電エネルギーとして蓄えられた**というわけです。

物体に力を加えて動かしたとき，その力は物体に対して「仕事をした」といいます。仕事は次式のように定義されます。

仕事[J]= 物体に加えた力[N]×力の向きに動いた距離[m]

これとは逆の場合を考えてみましょう。お互いに引き合っている電極板の間の距離を縮めるには，外力による仕事を必要としません。仮に電極板を自由に動けるようにすると，電極板が内力（ないりょく）（内部的な力）によって自ら仕事をすることになります。そして，このときは，**静電エネルギーの一部が内力による仕事として費（つい）やされる**というわけです。

さて，この問題は，以上の知識を利用すると，より簡単に解くことができます。

まず，(1)式$\left(C=\varepsilon\dfrac{S}{d}\right)$から，静電容量$C$は電極間距離$d$に**反比例**するので，電極間距離を$\dfrac{1}{2}$に縮めると，静電容量は2倍の16 μFになります。この時点で，答えは選択肢(1)～(3)のいずれかに絞られます。

次に，電極間距離dを縮める前の静電エネルギーWは，前ページの(b)式で計算したように$W=4$[J]です。電極間距離を$\dfrac{1}{2}$に縮めると，静電エネルギーが内力による仕事として費やされるので，静電エネルギーは減少して4Jよりも小さくなります。選択肢(1)～(3)のうち，これを満たすのは選択肢(2)だけなので，これが答えだと判断できます。

この問題では，電源を外した上で，電荷を保持したまま電極間距離を縮めています。それでは，電源を外さない場合についても考えてみましょう。

問　電源に接続したままのコンデンサがある。次の①，②のような操作を行った場合，コンデンサの静電容量，電極間の電位差，コンデンサに蓄えられる電気量，電極間の電界の強さはそれぞれどうなるか。

①　電極間距離を大きくする。

②　電極を横にずらして，向かい合う面積を小さくする。

結果（**答え**）は次表のとおりになります。

	静電容量	電位差	電気量	電界の強さ
①	小さくなる	変わらない	小さくなる	小さくなる
②	小さくなる	変わらない	小さくなる	変わらない

出題テーマ：合成静電容量／Δ−Y 変換

H27 年，問 16

［理論］

06 静電容量の Δ−Y 変換

図 1 の端子 a-d 間の合成静電容量について，次の(a)及び(b)の問に答えよ。

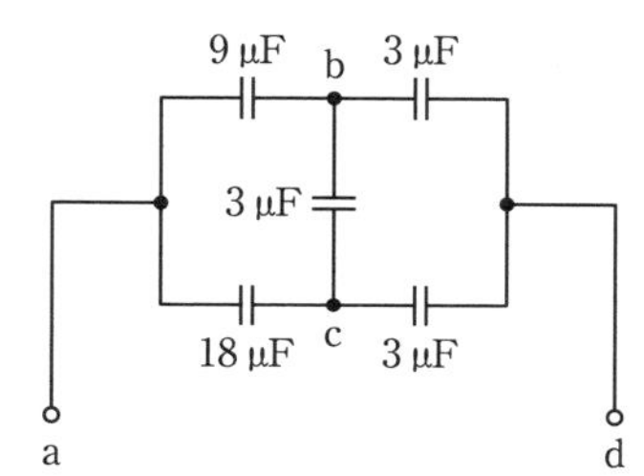

図 1

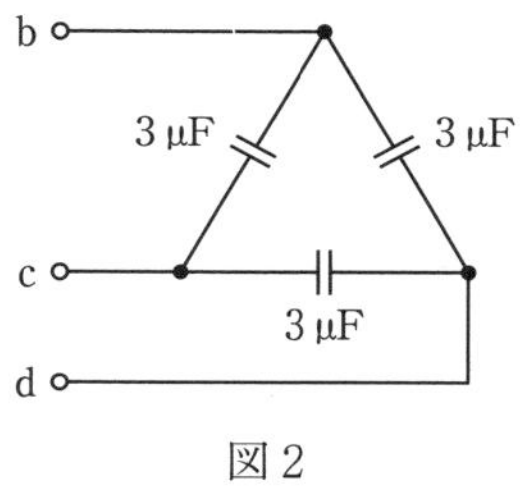

図 2

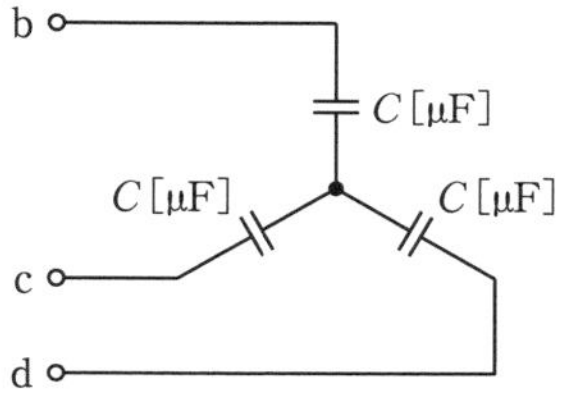

図 3

(a)　端子 b-c-d 間は図 2 のように Δ 結線で接続されている。これを図 3 のように Y 結線に変換したとき，電気的に等価となるコンデンサ C [μF] の値として，最も近いものを次の(1)～(5)のうちから一つ選べ。

(1)　1.0　　(2)　2.0　　(3)　4.5　　(4)　6.0　　(5)　9.0

(b)　図 3 を用いて，図 1 の端子 b-c-d 間を Y 結線回路に変換したとき，図 1 の端子 a-d 間の合成静電容量 C_0 [μF] の値として，最も近いものを次の(1)～(5)のうちから一つ選べ。

(1)　3.0　　(2)　4.5　　(3)　4.8　　(4)　6.0　　(5)　9.0

POINT

小問(a)は，三つのうちの二つの端子に着目して解答します。このとき，残った一つの端子はどこにも接続されていないものと見なします。

⇨ 出題テーマをとらえる！

❶　複数の静電容量 C_1, C_2, C_3, ……[F] を**直列**に接続したときの合成静電容量 C[F] の逆数 $\frac{1}{C}$ は,

$$\frac{1}{C}=\frac{1}{C_1}+\frac{1}{C_2}+\frac{1}{C_3}+\cdots\cdots \quad \cdots(1)$$

補足　特に，静電容量が二つの場合は,

$$\frac{1}{C}=\frac{1}{C_1}+\frac{1}{C_2}=\frac{C_2}{C_1\times C_2}+\frac{C_1}{C_2\times C_1}=\frac{C_1+C_2}{C_1\times C_2}$$

$$\therefore\ C=\frac{C_1\times C_2}{C_1+C_2} \quad \cdots(1)'$$

← $\frac{積}{和}$（和分の積）の形になる

❷　複数の静電容量 C_1, C_2, C_3, ……[F] を**並列**に接続したときの合成静電容量 C[F] は,

$$C=C_1+C_2+C_3+\cdots\cdots \quad \cdots(2)$$

❸　静電容量 C[F] を Y 結線したものと，静電容量 C'[F] を Δ 結線したものが等価であるとします。

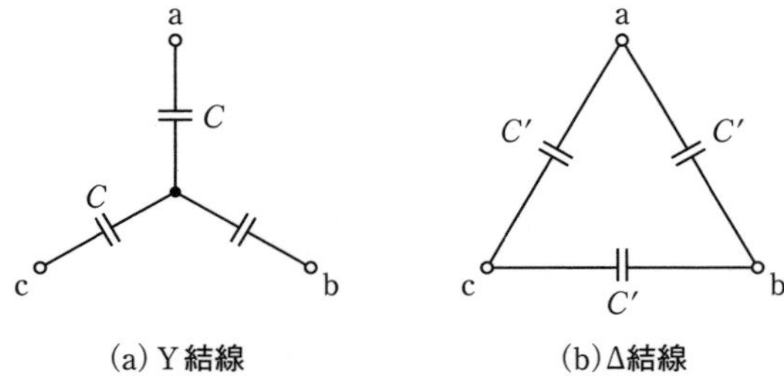

(a) Y結線　　(b) Δ結線

Y 結線を Δ 結線に変換（Y−Δ 変換）すると,

$$C'=\frac{1}{3}C \quad \cdots(3)$$

Δ 結線を Y 結線に変換（Δ−Y 変換）すると,

$$C=3C' \quad \cdots(3)'$$

補足 電線同士をつなぐ場合を**接続**，電気機器などを電線でつなぐ場合を**結線**といいます。前ページの図(a)のようにつなぐことを**Y 結線**，図(b)のようにつなぐことを**Δ 結線**といいます。

答 (a)－(5)，(b)－(3)

解説

(a) 図 2 と図 3 が電気的に等価となるコンデンサ C[μF] の値

ここでは，b–c 間の合成静電容量 C_{bc} [μF] を例に考えてみましょう。

もちろん，c–d 間や b–d 間を例に考えても構いません。

Δ 結線（図 2）の回路図を，分かりやすく次のように書き換えてみます。

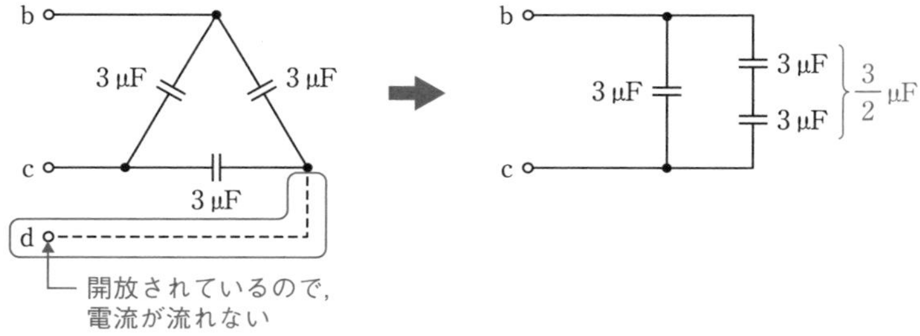

直列接続された 2 個の 3 μF の合成静電容量は，(1)' 式より $\dfrac{3\times3}{3+3}=\dfrac{9}{6}=\dfrac{3}{2}$ [μF] なので，b–c 間の合成静電容量 C_{bc} の値は，(2)式より，

$$C_{bc}=3+\frac{3}{2}=\frac{6+3}{2}=\frac{9}{2}\ [\mu\text{F}] \quad \cdots\text{(a)}$$

同じように，Y 結線（図 3）の回路図を，分かりやすく次のように書き換えてみます。このとき，端子 d はどこにも接続されていない（開放されている）ので，d 側の静電容量 C は無視できます。

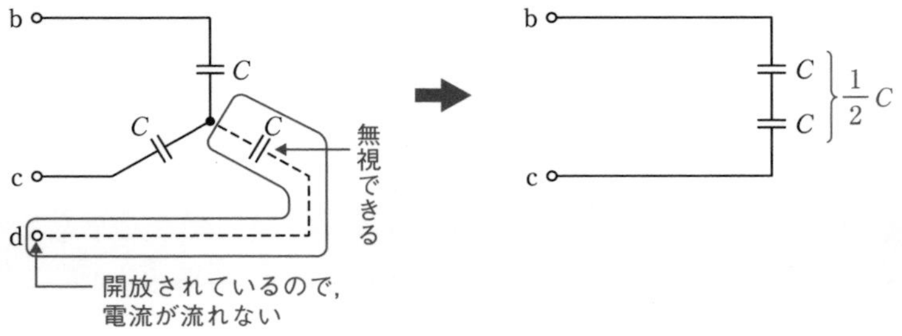

b–c 間の合成静電容量 C_{bc} は，直列接続された 2 個の C [μF] の合成静電容量なので，(1)' 式より，

$$C_{bc}=\frac{C\times C}{C+C}=\frac{1}{2}C \quad \cdots\textbf{(b)}$$

以上から，図 2 と図 3 が電気的に等価となるとき，(a) 式＝(b) 式なので，

$$C_{bc}=\frac{9}{2}=\frac{1}{2}C \qquad \therefore\ C=9\ [\mu\text{F}]$$

別解　Δ−Y 変換なので，(3)' 式より，

$$C=3\times3=9\ [\mu\text{F}]$$

(b)　図 1 の端子 a–d 間の合成静電容量 C_0 [μF] の値

題意に従って b–c–d 間の Δ 結線を Y 結線の回路に変換すると，等価回路は次の左図のようになります。これを，分かりやすく右図のように書き換えます

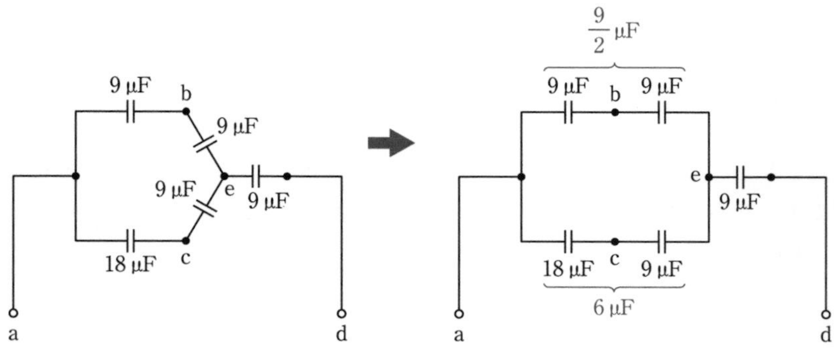

a–b–e 間，a–c–e 間の静電容量 C_{abe}，C_{ace} [μF] は，(1)' 式より，

$$C_{abe}=\frac{9\times9}{9+9}=\frac{9}{2}\ [\mu F],\quad C_{ace}=\frac{18\times9}{18+9}=\frac{18}{3}=6\ [\mu F]$$

よって，a–e 間の合成静電容量 C_{ae} [μF] は，(2)式より，

$$C_{ae}=C_{abe}+C_{ace}=\frac{9}{2}+6=\frac{9+12}{2}=\frac{21}{2}\ [\mu F]$$

したがって，a–d 間の合成静電容量 C_0 [μF] の値は，e–d 間の静電容量を C_{ed}（=9 [μF]）として，(1)' 式より，

$$C_0=\frac{C_{ae}\times C_{ed}}{C_{ae}+C_{ed}}=\frac{\frac{21}{2}\times9}{\frac{21}{2}+9}=\frac{\frac{189}{2}}{\frac{21+18}{2}}=\frac{189}{39}\fallingdotseq4.846\ [\mu F]\ \rightarrow\ 4.8\ \mu F$$

より深く理解する！

小問(a)は(3)' 式を導く内容なので，(3)式を覚えていなくても正答できます。しかし，(3)' 式はもちろん，(3)式も必ず覚えておきましょう。

静電容量 C_1，C_2 [F] の 2 個のコンデンサを**直列**に接続して電圧 V [V] を加えたとき，コンデンサに蓄えられる電荷を Q [C]，合成静電容量を C [F] とし，また，C_1，C_2 に加わる電圧をそれぞれ V_1，V_2 [V] とすると，

$$Q=CV=C_1V_1=C_2V_2\qquad\therefore\ V=\frac{Q}{C},\ V_1=\frac{Q}{C_1},\ V_2=\frac{Q}{C_2}$$

ここで，$V=V_1+V_2$ より，

直列接続では，各コンデンサ（静電容量 C_1，C_2）に加わる電圧 V_1，V_2 の総和（V_1+V_2）が全体の電圧 V に等しくなります。すなわち，$V=V_1+V_2$ です。(64 ページ参照)

$$\frac{Q}{C}=\frac{Q}{C_1}+\frac{Q}{C_2}\qquad\therefore\ \frac{1}{C}=\frac{1}{C_1}+\frac{1}{C_2}$$

これをさらに変形すると，

$$\frac{1}{C}=\frac{C_2}{C_1\times C_2}+\frac{C_1}{C_2\times C_1}=\frac{C_1+C_2}{C_1\times C_2}$$

$$\therefore\ C=\frac{C_1\times C_2}{C_1+C_2}$$

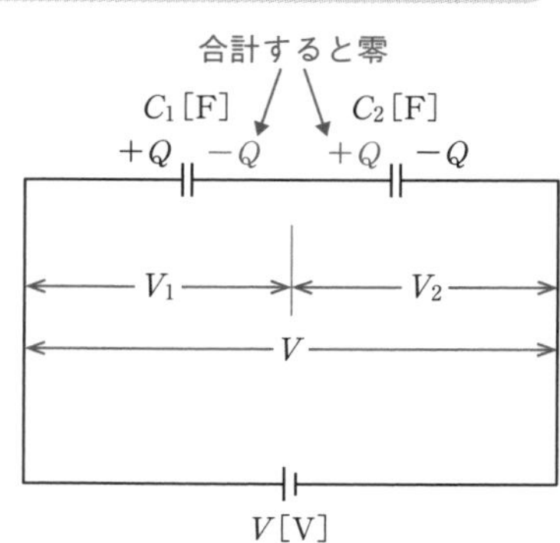

以上のように，(1)式，(1)' 式が導かれます。

静電容量 C_1，C_2 [F] の 2 個のコンデンサを**並列**に接続して，電圧 V [V] を加えたとき，各コンデンサに蓄えられる電荷を Q_1，Q_2 [C] とすると，

$$Q_1 = C_1 V,\ Q_2 = C_2 V$$

並列接続では，各コンデンサ（静電容量 C_1，C_2）に加わる電圧は，回路全体の電圧 V に等しくなります。(64 ページ参照)

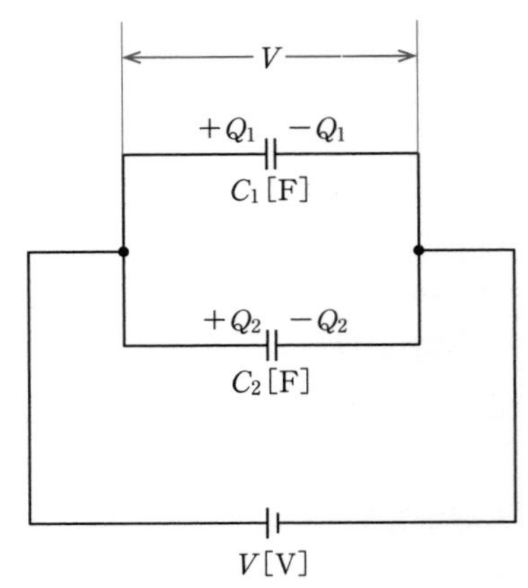

ここで，蓄えられた電荷の総量 Q [C] は，

$$Q = Q_1 + Q_2$$

合成静電容量を C [F] とすると，$Q = CV$ なので，

$$CV = C_1 V + C_2 V \qquad \therefore\ C = C_1 + C_2$$

以上のように，(2)式が導かれます。

［理論］
07 コンデンサの電極間の電界と電位

次の文章は，平行板コンデンサの電界に関する記述である。

極板間距離 d_0 [m] の平行板空気コンデンサの極板間電圧を一定とする。

極板と同形同面積の固体誘電体（比誘電率 $\varepsilon_r > 1$，厚さ d_1 [m] $< d_0$ [m]）を極板と平行に挿入すると，空気ギャップの電界の強さは，固体誘電体を挿入する前の値と比べて［（ア）］。

また，極板と同形同面積の導体（厚さ d_2 [m] $< d_0$ [m]）を極板と平行に挿入すると，空気ギャップの電界の強さは，導体を挿入する前の値と比べて［（イ）］。

ただし，コンデンサの端効果は無視できるものとする。

上記の記述中の空白箇所(ア)及び(イ)に当てはまる組合せとして，正しいものを次の(1)～(5)のうちから一つ選べ。

	（ア）	（イ）
(1)	強くなる	強くなる
(2)	強くなる	弱くなる
(3)	弱くなる	強くなる
(4)	弱くなる	弱くなる
(5)	変わらない	変わらない

POINT

平行板コンデンサの極板間の一部に誘電体（絶縁体）や導体を挿入した場合は，挿入した部分と挿入していない部分に分けて（電界が等しい部分ごとに分けて），これら（異なる静電容量）の並列接続（または，直列接続）と見なすことができます。このとき，誘電体や導体を挿入する位置が任意のときは，なるべく単純に考えられるような位置とします。

⇨ 出題テーマをとらえる！

❶　金属の平行板に電圧を加えると，極板間に一様な電界（**平等電界**）が生じます。加えた電圧を V [V]，極板間距離を d [m] とすると，電界の強さ E [V/m] は，

$$E=\frac{V}{d} \quad \cdots(1)$$

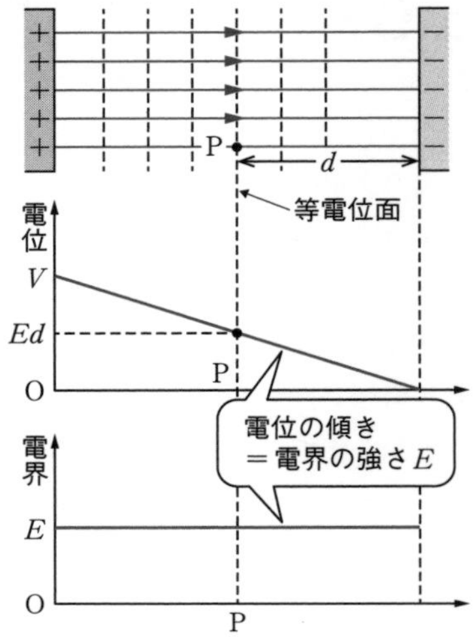

補足　これは，見方を変えると次のようにも説明できます。

一様な強さ E の電界中で，基準（電位 0 V）になる負極板から距離 d だけ離れた任意の点Pの電位 V は，

$$V=Ed \quad \cdots(1)'$$

❷　電気をよく通す（導く）物質を**導体**といいます。例えば，電気回路の導線は導体です。**導体内部の電位は等電位**と考えられるので，導体内部に電界は生じません。つまり，**導体内部の電界は常に零**です（電気力線の性質❷，23〜24ページ参照）。

❸　電気をほとんど通さない（導かない）物質を**絶縁体**（または，**不導体**）といいます。例えば，**空気は絶縁体**です。

❹　絶縁体をコンデンサの極板間に挿入すると，静電容量が大きくなって，たくさんの電荷を蓄えることができるようになります。そのような意味（電荷を誘い，蓄えるという意味）で，絶縁体を**誘電体**ともいいます。また，空気中に電界が生じるのと同じように，誘電体中には電界が生じます。一般に（空気を除く）誘電体内部では，真空中や空気中よりも電界が弱くなります。

❺　誘電体が「電荷を誘い，蓄える」程度は，**誘電率**や**比誘電率**（真空の誘電率との比）によって表されます。誘電体の誘電率 ε [F/m] は，真空の誘電率を ε_0 [F/m]，誘電体の比誘電率を ε_r とすると，

$$\varepsilon=\varepsilon_0\varepsilon_r \quad \left(\text{または，}\ \varepsilon_r=\frac{\varepsilon}{\varepsilon_0}\right) \quad \cdots(2)$$

❻　電気力線と似た考え方に**電束**があります。電気力線の本数 $\left(\frac{Q}{\varepsilon}\right)$ を ε 倍した

ものが電束であり，Q[C]の電荷からはQ[C]の電束が出入りします。電束Qは，誘電率ε[F/m]の値によって本数が変わらないという便利さがあります。

❼　単位面積（1 m²）当たりの電束を**電束密度**（でんそくみつど）といい，電束密度D[C/m²]と電界E[V/m]の間には次の関係があります。すなわち，電気力線の本数と電束の関係と同じように，電界をε倍したものが電束密度になります。

$$D=\varepsilon E \quad \cdots(3)$$

❽　静電容量C_1，C_2[F]のコンデンサ$\mathrm{C_1}$，$\mathrm{C_2}$を直列に接続し，両端に電圧V[V]を加えたとき，$\mathrm{C_1}$，$\mathrm{C_2}$の端子電圧V_1，V_2[V]は，

$$V_1=\frac{C_2}{C_1+C_2}V,\quad V_2=\frac{C_1}{C_1+C_2}V \quad \cdots(4)$$

❾　「合成静電容量（静電容量の直列接続・並列接続）」32ページ参照

答　(1)

解説

この問題には，いくつかの解き方があります。よりシンプルに解ける順に解説しますが，シンプルに解ける方法ほど高度な理解が必要かもしれません。

◎電位の傾きから考える

(1)式から分かるように，「**電界の強さ＝電位の傾き（単位長さ当たりの電位差）**」です。これを利用して解答します。

「傾き」とは，xy平面上では，xの増加量に対するyの増加量の比率$\left(\dfrac{y}{x}\right)$として定義されます。簡単に言うなら，直線の勾配の大きさのことです。

(ア)　極板間に固体誘電体を挿入すると，誘電体内部では電界が弱く（電位の傾きが小さく）なります。しかし，極板間電圧はVで一定なので，誘電体内部の電界が弱くなると，空気ギャップの電界は**強くなる**（次ページの図(a)のように，電位の傾きがE→E_1と変化し，大きくなる）ことが分かります。

(イ)　極板間に導体を挿入すると，導体内部の電界は零なので，導体の分（厚さd_2）だけ極板間は狭くなると見なすことができます。しかし，極板間電圧はV

で一定なので，空気ギャップの電界は**強くなる**（下図(b)のように，電位の傾きが $E \to E_2$ と変化し，大きくなる）ことが分かります。

$$E_2 = \frac{V}{d_0 - d_2} > \frac{V}{d_0} = E \qquad (\because\ d_0 > d_0 - d_2)$$

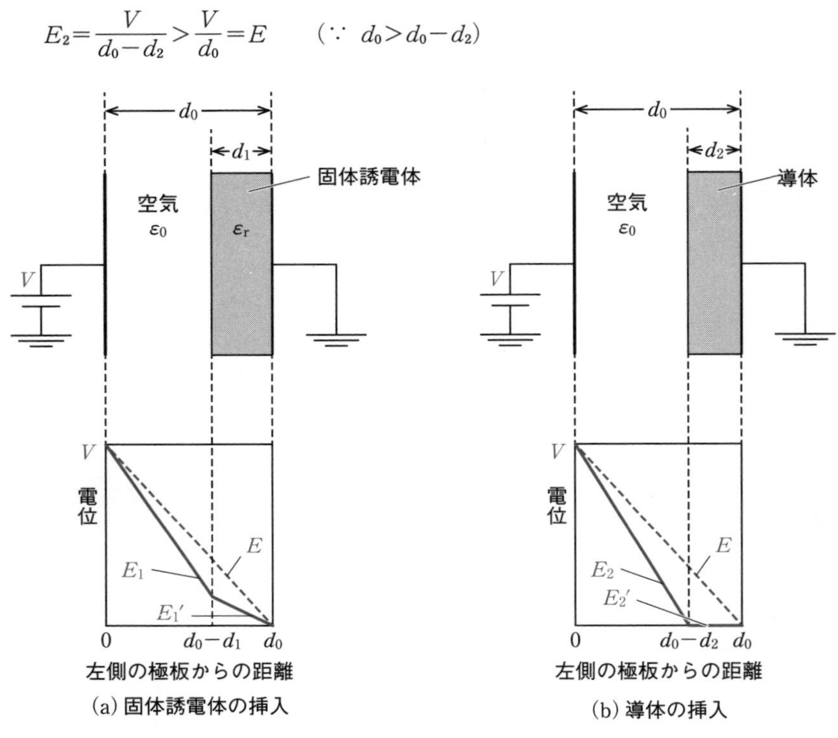

(a) 固体誘電体の挿入　(b) 導体の挿入

> 固体誘電体や導体を挿入する位置は任意なので，なるべく単純に考えられそうな位置として，ここでは片方の電極板に寄せた位置として考えています。

◎電束密度から考える

(ア)　電束は，誘電率の値によって本数が変わりません。電束が変わらないのであれば，もちろん電束密度も変わりません。このことを利用して解答します。

固体誘電体を挿入する前の空気ギャップの電界の強さ E は，(1)式より，

$$E = \frac{V}{d_0} \quad \cdots\text{(a)}$$

誘電体を挿入した後，電束密度 D は一定（空気ギャップでも誘電体内部でも同じ）であることから，空気ギャップの電界の強さを E_1，誘電体内部の電界の強さを E_r とすると，(2)式，(3)式より，

$$D = \varepsilon_0 E_1 = \varepsilon_0 \varepsilon_r E_r \qquad \therefore\ E_r = \frac{E_1}{\varepsilon_r} \quad \cdots\text{(b)}$$

極板間電圧は V で一定なので，(1)' 式より，

$$V = E_1(d_0 - d_1) + E_r d_1 \quad \leftarrow \text{(b)式を代入}$$

$$= E_1(d_0 - d_1) + \frac{E_1}{\varepsilon_r} \cdot d_1 = E_1\left(d_0 - d_1 + \frac{d_1}{\varepsilon_r}\right)$$

$$\therefore\ E_1 = \frac{V}{d_0 - d_1 + \dfrac{d_1}{\varepsilon_r}} \quad \cdots\text{(c)}$$

(a)式と(c)式（E と E_1）の大小関係は，(a)式と(c)式の分子が等しく V なので，分母の大小関係から調べられます。

(a)式の分母から(c)式の分母を引くと，

$$d_0 - \left(d_0 - d_1 + \frac{d_1}{\varepsilon_r}\right) = d_0 - d_0 + d_1 - \frac{d_1}{\varepsilon_r}$$

$$= d_1\left(1 - \frac{1}{\varepsilon_r}\right) > 0 \quad (\because\ \varepsilon_r > 1)$$

つまり，「(a)式の分母＞(c)式の分母」なので，(a)式＜(c)式（$E < E_1$）であると分かります。すなわち，空気ギャップの電界の強さは，固体誘電体を挿入する前の値と比べて**大きく**なります。

（イ） 極板間に導体を挿入すると，導体内部の電界は零なので，導体の分（厚さ d_2）だけ極板間が狭くなると見なすことができます。導体を挿入した後の電界の強さ E_2 は，

$$E_2 = \frac{V}{d_0 - d_2}$$

これと(a)式（E_2 と E）の大小関係を調べると，

$$E_2 = \frac{V}{d_0 - d_2} > \frac{V}{d_0} = E \quad (\because\ d_0 > d_0 - d_2)$$

すなわち，空気ギャップの電界の強さは，導体を挿入する前の値と比べて**大きく**なります。

◎合成静電容量から計算する

（ア） ここでは，次の手順で解答します。

1　固体誘電体を挿入した後の平行板コンデンサについて，空気ギャップの静電容量 C_1 と固体誘電体の静電容量 C_r を求める。

2　手順 1 で求めた C_1 と C_r を利用して，空気ギャップに加わる電圧 V_1 を求める。

3　手順 2 で求めた V_1 から空気ギャップの電界 E_1 を求め，固体誘電体を挿入する前の電界 E と比べる。

また，計算が煩雑になりそうなので，なるべく簡単にするために，題意（d_1, $d_2 < d_0$ および $\varepsilon_r > 1$）を満たすよう，$d_1 = d_2 = \dfrac{d_0}{2}$，$\varepsilon_r = 2$ と仮定して解答します。

手順 1　空気ギャップの静電容量 C_1，誘電体の静電容量 C_r は，極板の面積を $S\,[\mathrm{m}^2]$ として，

$$C_1 = \varepsilon_0 \frac{S}{d_0 - d_1} = \frac{\varepsilon_0 S}{d_0 - \dfrac{d_0}{2}} = \frac{\varepsilon_0 S}{\dfrac{d_0}{2}} = \frac{2\varepsilon_0 S}{d_0}$$

$$C_r = \varepsilon_0 \varepsilon_r \frac{S}{d_1} = \frac{2\varepsilon_0 S}{\dfrac{d_0}{2}} = \frac{4\varepsilon_0 S}{d_0}$$

手順 2　空気ギャップの端子電圧 V_1 は，(4)式より，

$$V_1 = \frac{C_r}{C_1 + C_r} V = \frac{\dfrac{4\varepsilon_0 S}{d_0}}{\dfrac{2\varepsilon_0 S}{d_0} + \dfrac{4\varepsilon_0 S}{d_0}} V = \frac{4}{2+4} V = \frac{4}{6} V = \frac{2}{3} V$$

手順 3〜4　空気ギャップの電界の強さ E_1 は，(1)式より，

$$E_1 = \frac{V_1}{d_1} = \frac{\dfrac{2}{3} V}{\dfrac{d_0}{2}} = \frac{4V}{3d_0} > \frac{V}{d_0} = E$$

したがって，空気ギャップの電界の強さ E_1 は，固体誘電体を挿入する前の値 E と比べて**大きく**なります。

(イ)　導体を挿入した後の空気ギャップの電界の強さ E_2 は，

$$E_2 = \frac{V}{d_2} = \frac{V}{\dfrac{d_0}{2}} = \frac{2V}{d_0} > \frac{V}{d_0} = E$$

したがって，空気ギャップの電界の強さ E_2 は，導体を挿入する前の値 E と比べて**大きく**なります。

より深く理解する！

「電気力線は導体の表面に垂直に出入り」（23 ページ参照）しますが，「同じ向きの電気力線同士は反発し合う」（24 ページ参照）ので，コンデンサの端部では，電気力線は外側に膨らんでしまいます。このような効果を**端効果**といいます。

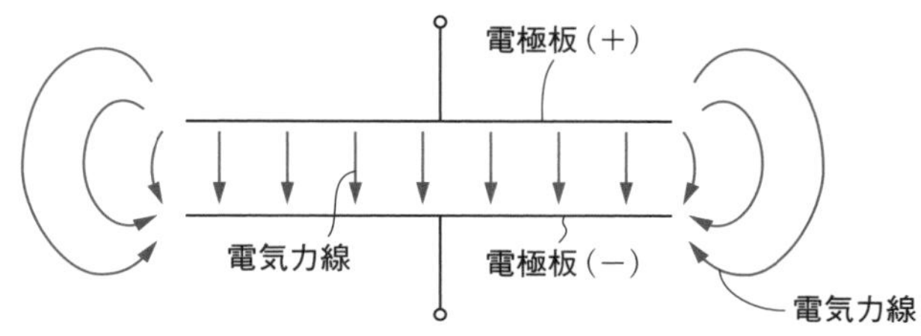

●静電誘導，誘電分極

❶　金属などの導体は**自由電子**（自由に動き回ることができる電子）を持つため，電気をよく導きます（通します）。電界中に導体を置くと，自由電子は静電力を受けて移動します。すると，導体内で自由電子が集まったところ（**負に帯電**）と自由電子が不足したところ（**正に帯電**）ができます。このように，導体内で電荷の分布に偏りが生じることを**静電誘導**といいます（下図(a)）。

❷　ゴムや油，空気などの絶縁体（不導体）は自由電子を持たないため，電気をほとんど導きません（通しません）。電界中に絶縁体を置くと，絶縁体を構成する原子や分子の持つ電子が静電力を受けて，原子や分子の内部で電荷の分布に偏りが生じます。このような現象を**誘電分極**といいます（下図(b)）。

補足　導体内部に電界が生じないのは静電誘導のためであり，誘電体内部で電界が弱くなるのは誘電分極のためです。

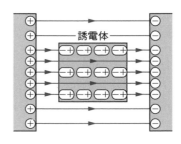

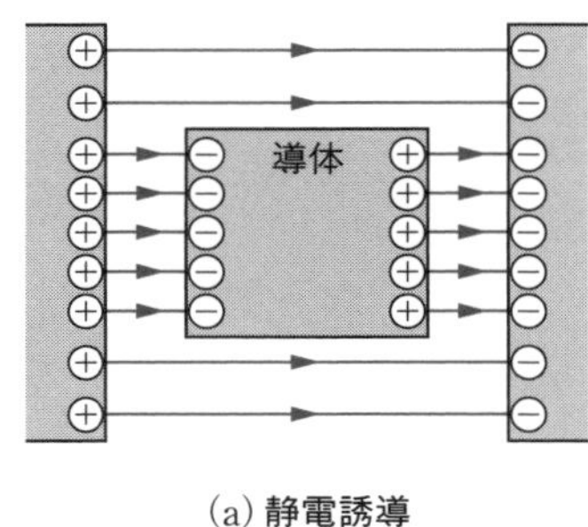

(a) 静電誘導

誘電体

(b) 誘電分極

［理論］

08 平行電流間に働く電磁力

真空中において，10 cm の間隔で平行に張られた２本の長い電線に往復電流を流したとき，この２本の電線相互間に１m 当たり 5×10^{-3} N の電磁力が働いた。この電線に流れている電流［A］はいくらか。正しい値を次のうちから選べ。ただし，真空の透磁率 $\mu_0=4\pi\times10^{-7}$ [H/m] とする。

(1)　50　　(2)　60　　(3)　70　　(4)　80　　(5)　90

POINT

電磁力は電流と磁界の相互作用で発生する力です。

出題テーマをとらえる！

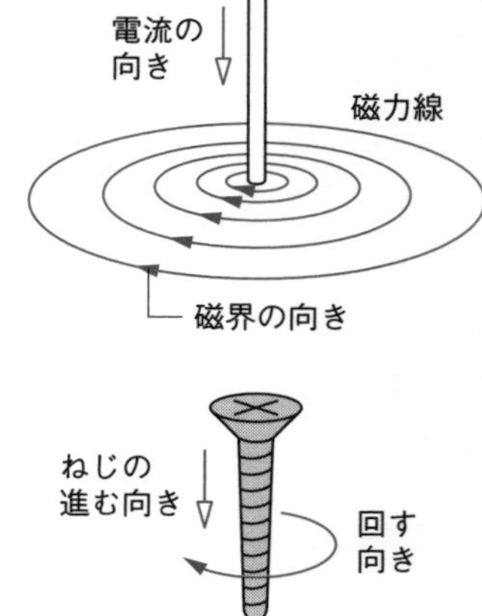

❶ **磁気力**（じきりょく）（磁気的な力）が働く領域を磁界（じかい）（**磁場**（じば））といいます。

❷ 十分に長い導体（導線）に電流を流すと，電流の周囲には同心円状（どうしんえんじょう）の磁界が発生します。磁界の向きは，ねじ（一般的な右ねじ）の進む向きを電流の向きに合わせたときに，ねじを回す向きと一致します。これをアンペアの**右ねじの法則**といいます。

磁界の強さ H [A/m] は，電流の大きさを I [A]，導線からの距離を r [m] として，

$$H=\frac{I}{2\pi r}\quad\cdots(1)$$

❸ 磁界中に導線を置いて電流を流すと，電流と磁界の相互作用によって，導線（電流）には**電磁力**（でんじりょく）が働きます。電磁力の向きは，左手の中指を電流の向き，人差し指を磁界の向きに合わせたとき，親指の向きに一致します。これを**フレミン**

グの左手の法則といいます。

磁界 H [A/m] に垂直な導線に電流 I [A] を流したとき，単位長さ（1 m）当たりの導線に働く電磁力の大きさ F [N/m] は，

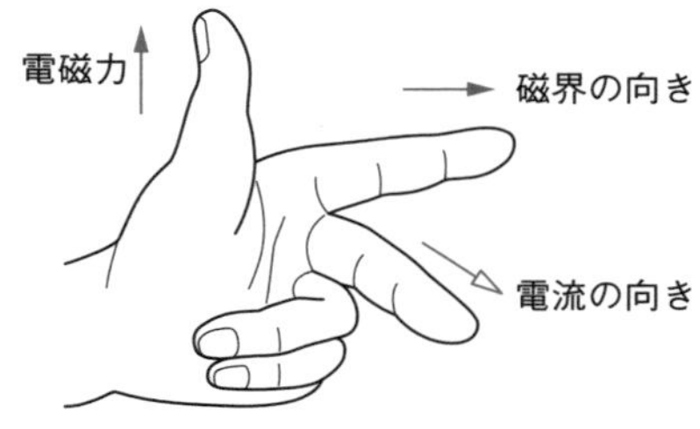

$$F = \mu HI \quad \cdots(2)$$

この式中の μ [H/m] は**透磁率**（とうじりつ）で，導線が置かれた空間を満たす物質（媒質（ばいしつ））によって決まる定数です。

補足　2 本の平行導線に流れる電流 I_1，I_2 [A] の点位長さ（1 m）当たりに働く電磁力 f [N/m] は，

$$f = \frac{\mu I_1 I_2}{2\pi r} \quad \cdots(3)$$

なお，同方向の電流の間には引力（吸引力）が働き，逆方向の電流の間には反発力（斥（せき）力）が働きます。

答　(1)

解説

往路（おうろ）を流れる電流 I [A] が復路（ふくろ）の位置に作る磁界の強さ H [A/m] は，平行電線間の距離を r（=10 [cm]）として，(1)式より，

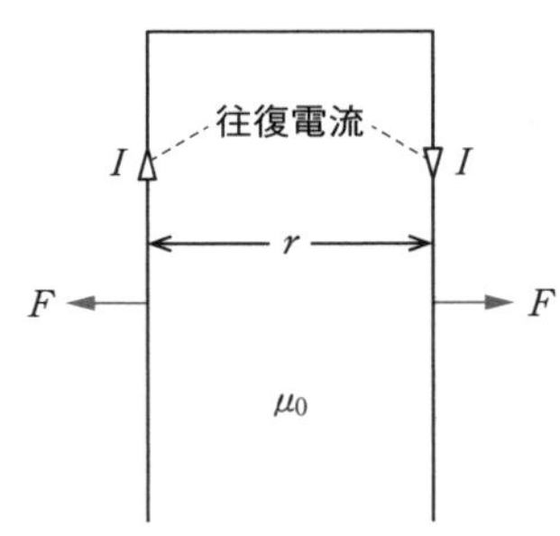

$$H = \frac{I}{2\pi r}$$

復路を流れる電流 I が，往路の電流が作る磁界 H から受ける長さ 1 m 当たりの電磁力の大きさ F（$=5\times10^{-3}$ [N/m]）は，(2)式より，

$$F = \mu_0 HI = \mu_0 \times \frac{I}{2\pi r} \times I = \frac{\mu_0 I^2}{2\pi r} \quad \cdots(a)$$

これをIについて解くと，

$$I^2 = F \times \frac{2\pi r}{\mu_0}$$　←ここで各数値を代入（10 cm＝0.1 m とする）

$$= 5 \times 10^{-3} \times \frac{2\pi \times 0.1}{4\pi \times 10^{-7}} = 2\,500$$

$$\therefore \ I = \sqrt{2\,500} = \sqrt{50^2} = 50\,[\mathrm{A}]$$

より深く理解する！

もちろん，復路電流Iも往路の位置に磁界Hを作ります。そして，往路電流Iも復路電流Iが作る磁界Hから電磁力Fを受けます。このような相互作用によって，電線相互間に引力や反発力が働きます。

(a)式は(3)式と実質的に同じものです（往復電流なので，(a)式では$I_1 = I_2 = I$としています)。ですから，(3)式を覚えておけば解答時間はかなり節約できます。ただし，この解答過程は確実に理解しておきましょう。

(2)式と(3)式は，単位長さ（1 m）当たりに働く電磁力であることに注意してください。長さl[m]当たりに働く電磁力F'，f'[N]の場合は，次式のようになります。

$$F' = \mu H I l \quad \cdots(2)'$$

$$f' = \mu \frac{I_1 I_2}{2\pi r} l \quad \cdots(3)'$$

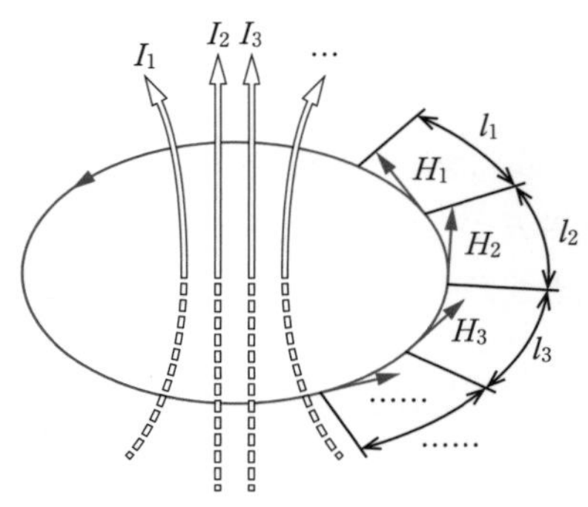

最後に，(1)式の導出過程を確認しておきましょう。

右図のように，電流I_1，I_2，I_3，……[A]が作る磁界中を一周する閉曲線を考えます。このとき，閉曲線の微小（びしょう）な長さをl_1，l_2，l_3，……[m]，閉曲線に沿（そ）った磁界の接線方向の成分をH_1，H_2，H_3，……[A/m]とすると，それぞれの微小な長さと磁界成分の積は，閉曲線内に含まれる電流の総和に等しくなります。

$$H_1l_1+H_2l_2+H_3l_3+\cdots\cdots\quad =I_1+I_2+I_3+\cdots\cdots \quad \cdots\text{(b)}$$

これを**アンペアの周回路の法則**といいます。

この法則を，直線電流 I とその周囲に生じる半径 r の同心円状の磁界 H に当てはめて考えると，

$H_1+H_2+H_3+\cdots\cdots=H$　**←同じ円周上では，磁界の強さはどこでも同じ**

$l_1+l_2+l_3+\cdots\cdots=2\pi r$　**←半径 r の円周の長さは $2\pi r$**

$I_1+I_2+I_3+\cdots\cdots=I$

これらを(b)式に代入すると，

$$H_1l_1+H_2l_2+H_3l_3+\cdots\cdots\quad =H\times 2\pi r=I$$

$$\therefore\ H=\frac{I}{2\pi r}\quad \cdots\text{(1)}\ （再掲）$$

以上のように，(1)式が導出できました。

［理論］

09 半円形を流れる電流が作る磁界

図のように，長い線状導体の一部が点 P を中心とする半径 r [m] の半円形になっている。この導体に電流 I [A] を流すとき，点 P に生じる磁界の大きさ H [A/m] はビオ・サバールの法則より求めることができる。H を表す式として正しいものを，次の(1)～(5)のうちから一つ選べ。

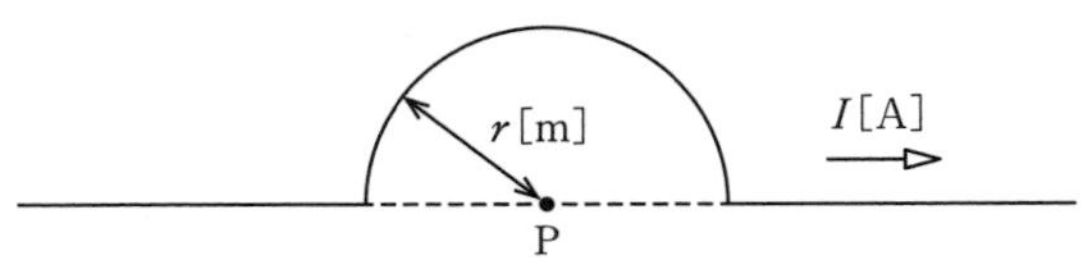

(1) $\dfrac{I}{2\pi r}$　(2) $\dfrac{I}{4r}$　(3) $\dfrac{I}{\pi r}$　(4) $\dfrac{I}{2r}$　(5) $\dfrac{I}{r}$

POINT

円形電流が作る磁界の強さを表す公式を適用します。

出題テーマをとらえる！

❶ 円形導線を流れる電流（円形電流）によって，円形導線の中心に生じる磁界の強さ H [A/m] は，電流の強さを I [A]，円形導線の半径を r [m] として，

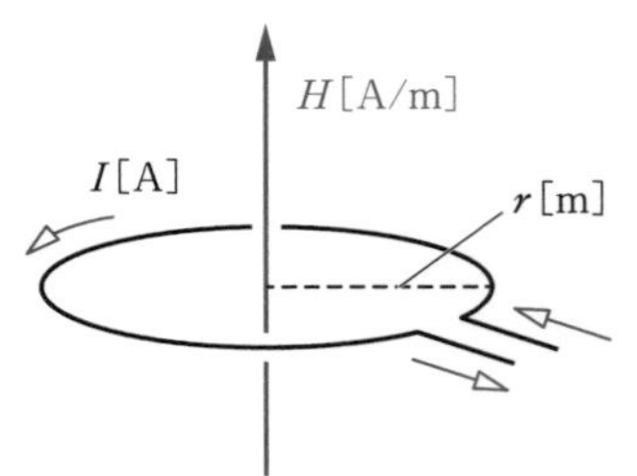

$$H = \frac{I}{2r} \quad \cdots (1)$$

なお，円形導線の中心に生じる磁界の向きについては，「直線電流が作る磁界」の合成磁界と考えることもできますし，あるいは，右ねじの法則を，右図のように変則的に適用することでも考えることができます。

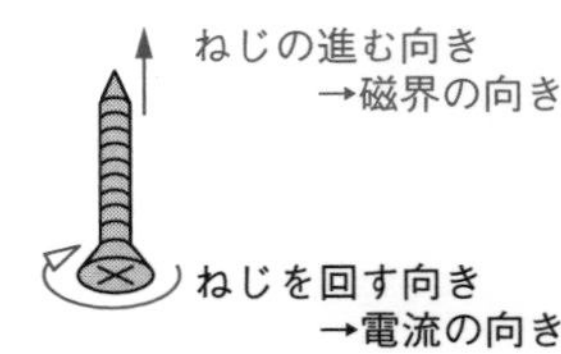

補足　導線を円形状にN回巻いたコイルの場合，中心に生じる磁界の強さH'[A/m]は(1)式のN倍になります。

$$H'=\frac{NI}{2r}\quad\cdots(1)'$$

❷「直線電流が作る磁界」44 ページ参照

答　(2)

解説

円形電流が円形導線の中心に作る磁界の強さは，(1)式より$\frac{I}{2r}$です。ただし，この問題では，導線は円形ではなく半円形なので，磁界の強さも半減します。したがって，点Pに生じる磁界の大きさH[A/m]は，

$$H=\frac{1}{2}\times\frac{I}{2r}=\frac{I}{4r}$$

なお，導線の直線部分を流れる電流も磁界を作りますが，点Pに生じる磁界には無関係です。

より深く理解する！

この問題は，(1)式を覚えておけば一瞬で解けてしまいます。とはいえ，問題文に「ビオ・サバールの法則より求めることができる」と書かれているので，ビオ・サバールの法則について確認しておきましょう。(1)式はビオ・サバールの法則により導かれた公式です。

右図のように，曲線状導線の微小な長さΔl[m]を流れる電流I[A]によって，点Pに作られる微小な磁界の大きさΔH[A/m]は，

$$\Delta H=\frac{I\Delta l}{4\pi r^2}\sin\theta\quad\cdots(a)$$

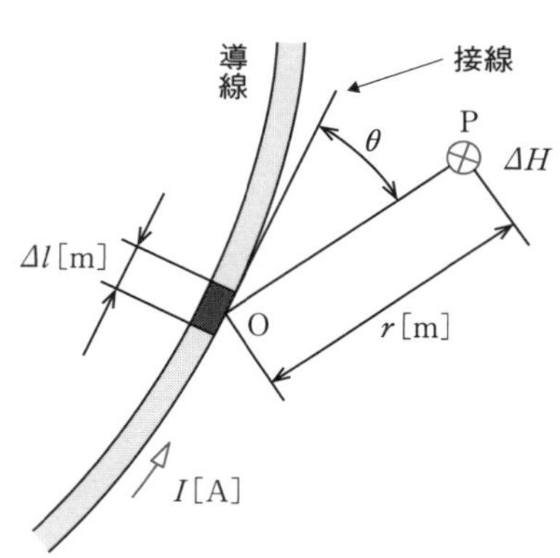

これを**ビオ・サバールの法則**といいま

す。

この公式は覚える必要はありません。ただし，この法則の概要だけは覚えておきましょう。

さて，(a)式について，導線が円形状の場合は $\theta=90°$ です。さらに，微小な長さ Δl を円周の長さ $2\pi r$ に拡大すると，円形導線の中心に生じる磁界 H は次のようになり，(1)式が導かれます。

$$H=\frac{I\times 2\pi r}{4\pi r^2}\sin 90°=\frac{I}{2r}\times 1=\frac{I}{2r} \quad \cdots\text{(1)（再掲）}$$

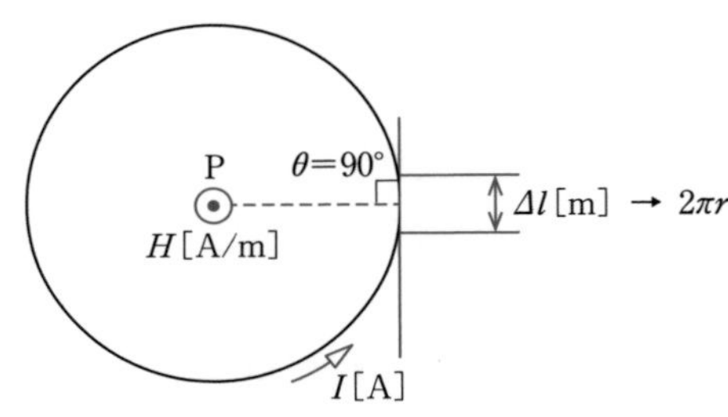

出題テーマ：起磁力／磁気抵抗／磁束密度

H7 年，問 11

［理論］

10 エアギャップ（空隙）のある磁気回路

図のような 1 mm のエアギャップのある比透磁率 2 000，磁路の平均の長さ 200 mm の環状鉄心がある。これに巻数 $N=10$ のコイルを巻き，5 A の電流を流したとき，エアギャップにおける磁束密度[T]の値として正しいのは次のうちどれか。

ただし，真空の透磁率 $\mu_0=4\pi\times10^{-7}$ [H/m] とし，磁束の漏れ及びエアギャップにおける磁束の広がりはないものとする。

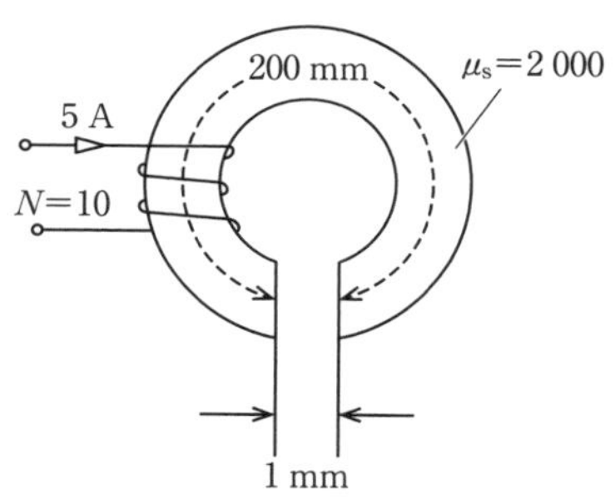

(1)　3.2×10^{-2}　　(2)　3.9×10^{-2}　　(3)　4.8×10^{-2}

(4)　5.0×10^{-2}　　(5)　5.7×10^{-2}

POINT

- 磁気抵抗は電気抵抗と同じように合成することができます。
- 電界は電圧に深く関係しますが，磁界は電流に深く関係します。

出題テーマをとらえる！

❶ 電気現象が電荷によって起こるのに対して，磁気現象は**磁荷**（じか）によって起こります。電気現象の電束（でんそく）に相当する磁気現象が**磁束**（じそく）であり，m [Wb] の**磁極**（じきょく）（磁荷を帯びた部分）から m 本の磁束が出ると考えます。

参考　磁気現象は電気現象になぞらえて解析（かいせき）されました。その結果，実際には磁荷は存在せず（仮想的な概念でしかなく），代わりに磁極が存在することが分かりました。

❷ 環状鉄心に導線を巻いて電流を流すと，鉄心中に磁束が生じ，それ以外の空間には磁束がほとんど生じません。

❸ 磁束が生じる原動力を**起磁力**といいます。起磁力は電流そのもので，コイルの巻数を N 回，流れる電流を I [A] とすると，起磁力 F_m [A] は，

$$F_\mathrm{m}=NI \quad \cdots(1)$$

❹ 磁束の通路を**磁路**といい，閉じた磁路を**磁気回路**といいます。磁気回路において，起磁力 F_m と磁束 $\varPhi$ との比 $\left(\dfrac{F_\mathrm{m}}{\varPhi}\right)$ を磁気回路の**磁気抵抗**といい，磁束の通りにくさを表しています。磁気抵抗は，磁路の長さ l [m] に比例し，鉄心の断面積 S [m²] に反比例します。したがって，磁気抵抗 R_m [H⁻¹] は，透磁率を μ [H/m] とすると，

$$R_\mathrm{m}=\frac{F_\mathrm{m}}{\varPhi}\left(=\frac{NI}{\varPhi}\right) \quad \cdots(2)$$

$$=\frac{l}{\mu S} \quad \cdots(3)$$

(2)式の関係を**磁気回路のオームの法則**といいます。

参考 磁気回路と電気回路の対応は次表のようになります。

磁気回路	電気回路
起 磁 力　$F_\mathrm{m}=NI$ [A]	起 電 力　E [V]
磁　　束　$\varPhi$ [Wb]	電　　流　I [A]
磁気抵抗　$R_\mathrm{m}=\dfrac{1}{\mu}\cdot\dfrac{l}{S}$ [H⁻¹]	電気抵抗　$R=\dfrac{1}{\sigma}\cdot\dfrac{l}{S}$ [Ω]
透 磁 率　μ [H/m]	導 電 率　$\sigma\,[\mathrm{S/m}]=\dfrac{1}{\text{抵抗率}\ \rho\,[\Omega\cdot\mathrm{m}]}$
オームの法則　$F_\mathrm{m}=R_\mathrm{m}\varPhi$	オームの法則　$E=RI$

❺ **透磁率**は，磁路を作っている物質によって決まる定数です。透磁率 μ [H/m] は，真空の透磁率を μ_0 [H/m]，比透磁率を μ_r とすると，

$$\mu=\mu_0\mu_\mathrm{r} \quad \left(\text{または，}\ \mu_\mathrm{r}=\frac{\mu}{\mu_0}\right) \quad \cdots(4)$$

❻ 環状鉄心に導線を巻いて電流を流したとき，鉄心中の磁束密度 B [T] は，鉄

心中の磁界の強さを H [A/m] として，

$$B=\mu H \quad \cdots(5)$$

$$=\frac{\Phi}{S}=\frac{\mu NI}{l} \quad \cdots(6)$$

補足　(2)式，(3)式より，

$$\frac{NI}{\Phi}=\frac{l}{\mu S} \qquad \therefore\ \Phi=\frac{\mu SNI}{l} \ \rightarrow\ \frac{\Phi}{S}=\frac{\mu NI}{l}$$

答　(5)

解説

磁気回路のオームの法則を利用して解答します。

鉄心とエアギャップ（空隙(くうげき)）の磁気抵抗 R_i，R_g [H^{-1}] は，鉄心の比透磁率を μ_r（=2 000），磁路の平均の長さを l（=200 [mm]），エアギャップの長さを d（=1 [mm]），鉄心の断面積を S [m^2] とすると，(3)式，(4)式より，

$$R_\mathrm{i}=\frac{l}{\mu_0\mu_\mathrm{r}S}$$

$$R_\mathrm{g}=\frac{d}{\mu_0 S}$$

この二つの磁気抵抗の合成磁気抵抗 R_m [H^{-1}] は，

$$R_\mathrm{m}=R_\mathrm{i}+R_\mathrm{g}$$　←電気抵抗の直列接続と同じように計算

$$=\frac{l}{\mu_0\mu_\mathrm{r}S}+\frac{d}{\mu_0 S}=\frac{1}{\mu_0 S}\left(\frac{l}{\mu_\mathrm{r}}+d\right) \quad \cdots(\mathrm{a})$$

題意（但し書き）より，磁束 Φ [Wb] の漏(も)れがないので，(2)式より，コイルを流れる電流を I（=5 [A]）として，

$$R_\mathrm{m}=\frac{NI}{\Phi} \qquad \therefore\ \Phi=\frac{NI}{R_\mathrm{m}} \quad \cdots(\mathrm{b})$$

(6)式より，エアギャップの磁束密度 B [T] は，

$$B=\frac{\Phi}{S}=\frac{NI}{SR_m}$$ ←(b)式，(a)式の順に代入

$$=\frac{NI}{S\times\frac{1}{\mu_0 S}\left(\frac{l}{\mu_r}+d\right)}=\frac{NI}{\frac{1}{\mu_0}\left(\frac{l}{\mu_r}+d\right)}$$ ←ここで各数値を代入（単位に注意）

$$=\frac{10\times5}{\frac{1}{4\pi\times10^{-7}}\left(\frac{200\times10^{-3}}{2\,000}+1\times10^{-3}\right)}=\frac{50\times4\pi\times10^{-7}}{0.1\times10^{-3}+1\times10^{-3}}=\frac{200\pi\times10^{-7}}{1.1\times10^{-3}}$$

$$=\frac{2\pi\times10^{-2}}{1.1}\fallingdotseq5.7\times10^{-2}\,[\mathrm{T}]$$

別解 アンペアの周回路の法則を利用して解答します。

起磁力[A]は電流そのものであり，磁界の強さ[A/m]は単位（1 m）長さ当たりの電流なので，鉄心中の磁界の強さを H_i [A/m]，エアギャップの磁界の強さを H_g [A/m]とすると，

$$NI=H_i l+H_g d \quad \cdots(\mathrm{c})$$

この(c)式はアンペアの周回路の法則（46～47 ページ参照）を表しています。

また，鉄心とエアギャップの磁束（磁束密度）は等しいので，(5)式より，

題意（但し書き）より，「磁束の漏れ及びエアギャップにおける磁束の広がりはない」ので，鉄心とエアギャップの磁束は等しくなります。

$$\mu_0\mu_r H_i=\mu_0 H_g \qquad \therefore\ H_i=\frac{H_g}{\mu_r} \quad \cdots(\mathrm{d})$$

(d)式を(c)式に代入すると，

$$NI=\frac{H_g}{\mu_r}l+H_g d=H_g\left(\frac{l}{\mu_r}+d\right)$$ ←ここで各数値を代入

$$10\times5=H_g\left(\frac{200\times10^{-3}}{2\,000}+1\times10^{-3}\right)=H_g\times(1.1\times10^{-3})$$

$$\therefore\ H_g=\frac{50}{1.1\times10^{-3}}=\frac{500}{11}\times10^{3}\,[\mathrm{A/m}]$$

したがって，エアギャップの磁束密度 B [T]の値は，(5)式より，

$$B = \mu_0 H_g \qquad \leftarrow ここで各数値を代入$$

$$= (4\pi \times 10^{-7}) \times \left(\frac{500}{11} \times 10^3\right) \fallingdotseq 570 \times 10^{-4} = 5.7 \times 10^{-2}\ [\mathrm{T}]$$

より深く理解する！

鉄心とエアギャップを通る磁束，磁束密度は等しいものの，磁界の強さは大きく異なります。(d)式に鉄心の比透磁率 $\mu_r = 2\,000$ を代入すると，

$$H_i = \frac{H_g}{2\,000} \qquad \therefore\ H_g = 2\,000 H_i$$

つまり，エアギャップの磁界 H_g は鉄心中の磁界 H_i の 2 000 倍もの強さです。

磁気回路と電気回路の対応のほかに，磁力線と電気力線（23～24 ページ参照）の対応も確認しておきましょう。

磁力線には，以下のような性質があります。

❶ 磁力線は，N 極から出て S 極へ入る。

❷ 磁力線は，途中で枝分(えだわ)かれしたり，他の磁力線と交わったりしない。

❸ 磁力線はゴムひものように縮もうとする。また，同じ向きの磁力同士は反発し合う。

❹ ある点での磁力線の接線方向は，その点の磁界の方向を表す。

❺ ある点での磁力線の密度（単位面積当たりの磁力線の本数）は，その点での磁界の強さを表す。

［理論］

11 直列接続されたコイルのインダクタンス

環状鉄心に，コイル1及びコイル2が巻かれている。二つのコイルを図1のように接続したとき，端子A-B間の合成インダクタンスの値は1.2Hであった。次に，図2のように接続したとき，端子C-D間の合成インダクタンスの値は2.0Hであった。このことから，コイル1の自己インダクタンスLの値[H]，コイル1及びコイル2の相互インダクタンスMの値[H]の組合せとして，正しいものを次の(1)～(5)のうちから一つ選べ。

ただし，コイル1及びコイル2の自己インダクタンスはともにL[H]，その巻数をNとし，また，鉄心は等断面，等質であるとする。

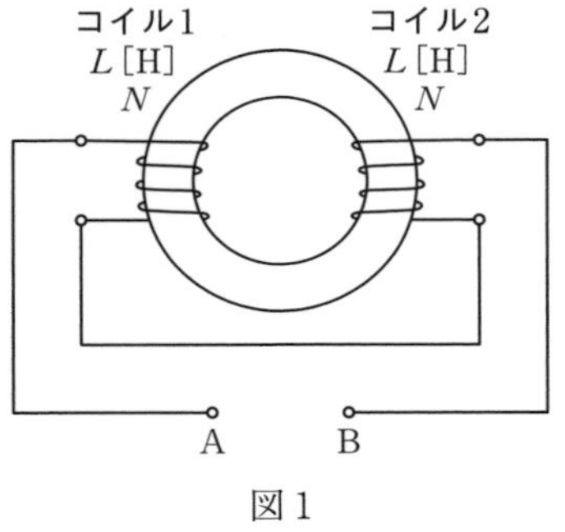

図1

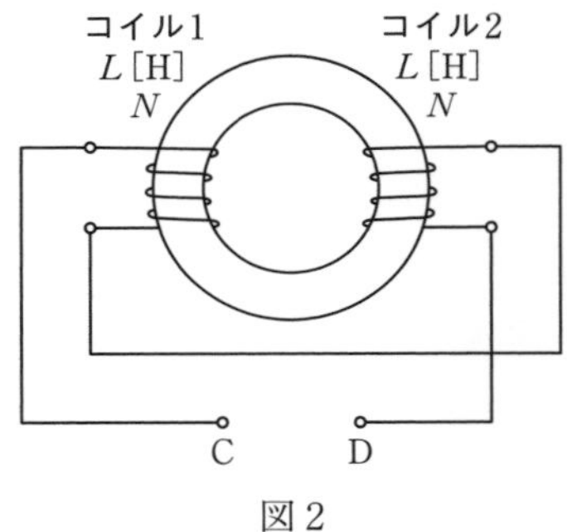

図2

	自己インダクタンスL	相互インダクタンスM
(1)	0.4	0.2
(2)	0.8	0.2
(3)	0.8	0.4
(4)	1.6	0.2
(5)	1.6	0.4

POINT

二つのコイルに生じる磁束の向きを判定し，合成インダクタンスの公式を適用します。

⇨ 出題テーマをとらえる！

❶ コイル内の磁束（磁界）が変化すると，コイルに起電力が誘導されます。この現象を**電磁誘導**（でんじゆうどう）といい，誘導される起電力を**誘導起電力**，誘導される電流を**誘導電流**といいます。

❷ コイルに流れる電流が変化すると，コイル内の磁束が変化し，電磁誘導によって，コイルには磁束の変化をさまたげる向きに起電力が発生します。この現象を**自己誘導**（じこゆうどう）といい，生じた起電力を**自己誘導起電力**といいます。

巻数 N のコイルに流れる電流が微小（びしょう）時間 Δt [s] に ΔI [A] 変化し，磁束が $\Delta\Phi$ [Wb] だけ変化したとき，コイルに発生する誘導起電力 e [V] は，

$$e=-N\frac{\Delta\Phi}{\Delta t} \quad \cdots(1)$$

$$=-L\frac{\Delta I}{\Delta t} \quad \cdots(2)$$

なお，(1)式，(2)式の負（−）の符号は，変化を打ち消す向きであることを示しています。この“向き”に関する法則性を**レンツの法則**といいます。

また，(1)式の比例関係を**電磁誘導に関するファラデーの法則**といいます。

さらに，(2)式中の比例定数 L [H] を**自己インダクタンス**といい，コイルの自己誘導作用の大きさを示しています。

補足 磁路を作る物質（媒質）の透磁率が一定で，電流 I と磁束 Φ が比例する場合，(1)式，(2)式から $N\Phi=LI$ になるので，

$$L=\frac{N\Phi}{I} \quad \cdots(3)$$

なお，自己インダクタンス L は，コイルの巻数や磁路を作る物質の透磁率などで決まります。

また，$N\Phi$ [Wb] はコイル全体を貫く磁束で，これを**磁束鎖交数**（じそくさこうすう）といいます。

❸ 鉄心に二つのコイルを巻いて，一方のコイル 1 に流れる電流を変化させると，もう一方のコイル 2 を貫く磁束が変化するので，その変化をさまたげるように，コイル 2 に誘導起電力が発生します。この現象を**相互誘導**（そうごゆうどう）といいます。

微小時間 Δt [s] の間にコイル 1 に流れる電流が ΔI_1 [A] だけ変化したとき，コイル 2 に発生する誘導起電力 e_2 [V] は，

$$e_2 = -M\frac{\Delta I_1}{\Delta t}$$ ←負（－）の符号は，変化を打ち消す向きであることを示す

この式中の比例定数 M [H] を**相互インダクタンス**といいます。

補足　磁路を作る物質の透磁率が一定で，電流 I_1 と磁束 Φ が比例する場合，コイル 2 の巻数を N_2 として，$N_2\Phi = MI_1$ になるので，

$$M = \frac{N_2\Phi}{I_1} \quad \cdots(4)$$

❹ 自己インダクタンスが L_1，L_2 [H] の二つのコイルを直列に接続したとき，相互インダクタンスを M [H] とすると，全体の自己インダクタンス（合成インダクタンス）L [H] は，

$$L = L_1 + L_2 \pm 2M \quad \cdots(5)$$

和動接続：符号は正（＋）
差動接続：符号は負（－）

なお，二つのコイルに発生する磁束の向きが同じになる場合を**和動接続**（わどう），逆向きになる場合を**差動接続**（さどう）といいます。

答　(2)

解説

問題に示された図 1 の回路に電流を流すと，二つのコイルは互いに逆向きの磁束を生じます。すなわち，コイル 1（一次コイル）とコイル 2（二次コイル）は差動接続されています。

コイルに生じる磁界の向きについては，48 ページを参照してください。

題意（図 1）より，コイル 1 とコイル 2 の自己インダクタンスは等しいので，これを L [H] とします。また，二つのコイルの相互インダクタンスを M [H] とします。すると，(5)式と題意の数値（合成インダクタンス 1.2 H）より，

$$L + L - 2M = 2L - 2M = 1.2\,[\mathrm{H}] \qquad \therefore\ L - M = 0.6\,[\mathrm{H}] \quad \cdots(\mathrm{a})$$

また，問題に示された図 2 の回路に電流を流すと，二つのコイルは互いに同じ向きの磁束を生じます。すなわち，二つのコイルは和動接続されているので，(5)式と題意の数値（合成インダクタンス 2.0 H）より，

$L+L+2M=2.0\,[\mathrm{H}] \qquad \therefore\ L+M=1.0\ [\mathrm{H}]$ …(b)

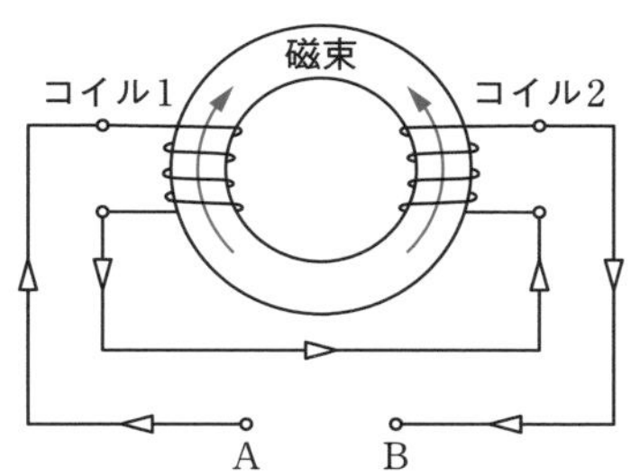

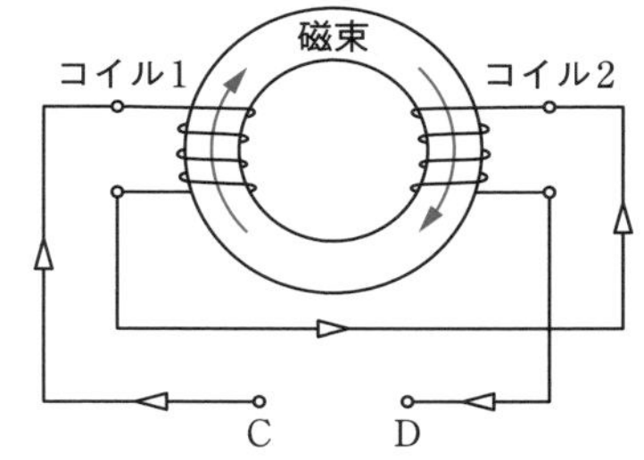

(b)式 −(a)式より，

$$\begin{array}{rl} & L+M=1.0\,[\mathrm{H}] \\ -) & L-M=0.6\,[\mathrm{H}] \\ \hline & 2M=0.4\,[\mathrm{H}] \end{array} \qquad \therefore\ M=0.2\,[\mathrm{H}]$$

このMの値を(a)式（または，(b)式）に代入して，

$L-M=0.6\,[\mathrm{H}] \qquad \therefore\ L=0.6+M=0.6+0.2=0.8\,[\mathrm{H}]$

$(L+M=1.0\,[\mathrm{H}] \qquad \therefore\ L=1.0-M=1.0-0.2=0.8\,[\mathrm{H}])$

より深く理解する！

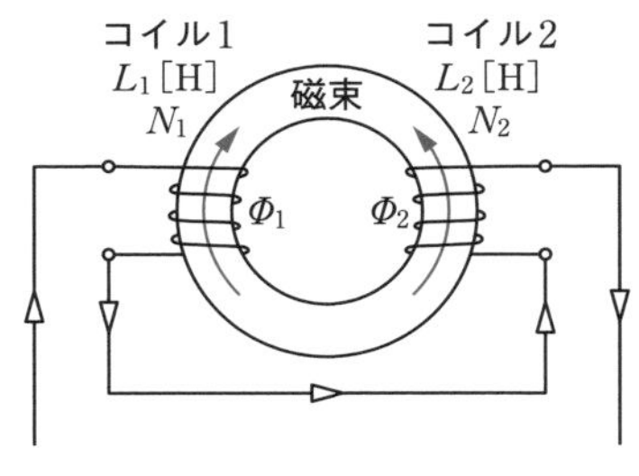

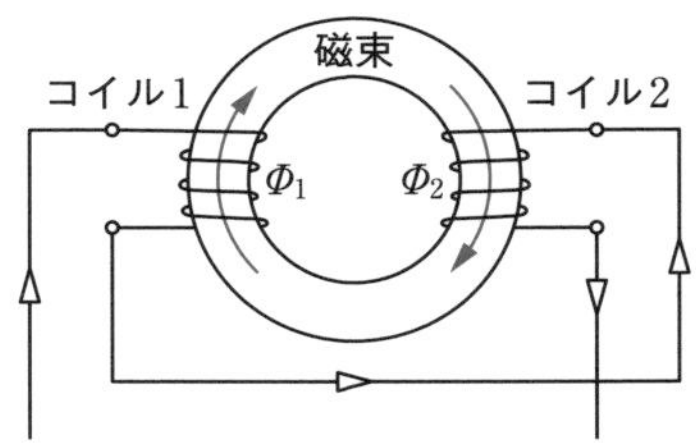

コイル1の自己インダクタンスと巻数をL_1，N_1，コイル2の自己インダクタンスと巻数をL_2，N_2，コイル1とコイル2の相互インダクタンスをMとします。また，コイル2が作る磁束Φ_2の影響を受けたコイル1の見かけの自己インダクタンスをL_{12}，コイル1が作る磁束Φ_1の影響を受けたコイル2の見かけの自己インダクタンスをL_{21}とします。

L_1 と L_2 が和動接続された場合，鉄心内に生じる磁束は同じ向きになり強め合うことから，(3)式，(4)式より，

$$L_{12}=\frac{N_1(\Phi_1+\Phi_2)}{I}=\frac{N_1\Phi_1}{I_1}+\frac{N_1\Phi_2}{I_2}=L_1+M$$

$$L_{21}=\frac{N_2(\Phi_2+\Phi_1)}{I}=\frac{N_2\Phi_2}{I_2}+\frac{N_2\Phi_1}{I_1}=L_2+M$$

コイル 1，2 に流れる電流 I[A] は共通ですが，ここでは公式（(3)式，(4)式）との関連が分かりやすいように，I_1，I_2[A] に置き換えています。

したがって，L_1 と L_2 の合成インダクタンス L は，

$$L=L_{12}+L_{21}=(L_1+M)+(L_2+M)=L_1+L_2+2M \quad \cdots(5)$$（再掲）

また，コイル L_1 と L_2 が差動接続された場合，鉄心内に生じる磁束が逆向きになり打ち消し合うことから，(3)式，(4)式より，

$$L_{12}=\frac{N_1(\Phi_1-\Phi_2)}{I}=\frac{N_1\Phi_1}{I_1}-\frac{N_1\Phi_2}{I_2}=L_1-M$$

$$L_{21}=\frac{N_2(\Phi_2-\Phi_1)}{I}=\frac{N_2\Phi_2}{I_2}-\frac{N_2\Phi_1}{I_1}=L_2-M$$

したがって，L_1 と L_2 の合成インダクタンス L は，

$$L=L_{12}+L_{21}=(L_1-M)+(L_2-M)=L_1+L_2-2M \quad \cdots(5)$$（再掲）

以上のように，(5)式を導くことができました。

［理論］
12 回路網を流れる電流

図に示すような抵抗の直並列回路がある。この回路に直流電圧 5 V を加えたとき，電源から流れ出る電流 I [A] の値として，最も近いものを次の(1)～(5)のうちから一つ選べ。

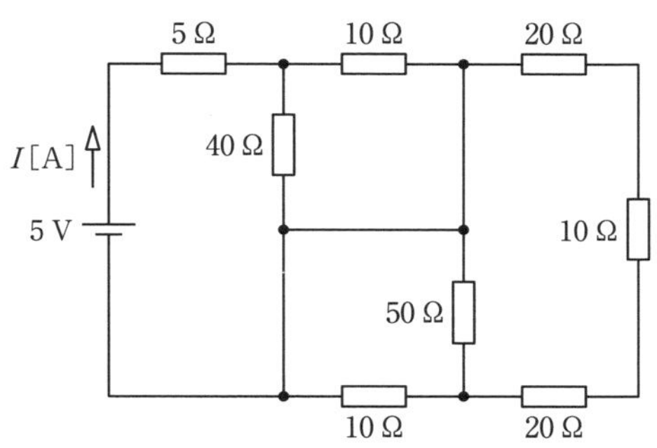

(1)　0.2　　(2)　0.4　　(3)　0.6　　(4)　0.8　　(5)　1.0

POINT

電流の性質から電流の流れる経路を見定め，経路の合成抵抗を計算します。合成抵抗が分かれば，電源から流れ出る電流の値は簡単に求められます。

出題テーマをとらえる！

❶　電流は，電位の高いところから低いところへ向かって，より流れやすい，抵抗の小さいところを流れようとする性質があります。

❷　等価回路を書くときは，同じ電位（等電位）のところであれば，回路図上の接続点は自由に移動できます。

❸　複数の抵抗 R_1, R_2, R_3, …… [Ω] を**直列**に接続したときの合成抵抗 R [Ω] は，

$$R = R_1 + R_2 + R_3 + \cdots\cdots \quad \cdots(1)$$

❹ 複数の抵抗 R_1, R_2, R_3, ……[Ω] を**並列**に接続したときの合成抵抗 R[Ω] の逆数 $\frac{1}{R}$ は,

$$\frac{1}{R}=\frac{1}{R_1}+\frac{1}{R_2}+\frac{1}{R_3}+\cdots\cdots \quad \cdots(2)$$

補足 特に, 抵抗が二つの場合は,

$$\frac{1}{R}=\frac{1}{R_1}+\frac{1}{R_2}=\frac{R_1+R_2}{R_1\times R_2}$$

$$\therefore\ R=\frac{R_1\times R_2}{R_1+R_2} \quad \cdots(3)$$

← $\frac{積}{和}$ (和分の積) の形になる

また, 抵抗が n 個で, その値がすべて等しく r[Ω] の場合 ($R_1=R_2=R_3=\cdots\cdots=r$) は,

$$\frac{1}{R}=\frac{1}{r}+\frac{1}{r}+\frac{1}{r}+\cdots\cdots+\frac{1}{r}=\frac{n}{r} \qquad \therefore\ R=\frac{r}{n} \quad \cdots(4)$$

(1)式, (2)式はもちろんですが, (3)式もできれば覚えておきましょう。(4)式はあまり使う機会がありませんから, 無理に覚えなくても構いません。

解説

網(あみ)の目のように複雑な回路 (**回路網**(かいろもう)といいます) なので, 考えを整理するために, 電流の流れる経路を調べてみましょう。

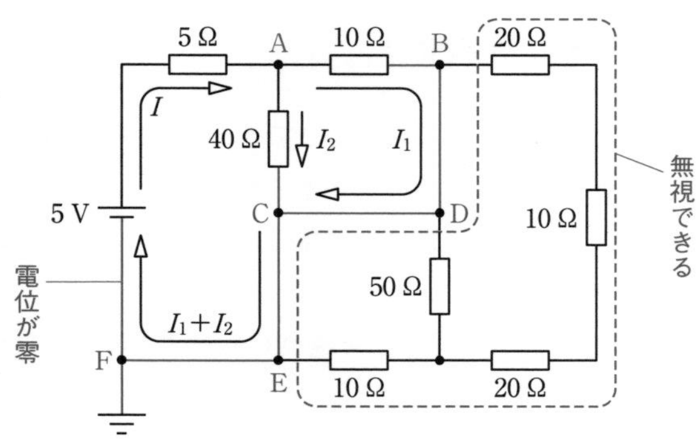

まず，電源から流れ出て抵抗 5 Ω を通過し，点 A で電流 I_1 [A] と I_2 [A] に分流します。分流した電流 I_1 は抵抗 10 Ω に，電流 I_2 は抵抗 40 Ω に流れます。

抵抗 10 Ω を通過した後の電流 I_1 は，点 B でも分流するように思えます。しかし，「B → D → C → E → F → 電源」という経路には抵抗がありません。したがって，点 B を通過した後は，より流れやすいこの経路を流れます。

同じように，40 Ω を通過した後の電流 I_2 は，点 C では分流せず，抵抗がない「C → E → F → 電源」という経路を流れます。なお点 C では，点 A で分流した I_1 と I_2 が合流します（$I=I_1+I_2$，キルヒホッフの電流則，71 ページ参照）。

以上から，この回路は抵抗 5 Ω，10 Ω，40 Ω からなる直並列回路と等価であることが分かりました。

さて，B–D，C–D，C–E，E–F，F–電源の各区間には抵抗がない（電圧降下がない）ので，B，C，D，E，F の 5 点では電位が等しく零（0 V）になっています。したがって，これらの接続点を移動し，ひとまとめにして，分かりやすい回路図に書き直してみると，等価回路は次のようになります。

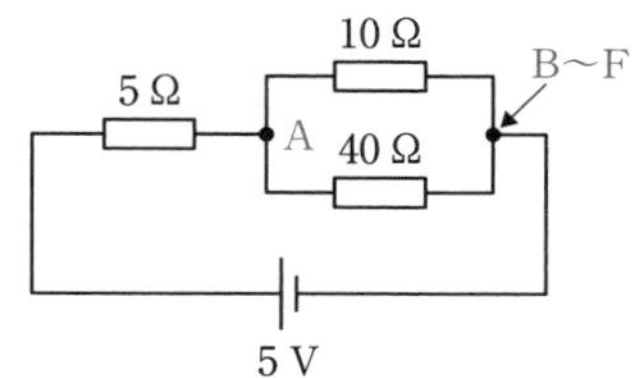

この回路の並列部分（抵抗 10 Ω と 40 Ω）の合成抵抗 R_p [Ω] は，(3)式より，

$$R_p=\frac{10\times40}{10+40}=\frac{400}{50}=8\ [\Omega]$$

よって，この回路の合成抵抗 R_{sp} [Ω] は，(1)式より，

$$R_{sp}=5+R_p=5+8=13\ [\Omega]$$

したがって，電源（直流電圧 5 V）から流れ出る電流 I [A] の値は，

$$I=\frac{5}{R_{sp}}=\frac{5}{13}\fallingdotseq0.385\ [\mathrm{A}]\ \rightarrow\ 0.4\ \mathrm{A}$$

より深く理解する！

① **直列**接続された各抵抗に流れる**電流**は等しい。

② **並列**接続された各抵抗に加わる**電圧**は等しい。

この二つの性質から，合成抵抗の公式（(1)式，(2)式）を導いてみましょう。

まず，**直列回路**では，各抵抗に流れる電流は等しく I [A] です。また，電圧 V [V] は各抵抗（R_1，R_2，R_3，……）での電圧降下（V_1，V_2，V_3，……）の和に等しくなります。

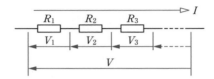

したがって，回路の合成抵抗を R [Ω] とすると，

$$V = V_1 + V_2 + V_3 + \cdots\cdots$$ ←キルヒホッフの電圧則

$$= R_1 I + R_2 I + R_3 I + \cdots\cdots = RI$$ ←両辺を I で割る

$$\therefore\ R = R_1 + R_2 + R_3 + \cdots\cdots$$ …(1)（再掲）

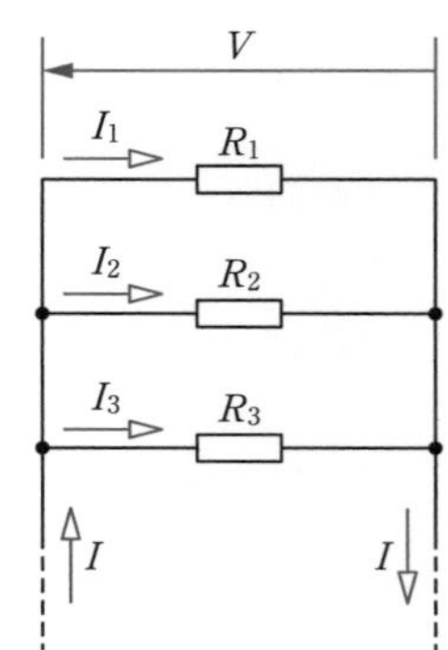

次に，**並列回路**では，各抵抗に加わる電圧は等しく V [V] です。また，回路を流れる電流は各抵抗（R_1，R_2，R_3，……）を流れる電流（I_1，I_2，I_3，……）の和に等しくなります。したがって，回路の合成抵抗を R [Ω] とすると，

$$I = I_1 + I_2 + I_3 + \cdots\cdots$$ ←キルヒホッフの電流則

$$= \frac{V}{R_1} + \frac{V}{R_2} + \frac{V}{R_3} + \cdots\cdots = \frac{V}{R}$$ ←両辺を V で割る

$$\therefore\ \frac{1}{R} = \frac{1}{R_1} + \frac{1}{R_2} + \frac{1}{R_3} + \cdots\cdots$$ …(2)（再掲）

［理論］

13 抵抗の直並列回路

図のような回路において，端子 a-b 間の電圧は 27 V である。電源電圧 E [V] はいくらか。正しい値を次のうちから選べ。

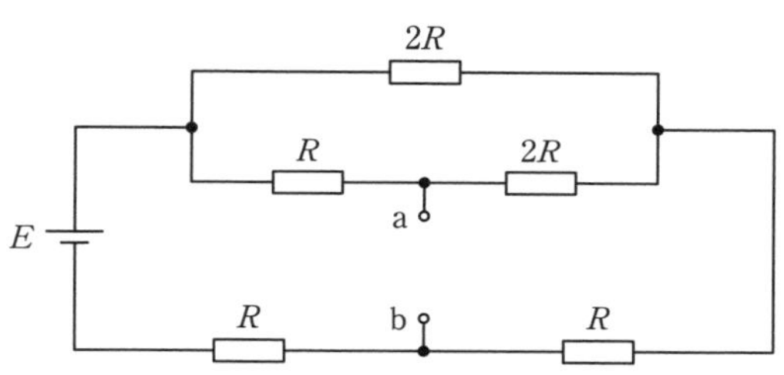

(1) 38　(2) 42　(3) 48　(4) 54　(5) 58

POINT

端子 a-b 間の電圧は，点 a と点 b の電位差です。電位差は，抵抗による電圧降下によって生じたものです。

出題テーマをとらえる！

❶ **並列**接続された複数の抵抗（R_1, R_2, …… [Ω]）に電圧 V [V] を加えたとき，各抵抗に流れる電流（I_1, I_2, …… [A]）の比（分流比）は，それぞれの**抵抗値の逆数の比**に等しくなります。

$$I_1 : I_2 : I_3 : \cdots\cdots = \frac{V}{R_1} : \frac{V}{R_2} : \frac{V}{R_3} : \cdots\cdots = \frac{1}{R_1} : \frac{1}{R_2} : \frac{1}{R_3} : \cdots\cdots \quad \cdots(1)$$

補足　特に，抵抗が二つの場合は，

$$I_1 : I_2 = \frac{1}{R_1} : \frac{1}{R_2} = R_2 : R_1 \quad \cdots(1)'$$

❷ **直列**接続された複数の抵抗（R_1, R_2, …… [Ω]）に電流 I [A] が流れたとき，

各抵抗における電圧降下（V_1，V_2，V_3，…… [V]）の比（分圧比）は，それぞれの**抵抗値の比**に等しくなります。

$$V_1 : V_2 : V_3 : \cdots\cdots = R_1 I : R_2 I : R_3 I : \cdots\cdots = R_1 : R_2 : R_3 : \cdots\cdots \quad \cdots(2)$$

❸　Δ 結線された抵抗（R_{ab}，R_{bc}，R_{ca} [Ω]）を Y 結線された抵抗（R_a，R_b，R_c [Ω]）に等価変換（Δ−Y 変換）すると，

$$R_a = \frac{R_{ab}R_{ca}}{R_{ab}+R_{bc}+R_{ca}},\quad R_b = \frac{R_{bc}R_{ab}}{R_{ab}+R_{bc}+R_{ca}},\quad R_c = \frac{R_{ca}R_{bc}}{R_{ab}+R_{bc}+R_{ca}} \quad \cdots(3)$$

また，Y 結線された抵抗（R_a，R_b，R_c [Ω]）を Δ 結線された抵抗（R_{ab}，R_{bc}，R_{ca} [Ω]）に等価変換（Y−Δ 変換）すると，

$$R_{ab} = \frac{R_aR_b+R_bR_c+R_cR_a}{R_c},\quad R_{bc} = \frac{R_aR_b+R_bR_c+R_cR_a}{R_a},$$

$$R_{ca} = \frac{R_aR_b+R_bR_c+R_cR_a}{R_b} \quad \cdots(4)$$

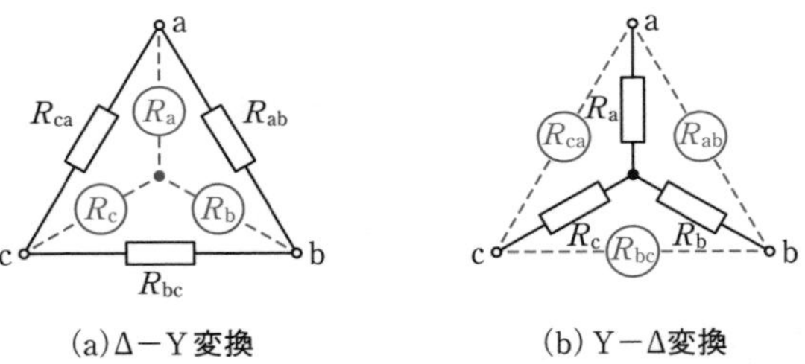

(a) Δ−Y 変換　　(b) Y−Δ変換

❹　「合成抵抗」61〜62 ページ参照

答　(3)

解説

点 a の電位を V_a [V]，点 b の電位を V_b [V] とすると，題意（端子 a-b 間の電圧が 27 V）より $V_a - V_b = 27$ [V] です。したがって，V_a と V_b を手掛かりに考えます。

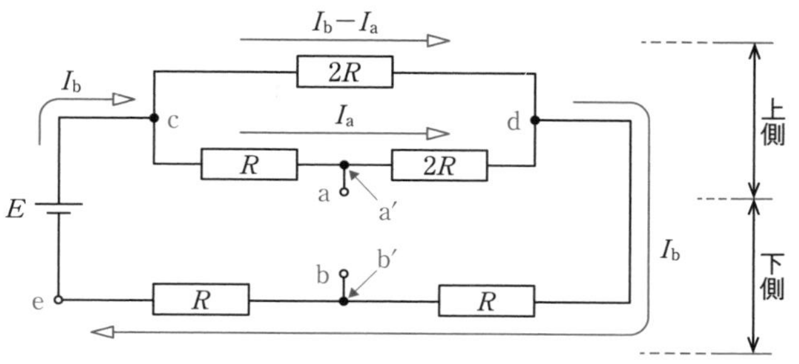

V_a，V_b を求めるためには，点 a′，点 b′ を流れる電流 I_a，I_b [A] を求める必要があります。点 b′ を流れる電流 I_b は回路全体を流れる電流と等しいので，まずは電流 I_b を求めることにしましょう。そのために，回路全体の合成抵抗を計算します。

回路全体の合成抵抗は，上側の並列部分の合成抵抗と下側の直列部分の合成抵抗の和です。上側の並列部分の合成抵抗 R_1 は，抵抗 $2R$ と抵抗 $R+2R$ の並列合成抵抗なので，

$$\frac{1}{R_1}=\frac{1}{2R}+\frac{1}{R+2R}=\frac{1}{2R}+\frac{1}{3R}=\frac{3}{2R\times3}+\frac{2}{3R\times2}=\frac{5}{6R} \qquad \therefore\ R_1=\frac{6}{5}R$$

下側の直列部分の合成抵抗 $R_2=R+R=2R$ なので，回路全体の合成抵抗は，

$$R_1+R_2=\frac{6}{5}R+2R=\frac{6}{5}R+\frac{10}{5}R=\frac{16}{5}R$$

したがって，点 b′ を流れる電流 I_b は，

$$I_b=\frac{E}{\frac{16}{5}R}=\frac{5E}{16R} \quad \cdots\text{(a)}$$

続いて，点 a′ を流れる電流 I_a を求めます。並列部分で回路全体の電流が分流しますが，分流比は抵抗値の逆数の比になることから，電流 I_a は，

$$I_a=\frac{2R}{2R+(R+2R)}I_b=\frac{2}{5}I_b=\frac{2}{5}\times\frac{5E}{16R}=\frac{E}{8R} \quad \cdots\text{(b)}$$

回路全体の電流が I_b に等しいので，キルヒホッフの電流則より，電流は I_b-I_a と I_a に分流します。分流比は，(1)′ 式より，

$$I_b-I_a : I_a=\frac{1}{2R}:\frac{1}{R+2R}=R+2R:2R$$

以上のように電流 I_a, I_b が求められたので，これらを利用して電位 V_a, V_b を求めます。

点 c の電位は電源電圧 E と同じです。点 a（点 a′）の電位 V_a は，点 c から抵抗 R の分だけ電圧降下した値なので，

$$V_a = E - RI_a \qquad \leftarrow \text{(b)式を代入}$$

$$= E - R \times \frac{E}{8R} = E - \frac{1}{8}E = \frac{7}{8}E \quad \cdots\text{(c)}$$

点 e の電位は零（0 V）です。点 b（点 b′）の電位 V_b は，点 e から抵抗 R の分だけ電圧上昇した値なので，

$$V_b = 0 + RI_b \qquad \leftarrow \text{(a)式を代入}$$

$$= 0 + R \times \frac{5E}{16R} = \frac{5}{16}E \quad \cdots\text{(d)}$$

したがって，電源電圧 E [V] は，題意（$V_a - V_b = 27$ [V]）と (c)式－(d)式から，

$$V_a - V_b = \frac{7}{8}E - \frac{5}{16}E = \frac{14-5}{16}E$$

$$= \frac{9}{16}E = 27 \text{ [V]} \qquad \therefore\ E = \frac{16}{9} \times 27 = 48 \text{ [V]}$$

別解 右図のように，回路の上側の Δ 結線を Y 結線に変換（Δ－Y 変換）すると，かなり考えやすくなります。

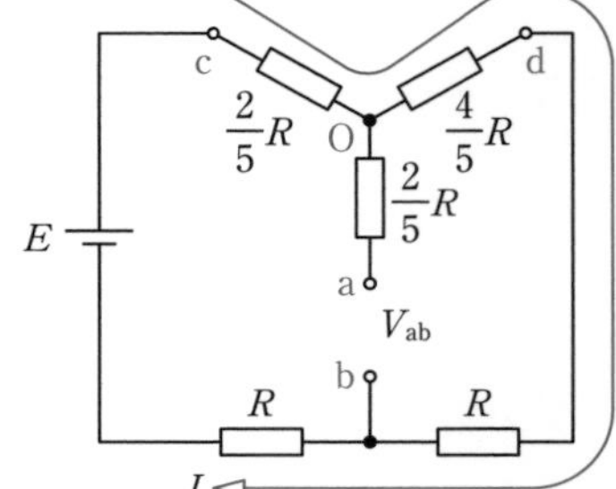

(3)式より，端子 c-O 間の抵抗 R_{co} [Ω]，端子 d-O 間の抵抗 R_{do} [Ω] は，

$$R_{co} = \frac{2R \times R}{R + 2R + 2R} = \frac{2}{5}R$$

$$R_{do} = \frac{2R \times 2R}{R + 2R + 2R} = \frac{4}{5}R$$

問題を解くだけなら，端子 a-O 間の抵抗 R_{ao} を計算する必要はありません。これは，端子 a-b 間が開放されているので，電流の行き場がない a-O 間には電流が流れず，電圧降下も生じないからです。

$$R_{ao} = \frac{R \times 2R}{R + 2R + 2R} = \frac{2}{5}R$$

よって，回路全体を流れる電流 I [A] は，

$$I=\frac{E}{R_{co}+R_{do}+R+R}=\frac{E}{\frac{2}{5}R+\frac{4}{5}R+R+R}=\frac{E}{\frac{16}{5}R}=\frac{5E}{16R} \quad \cdots(\mathrm{e})$$

これより，点 a，点 b の電位 V_a，V_b [V] は，

$$V_a=E-\frac{2}{5}R\times I \qquad \leftarrow (\mathrm{e})\text{式を代入}$$

$$=E-\frac{2}{5}R\times\frac{5E}{16R}=E-\frac{1}{8}E=\frac{7}{8}E$$

$$V_b=R\times I \qquad \leftarrow (\mathrm{e})\text{式を代入}$$

$$=R\times\frac{5E}{16R}=\frac{5}{16}E$$

したがって，題意（$V_a-V_b=27$ [V]）より，電源電圧 E [V] は，

$$V_a-V_b=\frac{7}{8}E-\frac{5}{16}E=\frac{14-5}{16}E$$

$$=\frac{9}{16}E=27\ [\mathrm{V}] \qquad \therefore\ E=27\times\frac{16}{9}=48\ [\mathrm{V}]$$

より深く理解する！

練習として，端子 a-b 間から見た回路の合成抵抗を求めてみましょう。

まず，次の右図のような等価回路を書くことができます（このとき，電源電圧 E は短絡します）。

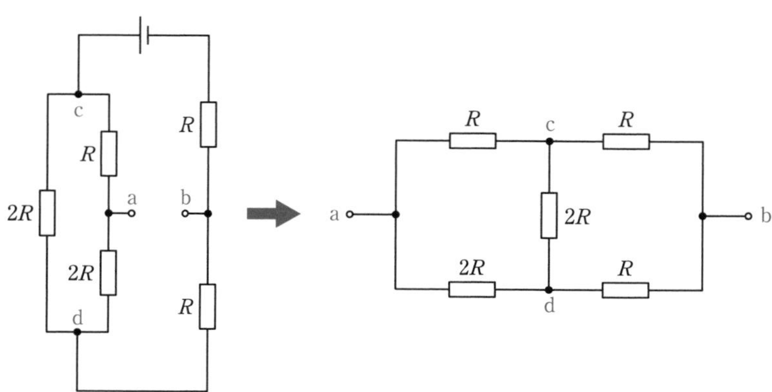

同じ電位（等電位）のところであれば，回路図の接続点は自由に移動できます。このことを利用すれば，上の右図のような等価回路が書けます。

続いて，端子 a 側または b 側の Δ 結線を Y 結線に変換します。端子 a 側を Δ−Y 変換した場合は次図のようになります。

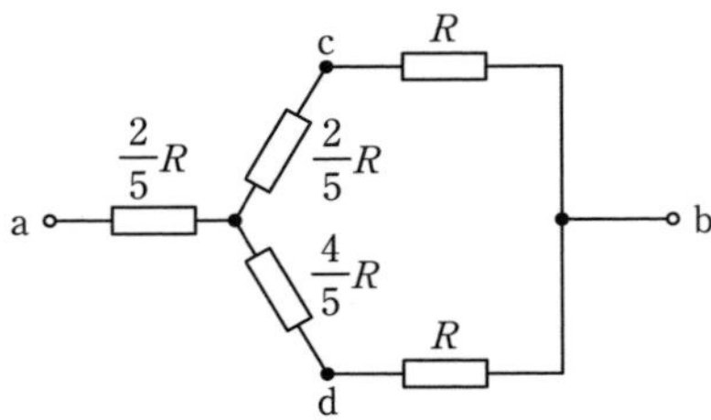

以上より，端子 a-b 間から見た合成抵抗 R_{ab} [Ω] は，

$$R_{ab}=\frac{2}{5}R+\frac{\left(\frac{2}{5}R+R\right)\times\left(\frac{4}{5}R+R\right)}{\left(\frac{2}{5}R+R\right)+\left(\frac{4}{5}R+R\right)}=\frac{2}{5}R+\frac{\frac{7}{5}R\times\frac{9}{5}R}{\frac{7}{5}R+\frac{9}{5}R}$$

$$=\frac{2}{5}R+\frac{\frac{63}{25}R^2}{\frac{16}{5}R}=\frac{2\times16}{5\times16}R+\frac{63\times5}{25\times16}R=\frac{32}{80}R+\frac{63}{80}R$$

$$=\frac{95}{80}R=\frac{19}{16}R$$

出題テーマ：回路の対称性／キルヒホッフの法則／Δ−Y 変換／テブナンの定理／分流比と分圧比

H9 年，問 12

［理論］
14 ブリッジ回路を流れる電流

図のような直流回路において，電流の比 $\dfrac{I_1}{I_2}$ はいくらか。正しい値を次のうちから選べ。

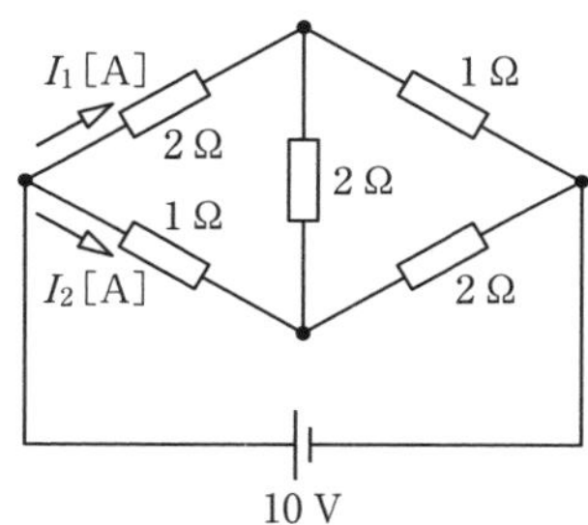

(1)　0.43　　(2)　0.57　　(3)　0.75　　(4)　1.33　　(5)　1.75

POINT

・いくつかの解法があるので，自分が使える解法を確認するとともに，短時間で解ける解法を積極的に身に付けましょう。
・回路図に対称な部分があると，その対称性を利用して問題を楽に解くことができる場合があります。

出題テーマをとらえる！

❶　回路網（かいろもう）のある接続点に流入する電流の和は，流出する電流の和に等しくなります。これを**キルヒホッフの電流則（でんりゅうそく）（第 1 法則）**といいます。

❷　回路網が含むある閉回路を一定の方向にたどるとき，その閉回路の起電力の和は，各抵抗における電圧降下の和に等しくなります。これを**キルヒホッフの電圧則（でんあつそく）（第 2 法則）**といいます。

❸　電源を含む回路網に抵抗 R［Ω］を接続するとき，R を接続する前の端子開放時の端子電圧を V［V］，端子間から見た回路網の合成抵抗（内部抵抗）を r［Ω］とすると，抵抗 R を接続したときに R を流れる電流 I［A］は，

$$I=\frac{V}{r+R} \quad \cdots(1)$$

これを**テブナンの定理**（または，**鳳**（ほう）**-テブナンの定理**）といいます。

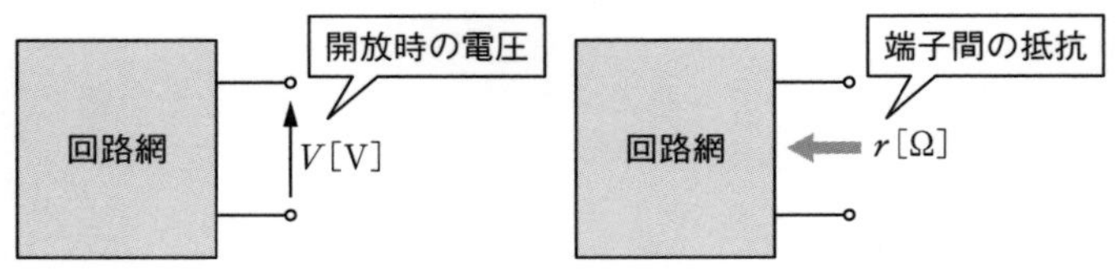

❹ 「分流比と分圧比」65〜66 ページ参照

❺ 「抵抗の Δ−Y 変換」66 ページ参照

答　(3)

解説

この問題はなかなか難しい内容です。ブリッジ回路は平衡（へいこう）条件（76 ページ参照）を満たしていませんし，また，キルヒホッフの法則の単純な適用だけでも解くことができません。いくつかの解法がありますが，どれも一筋縄（ひとすじなわ）ではいきません。

◎回路の対称性とキルヒホッフの法則を利用した解法

回路図を見ると，左側の部分（区間 a-d-c）を上下左右反転したとき，右側の部分（区間 a-b-c）と同じになることに気が付きます。そして，この対称性は流れる電流 I_1[A] と I_2[A] にも当てはまります。

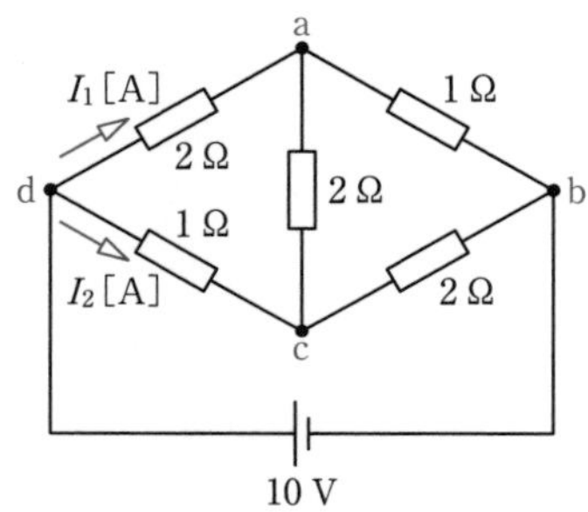

すなわち，右側 a-b 間の抵抗 1 Ω には電流 I_2 が，右側 b-c 間の抵抗 2 Ω には電流 I_1 が流れています。すると，中央（a-c 間）の抵抗 2 Ω には，キルヒホッフの電流則より，a → c の向きに電流 (I_1-I_2) [A] が流れていると仮定できます。

したがって，電流の比 $\dfrac{I_1}{I_2}$ は，閉回路 d → a → c にキルヒホッフの電圧則を適用して，

$$2I_1+2(I_1-I_2)+1\times(-I_2)=0 \quad\rightarrow\quad 4I_1=3I_2 \qquad \therefore\ \frac{I_1}{I_2}=\frac{3}{4}=0.75$$

d → a → c → d の向きに閉回路をたどっているので，d → c の向きに流れる電流 I_2 の符号は負（−）になります。

補足 c → a の向きに電流 (I_2-I_1) [A] が流れていると仮定しても構いません。その場合，閉回路 d → c → a にキルヒホッフの電圧則を適用すると，

$$1\times I_2+2(I_2-I_1)+2\times(-I_1)=0 \quad\rightarrow\quad 3I_2=4I_1 \qquad \therefore\ \frac{I_1}{I_2}=\frac{3}{4}=0.75$$

d → c → a → d の向きに閉回路をたどっているので，d → a の向きに流れる電流 I_1 の符号は負（−）になります。

◎ Δ−Y 変換を利用した解法

ブリッジ回路の**右側**の Δ 結線を Y 結線に等価変換すると，

$$R_a=\frac{R_{ab}R_{ca}}{R_{ab}+R_{bc}+R_{ca}}=\frac{1\times2}{1+2+2}=\frac{2}{5}\ [\Omega]$$

$$R_b=\frac{R_{bc}R_{ab}}{R_{ab}+R_{bc}+R_{ca}}=\frac{2\times2}{1+2+2}=\frac{4}{5}\ [\Omega]$$

$$R_c=\frac{R_{ca}R_{bc}}{R_{ab}+R_{bc}+R_{ca}}=\frac{2\times1}{1+2+2}=\frac{2}{5}\ [\Omega]$$

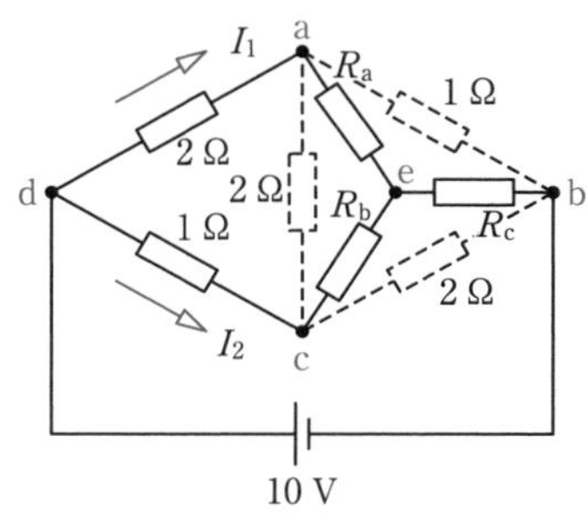

したがって，電流の比 $\dfrac{I_1}{I_2}$ は，d-a-e 間の合成抵抗を R_1 [Ω]，d-c-e 間の合成抵抗を R_2 [Ω] として，

$$I_1 : I_2 = \frac{1}{R_1} : \frac{1}{R_2} = R_2 : R_1 = \left(1+\frac{4}{5}\right) : \left(2+\frac{2}{5}\right) = \frac{9}{5} : \frac{12}{5} = 3 : 4$$

$$\therefore \ \frac{I_1}{I_2} = \frac{3}{4} = 0.75$$

◎テブナンの定理，キルヒホッフの法則を利用した解法

a-c 間（中央の抵抗 2 Ω）に流れる電流の値が分かれば，それを利用して電流の比 $\dfrac{I_1}{I_2}$ が求められます。そこで，まずテブナンの定理を適用して，a-c 間に流れる電流 I_3 [A] を求めてみます。

a-c 間の開放電圧は，点 a と点 c の電位差です。並列回路に加わる電圧は等しいので，点 a の電位 V_a [V]，点 c の電位 V_c [V] は，

$$V_a = \frac{1}{2+1} \times 10 = \frac{10}{3} \text{ [V]}, \quad V_c = \frac{2}{1+2} \times 10 = \frac{20}{3} \text{ [V]}$$

66 ページの(2)式について，全電圧 $V = V_1 + V_2 + V_3 + \cdots\cdots$，合成抵抗 $R = R_1 + R_2 + R_3 + \cdots\cdots$ とすると，

$$V_1 = \frac{R_1}{R}V, \quad V_2 = \frac{R_2}{R}V, \quad V_3 = \frac{R_3}{R}V, \quad \cdots\cdots$$

よって，a-c 間の開放電圧 V_{ca} [V] は，

$$V_{ca} = V_c - V_a = \frac{20}{3} - \frac{10}{3} = \frac{10}{3} \text{ [V]} \quad \cdots\text{(a)}$$

右図の等価回路から，端子 a-c 間から見た合成抵抗 r は，

$$r = \frac{1\times 2}{1+2} + \frac{2\times 1}{2+1} = \frac{2}{3} + \frac{2}{3}$$

$$= \frac{4}{3} \text{ [Ω]} \quad \cdots\text{(b)}$$

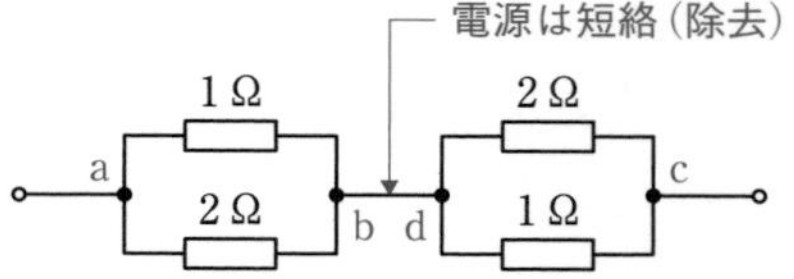

a-c 間の抵抗 2 Ω に流れる電流 I_3 [A] は，(1)式（テブナンの定理）に(a)式，(b)式を代入して，

$$I_3 = \frac{V_{ca}}{r+2} = \frac{\frac{10}{3}}{\frac{4}{3}+2} = \frac{\frac{10}{3}}{\frac{10}{3}} = 1 \text{ [A]} \quad \cdots\text{(c)}$$

続いて，キルヒホッフの法則を適用します。

閉回路 d → a → c に電圧則を適用すると，

$2 \times I_1 + 2 \times (-I_3) + 1 \times (-I_2) = 0$　←整理して，(c)式を代入

$2I_1 - I_2 = 2$ [A]　…(d)

d → a → c → d の向きに閉回路をたどっているので，c → a の向きに流れる電流 I_3，d → c の向きに流れる電流 I_2 の符号は負（－）になります。

a → b 間，c → b 間に流れる電流は，電流則より $I_1 + I_3$，$I_2 - I_3$ [A] です。よって，閉回路 a → b → c に電圧則を適用すると，

$1 \times (I_1 + I_3) + 2 \times \{-(I_2 - I_3)\} + 2 \times I_3 = 0$　←整理して，(c)式を代入

a → b → c → a の向きに閉回路をたどっているので，c → b の向きに流れる電流 $I_2 - I_3$ の符号は負（－）になります。

$I_1 - 2I_2 = -5$ [A]　…(e)

(d)式×2－(e)式より，

$$
\begin{array}{rl}
 & 4I_1 - 2I_2 = 4\,[\mathrm{A}] \\
-) & I_1 - 2I_2 = -5\,[\mathrm{A}] \\
\hline
 & 3I_1 = 9\,[\mathrm{A}]
\end{array}
\quad \therefore\ I_1 = 3\,[\mathrm{A}] \quad \cdots(\mathrm{f})
$$

(d)式に(f)式を代入して，

$2 \times 3 - I_2 = 2$ [A]　$\therefore\ I_2 = 4$ [A]　…(g)

したがって，電流の比 $\dfrac{I_1}{I_2}$ は，(f)式÷(g)式より，

$$\frac{I_1}{I_2} = \frac{3}{4} = 0.75$$

より深く理解する！

問題に示された図や次図のような回路を**ブリッジ回路**といいます。ちょうど橋（ブリッジ）を渡したような形の回路です。ここでは，次図のブリッジ回路において，検流計 G に電流が流れなかった場合を考えてみましょう。

> 検流計 G（C-D 間）に電流が流れないということは，点 C と点 D の電位が等しくなっているということです。

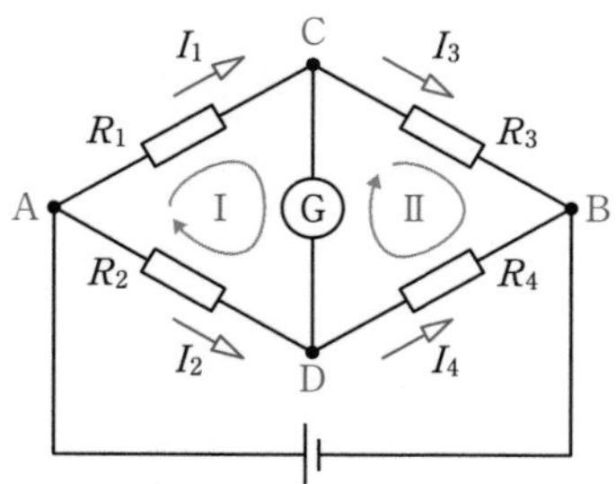

この場合，キルヒホッフの電圧則から，閉回路 I について，

$$0=R_1I_1-R_2I_2 \quad \rightarrow \quad R_1I_1=R_2I_2 \quad \rightarrow \quad \frac{I_1}{I_2}=\frac{R_2}{R_1} \quad \cdots\text{(h)}$$

同様に，閉回路 II について，

$$0=R_3I_3-R_4I_4 \quad \rightarrow \quad R_3I_3=R_4I_4 \quad \rightarrow \quad \frac{I_3}{I_4}=\frac{R_4}{R_3} \quad \cdots\text{(i)}$$

ここで，キルヒホッフの電流則から，点 C について $I_1=I_3$，点 D について $I_2=I_4$ なので，(h)式＝(i)式より，

$$\frac{I_1}{I_2}=\frac{I_3}{I_4}=\frac{R_2}{R_1}=\frac{R_4}{R_3} \qquad \therefore\ R_1R_4=R_2R_3 \quad \cdots(2)$$

この(2)式を**ブリッジの平衡条件**といいます。この条件は直流回路だけでなく，交流回路のインピーダンスにも適用できます。重要な公式ですから，必ず覚えておきましょう。回路網に含まれたブリッジが平衡条件を満たしているとき，この(2)式を適用して問題を楽に解くことができる場合があります。

［理論］15 複数の電源を持つ回路網

図示の回路において，端子電圧 V [V] の値として，正しいのは次のうちどれか。

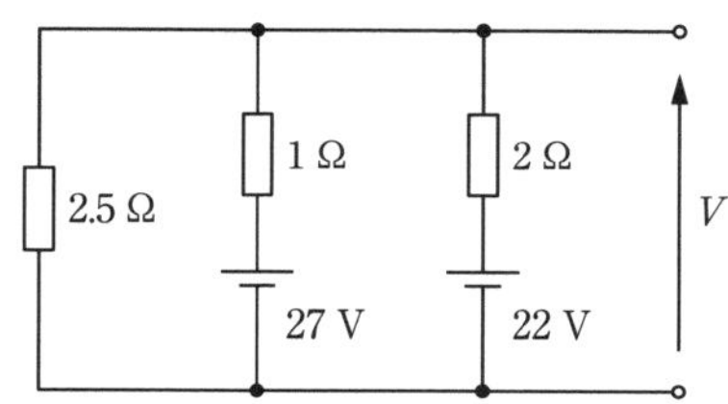

(1)　20　　(2)　21　　(3)　22　　(4)　23　　(5)　24

POINT

いくつかの解法があるので，自分が使える解法（使いこなせる公式）を確認するとともに，短時間で解ける解法を積極的に身に付けましょう。

出題テーマをとらえる！

❶　**ミルマンの定理**を適用すると，起電力と抵抗の直列接続が複数並列に接続されている回路において，回路の端子電圧を簡単に求めることができます。

起電力を E_1，E_1，E_3，…… [V]，起電力と直列に接続されている抵抗を R_1，R_2，R_3，…… [Ω] とすると，回路の端子電圧 V [V] は，

$$V=\frac{\dfrac{E_1}{R_1}+\dfrac{E_2}{R_2}+\dfrac{E_3}{R_3}+\cdots\cdots}{\dfrac{1}{R_1}+\dfrac{1}{R_2}+\dfrac{1}{R_3}+\cdots\cdots}\quad\cdots(1)$$

補足　起電力が接続されていない箇所では，起電力の値を零（0 V）とします。また，起電力の向きが逆の場合，起電力は負（－）の符号を付けて，負の値

とします。

❷　複数の起電力を含む回路において，任意の箇所に流れる電流は，各起電力が単独にその箇所に流す電流の総和に等しくなります。これを**重ね合わせの理**といいます。

❸　「キルヒホッフの法則」71 ページ参照

❹　「テブナンの定理」71～72 ページ参照

❺　「並列回路の分流比」65 ページ参照

答　(1)

解説

◎ミルマンの定理を利用した解法

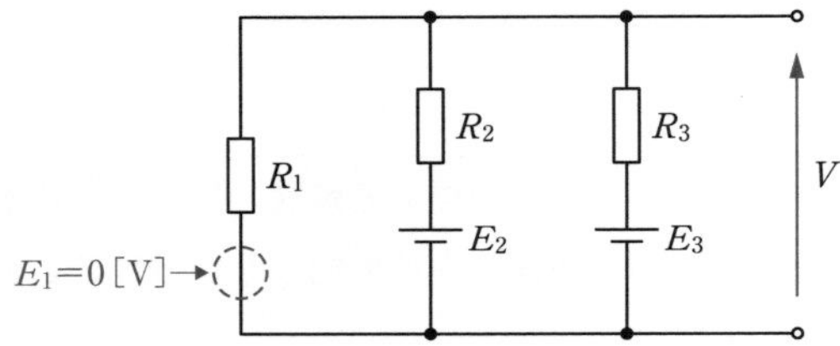

端子電圧 V [V] の値は，(1)式より，

$$V=\frac{\dfrac{E_1}{R_1}+\dfrac{E_2}{R_2}+\dfrac{E_3}{R_3}}{\dfrac{1}{R_1}+\dfrac{1}{R_2}+\dfrac{1}{R_3}}=\frac{\dfrac{0}{2.5}+\dfrac{27}{1}+\dfrac{22}{2}}{\dfrac{1}{2.5}+\dfrac{1}{1}+\dfrac{1}{2}}$$

←起電力 E_1 は零（0 V），E_2 と E_3 は V と同じ向きなので正の値

$$=\frac{0+\dfrac{54}{2}+\dfrac{22}{2}}{\dfrac{4}{10}+\dfrac{10}{10}+\dfrac{5}{10}}=\frac{\dfrac{76}{2}}{\dfrac{19}{10}}=\frac{76}{2}\times\frac{10}{19}=20\ [\mathrm{V}]$$

◎重ね合わせの理を利用した解法

まず，起電力 E_2（$=27$ [V]）が単独に存在する場合（右図）を考えます。

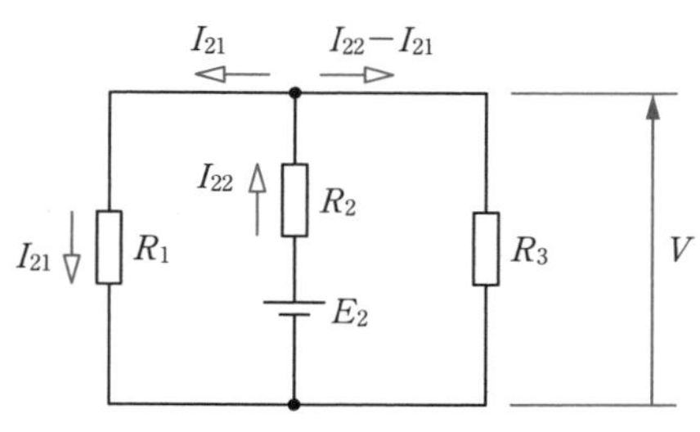

抵抗 R_2（$=1$ [Ω]）に流れる電流（回路全体を流れる電流）I_{22} [A] は，

$$I_{22}=\frac{E_2}{R_2+\dfrac{R_1\times R_3}{R_1+R_3}}=\frac{27}{1+\dfrac{2.5\times 2}{2.5+2}}$$

$$=\frac{27}{1+\dfrac{10}{9}}=\frac{27}{\dfrac{19}{9}}=\frac{27\times 9}{19}=\frac{243}{19}\ \text{[A]}$$

よって，抵抗 R_1（$=2.5$ [Ω]）に流れる電流 I_{21} [A] は，並列回路の分流比から，

$$I_{21}=\frac{R_3}{R_1+R_3}\times I_{22}=\frac{2}{2.5+2}\times\frac{243}{19}=\frac{4}{9}\times\frac{243}{19}=\frac{108}{19}\ \text{[A]}$$

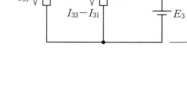

次に，起電力 E_3（$=22$ [V]）が単独に存在する場合（右図）を考えます。

I_{31}
I_{33}　R_3
I_{31}　R_1　R_2　V
$I_{33}-I_{31}$　E_3

抵抗 R_3（$=2$ [Ω]）に流れる電流（回路全体を流れる電流）I_{33} [A] は，

$$I_{33}=\frac{E_3}{R_3+\dfrac{R_1\times R_2}{R_1+R_2}}=\frac{22}{2+\dfrac{2.5\times 1}{2.5+1}}$$

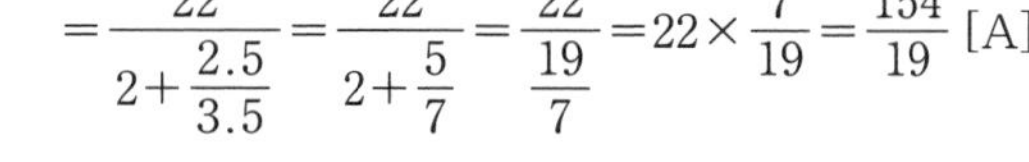

$$=\frac{22}{2+\dfrac{2.5}{3.5}}=\frac{22}{2+\dfrac{5}{7}}=\frac{22}{\dfrac{19}{7}}=22\times\frac{7}{19}=\frac{154}{19}\ \text{[A]}$$

よって，抵抗 R_1（$=2.5$ [Ω]）に流れる電流 I_{31} [A] は，並列回路の分流比から，

$$I_{31}=\frac{R_2}{R_1+R_2}\times I_{33}=\frac{1}{2.5+1}\times\frac{154}{19}=\frac{2}{7}\times\frac{154}{19}=\frac{44}{19}\ \text{[A]}$$

したがって，重ね合わせの理から，端子電圧 V [V] の値は，

$$V = R_1(I_{21} + I_{31}) = 2.5\left(\frac{108}{19} + \frac{44}{19}\right) = 2.5 \times \frac{152}{19} = 2.5 \times 8 = 20\ [\mathrm{V}]$$

◎キルヒホッフの法則を利用した解法

抵抗 R_2，R_3 [Ω] に流れる電流を I_2，I_3 [A] とすると，キルヒホッフの電流則より，抵抗 R_1 [Ω] に流れる電流 I_1 [A] は，

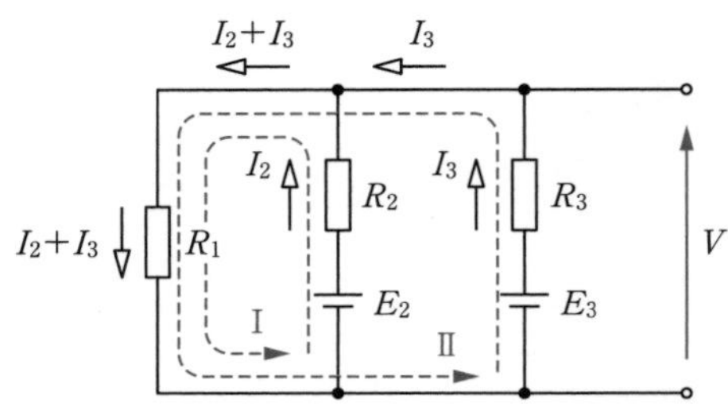

$$I_1 = I_2 + I_3$$

$$\rightarrow\ I_3 = I_1 - I_2 \quad \cdots \text{(a)}$$

閉回路Ⅰ，Ⅱにキルヒホッフの電圧則を適用すると，

$$R_1 I_1 + R_2 I_2 = E_2 \ \rightarrow\ 2.5 I_1 + I_2 = 27\ [\mathrm{V}] \quad \cdots \text{(b)}$$

$$R_1 I_1 + R_3 I_3 = E_3 \ \rightarrow\ 2.5 I_1 + 2 I_3 = 22\ [\mathrm{V}] \quad \cdots \text{(c)}$$

(c)式に(a)式を代入すると，

$$2.5 I_1 + 2(I_1 - I_2) = 22\ [\mathrm{V}] \ \rightarrow\ 4.5 I_1 - 2 I_2 = 22\ [\mathrm{V}] \quad \cdots \text{(d)}$$

(b)式×2＋(d)式より，

$$\begin{array}{rr} & 5 I_1 + 2 I_2 = 54\ [\mathrm{V}] \\ +) & 4.5 I_1 - 2 I_2 = 22\ [\mathrm{V}] \\ \hline & 9.5 I_1 = 76\ [\mathrm{V}] \end{array} \qquad \therefore\ I_1 = 8\ [\mathrm{A}]$$

したがって，端子電圧 V [V] の値は，

$$V = R_1 I_1 = 2.5 \times 8 = 20\ [\mathrm{V}]$$

◎テブナンの定理を利用した解法

抵抗 R_1 [Ω] を取り外したときに端子 a-b 間から見た合成抵抗 R [Ω] は，

$$R = \frac{R_2 \times R_3}{R_2 + R_3} = \frac{1 \times 2}{1 + 2} = \frac{2}{3}\ [\Omega]$$

抵抗 R_1 を取り外したときに回路全体を流れる電流 I [A] は，

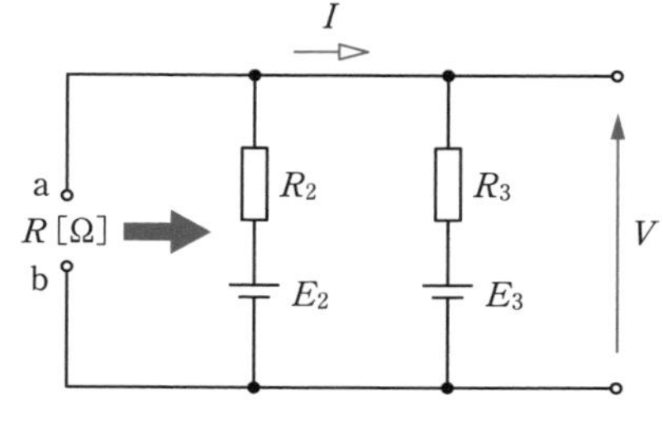

$$I=\frac{E_2-E_3}{R_2+R_3}=\frac{27-22}{1+2}=\frac{5}{3}\ [\mathrm{A}]$$

抵抗 R_1 を取り外したときの端子 a-b 間の電圧 V_{ab} [V] は，

$$V_{ab}=E_2-R_2I=27-1\times\frac{5}{3}=\frac{76}{3}\ [\mathrm{V}]$$

または，

$$V_{ab}=E_3+R_3I=22+2\times\frac{5}{3}=\frac{76}{3}\ [\mathrm{V}]$$

よって，抵抗 R_1 を取り外さない状態で R_1 に流れる電流 I_1 [A] は，テブナンの定理より，

$$I_1=\frac{V_{ab}}{R_1+R}=\frac{\frac{76}{3}}{2.5+\frac{2}{3}}=\frac{\frac{76}{3}}{\frac{7.5}{3}+\frac{2}{3}}=\frac{76}{9.5}=8\ [\mathrm{A}]$$

したがって，端子電圧 V [V] の値は，

$$V=R_1I_1=2.5\times8=20\ [\mathrm{V}]$$

テブナンの定理を適用する際は，電流を求めたい抵抗を取り外してから考えることを忘れないようにしてください。取り外さない状態で，公式 $\left(I=\frac{V}{r+R}\right)$ 中の V や R の値を考える初歩的な誤解をする受験者が少なくないようです。

理論 15

より深く理解する！

練習として，次のような回路の端子電圧 V_{ab} [V] の値を求めてみましょう。

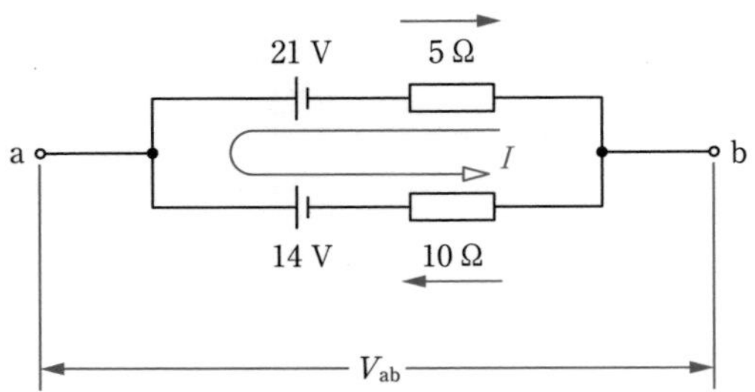

回路に流れる電流を I [A] とすると，

$$V_{ab}=21-5I=14+10I \qquad \therefore\ I=\frac{7}{15}\ [\mathrm{A}]$$

抵抗 10 Ω の端子電圧の向きは，電源電圧 14 V と同じ向きであることに注意してください。

または，

$$I=\frac{21-14}{5+10}=\frac{7}{15}\ [\mathrm{A}]$$

したがって，端子電圧 V_{ab} [V] の値は，

$$V_{ab}=21-5I=21-5\times\frac{7}{15}=21-\frac{7}{3}=\frac{63-7}{3}=\frac{56}{3}\ [\mathrm{V}]$$

または，

$$V_{ab}=14+10I=14+10\times\frac{7}{15}=14+\frac{14}{3}=\frac{42+14}{3}=\frac{56}{3}\ [\mathrm{V}]$$

起電力と抵抗の直列接続が二つだけの場合は，このような解き方もできることを理解しておきましょう。

［理論］
16 *RLC* 並列回路を流れる交流電流

図1のように，R[Ω]の抵抗，インダクタンスL[H]のコイル及び静電容量C[F]のコンデンサを並列に接続した回路がある。この回路に正弦波交流電圧e[V]を加えたとき，この回路の各素子に流れる電流i_R[A]，i_L[A]，i_C[A]とe[V]の時間変化はそれぞれ図2のようで，それぞれの電流の波高値（最大値）は10 A，15 A，5 Aであった。回路に流れる電流i[A]の電圧e[V]に対する位相として，正しいのは次のうちどれか。

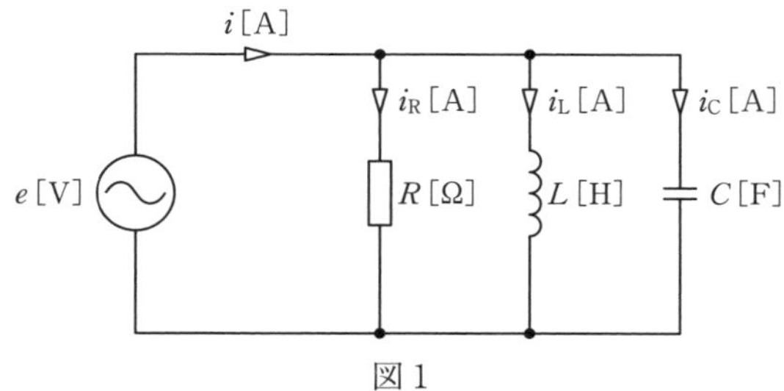

図1

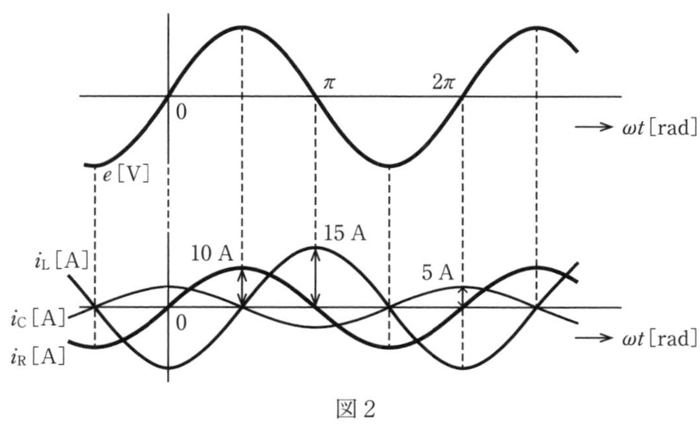

図2

（1） 30° 遅れる　（2） 30° 進む　（3） 45° 遅れる
（4） 45° 進む　（5） 90° 遅れる

POINT

数式による解法とベクトル図による解法の二つが考えられます。どちらの方法でも解答できるようにしておきたいところです。

出題テーマをとらえる！

❶ 時間が経過しても向きが変化しない**直流**に対して，周期的に向きが変化する電圧や電流を**交流**といいます。波形が正弦波状である**正弦波交流**(せいげんはこうりゅう)は，最も基本的な交流です。

❷ 時刻 t [s] における正弦波交流の**瞬時値**(しゅんじち)（その瞬間の値）v [V] は，最大値を V_m [V]，角周波数を ω [rad/s]，時刻 $t=0$ [s] における位相(いそう)（位相角(いそうかく)）を θ として，

$$v=V_m\sin(\omega t+\theta)$$

❸ 正弦波交流電圧 $v=V_m\sin(\omega t+\theta)$ を加えたとき，抵抗 R [Ω]，コイル L [H]，コンデンサ C [F] に流れる電流 i_R，i_L，i_C [A] は，

$$i_R=\frac{v}{R}=\frac{V_m}{R}\sin(\omega t+\theta)$$ ←電流と電圧は同位相

$$i_L=\frac{v}{\omega L}=\frac{V_m}{\omega L}\sin\left(\omega t+\theta-\frac{\pi}{2}\right)$$ ←電流は電圧に対して位相が $\frac{\pi}{2}$ 遅れる

$$i_C=\frac{v}{\dfrac{1}{\omega C}}=\omega CV_m\sin\left(\omega t+\theta+\frac{\pi}{2}\right)$$ ←電流は電圧に対して位相が $\frac{\pi}{2}$ 進む

補足 i_L，i_C を表す式中の ωL，$\frac{1}{\omega C}$ [Ω] を**リアクタンス**といいます。上の三式から，リアクタンス ωL，$\frac{1}{\omega C}$ は R に相当する量であることが理解できます。

❹ 正弦波交流を取り扱う場合は，位相差を考慮する必要があります。このとき，ベクトルの性質を利用すると便利です。なお，正弦波交流をベクトルで表すときは，その大きさは通常，最大値ではなく**実効値**(じっこうち)で表します。

参考 ここでいう「ベクトル」とは，「回転するベクトル」であり，通常の「静止したベクトル」ではありません。同じ周波数（角周波数）であれば，電圧や電流の位相差は変わらないので，回転するベクトルを静止したベクトルと同じように表すことができるというだけのことです。

補足 正弦波交流の最大値を V_m [V], I_m [A] とすると，実効値 V [V], I [A] は，

$$V=\frac{V_m}{\sqrt{2}}\fallingdotseq 0.707V_m,\quad I=\frac{I_m}{\sqrt{2}}\fallingdotseq 0.707I_m \quad \cdots(1)$$

❺ 「キルヒホッフの法則」71 ページ参照

答 (3)

解説

◎数式による解法

問題に示された図 2（電流 i_R, i_L, i_C [A] の時間変化の波形）から，各電流の瞬時値を表す式が分かります。すなわち，

$$i_R=10\sin\omega t$$

$$i_L=15\sin\left(\omega t-\frac{\pi}{2}\right) \quad \leftarrow \text{公式} \sin\left(\theta-\frac{\pi}{2}\right)=-\cos\theta \text{を適用}$$

$$=-15\cos\omega t$$

$$i_C=5\sin\left(\omega t+\frac{\pi}{2}\right) \quad \leftarrow \text{公式} \sin\left(\theta+\frac{\pi}{2}\right)=\cos\theta \text{を適用}$$

$$=5\cos\omega t$$

三角関数の公式から理解できるように，余弦波は正弦波として表すことができます。「余弦波交流」という用語を聞かないのは，そのためです。

よって，回路に流れる電流 i [A] は，キルヒホッフの電流則より，

$$i=i_R+i_L+i_C=10\sin\omega t-15\cos\omega t+5\cos\omega t$$

$$=10\sin\omega t-10\cos\omega t \quad \leftarrow \text{合成関数の公式を適用}$$

$$=\sqrt{10^2+10^2}\sin(\omega t+\alpha)=10\sqrt{1^2+1^2}\sin(\omega t+\alpha)=10\sqrt{2}\sin(\omega t+\alpha)$$

ここで，

$$\sin\alpha=\frac{-10}{10\sqrt{2}}=-\frac{1}{\sqrt{2}},\quad \cos\alpha=\frac{10}{10\sqrt{2}}=\frac{1}{\sqrt{2}}$$

したがって，$\alpha=-\dfrac{\pi}{4}$ であるから，

合成関数の公式 $a\sin\theta+b\cos\theta=\sqrt{a^2+b^2}\sin(\theta+\alpha)$
ただし，$\sin\alpha=\dfrac{b}{\sqrt{a^2+b^2}}$，$\cos\alpha=\dfrac{a}{\sqrt{a^2+b^2}}$ $\left(\therefore\ \tan\alpha=\dfrac{b}{a}\right)$

$$i=10\sqrt{2}\sin\left(\omega t-\frac{\pi}{4}\right)[\mathrm{A}]\quad\cdots(\mathrm{a})$$

“$-\dfrac{\pi}{4}$” の負（−）の符号は「遅れ」を意味し，$\dfrac{\pi}{4}$ [rad]＝45° です。電圧 e の瞬時値を表す式は，最大値を E_{m} とすると $e=E_{\mathrm{m}}\sin\omega t$ です。したがって，電流 i の電圧 e に対する位相は「**45° 遅れる**」となります。

◎ベクトルによる解法

正弦波交流電圧（ベクトル）を $\dot{e}$[V] とすると，問題に示された図2から，電流 i_{R}，i_{L}，i_{C} [A] のベクトル $\dot{i}_{\mathrm{R}}$，$\dot{i}_{\mathrm{L}}$，$\dot{i}_{\mathrm{C}}$ [A] について，次の①～③のことが分かります。

① $\dot{i}_{\mathrm{R}}$ は $\dot{e}$ と同相で，最大値（波高値）は 10 A

② $\dot{i}_{\mathrm{L}}$ は $\dot{e}$ よりも位相が $\dfrac{\pi}{2}$ 遅れていて，最大値は 15 A

③ $\dot{i}_{\mathrm{C}}$ は $\dot{e}$ よりも位相が $\dfrac{\pi}{2}$ 進んでいて，最大値は 5 A

さらに，キルヒホッフの電流則より，$\dot{i}=\dot{i}_{\mathrm{R}}+\dot{i}_{\mathrm{L}}+\dot{i}_{\mathrm{C}}$ です。

これらをもとに，$\dot{e}$，$\dot{i}_{\mathrm{R}}$，$\dot{i}_{\mathrm{L}}$，$\dot{i}_{\mathrm{C}}$，$\dot{i}$ の関係をベクトル図に表すと，次のようになります。

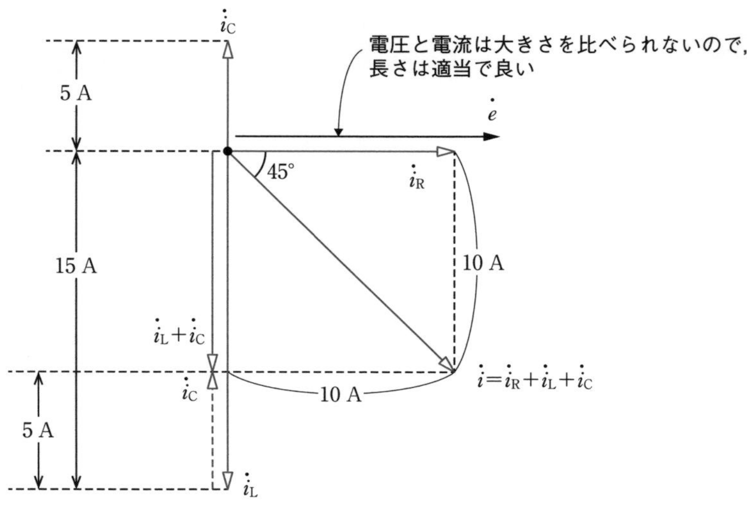

ベクトル図は，本来はベクトルの大きさ（長さ）を実効値で表しますが，ここでは位相関係だけが分かればよいので，ベクトルの長さを最大値で表しています。

このベクトル図から，電流 i の電圧 e に対する位相は「**45° 遅れる**」ことが分かります。

補足　ベクトル図の関係は，反時計回りの移動を「**進み**」，時計回りの移動を「**遅れ**」と定めています。

参考　電流 i [A] の最大値 I_m [A] は，(a)式（または上のベクトル図）から，

$$I_m = 10\sqrt{2}\ [\mathrm{A}]$$

よって，実効値 I [A] は，(1)式より，

$$I = \frac{I_m}{\sqrt{2}} = \frac{10\sqrt{2}}{\sqrt{2}} = 10\ [\mathrm{A}]$$

より深く理解する！

三角関数の公式はたくさんあるので，覚える数は最小限に抑えましょう。また，公式を忘れてしまってもすぐに思い出せるよう，三角関数の基本は必ず理解しておきたいところです。

●三角比

直角三角形の直角（90°）でない角の一つが決まれば，三辺の比を決めることができます。これが三角比です。三角比については，次の三つの直角三角形を覚えておかなければいけません（60° と 30° のものは同じなので，実質的には二つだけ）。

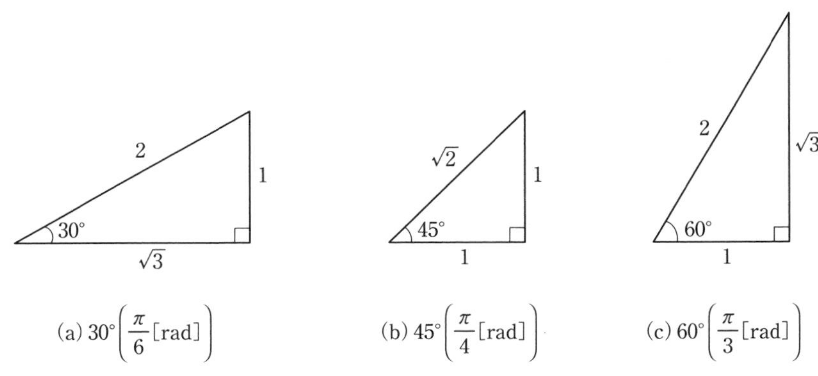

(a) 30° $\left(\frac{\pi}{6}[\mathrm{rad}]\right)$　(b) 45° $\left(\frac{\pi}{4}[\mathrm{rad}]\right)$　(c) 60° $\left(\frac{\pi}{3}[\mathrm{rad}]\right)$

θ	$30°\left(\frac{\pi}{6}[\mathrm{rad}]\right)$	$45°\left(\frac{\pi}{4}[\mathrm{rad}]\right)$	$60°\left(\frac{\pi}{3}[\mathrm{rad}]\right)$
$\sin\theta$	$\frac{1}{2}$	$\frac{1}{\sqrt{2}}$	$\frac{\sqrt{3}}{2}$
$\cos\theta$	$\frac{\sqrt{3}}{2}$	$\frac{1}{\sqrt{2}}$	$\frac{1}{2}$
$\tan\theta$	$\frac{1}{\sqrt{3}}$	1	$\sqrt{3}$

●三角関数

三角形の内角の和は 180°（π[rad]）なので，三角比における角 θ の範囲は $0°<\theta<90°$ です。この角 θ の値を，この範囲外にも広げたものが三角関数だと理解してください。

いま，xy 平面上に単位円（原点 O を中心とする半径 1 の円）を描きます。

ここで，$\angle\mathrm{BOA}=\theta$ として，円周上の任意の点 B の座標を（x，y）とすると，

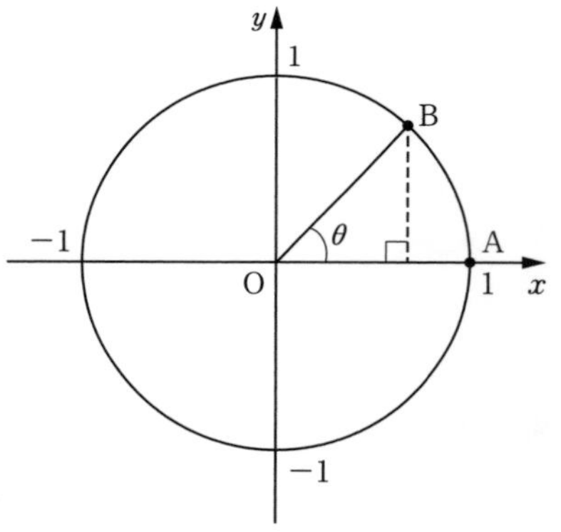

$$\sin\theta=\frac{y}{\overline{\mathrm{OB}}}=y \qquad \leftarrow \overline{\mathrm{OB}}=1\text{ を代入}$$

$$\cos\theta=\frac{x}{\overline{\mathrm{OB}}}=x \qquad \leftarrow \overline{\mathrm{OB}}=1\text{ を代入}$$

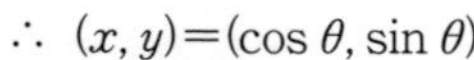

$$\therefore\ (x, y)=(\cos\theta, \sin\theta)$$

三角関数の公式を忘れてしまった場合，実際の座標を考えてみると，すぐに思い出すことができます。例えば，$\left(\cos\frac{\pi}{6}, \sin\frac{\pi}{6}\right)=\left(\frac{\sqrt{3}}{2}, \frac{1}{2}\right)$ という座標の点 P を考えてみましょう（次ページの図を参照）。

① 反時計回りに $\frac{\pi}{2}$[rad]（90°）回転した座標（点 Q）は，

$$\left(\cos\left(\frac{\pi}{6}+\frac{\pi}{2}\right), \sin\left(\frac{\pi}{6}+\frac{\pi}{2}\right)\right)=\left(-\frac{1}{2}, \frac{\sqrt{3}}{2}\right)=\left(-\sin\frac{\pi}{6}, \cos\frac{\pi}{6}\right)$$

$\frac{\pi}{6}=\theta$ に置き換えると，

$$\cos\left(\theta+\frac{\pi}{2}\right)=-\sin\theta,\ \ \sin\left(\theta+\frac{\pi}{2}\right)=\cos\theta \qquad \leftarrow\text{三角関数の公式}$$

② 時計回りに $\frac{\pi}{2}$ [rad]（90°）回転した座標（点R）は，

$$\left(\cos\left(\frac{\pi}{6}-\frac{\pi}{2}\right), \sin\left(\frac{\pi}{6}-\frac{\pi}{2}\right)\right)=\left(\frac{1}{2},-\frac{\sqrt{3}}{2}\right)=\left(\sin\frac{\pi}{6},-\cos\frac{\pi}{6}\right)$$

$\frac{\pi}{6}=\theta$ に置き換えると，

$$\cos\left(\theta-\frac{\pi}{2}\right)=\sin\theta,\quad \sin\left(\theta-\frac{\pi}{2}\right)=-\cos\theta$$ ←三角関数の公式

③ 反時計回り（時計回り）に π [rad]（180°）回転した座標（点S）は，

$$\left(\cos\left(\frac{\pi}{6}\pm\pi\right), \sin\left(\frac{\pi}{6}\pm\pi\right)\right)=\left(-\frac{\sqrt{3}}{2},-\frac{1}{2}\right)=\left(-\cos\frac{\pi}{6},-\sin\frac{\pi}{6}\right)$$

$\frac{\pi}{6}=\theta$ に置き換えると，

$$\cos(\theta\pm\pi)=-\cos\theta,\quad \sin(\theta\pm\pi)=-\sin\theta$$ ←三角関数の公式

以上のような公式（性質）は，x 軸を反時計回りに $\frac{\pi}{2}$ [rad]（90°）回転すると y 軸に一致することから理解できます。

このように，次図と合わせて理解しておけば，三角関数の公式を忘れてしまっても，すぐに思い出すことができるはずです。

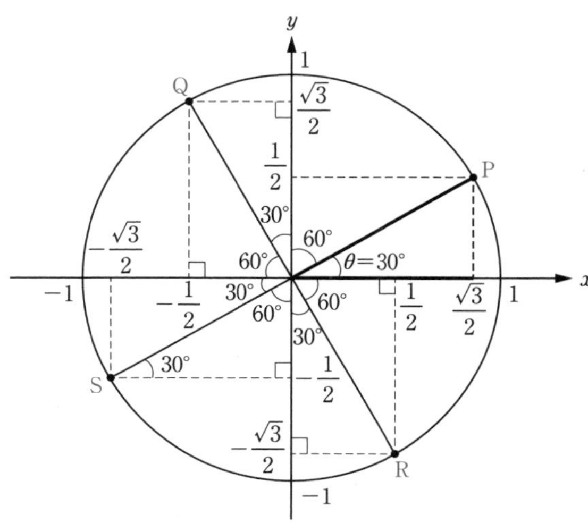

［理論］

17 *RL* 直並列回路の消費電力

図の交流回路において，抵抗 R_2 で消費される電力 [W] の値として，正しいのは次のうちどれか。

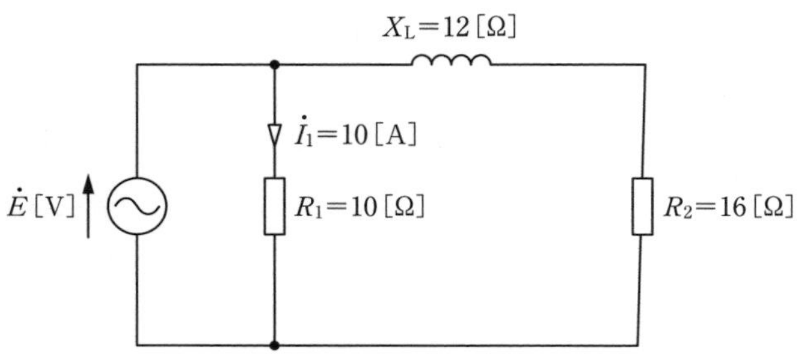

(1)　80　　(2)　200　　(3)　400　　(4)　600　　(5)　1 000

POINT

並列回路の性質から電源電圧 $\boldsymbol{E}$ を求め，抵抗 $\boldsymbol{R_2}$ に流れる電流→消費電力の順に計算します。

出題テーマをとらえる！

❶　交流回路における電圧と電流の比を**インピーダンス**といいます。電圧を $\dot{V}$ [V]，電流を $\dot{I}$ [A] とすると，*RLC* 直列回路のインピーダンス $\dot{Z}$ [Ω] は，

$$\dot{Z}=R\pm jX=R+j(X_L-X_C)\quad\cdots(1)$$

ここで，虚部（虚数の部分）の X [Ω] を**リアクタンス**といいます。交流の角周波数を ω [rad/s] とすると，$X_L=\omega L$ [Ω] はインダクタンス L [H] のリアクタンス，$X_C=\dfrac{1}{\omega C}$ [Ω] は静電容量 C [F] のリアクタンスです。

リアクタンス X が誘導性のときは符号が正（＋），容量性（静電容量）のときは符号が負（－）になります。X_L は誘導性，X_C は容量性なので，

・$X_L>X_C$ のとき，$X_L-X_C=+X$ ⇒ **誘導性**

・$X_C>X_L$ のとき，$X_L-X_C=+X$ より，$X_C-X_L=-X$ ⇒ **容量性**

補足　*RLC* 並列回路のインピーダンス $\dot{Z}$ [Ω] は，

$$\frac{1}{\dot{Z}}=\frac{1}{R}+j\left(\frac{1}{X_C}-\frac{1}{X_L}\right)=\frac{1}{R}-j\left(\frac{1}{X_L}-\frac{1}{X_C}\right)$$

・$\frac{1}{X_C}>\frac{1}{X_L}$ のとき，$X_L>X_C$ ⇒ **誘導性**

・$\frac{1}{X_L}>\frac{1}{X_C}$ のとき，$X_C>X_L$ ⇒ **容量性**

参考　(1)式のような，複素数（実数と虚数からなる数）による表し方を**直交座標表示**といいます（ベクトルは複素数によって表すことができます）。なお，複素数を使って交流計算を行う方法を**記号法**といいます。

❷　インピーダンス $\dot{Z}$ [Ω] を**極座標表示**で表すと，

$$\dot{Z}=Z\angle\theta$$

ただし，インピーダンスの大きさ Z [Ω]，インピーダンス角 θ は，

$$Z=\sqrt{R^2+X^2} \quad \cdots(2)$$

$$\theta=\tan^{-1}\left(\pm\frac{X}{R}\right)$$

補足　インピーダンス $\dot{Z}$ [Ω] を**三角関数表示**で表すと，

$$\dot{Z}=Z\cos\theta+jZ\sin\theta=Z(\cos\theta+j\sin\theta)$$

❸　電流の単位時間当たりの仕事量を**電力**といいます。抵抗 R [Ω] に電圧 V [V] を加えて電流 I [A] が流れたとき，R で消費される電力（**消費電力**）P [W] は，

$$P=I^2R=VI=\frac{V^2}{R} \quad \cdots(3)$$

❹　交流回路において，インピーダンス Z [Ω]（抵抗 R [Ω]）の負荷に電圧 V [V] を加えて電流 I [A] が流れたとき，電圧 V と電流 I の位相差を θ とすると，**見かけ上の電力**（**皮相電力**）S [V·A]，**有効電力**（消費電力）P [W]，**無効電力** Q [var] は，

$$S=VI$$

$$P=S\cos\theta=VI\cos\theta \quad \cdots(4)$$

$Q = S\sin\theta = VI\sin\theta$

なお，$\cos\theta$ を**力率**（りきりつ）といい，その値は，

$$\cos\theta = \frac{R}{Z} \quad \cdots(5)$$

答　(3)

解説

抵抗 R_2 [Ω] の消費電力を求めるためには，R_2 に流れる電流を求めなくてはいけません。そこで，まず電圧 $\dot{E}$ [V] の値を求めてみます。

並列部分に加わる電圧が等しいことから，

$$\dot{E} = R_1\dot{I}_1 = 10\times10 = 100\ [\mathrm{V}]$$

リアクタンス X_L [Ω] と抵抗 R_2 [Ω] からなるインピーダンス $\dot{Z}_2$ [Ω] とその大きさ Z_2 [Ω] は，(1)式，(2)式より，

$$\dot{Z}_2 = R_2 + jX_L = 16 + j12\ [\Omega]$$

$$Z_2 = \left|\dot{Z}_2\right| = \sqrt{R_2{}^2 + X_L{}^2} = \sqrt{16^2 + 12^2} = \sqrt{400} = 20\ [\Omega]$$

よって，抵抗 R_2 に流れる電流（実効値）I_2 [A] は，

$$I_2 = \frac{\left|\dot{E}\right|}{Z_2} = \frac{100}{20} = 5\ [\mathrm{A}]$$

したがって，抵抗 R_2 の消費電力 P_2 [W] の値は，(3)式より，

$$P_2 = I_2{}^2R_2 = 5^2\times16 = 25\times16 = 400\ [\mathrm{W}]$$

ここでは，$P = I^2R$ の公式から P_2 の値を求めてみました。これが最も汎用性の高い公式でしょう。$P = VI$，$P = \frac{V^2}{R}$ など，どの公式を使ったらよいか迷う場合は，$P = I^2R$ の公式を真っ先に試してみましょう。

より深く理解する！

この問題が，回路全体で消費される電力を求める内容だった場合を考えてみましょう。

抵抗 R_1 で消費される電力 P_1 [W] は，

$$P_1 = R_1 I_1{}^2 = 10 \times 10^2 = 1\,000\ [\mathrm{W}]$$

したがって，回路全体で消費される電力 P は，

$$P = P_1 + P_2 = 1\,000 + 400 = 1\,400\ [\mathrm{W}] = 1.4\ [\mathrm{kW}]$$

さて，この消費電力 P の値を別の計算方法で確認してみます。

回路全体の電流 $\dot{I}$ [A] とその大きさ I [A] は，

$$\dot{I} = \dot{I}_1 + \dot{I}_2 = 10 + \frac{\dot{E}}{\dot{Z}_2} = 10 + \frac{100}{16 + j12} = 10 + \frac{100(16 - j12)}{(16 + j12)(16 - j12)}$$

$$= 10 + \frac{100(16 - j12)}{16^2 - (j12)^2} = 10 + \frac{100}{400}(16 - j12) = 10 + 4 - j3 = 14 - j3\ [\mathrm{A}]$$

$$I = \left|\dot{I}\right| = \sqrt{14^2 + 3^2} = \sqrt{205}\ [\mathrm{A}]$$

回路全体のインピーダンス $\dot{Z}$ [Ω] とその大きさ Z [Ω] は，(2)式より，

$$\dot{Z} = \frac{\dot{Z}_1 \times \dot{Z}_2}{\dot{Z}_1 + \dot{Z}_2} = \frac{10 \times (16 + j12)}{10 + (16 + j12)} = \frac{10(16 + j12)}{26 + j12} = \frac{80 + j60}{13 + j6} = \frac{10(8 + j6)(13 - j6)}{(13 + j6)(13 - j6)}$$

$$= \frac{10\{8 \times 13 + 8 \times (-j6) + j6 \times 13 + j6 \times (-j6)\}}{13^2 - (j6)^2} = \frac{10(104 - j48 + j78 + 36)}{169 + 36}$$

$$= \frac{10(140 + j30)}{205} = \frac{100}{205}(14 + j3) \quad \cdots(\mathrm{a})$$

$$Z = \frac{100}{205}\sqrt{14^2 + 3^2} = \frac{100}{205}\sqrt{205} = \frac{100}{\sqrt{205}}$$

インピーダンス $\dot{Z}$ の抵抗成分 R [Ω] は，(1)式より，(a)式の実部（じつぶ）（実数（じっすう）の部分）であるから，

$$R = \frac{100}{205} \times 14 = \frac{1\,400}{205}\ [\Omega]$$

力率 $\cos\theta$ は，(5)式より，

$$\cos\theta=\frac{R}{Z}=\frac{\dfrac{1\,400}{205}}{\dfrac{100}{\sqrt{205}}}=\frac{14}{\sqrt{205}}$$

したがって，回路全体で消費される電力 P の値は，(4)式より，

$$P=VI\cos\theta=100\times\sqrt{205}\times\frac{14}{\sqrt{205}}=1\,400\,[\mathrm{W}]=1.4\,[\mathrm{kW}]$$

あるいは，(3)式より，

$$P=I^2R=(\sqrt{205})^2\times\frac{1\,400}{205}=1\,400\,[\mathrm{W}]=1.4\,[\mathrm{kW}]$$

このように確認できました。かなり面倒な計算になってしまいますから，この計算方法は実際の試験では通用しませんし，真似してはダメです。ただし，この計算過程は理解できるようにしておいてください。

［理論］

18 RLC 直並列回路の共振

図のように，$R=1$ [Ω] の抵抗，インダクタンス $L_1=0.4$ [mH]，$L_2=0.2$ [mH] のコイル，及び静電容量 $C=8$ [μF] のコンデンサからなる直並列回路がある。この回路に交流電圧 $V=100$ [V] を加えたとき，回路のインピーダンスが極めて小さくなる直列共振角周波数 ω_1 [rad/s] の値及び回路のインピーダンスが極めて大きくなる並列共振角周波数 ω_2 [rad/s] の値の組合せとして，最も近いものを次の(1)～(5)のうちから一つ選べ。

	ω_1	ω_2
(1)	2.5×10^4	3.5×10^3
(2)	2.5×10^4	3.1×10^4
(3)	3.5×10^3	2.5×10^4
(4)	3.1×10^4	3.5×10^3
(5)	3.1×10^4	2.5×10^4

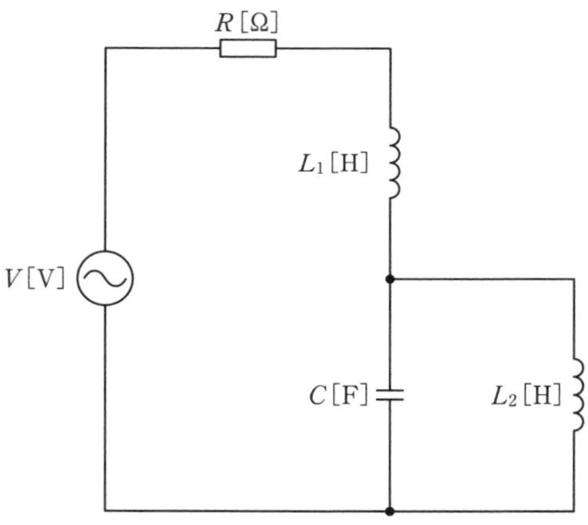

POINT

並列共振については，回路の並列部分だけを取り出して考えることができます。直列共振については，そのような考え方はできず，回路全体で考えます。

出題テーマをとらえる！

❶ 交流の周波数がある特定の値（共振周波数（きょうしんしゅうはすう））のとき，RLC 直列回路は見かけ上，抵抗 R だけの回路になって，回路を流れる電流が最大になります。これを**直列共振**といいます。これは，誘導性リアクタンスと容量性リアクタンスが打ち消し合って，インピーダンスが最小になるために起こる現象です。

RLC 直列回路のインダクタンスを L[H]，静電容量を C[F] とすると，**直列共振周波数** f_0[Hz] は，

$$f_0=\frac{1}{2\pi\sqrt{LC}} \quad \cdots(1)$$

❷ 交流の周波数がある特定の値（共振周波数）のとき，RLC 並列回路を流れる電流が零になります。これを**並列共振**といいます。これは，誘導性リアクタンスと容量性リアクタンスが打ち消し合って，インピーダンスが限りなく大きくなるため起こる現象です。

LC 並列回路のインダクタンスを L[H]，静電容量を C[F] とすると，**並列共振周波数** f_0[Hz] は，

$$f_0=\frac{1}{2\pi\sqrt{LC}} \quad \cdots(1)\ （再掲）$$

このように，RLC 直列回路でも RLC 並列回路でも，共振周波数の公式は同じです。

補足 **共振角周波数** ω_0[rad/s] は，

$$\omega_0=2\pi f_0=\frac{1}{\sqrt{LC}} \quad \cdots(2)$$

❸ 「インピーダンス」90〜91 ページ参照

答 (5)

解説

まず，並列共振周波数 ω_2[rad/s] の値は，L_2C 並列部分だけを考えればよいので，(2)式より，

$$\omega_2=\frac{1}{\sqrt{L_2C}} \quad ←単位に注意して，題意の数値を代入$$

$$=\frac{1}{\sqrt{(0.2\times10^{-3})\times(8\times10^{-6})}}=\frac{1}{\sqrt{16\times10^{-10}}}=\frac{1}{4\times10^{-5}}=\frac{10^5}{4}=\frac{10}{4}\times10^4$$

$$=2.5\times10^4\ [\mathrm{rad/s}]$$

並列共振については，回路の並列部分を構成する L_2 と C の値だけから計算できます。直列共振周波数 ω_1 の値よりも簡単に求められるので，ここでは ω_2 の値を先に求めてみました。

次に，直列共振周波数 ω_1 [rad/s] の値を求めます。

直列共振では，題意のように「回路のインピーダンスが極めて小さく」なります。これは，誘導性リアクタンスと容量性リアクタンスが打ち消し合って起こる現象です。

ここで，交流の角周波数を ω [rad/s] とすると，インダクタンス L_1，L_2 [H]，静電容量 C [F] のリアクタンスはそれぞれ ωL_1，ωL_2，$\dfrac{1}{\omega C}$ [Ω] です。よって，回路の誘導性リアクタンス $X_1=\omega L_1$ です。また，回路の容量性リアクタンス $-X_2$ は ωL_2 と $\dfrac{1}{\omega C}$ の並列合成リアクタンスなので，

インダクタンスと静電容量の並列合成リアクタンスが必ず容量性になるとは限りませんが，直列共振が起こっていることから，この問題については容量性になっていると判断できます。

$$\frac{1}{-X_2}=\frac{1}{\omega L_2}-\frac{1}{\dfrac{1}{\omega C}}=\frac{1}{\omega L_2}-\omega C$$

$$=\frac{1-\omega^2 L_2 C}{\omega L_2} \qquad \therefore\ X_2=\frac{\omega L_2}{\omega^2 L_2 C-1}$$

リアクタンスは容量性なので，負の値になります。これを明確にするため，容量性リアクタンスの大きさを X_2 とし，容量性リアクタンスを $-X_2$ として計算しました。

直列共振角周波数 ω_1 [rad/s] のとき，誘導性リアクタンス $X_1=\omega_1 L_1$ と容量性リアクタンス $X_2=\dfrac{\omega_1 L_2}{\omega_1{}^2 L_2 C-1}$ が打ち消し合い，$X_1=X_2$ という条件が成り立つので，

$$\omega_1 L_1=\frac{\omega_1 L_2}{\omega_1{}^2 L_2 C-1} \ \rightarrow\ L_1=\frac{L_2}{\omega_1{}^2 L_2 C-1} \ \rightarrow\ L_1(\omega_1{}^2 L_2 C-1)=L_2$$

$$\rightarrow\ \omega_1{}^2 L_1 L_2 C-L_1=L_2 \ \rightarrow\ \omega_1{}^2 L_1 L_2 C=L_1+L_2 \ \rightarrow\ \omega_1{}^2=\frac{L_1+L_2}{L_1 L_2 C}$$

$$\therefore\ \omega_1=\sqrt{\frac{L_1+L_2}{L_1 L_2 C}}$$ ←単位に注意して，題意の数値を代入

$$=\sqrt{\frac{(0.4\times10^{-3})+(0.2\times10^{-3})}{(0.4\times10^{-3})\times(0.2\times10^{-3})\times(8\times10^{-6})}}=\sqrt{\frac{6\times10^{-4}}{64\times10^{-14}}}=\sqrt{\frac{6\times10^{10}}{64}}$$

$$=\frac{\sqrt{6}}{8}\times10^5 \fallingdotseq 3.06\times10^4\ \text{[rad/s]} \ \rightarrow\ 3.1\times10^4\ \text{rad/s}$$

理論 18

より深く理解する！

共振時，回路の誘導性リアクタンスと容量性リアクタンスは打ち消し合っています。このことを知らなかった場合は，題意にインピーダンスの変化について記されているので，インピーダンスの観点から，以下のように解答することもできます。

抵抗 R[Ω]，インダクタンス L_1，L_2[H]，静電容量 C[F] のインピーダンス $\dot{Z}_R$，$\dot{Z}_{L1}$，$\dot{Z}_{L2}$，$\dot{Z}_C$[Ω] は，

$$\dot{Z}_R=R,\ \dot{Z}_{L1}=j\omega L_1,\ \dot{Z}_{L2}=j\omega L_2,\ \dot{Z}_C=\frac{1}{j\omega C}=-j\frac{1}{\omega C}\quad\cdots(a)$$

$\dot{Z}_{L2}$ と $\dot{Z}_C$ の並列合成インピーダンス $\dot{Z}_p$[Ω] は，

$$\dot{Z}_p=\frac{\dot{Z}_{L2}\times\dot{Z}_C}{\dot{Z}_{L2}+\dot{Z}_C}\qquad\leftarrow\text{(a)式を代入}$$

$$=\frac{j\omega L_2\times\dfrac{1}{j\omega C}}{j\omega L_2+\dfrac{1}{j\omega C}}=\frac{j\omega L_2}{j\left(\omega L_2-\dfrac{1}{\omega C}\right)\times j\omega C}$$

$$=-j\frac{\omega L_2}{\omega^2 L_2 C-1}\quad\cdots(b)$$

よって，回路全体のインピーダンス $\dot{Z}$ は，

$$\dot{Z}=\dot{Z}_R+\dot{Z}_{L1}+\dot{Z}_p\qquad\leftarrow\text{(a)式，(b)式を代入}$$

$$=R+j\omega L_1-j\frac{\omega L_2}{\omega^2 L_2 C-1}$$

$$=R+j\left(\omega L_1-\frac{\omega L_2}{\omega^2 L_2 C-1}\right)\quad\cdots(c)$$

さて，(c)式より，$\dot{Z}$ の大きさ Z は，

$$Z=\sqrt{R^2+\left(\omega L_1-\frac{\omega L_2}{\omega^2 L_2 C-1}\right)^2}$$

直列共振時（$\omega=\omega_1$）に Z が極めて小さくなる条件は，R が定数であることから，

$$\omega_1 L_1 - \frac{\omega_1 L_2}{\omega_1{}^2 L_2 C - 1} = 0$$ （このとき，$Z=R$ で最小値）

$$\therefore \ \omega_1 = \sqrt{\frac{L_1 + L_2}{L_1 L_2 C}} \fallingdotseq 3.06 \times 10^4 \,[\mathrm{rad/s}] \ \rightarrow \ 3.1 \times 10^4 \,\mathrm{rad/s}$$

また，(b)式より，$\dot{Z}_\mathrm{p}$ の大きさ Z_p は，

$$Z_\mathrm{p} = \left| \frac{\omega L_2}{\omega^2 L_2 C - 1} \right| = \frac{L_2}{\left| \omega L_2 C - \dfrac{1}{\omega} \right|} \quad \cdots(\mathrm{d})$$

並列共振時（$\omega = \omega_2$）には Z が極めて大きくなるので，このとき(d)式の分母は極めて小さくなります。よって，

$$\omega_2 L_2 C - \frac{1}{\omega_2} = 0 \ \rightarrow \ \omega_2 L_2 C = \frac{1}{\omega_2} \ \rightarrow \ \omega_2{}^2 = \frac{1}{L_2 C}$$

$$\therefore \ \omega_2 = \frac{1}{\sqrt{L_2 C}} = 2.5 \times 10^4 \,[\mathrm{rad/s}]$$

以上のように，共振現象についての知識がなくても，問題文を手掛かりに解答することができます。

H22 年，問 15

［理論］

19 平衡三相回路（純抵抗負荷）

図の平衡三相回路について，次の(a)及び(b)に答えよ。

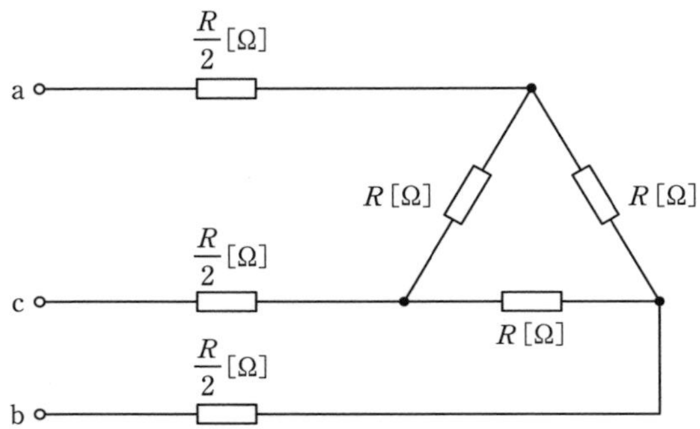

(a)　端子 a，c に 100 V の単相交流電源を接続したところ，回路の消費電力は 200 W であった。抵抗 R [Ω] の値として，正しいのは次のうちどれか。

(1)　0.30　　(2)　30　　(3)　33　　(4)　50　　(5)　83

(b)　端子 a，b，c に線間電圧 200 V の対称三相交流電源を接続したときの全消費電力 [kW] の値として，正しいのは次のうちどれか。

(1)　0.48　　(2)　0.80　　(3)　1.2　　(4)　1.6　　(5)　4.0

POINT

(a)　単相回路の易しい問題です。

(b)　三相回路の基本的な問題です。三相回路の解法は 1 相分の等価回路で考えるのが鉄則ですが，3 相分の値を答える場合には注意が必要です。

出題テーマをとらえる！

❶　周波数の等しい三つの単相交流を，互いに位相をずらして組み合わせたものを**三相交流**といいます。特に，大きさが等しく互いの位相差が $\frac{2}{3}\pi$ [rad] であるものを**対称三相交流**といいます。

❷　各相の負荷が等しい三相負荷（三相交流の負荷）を**平衡負荷**といいます。一般に，電源が対称三相で負荷が平衡な場合を**平衡三相回路**といいます。

❸　Y－Y 回路の線間電圧 V_l [V] と相電圧 V_p [V] の間には，次の関係があります。なお，Y－Y 回路では線電流と相電流は一致します。

$$V_l = \sqrt{3}\,V_p \quad \cdots(1)$$

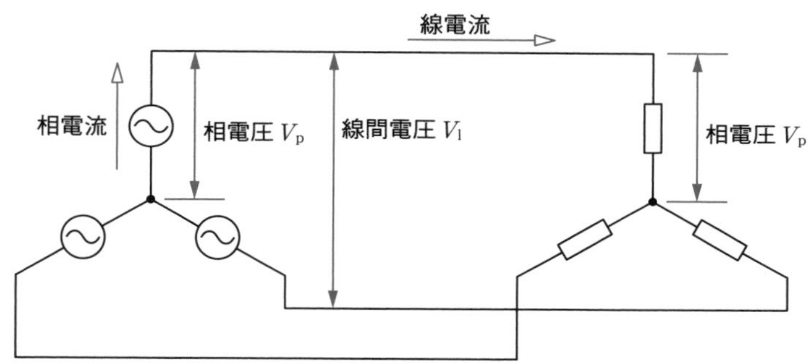

❹　Δ－Δ 回路の線電流 I_l [A] と相電流 I_p [A] の間には，次の関係があります。なお，Δ－Δ 回路では線間電圧と相電圧は一致します。

$$I_l = \sqrt{3}\,I_p \quad \cdots(2)$$

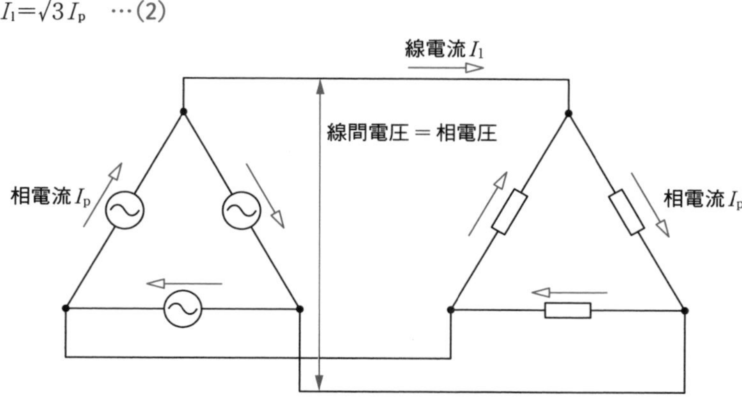

❺　Y 結線負荷の三相電力 P_Y [W] は，相電圧を V_p [V]，相電流を I_p [A]，負荷の力率を $\cos\theta$ とすると，1 相分の電力が $V_pI_p\cos\theta$ [W] であるから，

$$P_Y = 3V_pI_p\cos\theta \quad \cdots(3)$$

また，Δ 結線負荷の三相電力 P_Δ [W] は，線間電圧を V_l [V]，線電流を I_l [A]，

負荷の力率を $\cos\theta$ として，

$$P_\Delta=\sqrt{3}\,V_l I_l \cos\theta \quad \cdots(4)$$

補足　Δ結線負荷では，線間電圧 V_l と相電圧 V_p が一致します（$V_p=V_l$）。また，(2)式から $I_p=\dfrac{I_l}{\sqrt{3}}$ です。これらを(3)式に代入することで，(4)式が得られます。一方，Y結線負荷では，線電流 I_l と相電流 I_p が一致します（$I_l=I_p$）。これと(1)式を(4)式に代入することで，(3)式が得られます。

❻「合成抵抗」61～62ページ参照

❼「交流電力」91～92ページ参照

❽「抵抗のΔ－Y変換」66ページ参照

答　(a)－(2)，(b)－(4)

解説

(a)　抵抗 R [Ω] の値

端子 a–c 間の等価回路は次図のようになります。

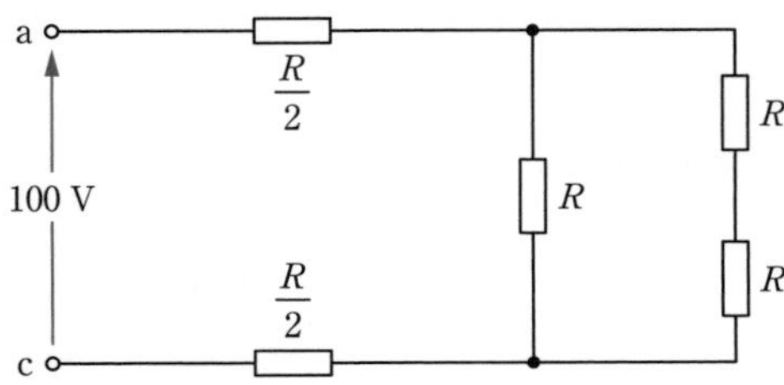

端子 b はどこにも接続されていないので，電流の行き先がありません。したがって，端子 b 側の抵抗 $\dfrac{R}{2}$ には電流が流れないので，等価回路に書く必要はありません。

端子 a–c 間の合成抵抗 R_{ac} [Ω] は，

$$R_{ac}=\frac{R}{2}+\frac{R\times(R+R)}{R+(R+R)}+\frac{R}{2}=\frac{R}{2}+\frac{2R^2}{3R}+\frac{R}{2}=\frac{3}{6}R+\frac{4}{6}R+\frac{3}{6}R=\frac{10}{6}R=\frac{5}{3}R$$

題意より回路の消費電力 $P=200$ [W] なので，電源電圧（実効値）$V=100$ [V] として，

$$P=\frac{V^2}{R_{ac}}=\frac{V^2}{\frac{5}{3}R}=\frac{3V^2}{5R} \qquad \therefore\ R=\frac{3V^2}{5P}=\frac{3\times100^2}{5\times200}=\frac{30\,000}{1\,000}=30\ [\Omega]$$

(b)　三相回路の全消費電力 [kW] の値

Δ 結線負荷（Δ 結線抵抗）を Δ−Y 変換すると，Δ 結線の各抵抗を R_{Δ}（$=R=30$ [Ω]），Y 結線の各抵抗を R_{Y} [Ω] として，

$$R_{Y}=\frac{1}{3}R_{\Delta}=\frac{1}{3}\times 30=10\ [\Omega]$$

電源と負荷の結線が異なる場合は，Δ 結線を Y 結線に変換するのが定石です。

また，題意より線間電圧 $V_{l}=200$ [V] なので，相電圧 V_{p} [V] は，(1)式より，

$$V_{p}=\frac{V_{l}}{\sqrt{3}}=\frac{200}{\sqrt{3}}\ [\mathrm{V}]$$

よって，三相負荷と 1 相分の等価回路は次図のようになります。

1 相分の消費電力 P_{p} [W] は，1 相分の合成抵抗 $r=25$ [Ω] として，

$$P_{p}=\frac{V_{p}{}^{2}}{r}=\frac{\left(\dfrac{200}{\sqrt{3}}\right)^{2}}{25}=\frac{200^{2}}{25\times 3}=\frac{1\,600}{3}\ [\mathrm{W}]$$

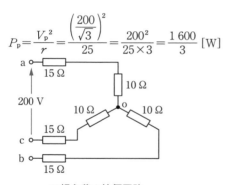

a
15 Ω
10 Ω
200 V
10 Ω
o
10 Ω
15 Ω
c
b
15 Ω

三相負荷の等価回路

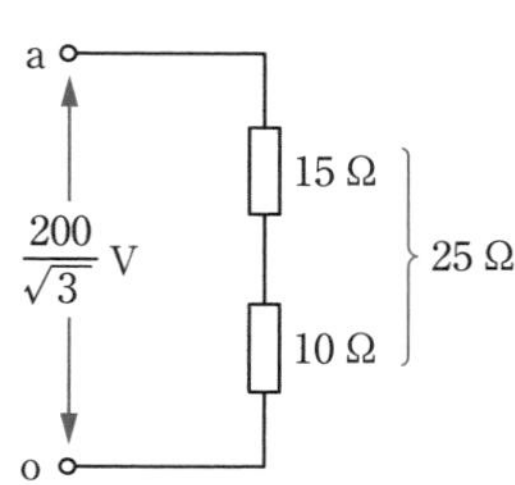

1 相分の等価回路

したがって，三相電力 P_{3} の値は，

$$P_{3}=3\times P_{p}=3\times\frac{1\,600}{3}=1\,600\ [\mathrm{W}]=1.6\ [\mathrm{kW}]$$

別解　線電流 I_{l} [A] は，1 相分の等価回路から，

$$I_1=\frac{V_p}{r}=\frac{\frac{200}{\sqrt{3}}}{25}=\frac{200}{25\sqrt{3}}=\frac{8}{\sqrt{3}}\ [A]$$

したがって，三相電力 P_3 の値は，(4)式より，

$$P_3=\sqrt{3}\,V_l I_l\cos\theta$$ ←ここで各数値を代入

$$=\sqrt{3}\times200\times\frac{8}{\sqrt{3}}\times1=200\times8=1\,600\ [W]=1.6\ [kW]$$

負荷は純抵抗なので，力率 $\cos\theta=1$ です。

より深く理解する！

101～102 ページの(3)式，(4)式は，覚えておけば便利ですが，実際には(1)式や(2)式を活用して，1 相分の等価回路から考える解法の方が汎用性（はんようせい）は高いです。

(1)式，(2)式の関係は，必ずベクトル図から理解しておきましょう。ベクトル図を理解しておかないと，応用的な問題には対応できません。

● Y－Y 回路の線間電圧と相電圧の関係

各相電圧を $\dot{E}_a$，$\dot{E}_b$，$\dot{E}_c$ [V] とすると，101 ページの Y－Y 回路の図から，各線間電圧 $\dot{V}_{ab}$，$\dot{V}_{bc}$，$\dot{V}_{ca}$ [V] は，

$$\dot{V}_{ab}=\dot{E}_a-\dot{E}_b=\dot{E}_a+\left(-\dot{E}_b\right)$$

$$\dot{V}_{bc}=\dot{E}_b-\dot{E}_c=\dot{E}_b+\left(-\dot{E}_c\right)$$

$$\dot{V}_{ca}=\dot{E}_c-\dot{E}_a=\dot{E}_c+\left(-\dot{E}_a\right)$$

これらをベクトル図に表すと，次のようになります。そして，このベクトル図から線間電圧と相電圧の関係が分かります。

このベクトル図は非常に重要ですから，必ず理解しておいてください。線間電圧と相電圧の**大きさの違い**に加えて，**位相差が生じている**ことも重要です。

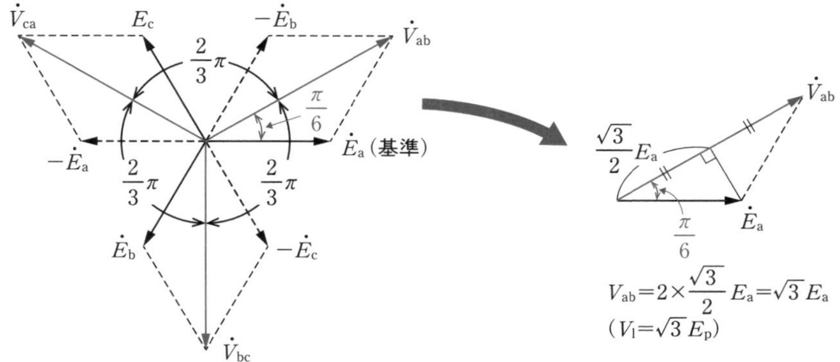

● Δ－Δ 回路の線電流と相電流の関係

各相電流を $\dot{I}_{ab}$，$\dot{I}_{bc}$，$\dot{I}_{ca}$ [A] とすると，101 ページの Δ－Δ 回路の図から，各線電流 $\dot{I}_a$，$\dot{I}_b$，$\dot{I}_c$ [A] は，

$$\dot{I}_a=\dot{I}_{ab}-\dot{I}_{ca}=\dot{I}_{ab}+\left(-\dot{I}_{ca}\right),\quad \dot{I}_b=\dot{I}_{bc}-\dot{I}_{ab}=\dot{I}_{bc}+\left(-\dot{I}_{ab}\right)$$

$$\dot{I}_c=\dot{I}_{ca}-\dot{I}_{bc}=\dot{I}_{ca}+\left(-\dot{I}_{bc}\right)$$

これらをベクトル図に表すと，次のようになります。そして，このベクトル図から線電流と相電流の関係が分かります。

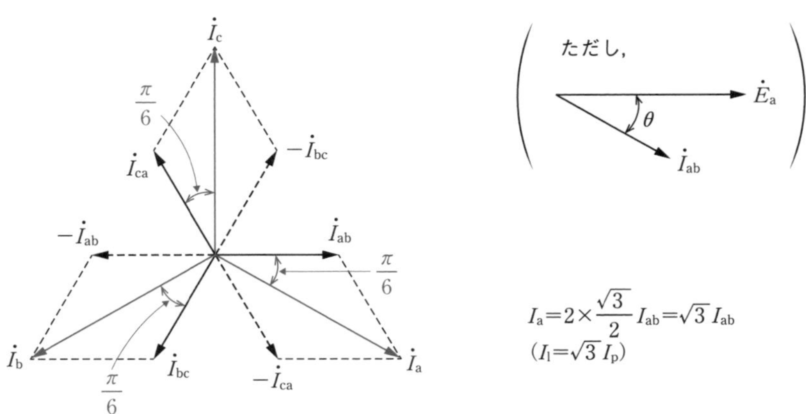

このベクトル図は非常に重要ですから，必ず理解しておいてください。線電流と相電流の**大きさの違い**に加えて，**位相差が生じている**ことも重要です。

また，$\dot{I}_a+\dot{I}_b+\dot{I}_c=0$ となることからは，三相負荷から三相電源へ戻る電線（**中性線**）が不要であることも理解できます。

［理論］

20 平衡三相回路（インピーダンス負荷）

図1のように，線間電圧 200 V，周波数 50 Hz の対称三相交流電源に 1 Ω の抵抗と誘導性リアクタンス $\frac{4}{3}$ Ω のコイルとの並列回路からなる平衡三相負荷（Y 結線）が接続されている。また，スイッチ S を介して，コンデンサ C（Δ 結線）を接続することができるものとする。次の(a)及び(b)の問に答えよ。

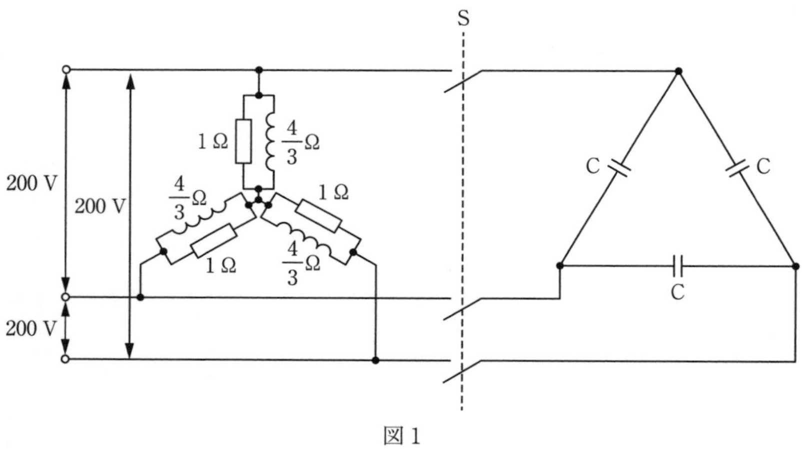

図 1

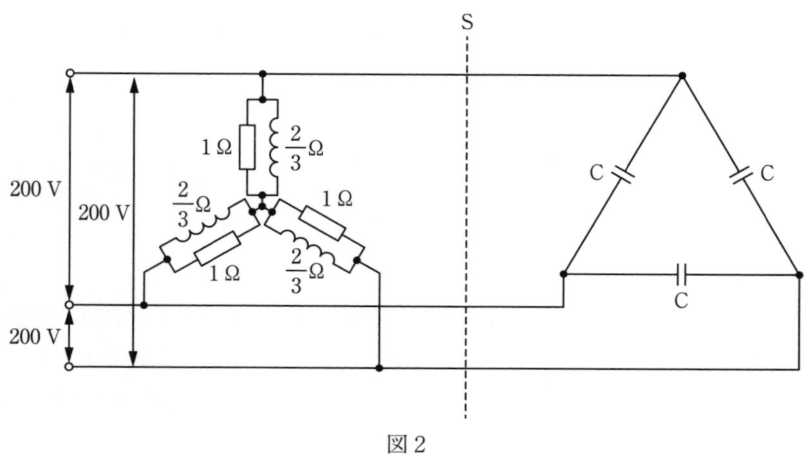

図 2

(a)　スイッチSが開いた状態において，三相負荷の有効電力 P[kW]の値と無効電力 Q[kvar]の値の組合せとして，正しいものを次の(1)～(5)のうちから一つ選べ。

	P	Q
(1)	40	30
(2)	40	53
(3)	80	60
(4)	120	90
(5)	120	160

(b)　図2のように三相負荷のコイルの誘導性リアクタンスを $\dfrac{2}{3}$ Ωに置き換え，スイッチSを閉じてコンデンサCを接続する。このとき，電源からみた有効電力と無効電力が図1の場合と同じ値になったとする。コンデンサCの静電容量の値[μF]として，最も近いものを次の(1)～(5)のうちから一つ選べ。

(1)　800　　(2)　1 200　　(3)　2 400　　(4)　4 800　　(5)　7 200

POINT

(a)　三相回路の解法は1相分の等価回路で考えるのが定石です。ただし，3相分の値を求める場合には注意が必要です。

(b)　題意より，図1の合成リアクタンスは誘導性です。図2の回路が図1の回路と同じ無効電力になることから，図2の合成リアクタンスも誘導性になることが分かります。

出題テーマをとらえる！

❶「静電容量のΔ－Y変換」32ページ参照

❷「線間電圧と相電圧の関係」101ページ参照

❸「線電流と相電流の関係」101ページ参照

❹「交流電力」91～92ページ参照

❺「三相電力（有効電力）」101～102ページ参照

補足　Y結線負荷の皮相電力 S_Y[V·A]，無効電力 Q_Y[var]は，相電圧を V_p[V]，相電流を I_p[A]，負荷の力率を $\cos\theta$ とすると，1相分の皮相電力が V_pI_p[V·A]，1相分の無効電力が $V_pI_p\sin\theta$[var]であるから，

$S_Y = 3V_pI_p$ …(1)

$Q_Y = 3V_pI_p \sin\theta$ …(2)

また，Δ結線負荷の皮相電力 P_Δ [V·A]，無効電力 Q_Δ [var] は，線間電圧を V_l [V]，線電流を I_l [A]，負荷の力率を $\cos\theta$ として，

$S_\Delta = \sqrt{3}\,V_lI_l$ …(3)

$Q_\Delta = \sqrt{3}\,V_lI_l \sin\theta$ …(4)

答　(a)－(1)，(b)－(1)

解説

(a)　三相負荷の有効電力 P [kW] の値と無効電力 Q [kvar] の値

線間電圧 $V_l = 200$ [V] なので，相電圧 $V_p = \frac{200}{\sqrt{3}}$ [V] です。よって，1 相分の等価回路は次図のようになります。

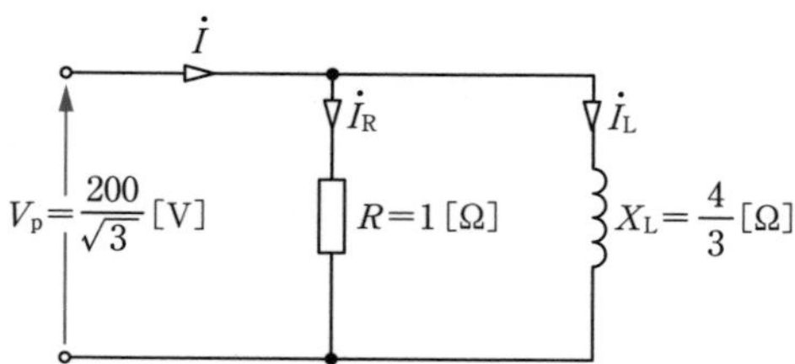

1 相分の有効電力 P_1 [kW] は，抵抗 $R=1$ [Ω] で消費される電力なので，

$$P_1 = \frac{V_p{}^2}{R} = \frac{\left(\frac{200}{\sqrt{3}}\right)^2}{1} = \frac{40\,000}{3}\ [\mathrm{W}] = \frac{40}{3}\ [\mathrm{kW}]$$

したがって，3 相分の有効電力 P [kW] の値は，

$$P = 3P_1 = 3 \times \frac{40}{3}\ [\mathrm{kW}] = 40\ [\mathrm{kW}]$$

また，1 相分の無効電力 Q_1 [kvar] は，コイルの誘導性リアクタンス $X_L = \frac{4}{3}$ [Ω]

による電力なので，

$$Q_1=\frac{V_p{}^2}{X_L}=\frac{\left(\frac{200}{\sqrt{3}}\right)^2}{\frac{4}{3}}=\frac{\frac{40\,000}{3}}{\frac{4}{3}}=10\,000\,[\mathrm{var}]=10\,[\mathrm{kvar}]\quad\cdots(\mathrm{a})$$

有効電力は純抵抗による消費電力であり，無効電力はリアクタンスによる消費されない（無効な）電力です。

したがって，3 相分の無効電力 Q [kvar] の値は，

$$Q=3Q_1=3\times10\,[\mathrm{kvar}]=30\,[\mathrm{kvar}]$$

この問題はいろいろな計算方法が考えられますが，上記のような計算が最も手間のかからない方法だと思われます。

(b)　コンデンサ C の静電容量の値 [μF]

Δ 結線されたコイルの容量性リアクタンスを X_C [Ω] とします。これを Y 結線に変換すると，容量性リアクタンスは $\frac{X_C}{3}$ になります。よって，1 相分の等価回路は次図のようになります。

ここでは，容量性リアクタンスが $\frac{1}{3}$ 倍になるのであって，静電容量が $\frac{1}{3}$ 倍になるのではないことに注意してください。

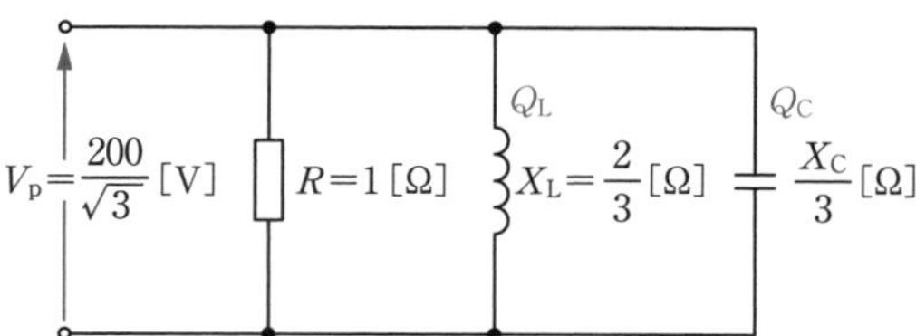

コイルの誘導性リアクタンス $X_L=\frac{2}{3}$ [Ω] による無効電力 Q_L は，

$$Q_L=\frac{\left(\frac{200}{\sqrt{3}}\right)^2}{\frac{2}{3}}=\frac{\frac{40\,000}{3}}{\frac{2}{3}}=20\,000\,[\mathrm{var}]\quad\cdots(\mathrm{b})$$

コンデンサの容量性リアクタンス $\frac{X_C}{3}$ による無効電力 Q_C は，

$$Q_C=\frac{\left(\frac{200}{\sqrt{3}}\right)^2}{\frac{X_C}{3}}=\frac{\frac{40\,000}{3}}{\frac{X_C}{3}}=\frac{40\,000}{X_C}\ [\mathrm{var}]\quad\cdots(\mathrm{c})$$

題意より，これらの合成リアクタンスが誘導性で，(a)式と等しくなることから，

$$Q_L-Q_C=Q_1$$ ←(a)～(c)式を代入

$$20\,000-\frac{40\,000}{X_C}=10\,000$$

$$10\,000=\frac{40\,000}{X_C}\qquad\therefore\ X_C=\frac{40\,000}{10\,000}=4\ [\Omega]\quad\cdots(\mathrm{d})$$

ここで，題意より電源の周波数 $f=50$ [Hz] なので，コンデンサ C の静電容量を C [F] とすると，

$$X_C=\frac{1}{2\pi fC}$$ ←リアクタンス X_C と静電容量 C は反比例の関係であることに注意

$$\therefore\ C=\frac{1}{2\pi fX_C}$$ ←(d)式と周波数 f の値を代入

$$=\frac{1}{2\pi\times50\times4}\ [\mathrm{F}]=\frac{10^6}{400\pi}\ [\mu\mathrm{F}]\fallingdotseq796\ [\mu\mathrm{F}]\ \rightarrow\ 800\mu\mathrm{F}$$

μ は 10^{-6} を表す単位の接頭語なので，$1\mathrm{F}=10^6\mu\mathrm{F}$ です。

より深く理解する！

Δ結線負荷では $V_p=V_l$，$I_p=\frac{I_l}{\sqrt{3}}$ です。これらを(1)式，(2)式に代入すると，(3)，(4)式が得られます。

$$S_Y=3V_pI_p\ \Rightarrow\ S_\Delta=3\times V_l\times\frac{I_l}{\sqrt{3}}=\sqrt{3}V_lI_l\quad\cdots(3)\ （再掲）$$

$$Q_Y=3V_pI_p\sin\theta\ \Rightarrow\ Q_\Delta=3\times V_l\times\frac{I_l}{\sqrt{3}}\times\sin\theta=\sqrt{3}V_lI_l\sin\theta\quad\cdots(4)\ （再掲）$$

一方，Y 結線負荷では $I_l=I_p$，$V_l=\sqrt{3}V_p$ です。これらを(3)式，(4)式に代入

すると，(1)式，(2)式が得られます。

$$S_{\Delta}=\sqrt{3}V_{l}I_{l} \quad \Rightarrow \quad S_{Y}=\sqrt{3}\times\sqrt{3}V_{p}\times I_{p}=3V_{p}I_{p} \quad \cdots(1)\ （再掲）$$

$$Q_{\Delta}=\sqrt{3}V_{l}I_{l}\sin\theta \quad \Rightarrow \quad Q_{Y}=\sqrt{3}\times\sqrt{3}V_{p}\times I_{p}\times\sin\theta=3V_{p}I_{p}\sin\theta \quad \cdots(2)\ （再掲）$$

小問(a)で有効電力を求めるとき，思わず三相電力の公式 $P_{Y}=3V_{p}I_{p}\cos\theta$ を使いたくなってしまう人もいるかもしれません。しかし，その場合は線電流 $\dot{I}$ [A] とその分流 $\dot{I}_{R}$ [A] から力率 $\cos\theta\left(=\left|\dfrac{\dot{I}_{R}}{\dot{I}}\right|\right)$ を計算しなくてはいけなくなるので，計算が大変になってしまいます。

出題テーマ：極座標表示／Δ−Y 変換／線間電圧と相電圧の関係／線電流と相電流の関係

H24 年，問 16

［理論］

21 平衡三相回路（極座標表示）

図のように，相電圧 200 V の対称三相交流電源に，複素インピーダンス $\dot{Z}=5\sqrt{3}+j5$ [Ω] の負荷が Y 結線された平衡三相負荷を接続した回路がある。次の(a)及び(b)の問に答えよ。

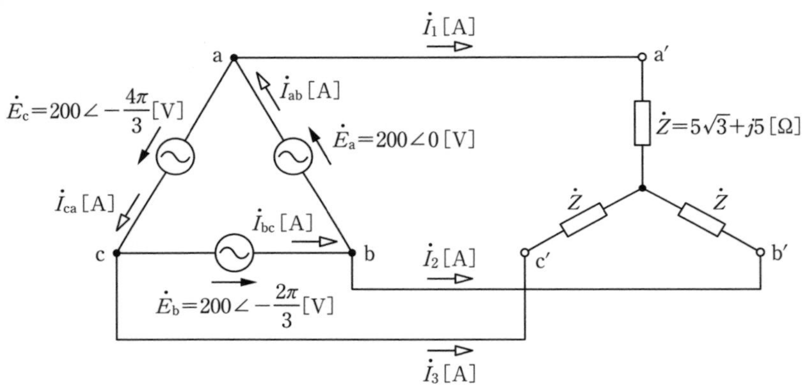

(a)　電流 $\dot{I}_1$ [A]の値として，最も近いものを次の(1)～(5)のうちから一つ選べ。

(1)　$20.00\angle-\frac{\pi}{3}$　(2)　$20.00\angle-\frac{\pi}{6}$　(3)　$16.51\angle-\frac{\pi}{6}$

(4)　$11.55\angle-\frac{\pi}{3}$　(5)　$11.55\angle-\frac{\pi}{6}$

(b)　電流 $\dot{I}_{ab}$ [A]の値として，最も近いものを次の(1)～(5)のうちから一つ選べ。

(1)　$20.00\angle-\frac{\pi}{6}$　(2)　$11.55\angle-\frac{\pi}{3}$　(3)　$11.55\angle-\frac{\pi}{6}$

(4)　$6.67\angle-\frac{\pi}{3}$　(5)　$6.67\angle-\frac{\pi}{6}$

POINT

極座標表示で答えを求めなくてはいけないので，極座標表示で回路計算を行います。

出題テーマをとらえる！

❶「抵抗のΔ－Y（Y－Δ）変換」66ページ参照

❷「線間電圧と相電圧の関係」101ページ参照

補足 Y－Y回路では，相電圧は線間電圧よりも位相が$\frac{\pi}{6}$[rad]遅れています。

❸「線電流と相電流の関係」101ページ参照

補足 Δ－Δ回路では，相電流は線電流よりも位相が$\frac{\pi}{6}$[rad]進んでいます。

❹「極座標表示」91ページ参照

❺ 複素数$\dot{a}_1=a_1\angle\theta_1$，$\dot{a}_2=a_2\angle\theta_2$が与えられたとき，これらの積（せき）と商（しょう）は，

$$\dot{a}_1\cdot\dot{a}_2=a_1\angle\theta_1\cdot a_2\angle\theta_2=a_1a_2\angle(\theta_1+\theta_2)\quad\cdots(1)$$

$$\frac{\dot{a}_1}{\dot{a}_2}=\frac{a_1\angle\theta_1}{a_2\angle\theta_2}=\frac{a_1}{a_2}\angle(\theta_1-\theta_2)\quad\cdots(2)$$

このように，極座標表示にすると乗（じょう）算（掛け算）や除（じょ）算（割り算）が簡単にできるという利点があります。反面，加（か）算（足し算）や減（げん）算（引き算）は極座標表示のままではできないので，直交座標表示に変換して行います。

答 (a)－(4)，(b)－(5)

解説

(a) 電流$\dot{I}_1$[A]の値

Y－Y回路の電圧ベクトル図から（105ページ参照），三相電源$\dot{E}_a$，$\dot{E}_b$，$\dot{E}_c$[V]をΔ－Y変換すると，電圧が$\frac{1}{\sqrt{3}}$倍になって，位相が$\frac{\pi}{6}$[rad]遅れることが分かります。よって，Δ－Y変換後の三相電圧$\dot{E}_{Ya}$，$\dot{E}_{Yb}$，$\dot{E}_{Yc}$[V]のうち$\dot{E}_{Ya}$は，

$$\dot{E}_{Ya}=\frac{200}{\sqrt{3}}\angle-\frac{\pi}{6}\text{ [V]}\quad\cdots(a)$$

また，複素インピーダンス$\dot{Z}=5\sqrt{3}+j5$[Ω]の大きさZ[Ω]は，

$$Z=\sqrt{(5\sqrt{3})^2+5^2}=\sqrt{75+25}=\sqrt{100}=10\text{ [Ω]}$$

インピーダンス角 θ [rad] は，

$$\theta = \tan^{-1}\left(\frac{5}{5\sqrt{3}}\right) = \tan^{-1}\frac{1}{\sqrt{3}} \qquad \therefore\ \theta = \frac{\pi}{6}\ [\mathrm{rad}]$$

よって，複素インピーダンス $\dot{Z}$ [Ω] を極座標表示で表すと，

$$\dot{Z} = 10\angle\frac{\pi}{6}\ [\Omega] \quad \cdots\text{(b)}$$

インピーダンスの大きさ Z，抵抗分 R，リアクタンス分 X は，直角三角形を形づくります。これをインピーダンス三角形といいます。この問題における複素インピーダンス $\dot{Z}$ は，インピーダンス三角形から考えると，より簡単に求めることができます。

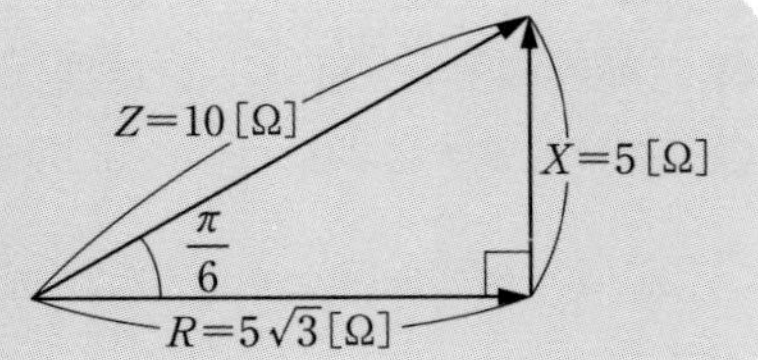

したがって，電流 $\dot{I}_1$ [A] の値は，

$$\dot{I}_1 = \frac{\dot{E}_{\mathrm{Ya}}}{\dot{Z}} = \frac{\dfrac{200}{\sqrt{3}}\angle -\dfrac{\pi}{6}}{10\angle\dfrac{\pi}{6}}$$

←(a)式，(b)式を代入した後，(2)式を利用

$$= \frac{200}{10\sqrt{3}}\angle\left(-\frac{\pi}{6} - \frac{\pi}{6}\right) = \frac{20}{\sqrt{3}}\angle -\frac{2\pi}{6}$$

$$\fallingdotseq 11.55\angle -\frac{\pi}{3}\ [\mathrm{A}]$$

(b)　電流 $\dot{I}_{\mathrm{ab}}$ [A] の値

Δ−Δ 回路の電流ベクトル図から（105 ページ参照），相電流 $\dot{I}_{\mathrm{ab}}$ [A] は線電流 $\dot{I}_1$ [A] の $\frac{1}{\sqrt{3}}$ 倍の大きさで，位相が $\frac{\pi}{6}$ [rad] 進んでいることが分かります。したがって，相電流 $\dot{I}_{\mathrm{ab}}$ は，

$$\dot{I}_{\mathrm{ab}} = \left(\frac{20}{\sqrt{3}} \times \frac{1}{\sqrt{3}}\right)\angle\left(-\frac{\pi}{3} + \frac{\pi}{6}\right) = \frac{20}{3}\angle\left(-\frac{2\pi}{6} + \frac{\pi}{6}\right) \fallingdotseq 6.67\angle -\frac{\pi}{6}\ [\mathrm{A}]$$

別解　複素インピーダンス $\dot{Z} = 5\sqrt{3} + j5$ [Ω] を Y−Δ 変換すると，その値 $\dot{Z}_\Delta$ [Ω] は，

$$\dot{Z}_\Delta = 3\dot{Z} = 3(5\sqrt{3} + j5) = 15\sqrt{3} + j15\ [\Omega]$$

$\dot{Z}_\Delta$ の大きさ Z_Δ [Ω]，インピーダンス角 θ_Δ [rad] は，

$$Z_\Delta = 3Z = 3\times 10 = 30\ [\Omega]$$

$$\theta_\Delta = \tan^{-1}\left(\frac{15}{15\sqrt{3}}\right) = \tan^{-1}\frac{1}{\sqrt{3}} \qquad \therefore\ \theta_\Delta = \frac{\pi}{6}\ [\mathrm{rad}]$$

よって，複素インピーダンス $\dot{Z}_\Delta$ [Ω] を極座標表示で表すと，

$$\dot{Z}_\Delta = 30\angle\frac{\pi}{6}\ [\Omega] \quad \cdots(\mathrm{c})$$

したがって，電流 $\dot{I}_{ab}$ [A] の値は，

$$\dot{I}_{ab} = \frac{\dot{E}_a}{\dot{Z}_\Delta} = \frac{200\angle 0}{30\angle\frac{\pi}{6}}$$

← $\dot{E}_a = 200\angle 0$ [V]，(c)式を代入した後，(2)式を利用

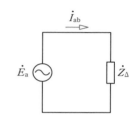

$$= \frac{200}{30}\angle\left(0 - \frac{\pi}{6}\right) \fallingdotseq 6.67\angle -\frac{\pi}{6}\ [\mathrm{A}]$$

Δ−Y 変換後の三相電圧 $\dot{E}_{Ya}$，$\dot{E}_{Yb}$，$\dot{E}_{Yc}$ [V] と Δ 結線電源の電圧 $\dot{E}_a$ [V] のベクトル図は次のようになります。

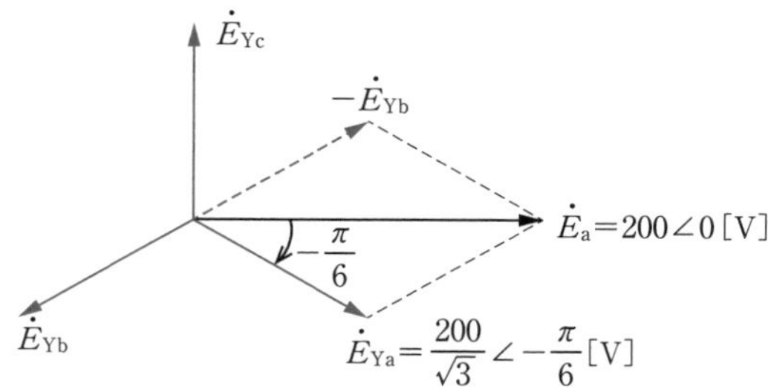

また，Δ 結線電源を流れる相電流 $\dot{I}_{ab}$，$\dot{I}_{bc}$，$\dot{I}_{ca}$ [A] と線電流 $\dot{I}_1$ [A] のベクトル図は次のようになります。

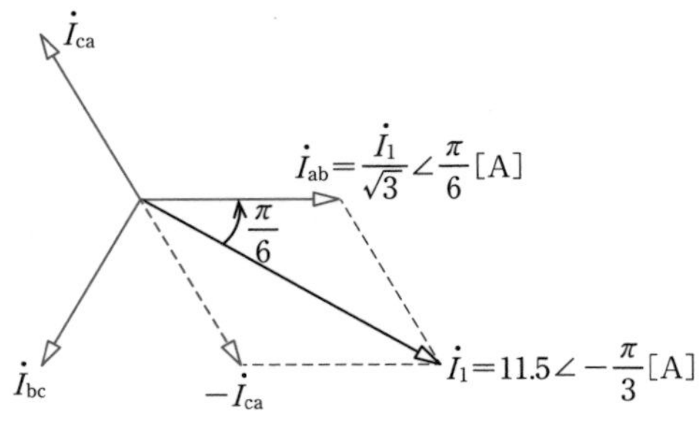

この問題は，小問(b)を先に解いて，その結果を利用して小問(a)を解くこともできます。ただし，途中計算に記号法（直交座標表示）を利用するので，計算はかなり面倒です。

a 点にキルヒホッフの電流則を適用すると，

$$\dot{I}_{ab}=\dot{I}_1+\dot{I}_{ca}\quad\cdots\text{(d)}$$

(d)式から，$\dot{I}_{ab}$ [A] と $\dot{I}_{ca}$ [A] が分かれば $\dot{I}_1$ [A] が求められます。$\dot{I}_{ab}$ は小問(b)で求めたので，同様にして $\dot{I}_{ca}$ を求めると，

$$\dot{I}_{ca}=\left(\frac{20}{\sqrt{3}}\times\frac{1}{\sqrt{3}}\right)\angle\left(-\frac{4}{3}\pi-\frac{\pi}{6}\right)=\frac{20}{3}\angle\left(-\frac{8}{6}\pi-\frac{\pi}{6}\right)=\frac{20}{3}\angle-\frac{3}{2}\pi\ [\text{A}]$$

よって，(d)式より，

$$\begin{aligned}\dot{I}_1&=\dot{I}_{ab}-\dot{I}_{ca}=\left(\frac{20}{3}\angle-\frac{\pi}{6}\right)-\left(\frac{20}{3}\angle-\frac{3}{2}\pi\right)\\&=\frac{20}{3}\left\{\cos\left(-\frac{\pi}{6}\right)+j\sin\left(-\frac{\pi}{6}\right)\right\}-\frac{20}{3}\left\{\cos\left(-\frac{3}{2}\pi\right)+j\sin\left(-\frac{3}{2}\pi\right)\right\}\\&=\frac{20}{3}\left\{\cos\frac{\pi}{6}-j\sin\frac{\pi}{6}-\cos\left(-\frac{3}{2}\pi\right)-j\sin\left(-\frac{3}{2}\pi\right)\right\}\\&=\frac{20}{3}\left(\frac{\sqrt{3}}{2}-j\frac{1}{2}-0-j1\right)=\frac{20}{3}\left(\frac{\sqrt{3}}{2}-j\frac{3}{2}\right)=\frac{10}{\sqrt{3}}-j10\ [\text{A}]\end{aligned}$$

ベクトル $\dot{A}=a+jb$（直交座標表示）の大きさ A と偏角 θ（実軸となす角）は，

$$A=\sqrt{a^2+b^2},\quad \theta=\tan^{-1}\frac{b}{a}$$

ベクトル $\dot{A}$ を極座標表示→三角関数表示で表すと，

$$\dot{A}=A\angle\theta=A\cos\theta+jA\sin\theta=A(\cos\theta+j\sin\theta)$$

ここで，$\dot{I}_1$ の大きさ I_1，偏角 θ は，

$$I_1=\sqrt{\left(\frac{10}{\sqrt{3}}\right)^2+(-10)^2}=10\sqrt{\left(\frac{1}{\sqrt{3}}\right)^2+(-1)^2}=10\sqrt{\frac{4}{3}}=\frac{20}{\sqrt{3}}\ [\mathrm{A}]$$

$$\theta=\tan^{-1}\left(\frac{-10}{\frac{10}{\sqrt{3}}}\right)=\tan(-\sqrt{3}) \qquad \therefore\ \theta=-\frac{\pi}{3}\ [\mathrm{rad}]$$

したがって，電流 $\dot{I}_1$ [A] の値は，

$$\dot{I}_1=\frac{20}{\sqrt{3}}\angle-\frac{\pi}{3}\fallingdotseq 11.55\angle-\frac{\pi}{3}\ [\mathrm{A}]$$

［理論］
22 三相交流電源

図のように，起電力 $\dot{E}_a$ [V]，$\dot{E}_b$ [V]，$\dot{E}_c$ [V] を持つ三つの定電圧源に，スイッチ S_1，S_2，$R_1=10$ [Ω] 及び $R_2=20$ [Ω] の抵抗を接続した交流回路がある。次の(a)及び(b)の問に答えよ。

ただし，$\dot{E}_a$ [V]，$\dot{E}_b$ [V]，$\dot{E}_c$ [V] の正の向きはそれぞれ図の矢印のようにとり，これらの実効値は 100 V，位相は $\dot{E}_a$ [V]，$\dot{E}_b$ [V]，$\dot{E}_c$ [V] の順に $\frac{2}{3}\pi$ [rad] ずつ遅れているものとする。

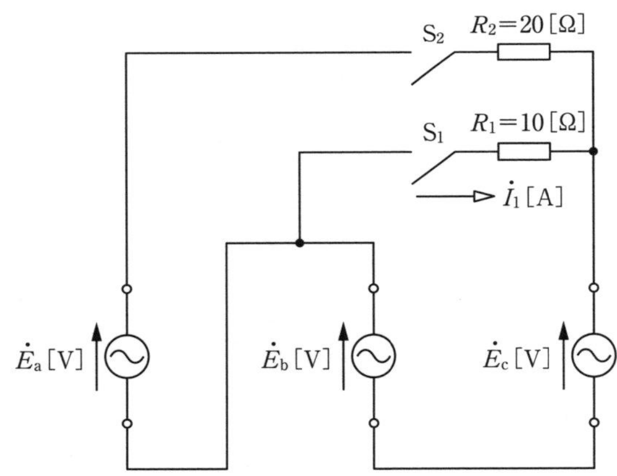

(a)　スイッチ S_2 を開いた状態でスイッチ S_1 を閉じたとき，R_1 [Ω] の抵抗に流れる電流 $\dot{I}_1$ の実効値 [A] として，最も近いものを次の(1)～(5)のうちから一つ選べ。

(1)　0　(2)　5.77　(3)　10.0　(4)　17.3　(5)　20.0

(b)　スイッチ S_1 を開いた状態でスイッチ S_2 を閉じたとき，R_2 [Ω] の抵抗で消費される電力の値 [W] として，最も近いものを次の(1)～(5)のうちから一つ選べ。

(1)　0　(2)　500　(3)　1 500　(4)　2 000　(5)　4 500

POINT

等価回路とともに電圧のベクトル図を書いて考えます。電圧のベクトル図は，対称三相交流電源のものを基本にして考えることができます。

出題テーマをとらえる！

❶ 「三相交流」100～101 ページ参照

補足 基準電圧 $\dot{E}_a$ [V] を含む回路を a 相，基準から $\frac{2}{3}\pi$ 遅れの $\dot{E}_b$ [V] を含む回路を b 相，基準から $\frac{4}{3}\pi$ 遅れの $\dot{E}_c$ [V] を含む回路を c 相とすると，a → b → c の順序を**相順**（そうじゅん）（または，**相回転**（そうかいてん））といいます。

❷ 「線間電圧と相電圧の関係」101 ページ参照

❸ 「線電流と相電流の関係」101 ページ参照

❹ 「三相電力」101～102 ページ参照

答 (a)－(4)，(b)－(4)

解説

(a) スイッチ S_2 を開き，S_1 を閉じたときの抵抗 R_1 に流れる電流 $\dot{I}_1$ の実効値

このときの等価回路は次の左図のようになります。また，電源電圧（$\dot{E}_b$，$\dot{E}_c$，$\dot{E}_1=\dot{E}_b-\dot{E}_c$）のベクトル図は，$\dot{E}_b$ を基準とすると次の右図のようになります。

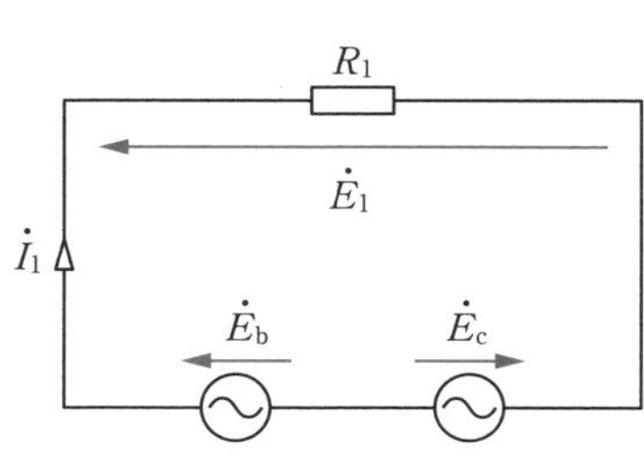

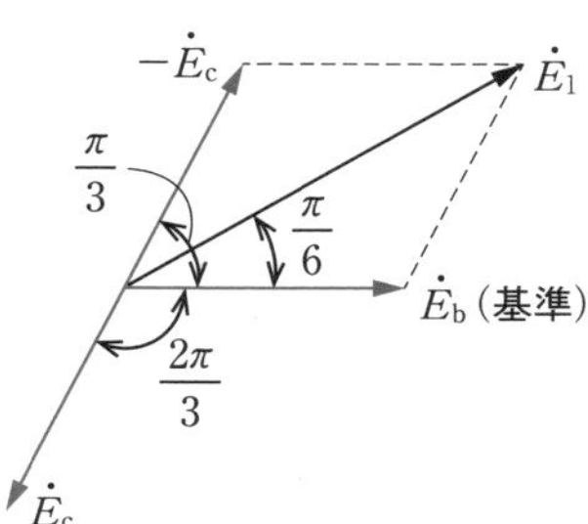

$\dot{E}_b$ と $\dot{E}_c$ の組合せ電源は，二つの電源電圧の実効値が等しく，位相が $\frac{2}{3}\pi$ [rad] ずれているので，右図のように，対称三相交流電源から一つの電源（$\dot{E}_a$）を取り去った形になっています。あるいは，題意より $\dot{E}_b$ と $\dot{E}_c$ の正の向きが逆向きなので，合成電圧 $\dot{E}_1$ は，E_b+E_c ではなく $E_b+(-E_c)$ であることから考えても構いません。いずれにせよ，$\dot{E}_b$ を基準としたベクトル図は右図のようになります。

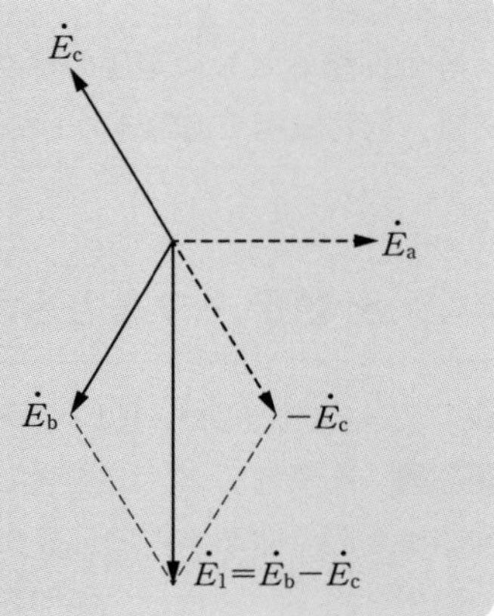

よって，$\dot{E}_b$ と $\dot{E}_c$ の合成電圧 $\dot{E}_1$ [V] の実効値（大きさ）E_1 [V] は，

$$E_1=\left|\dot{E}_b\right|\cos\frac{\pi}{6}+\left|\dot{E}_c\right|\cos\frac{\pi}{6}=2\left|\dot{E}_b\right|\cos\frac{\pi}{6}\left(=2\left|\dot{E}_c\right|\cos\frac{\pi}{6}\right)$$

$$=2\times100\times\frac{\sqrt{3}}{2}=100\sqrt{3}\ [\text{V}]\quad\cdots\text{(a)}$$

したがって，電流 $\dot{I}_1$ [A] の実効値 I_1 [A] は，

$$I_1=\frac{E_1}{R_1}=\frac{100\sqrt{3}}{10}=10\sqrt{3}\fallingdotseq17.3\ [\text{A}]$$

(b)　スイッチ S_1 を開き，S_2 を閉じたときの抵抗 R_2 の消費電力の値 [W]

このときの等価回路は次の左図ようになります。また，電源電圧（$\dot{E}_a$，$\dot{E}_b$，$\dot{E}_c$，$\dot{E}_2=\dot{E}_a+\dot{E}_b-\dot{E}_c$）のベクトル図は，$\dot{E}_a$ を基準とすると次の右図のようになります。

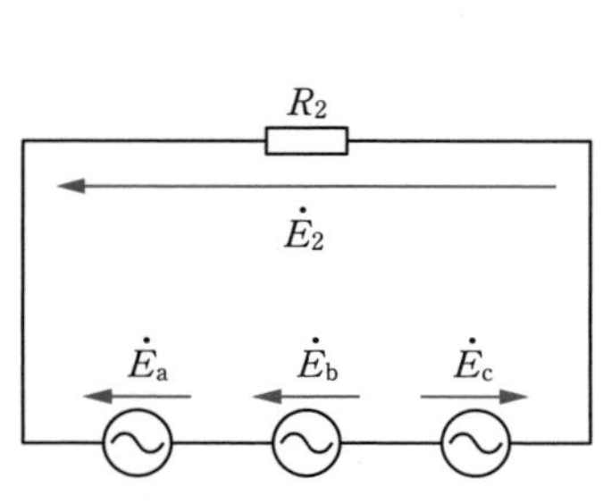

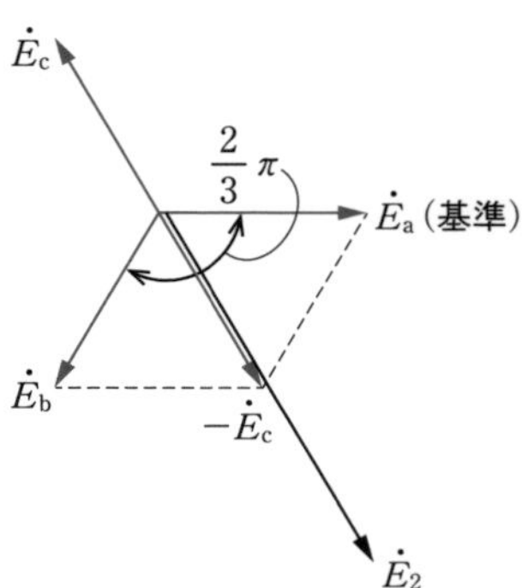

小問(a)のときと電圧ベクトルの基準が違うことに注意してください。また，題意より，$\dot{E}_a$，$\dot{E}_b$，$\dot{E}_c$のうち$\dot{E}_c$だけ正の向きが逆向きです。したがって，合成電圧$\dot{E}_2=\dot{E}_a+\dot{E}_b+(-\dot{E}_c)$になることに注意してください。

よって，$\dot{E}_a$，$\dot{E}_b$，$\dot{E}_c$の合成電圧$\dot{E}_2$[V]の実効値（大きさ）E_2[V]は，

$$E_2=\left|\dot{E}_a\right|\cos\frac{\pi}{3}+\left|\dot{E}_b\right|\cos\frac{\pi}{3}+\left|\dot{E}_c\right|=2\left|\dot{E}_a\right|\cos\frac{\pi}{3}+\left|\dot{E}_c\right|\left(=2\left|\dot{E}_b\right|\cos\frac{\pi}{3}+\left|\dot{E}_c\right|\right)$$

$$=2\times100\times\frac{1}{2}+100=200\ [\mathrm{V}]$$

あるいは，右図のような三角比を利用して，

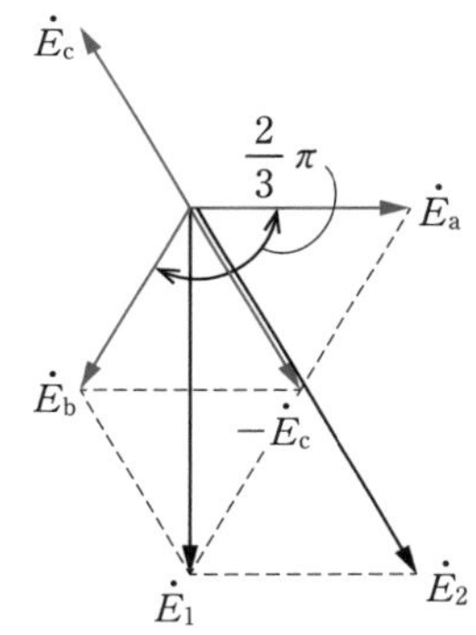

$$2:\sqrt{3}=E_2:E_1$$ ←(a)式を代入

$$\sqrt{3}E_2=2E_1=2\times100\sqrt{3}$$

$$\therefore\ E_2=\frac{200\sqrt{3}}{\sqrt{3}}=200\ [\mathrm{V}]$$

したがって，抵抗$R_2=20$[Ω]の消費電力P[W]の値は，

$$P=\frac{E_2{}^2}{R_2}=\frac{200^2}{20}=2\,000\ [\mathrm{W}]$$

より深く理解する！

あまり推奨（すいしょう）しない計算方法なので別解として解説しませんでしたが，この問題は記号法によって強引に解くこともできます。

(a)　スイッチS_2を開き，S_1を閉じたときの抵抗R_1に流れる電流$\dot{I}_1$の実効値

起電力$\dot{E}_a$，$\dot{E}_b$，$\dot{E}_c$は，$\dot{E}_a$を基準とすると，

$$\dot{E}_a=100\angle0\ [\mathrm{V}]=100\ [\mathrm{V}]\quad\cdots(\mathrm{b})$$

$$\dot{E}_b=100\angle-\frac{2}{3}\pi\ [\mathrm{V}]$$ ←題意より，$\dot{E}_a$から$\frac{2}{3}\pi$遅れている

$$=100\cos\left(-\frac{2}{3}\pi\right)+j100\sin\left(-\frac{2}{3}\pi\right)=100\left(-\frac{1}{2}-j\frac{\sqrt{3}}{2}\right)[\mathrm{V}]\quad\cdots(\mathrm{c})$$

$$\dot{E}_c=100\angle-\frac{4}{3}\pi\ [\mathrm{V}]$$ ←題意より，$\dot{E}_b$から$\frac{2}{3}\pi$遅れている

$$=100\cos\left(-\frac{4}{3}\pi\right)+j100\sin\left(-\frac{4}{3}\pi\right)=100\left(-\frac{1}{2}+j\frac{\sqrt{3}}{2}\right)\,[\mathrm{V}]\quad\cdots\text{(d)}$$

ベクトル $\dot{A}=a+jb$（直交座標表示）の大きさ A と偏角（実軸となす角）θ は，

$$A=\sqrt{a^2+b^2},\quad \theta=\tan^{-1}\frac{b}{a}$$

ベクトル $\dot{A}$ を極座標表示→三角関数表示で表すと，

$$\dot{A}=A\angle\theta=A\cos\theta+jA\sin\theta=A(\cos\theta+j\sin\theta)$$

よって，電流 $\dot{I}_1$ とその大きさ（実効値）I_1 は，

$$\dot{I}_1=\frac{\dot{E}_b-\dot{E}_c}{R_1}\qquad\leftarrow\text{(c)式，(d)式を代入}$$

題意より，$\dot{E}_b$ と $\dot{E}_c$ の正の向きは逆向きなので，合成電圧は $\dot{E}_b+\dot{E}_c$ ではなく，$\dot{E}_b+(-\dot{E}_c)$ です。また，ここでは減算（引き算）を行うので，極座標表示ではなく直交座標表示で計算する必要があります。

$$=\frac{100\left(-\frac{1}{2}-j\frac{\sqrt{3}}{2}\right)-100\left(-\frac{1}{2}+j\frac{\sqrt{3}}{2}\right)}{10}=\frac{100(-j\sqrt{3})}{10}$$

$$=-j10\sqrt{3}\fallingdotseq -j17.3\,[\mathrm{A}]$$

$$I_1=\left|\dot{I}_1\right|=17.3\,[\mathrm{A}]$$

(b)　スイッチ S_1 を開き，S_2 を閉じたときの抵抗 R_2 の消費電力の値 [W]

起電力 $\dot{E}_a$，$\dot{E}_b$，$\dot{E}_c$ の合成電圧 $\dot{E}_2$ とその大きさ（実効値）E_2 は，

$$\dot{E}_2=\dot{E}_a+\dot{E}_b-\dot{E}_c\qquad\leftarrow\text{(b)〜(d)式を代入}$$

$\dot{E}_a$，$\dot{E}_b$，$\dot{E}_c$ のうち $\dot{E}_c$ だけ正の向きが逆向きなので，合成電圧は $\dot{E}_a+\dot{E}_b+\dot{E}_c$ ではなく，$\dot{E}_a+\dot{E}_b+(-\dot{E}_c)$ です。

$$=100+100\left(-\frac{1}{2}-j\frac{\sqrt{3}}{2}\right)-100\left(-\frac{1}{2}+j\frac{\sqrt{3}}{2}\right)$$

$$=100\left(1-\frac{1}{2}-j\frac{\sqrt{3}}{2}+\frac{1}{2}-j\frac{\sqrt{3}}{2}\right)=100(1-j\sqrt{3})\,[\mathrm{V}]$$

$$E_2=\left|\dot{E}_2\right|=100\sqrt{1^2+(-\sqrt{3})^2}=100\sqrt{4}=200\,[\mathrm{V}]$$

したがって，抵抗 $R_2=20\,[\Omega]$ の消費電力 $P\,[\mathrm{W}]$ の値は，

$$P=\frac{E_2{}^2}{R_2}=\frac{200^2}{20}=2\,000\,[\mathrm{W}]$$

以上のように，記号法による解答では計算量が多くなり時間がかかってしまいます。したがって，ベクトル図によって短時間で解答する方法をお勧めします。

［理論］

23 *RC* 直列回路の過渡現象

図のような回路において，スイッチSを①側に閉じて，回路が定常状態に達した後で，スイッチSを切り換え②側に閉じた。スイッチS，抵抗 R_2 及びコンデンサ C からなる閉回路の時定数の値として，正しいのは次のうちどれか。

ただし，抵抗 R_1＝300［Ω］，抵抗 R_2＝100［Ω］，コンデンサの静電容量 C＝20［μF］，直流電圧 E＝10［V］とする。

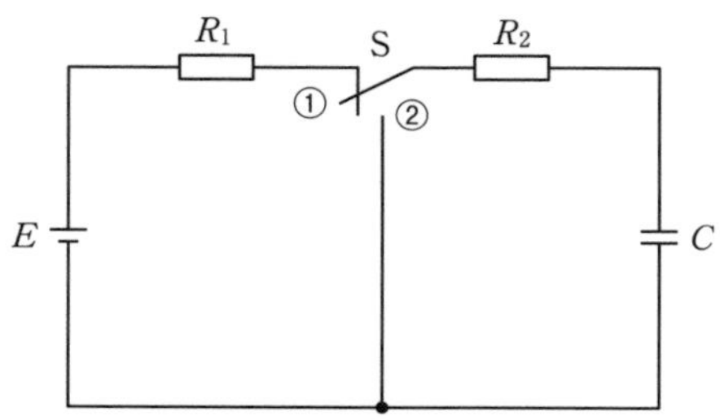

(1)　0.05 μs　　(2)　0.2 μs　　(3)　1.5 ms　　(4)　2.0 ms　　(5)　8.0 ms

POINT

***RC* 直列回路について，充電時と放電時の過渡現象は別であることに注意してください。**

⇨ 出題テーマをとらえる！

❶　コンデンサやコイルを含む回路では，スイッチのオン・オフにより電圧や電流が急激に変化すると，安定した状態（**定常状態**(ていじょうじょうたい)）になるまでにある程度の時間を必要とします。定常状態になるまでの変化している状態を**過渡状態**(かとじょうたい)といい，その間（**過渡期間**）に電圧や電流が変化する現象を**過渡現象**といいます。また，過渡現象が続く長さの目安となる時間を**時定数**(じていすう)といいます。

補足　コンデンサ（静電容量）を含む回路では，回路を閉じてからコンデンサを充電したり放電したりするのに時間がかかり，その間は回路を流れる電流が変化します。また，コイル（インダクタンス）を含む回路では，回路を閉じてからコイルに電磁誘導が起こらなくなるまでに時間がかかり，その間は回路を流れる電流が変化します。

❷ 抵抗 R [Ω] と静電容量 C [F] から構成される RC 直列回路の時定数 τ（タウ）[s] は，

$$\tau = RC \quad \cdots(1)$$

補足 抵抗 R [Ω] とインダクタンス L [H] から構成される RL 直列回路の時定数 τ [s] は，

$$\tau = \frac{L}{R} \quad \cdots(2)$$

答　(4)

解説

スイッチSを①側に閉じると，コンデンサ C の充電が開始され，過渡現象が起こります。過渡現象は充電が終わるまで（新たな定常状態になるまで）続きます。

スイッチSを①側に閉じたときは，電源電圧 E，抵抗 R_1，R_2，静電容量 C の直列回路になります。

続いて，スイッチSを②側に切り換えると，コンデンサ C の放電が開始され，過渡現象が起こります。過渡現象は放電が終わるまで（新たな定常状態になるまで）続きます。

スイッチSを②側に切り換えたときは，抵抗 R_2 と静電容量 C の直列回路になります。このとき，コンデンサ C が充電されているので，放電が起こります。

このときの時定数 $\tau_{②}$ [s] は，(1)式より，

$$\tau_{②} = R_2C = 100 \times (20 \times 10^{-6}) = 2.0 \times 10^{-3}\,[\mathrm{s}] = 2.0\,[\mathrm{ms}]$$

より深く理解する！

スイッチSを①側に閉じたときの閉回路（RC 直列回路）の時定数 $\tau_{①}$ の値は，(1)式より，

$$\tau_{①}=(R_1+R_2)C=(300+100)\times(20\times10^{-6})$$

$$=8\,000\times10^{-6}=8.0\times10^{-3}\,[\mathrm{s}]=8.0\,[\mathrm{ms}]$$

また，スイッチSを①側に閉じたときに流れる電流の大きさ $i_{①}$ [A]，②側に切り換えたときに流れる電流の大きさ $i_{②}$ [A] は，Sを①側または②側に閉じてからの経過時間を t [s] として，

$$i_{①}=\frac{E}{R_1+R_2}\mathrm{e}^{-\frac{t}{(R_1+R_2)C}}$$

$$i_{②}=\frac{E}{R_2}\mathrm{e}^{-\frac{t}{R_2C}}$$

なお，eは自然対数の底であり，その値は約2.718です。

問題文に直流電圧 $E=10$ [V] が与えられていますが，時定数 $\tau_{①}$，$\tau_{②}$ の値には無関係です。また，抵抗 $R_1=300$ [Ω] が与えられていますが，R_2C 直列回路の時定数 $\tau_{②}$ の値には無関係です。

［理論］
24 *RC* 回路を流れる電流

図の回路において，スイッチSを閉じた瞬間（時刻 $t=0$）に抵抗 R_1 に流れる電流を I_0［A］とする。また，スイッチSを閉じた後，回路が定常状態に達したとき，同じ抵抗 R_1 に流れる電流を I_∞［A］とする。

上記の電流 I_0 及び I_∞ の値の組合せとして，正しいのは次のうちどれか。

ただし，コンデンサ C の初期電荷は零とする。

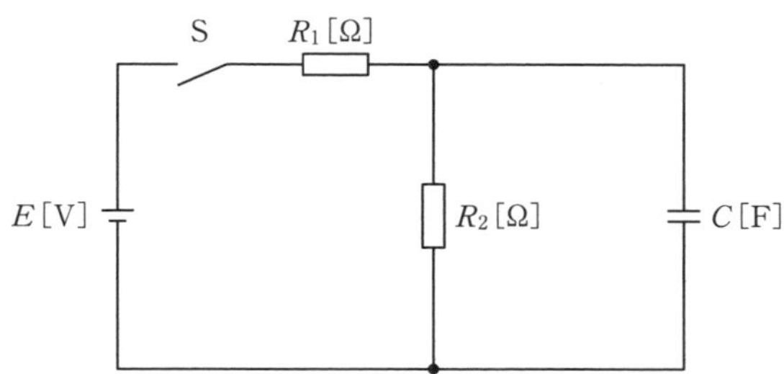

(1)　$I_0=\dfrac{E}{R_1+R_2}$　　$I_\infty=\dfrac{E}{R_2}$　　　(2)　$I_0=\dfrac{E}{R_1}$　　$I_\infty=\dfrac{E}{R_2}$

(3)　$I_0=\dfrac{E}{R_1+R_2}$　　$I_\infty=\dfrac{E}{R_1}$　　　(4)　$I_0=\dfrac{E}{R_1}$　　$I_\infty=\dfrac{E}{R_1+R_2}$

(5)　$I_0=\dfrac{E}{R_2}$　　$I_\infty=\dfrac{E}{R_1+R_2}$

POINT

充電が完了するまでは，コンデンサには導線（抵抗は零）と同じように電流が流れると見なすことができます。

出題テーマをとらえる！

❶「コンデンサを含む回路の過渡現象」124〜125ページ参照

答　(4)

解説

スイッチSを閉じた瞬間（時刻 $t=0$）は，充電のためコンデンサ C[F] に電流が流れ込み，抵抗 R_2[Ω] には電流が流れません。

このとき，コンデンサには抵抗が零の導線と同じように電流が流れ，抵抗 R_2 は開放状態であると見なすことができます。よって，電源 E →抵抗 R_1 →コンデンサ C →電源 E の経路で電流が流れています。

したがって，このとき抵抗 R_1[Ω] に流れる電流 I_0[A] は，

$$I_0=\frac{E}{R_1}$$

また，スイッチSを閉じた後，回路が定常状態に達したときにはコンデンサ C の充電は終了しているので，コンデンサへの電流の流れ込みは起こりません。

このとき，コンデンサ C は開放状態であると見なすことができます。よって，電源 E →抵抗 R_1 →抵抗 R_2 →電源 E の経路で電流が流れます。

したがって，このとき抵抗 R_1 に流れる電流 I_∞[A] は，

$$I_\infty=\frac{E}{R_1+R_2}$$

補 足　コンデンサの極板間は空気などで絶縁されているので，電流は流れません。しかし，コンデンサが充電されている間は電荷が極板に蓄積され続けるので，実際に電流が流れているのと同じように見なすことができます。

より深く理解する！

●充電特性

RC 直列回路に直流電圧 V[V] を加えたとき，時刻 t[s] における充電電流 i[A]，抵抗 R[Ω] の端子電圧 v_R[V]，静電容量 C[F] の端子電圧 v_C[V] は，自然対数の底を e（≒2.718）として，

$$i=\frac{V}{R}\mathrm{e}^{-\frac{t}{RC}} \quad \cdots(1)$$ ←十分に時間が経過した後（$t=\infty$）では $i=0$

$$v_R=Ri=V\mathrm{e}^{-\frac{t}{RC}}$$ ←十分に時間が経過した後（$t=\infty$）では $v_R=0$

$$v_C=V-v_R=V\left(1-\mathrm{e}^{-\frac{t}{RC}}\right)$$ ←十分に時間が経過した後（$t=\infty$）では $v_C=V$

●放電特性

RC 直列回路に直流電圧 V [V] を加えて十分に時間が経過した後，電源を短絡して放電させたとき，時刻 t [s] における放電電流 i [A]，抵抗 R [Ω] の端子電圧 v_R [V]，静電容量 C [F] の端子電圧 v_C [V] は，

$$i=-\frac{V}{R}e^{-\frac{t}{RC}} \quad \cdots(2)$$

←十分に時間が経過した後（$t=\infty$）では $i=0$

(2)式の負（－）の符号は，充電時（(1)式）とは逆の向きに電流が流れることを示しています。

$$v_R=Ri=-Ve^{-\frac{t}{RC}}$$

←十分に時間が経過した後（$t=\infty$）では $v_R=0$

$$v_C=-v_R=Ve^{-\frac{t}{RC}}$$

←十分に時間が経過した後（$t=\infty$）では $v_C=0$

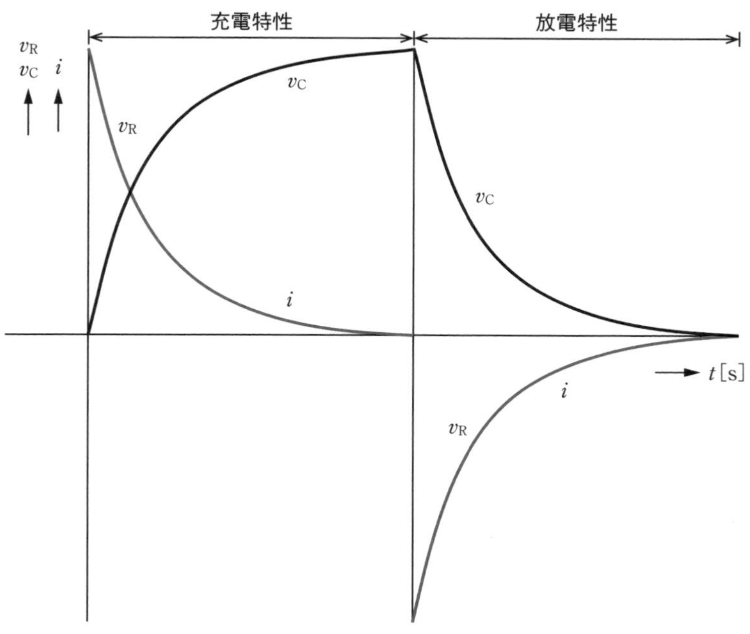

[理論]
25 測定電圧の誤差率

図のような回路において，電圧計を用いて端子a-b間の電圧を測定したい。そのとき，電圧計の内部抵抗Rが無限大でないことによって生じる測定の誤差率を2%以内とするためには，内部抵抗R[kΩ]の最小値をいくらにすればよいか。正しい値を次のうちから選べ。

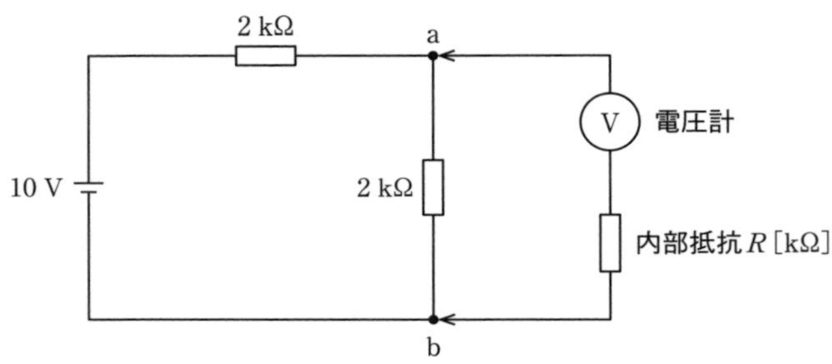

(1)　38　　(2)　49　　(3)　52　　(4)　65　　(5)　70

POINT

電圧計を接続した場合と接続しない場合の端子a-b間の電圧を計算し，測定の誤差率を考えます。

出題テーマをとらえる！

❶　**電圧計**は電圧の大きさを測定する計器で，直流用と交流用があります。測定する回路と**並列に接続して使用**します。

❷　電源や計器の内部に含まれる抵抗を**内部抵抗**といいます。電圧計の場合，測定する回路に影響を与えないようにするため，内部抵抗は無限大であることが理想です。

補足　電圧計の内部抵抗が無限大であると，電圧計に電流が流れず，電圧計では電圧降下が生じません。すると，電圧計が接続されていないのと同じ状態を再現することができます。

❸ 測定によって求めた値を**測定値**，測定の正しい値（誤差のない理想の測定値）を**真の値**（しん あたい）といいます。測定値を M，真の値を T とすると，測定の誤差（ごさ）（**絶対誤差**）ε は，

$$\varepsilon = M - T$$

このとき，測定値 M と真の値 T の大小関係が重要でないときは，絶対値で表します。

$$\varepsilon = |M - T| \quad \cdots(1)$$

❹ 絶対誤差の真の値に対する比 $\frac{\varepsilon}{T}$ を測定の**相対誤差**といいます。これを百分率で表した**百分率誤差（誤差率）**は，

$$\frac{\varepsilon}{T} \times 100\% \quad \cdots(2)$$

答　(2)

解説

誤差率を計算するためには，測定値と真の値が必要です。

まず，真の値を求めてみましょう。次ページの図(a)のように，電圧計が接続されていない場合の端子 a-b 間の電圧（真の値）T [V] は，電源電圧 10 V が二つの抵抗 2 kΩ によって分圧されることから，

$$T = \frac{2\,[\mathrm{k\Omega}]}{2\,[\mathrm{k\Omega}] + 2\,[\mathrm{k\Omega}]} \times 10\,[\mathrm{V}]$$

←抵抗の単位を [kΩ] のままで計算していることに注意

$$= 5\,[\mathrm{V}]$$

次に，測定値を求めます。次ページの図(b)のように電圧計が接続されているので，端子 a-b 間の合成抵抗 R_{p} [kΩ] を求め，R_{p} を利用して端子 a-b 間の分圧（測定値）M [V] を計算します。

合成抵抗 R_{p} [kΩ] は，抵抗 2 kΩ と内部抵抗 R [kΩ] の並列合成抵抗なので，

$$R_{\mathrm{p}} = \frac{2 \times R}{2 + R} = \frac{2R}{2 + R} \quad \cdots(\mathrm{a})$$

よって，端子 a-b 間の分圧（測定値）M [V] は，

$$M=\frac{R_p}{2+R_p}\times 10$$ ←(a)式を代入

電源電圧 10 V が，電源側の抵抗 2 kΩ と並列合成抵抗 R_p によって分圧されているので，R_p での分圧（電圧降下）を求める計算を行います。これは，並列接続されている 2 kΩ と内部抵抗 R に加わる電圧が同じだからです。

$$=\frac{\frac{2R}{2+R}}{2+\frac{2R}{2+R}}\times 10$$ ←分子と分母に（$2+R$）を掛ける

$$=\frac{2R}{2(2+R)+2R}\times 10=\frac{20R}{4+2R+2R}=\frac{20R}{4+4R}=\frac{5R}{1+R}$$

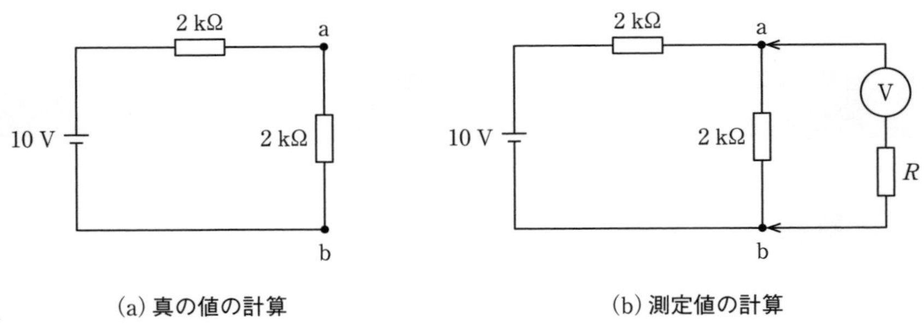

(a) 真の値の計算　　(b) 測定値の計算

以上で真の値 T と測定値 M が求められたので，誤差率を計算します。

絶対誤差 ε は，(1)式より，

$$\varepsilon=|M-T|=\left|\frac{5R}{1+R}-5\right|=\left|\frac{5R}{1+R}-5\times\frac{1+R}{1+R}\right|$$

$$=\left|\frac{5R-5(1+R)}{1+R}\right|=\left|\frac{-5}{1+R}\right|=\frac{5}{1+R}$$

よって，誤差率（百分率誤差）[%] は，(2)式より，

$$\frac{\varepsilon}{T}\times 100=\frac{\frac{5}{1+R}}{5}\times 100=\frac{100}{1+R}$$

この誤差率が 2% 以内になるための条件は，

$$\frac{100}{1+R} \leqq 2 \qquad \leftarrow \text{両辺に } \frac{1+R}{2} \text{ を掛ける}$$

$$50 \leqq 1+R \qquad \therefore \; R \geqq 49\,[\mathrm{k\Omega}]$$

したがって，電圧計の内部抵抗 R の最小値は 49 kΩ です。

より深く理解する！

測定誤差に関する問題は，近年，B 問題で出題されています。具体的には，平成 30 年度の問 18，平成 28 年度の問 16，令和 3 年度の問 16 ですが，B 問題としてはいずれも易しい内容ですから，必ず解けるようにしておきましょう。

参考 令和 3 年度には A 問題（問 14）でも出題されていますが，「ブリッジの平衡条件」を絡めた難問でした。

［理論］
26 多重範囲電流計

次の文章は，直流電流計の測定範囲拡大について述べたものである。

内部抵抗 $r=10$［mΩ］，最大目盛 0.5 A の直流電流計 M がある。この電流計と抵抗 R_1［mΩ］及び R_2［mΩ］を図のように結線し，最大目盛が 1 A と 3 A からなる多重範囲電流計を作った。この多重範囲電流計において，端子 3 A と端子＋を使用する場合，抵抗［（ア）］［mΩ］が分流器となる。端子 1 A と端子＋を使用する場合には，抵抗［（イ）］［mΩ］が倍率［（ウ）］倍の分流器となる。また，3 A を最大目盛とする多重範囲電流計の内部抵抗は［（エ）］［mΩ］となる。

上記の記述中の空白箇所（ア），（イ），（ウ）及び（エ）に当てはまる式または数値として，正しいものを組み合わせたのは次のうちどれか。

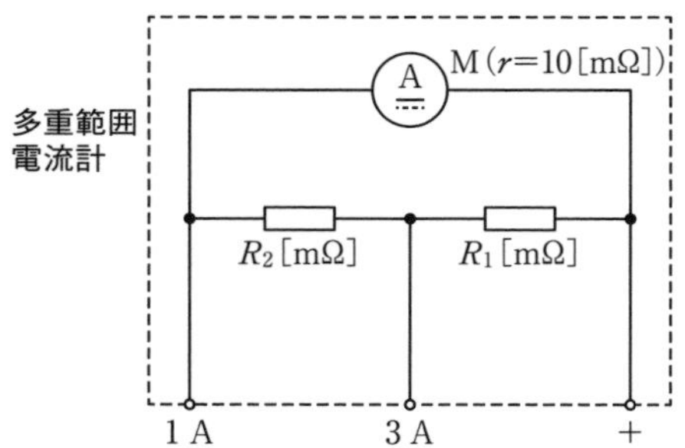

	（ア）	（イ）	（ウ）	（エ）
(1)	R_2	R_1	$\dfrac{10+R_2}{R_1}+1$	$\dfrac{20}{3}$
(2)	R_1	R_1+R_2	$\dfrac{10+R_2}{R_1}$	$\dfrac{25}{9}$
(3)	R_2	R_1+R_2	$\dfrac{10}{R_1+R_2}+1$	5
(4)	R_1	R_2	$\dfrac{10}{R_1+R_2}$	$\dfrac{10}{3}$
(5)	R_1	R_1+R_2	$\dfrac{10}{R_1+R_2}+1$	$\dfrac{25}{9}$

POINT

分流器の倍率は，電流計の指示値に対する測定電流の比を表します。

出題テーマをとらえる！

❶　電流計は電流の大きさを測定する計器で，直流用と交流用があります。測定する回路と**直列に接続**して使用します。

❷　電流計の場合，測定する回路に影響を与えないようにするため，内部抵抗は零であることが理想です。

❸　ある回路の電流を測定しようとするとき，その電流が電流計の定格（使用限度）より大きい場合は，抵抗器（**分流器**(ぶんりゅうき)）を電流計と**並列に接続**して，電流を分流して測定します。このようにして，電流計の測定範囲を拡大することができます。

参考　分流器は直流用です。交流用としては計器用変流器（CT）を使用します。

❹　電流計の内部抵抗を R_a [Ω]，分流器の抵抗を R_s [Ω] とすると，分流器の倍率 m は，

$$m=1+\frac{R_a}{R_s} \quad \cdots(1)$$

答　(5)

解説

直流電流計Mに，抵抗 R_1 [Ω] や R_2 [Ω] を並列に接続することで，R_1 や R_2 が分流器となって，Mの測定範囲を拡大することができます。

端子3Aと端子＋を使用する場合，多重範囲電流計の等価回路は次ページの図(a)のようになり，(ア)抵抗 R_1 が分流器となります。直流電流計Mの最大目盛は0.5Aなので，3Aの電流を測定する場合は（3−0.5＝）2.5Aの電流を分流器 R_1 に流す必要があります。

また，端子1Aと端子＋を使用する場合，多重範囲電流計の等価回路は次ページの図(b)のようになり，抵抗 R_1 と R_2 の (イ) 合成抵抗 R_1+R_2 が分流器と

なります。直流電流計Mの最大目盛は0.5 Aなので，1 Aの電流を測定する場合は（1−0.5=）0.5 Aの電流を分流器R_1+R_2に流す必要があります。このとき，分流器の倍率mは，(1)式より，

$$m=1+\frac{r}{R_1+R_2}\underset{(ウ)}{=}\underline{\underline{\frac{10}{R_1+R_2}+1}}$$

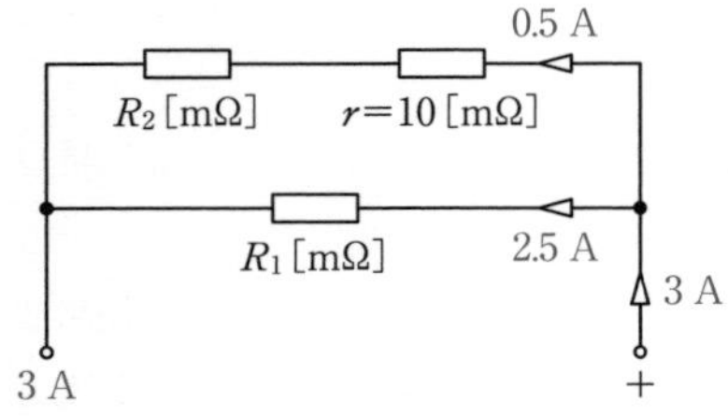

(a) 端子3 Aと端子＋を使用

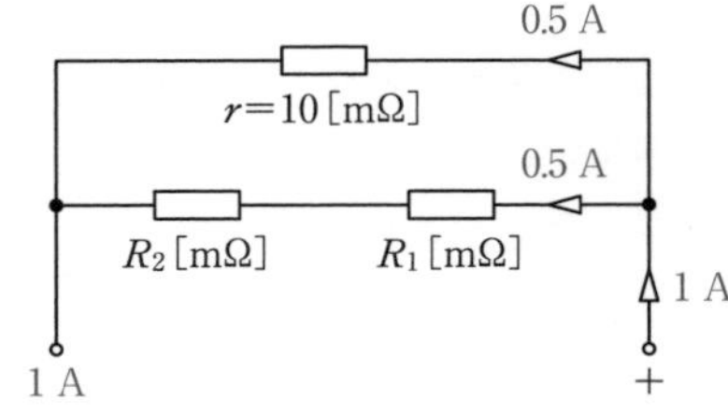

(b) 端子1 Aと端子＋を使用

さて，最後に，3 Aを最大目盛とする多重範囲電流計（等価回路は図(a)）の内部抵抗（図(a)の等価回路の合成抵抗）を具体的に求めなければいけませんが，抵抗R_1とR_2の値が分からないと計算ができません。よって，まずは抵抗R_1とR_2の値を求めてみます。

図(a)において，端子間の電圧が等しいことから，

$$0.5\times(R_2+r)=2.5\times R_1 \quad\rightarrow\quad R_2+r=5R_1$$

$$\rightarrow\quad r=5R_1-R_2 \quad \cdots\textbf{(a)}$$

同様に，図(b)において，端子間の電圧が等しいことから，

$$0.5\times r=0.5\times(R_1+R_2)$$

$$\rightarrow\quad r=R_1+R_2 \quad \cdots\textbf{(b)}$$

(a)式＋(b)式より，

$$2r=6R_1 \qquad \therefore\ R_1=\frac{2}{6}r=\frac{1}{3}r \quad \cdots\textbf{(c)}$$

$$=\frac{1}{3}\times10=\frac{10}{3}\,[\mathrm{m\Omega}]$$

よって，(b)式と(c)式から，

$$R_2 = r - R_1 = r - \frac{1}{3}r = \frac{2}{3}r \quad \cdots\text{(d)}$$

$$= \frac{2}{3} \times 10 = \frac{20}{3}[\text{m}\Omega]$$

したがって，3A を最大目盛とする多重範囲電流計の内部抵抗は，図(a)から，

$$\frac{R_1 \times (r + R_2)}{R_1 + (r + R_2)} \quad \leftarrow\text{(c)式と(d)式を代入}$$

$$= \frac{\frac{1}{3}r \times \left(r + \frac{2}{3}r\right)}{\frac{1}{3}r + r + \frac{2}{3}r} = \frac{\frac{1}{3}r \times \frac{5}{3}r}{2r} = \frac{5}{9 \times 2}r = \frac{5}{18} \times 10 = \frac{50}{18} = _{(\text{エ})}\frac{25}{9}[\text{m}\Omega]$$

より深く理解する！

この問題は，（ア）～（ウ）までが分かれば答えは定まります。試験本番で同じような状況になった場合，時間に余裕がなければ，（エ）は計算せずに切り上げるといった判断も視野に入れておきましょう。

次図のように，電流計 A（内部抵抗 R_a）に分流器（抵抗 R_s）を接続した回路について考えてみましょう。

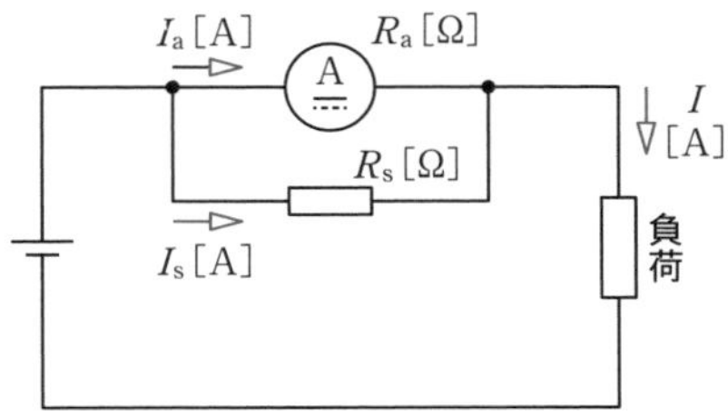

負荷に流れる電流を I [A] とすると，電流計 A を流れる電流 I_a [A] は，

$$I_a = \frac{R_s}{R_a + R_s} I$$

これより，電流計の指示値 I_a に対する負荷電流（実際に測定しようとする電流）I の比 m は，

$$m = \frac{I}{I_a} = \frac{R_a + R_s}{R_s} = 1 + \frac{R_a}{R_s} \quad \cdots(1)\ \text{（再掲）}$$

このmが分流器の倍率です。

また，分流器の抵抗 R_s は，(1)式を変形して，

$$R_s = \frac{R_a}{m-1} \quad \cdots (2)$$

ある直流回路の電圧を測定しようとするとき，その電圧が電圧計の定格（使用限度）より大きい場合は，抵抗器（**倍率器**，**分圧器**）を電圧計と**直列に接続**して，電圧を分圧して測定します。このようにして，電圧計の測定範囲を拡大することができます。

電圧計の内部抵抗を R_v [Ω]，倍率器の抵抗を R_m [Ω] とすると，倍率器の倍率 m は，

$$m = \frac{R_v + R_m}{R_v} = 1 + \frac{R_m}{R_v} \quad \cdots (3)$$

倍率 m は，電圧計の指示値に対する負荷電圧（実際に測定しようとする電圧）の比を表しています。

さらに，倍率器の抵抗 R_m は，(3)式を変形して，

$$R_m = (m-1) R_v \quad \cdots (4)$$

と求められます。

［理論］

27 磁界中における電子の運動

次の文章は，図に示す「磁界中における電子の運動」に関する記述である。

真空中において，磁束密度 B[T]の一様な磁界が紙面と平行な平面の［（ア）］へ垂直に加わっている。ここで，平面上の点aに電荷 $-e$[C]，質量 m_0[kg]の電子を置き，図に示す向きに速さ v[m/s]の初速度を与えると，電子は初速度の向き及び磁界の向きのいずれに対しても垂直で図に示す向きの電磁力 F_A[N]を受ける。この力のために電子は加速度を受けるが速度の大きさは変わらないので，その方向のみが変化する。したがって，電子はこの平面上で時計回りに速さ v[m/s]の円運動をする。この円の半径を r[m]とすると，電子の運動は，磁界が電子に作用する電磁力の大きさ $F_A=Bev$[N]と遠心力 $F_B=\dfrac{m_0}{r}v^2$[N]とが釣り合った円運動であるので，その半径は $r=$［（イ）］[m]と計算される。したがって，この円運動の周期は $T=$［（ウ）］[s]，角周波数は $\omega=$［（エ）］[rad/s]となる。

ただし，電子の速さ v[m/s]は，光速より十分小さいものとする。また，重力の影響は無視できるものとする。

上記の記述中の空白箇所(ア)，(イ)，(ウ)及び(エ)に当てはまる組合せとして，正しいものを次の(1)～(5)のうちから一つ選べ。

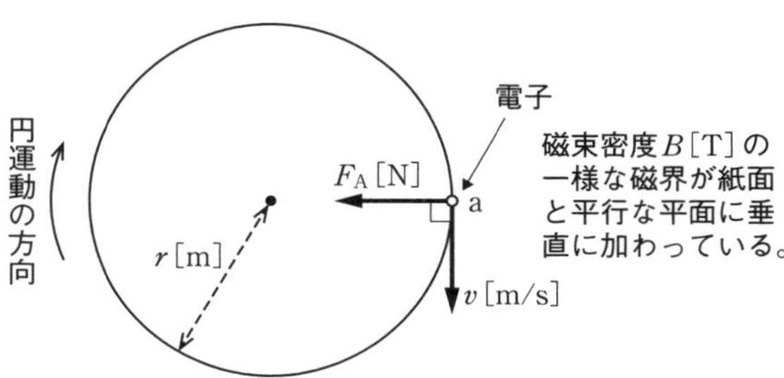

	(ア)	(イ)	(ウ)	(エ)
(1)	裏からおもて	$\frac{m_0v}{eB^2}$	$\frac{2\pi m_0}{eB}$	$\frac{eB}{m_0}$
(2)	おもてから裏	$\frac{m_0v}{eB}$	$\frac{2\pi m_0}{eB}$	$\frac{eB}{m_0}$
(3)	おもてから裏	$\frac{m_0v}{eB}$	$\frac{2\pi m_0}{e^2B}$	$\frac{2e^2B}{m_0}$
(4)	おもてから裏	$\frac{2m_0v}{eB}$	$\frac{2\pi m_0}{eB^2}$	$\frac{eB^2}{m_0}$
(5)	裏からおもて	$\frac{m_0v}{2eB}$	$\frac{\pi m_0}{eB}$	$\frac{eB}{m_0}$

POINT

角周波数は角速度ともいいます。これは，単位時間（1 秒）当たりに回転する角度（角の大きさ）のことです。

出題テーマをとらえる！

❶ 磁界中を運動する荷電粒子（かでんりゅうし）（電荷を帯びた粒子）には，運動方向と磁界の両方に垂直な向きに**ローレンツ力**という力が働きます。荷電粒子の電荷（電気量）を q [C]，運動する速さを v [m/s]，磁界の磁束密度を B [T] とすると，ローレンツ力の大きさ f [N] は，

$$f = qvB \quad \cdots(1)$$

補足 ローレンツ力は荷電粒子に働く力であり，電磁力（44 ページ参照）は電流に働く力です。電流は電子やイオンなどの荷電粒子の移動によって生じるので，ローレンツ力の総和が電磁力であると理解できます。

❷ ローレンツ力の働く向きは**フレミングの左手の法則**（45 ページ参照）に従います。すなわち，磁界（磁束）の向きを人差し指，荷電粒子の移動（電流）の向きを薬指にとると，ローレンツ力の向きが親指の指す向きと一致します。なお，荷電粒子が正電荷の場合は薬指の指す向きになりますが，負電荷の場合は薬指と逆向きになることに注意が必要です。

❸ 円運動する物体には**遠心力**（えんしんりょく）が働きます。速さ v [m/s]，半径 r [m] で等速円運動する，質量 m [kg] の物体に働く遠心力の大きさ F [N] は，

$$F = \frac{mv^2}{r} \quad \cdots (2)$$

補足 角周波数（角速度）を ω [rad/s] とすると，$v = r\omega$ の関係があるので，

$$F = \frac{mv^2}{r} = \frac{m(r\omega)^2}{r} = mr\omega^2$$

答　(2)

解説

(ア) 磁界中を運動する電子（**負電荷**）にはローレンツ力が働きます。フレミングの左手の法則から，ローレンツ力は紙面と平行な平面の**おもてから裏**の向きに働きます。

> 電子は負電荷なので，電子の移動する向きは電流の向きと逆向きになることに注意してください。

(イ) ローレンツ力は電子の運動方向を変えるためだけに働き続けるので，電子は加速せず，一定の速さ v [m/s] で等速円運動することになります。

> ローレンツ力は，電子の移動する向きと垂直に働き続けます。一定方向に働き続けるわけではないので，電子に対して仕事をしません。ですから，電子は加速しません。

このとき，題意にあるように，ローレンツ力 $F_A = Bev$ [N] と遠心力 $F_B = \frac{m_0}{r}v^2$ [N] とが釣り合っている（$F_A = F_B$）ことから，円運動の半径 r [m] は，

$$Bev = \frac{m_0}{r}v^2 \qquad \therefore \ r = \frac{m_0 v^2}{Bev} = \frac{m_0 v}{eB} \quad \cdots (a)$$

(ウ) 等速円運動の半径が r なので，円一周の長さは $2\pi r$ [m] です。電子はこの長さを一定の速さ v で運動するので，円運動の周期（電子が円を一周する時間）T [s] は，

$$T = \frac{2\pi r}{v} \qquad \leftarrow \text{(a)式を代入}$$

$$= \frac{2\pi \times \frac{m_0 v}{eB}}{v} = \frac{2\pi m_0}{eB} \quad \cdots (b)$$

(エ) 角周波数は角速度ともいい，1秒（1 s）当たりに進む角の大きさ [rad] のことです。円一周の角度が 2π [rad]，円運動の周期（電子が円を一周する時間）が T [s] であることから，角周波数 ω [rad/s] は，

$$\omega=\frac{2\pi[\mathrm{rad}]}{T[\mathrm{s}]} \qquad \leftarrow \text{(b)式を代入}$$

$$=\frac{2\pi}{\dfrac{2\pi m_0}{eB}}=\frac{2\pi\times eB}{2\pi m_0}=\frac{eB}{m_0}$$

あるいは，$v=r\omega$ の関係を知っていれば，

$$\omega=\frac{v}{r} \qquad \leftarrow \text{(a)式を代入}$$

$$=\frac{v}{\dfrac{m_0 v}{eB}}=\frac{eB}{m_0}$$

より深く理解する！

この問題では，問題文にあらかじめローレンツ力 F_A や遠心力 F_B の値（文字式）が与えられています。しかし，これらの値が与えられない場合もあるので，140～141 ページの公式（(1)，(2)式）はできれば覚えておきましょう。

円一周の角度は 2π [rad] なので，角速度が ω [rad/s] のとき，円運動の周期 $T=\dfrac{2\pi}{\omega}$ [s] です。また，半径 r [m] の円一周の長さは $2\pi r$ [m] なので，円運動の速さが v [m] のとき，円運動の周期 $T=\dfrac{2\pi r}{v}$ [s] です。この2式の関係から，$v=r\omega$ の公式が導かれます。

$$\frac{2\pi}{\omega}=\frac{2\pi r}{v} \qquad \therefore\ v=2\pi r\times\frac{\omega}{2\pi}=r\omega$$

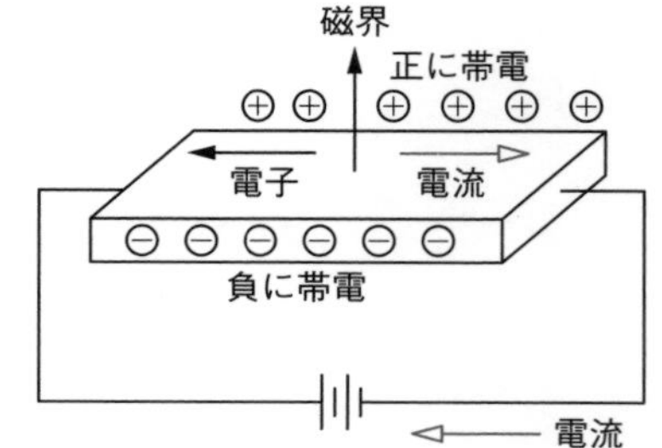

導体や半導体に電流を流し，電流と垂直な向きに磁界を発生させると，導体や半導体中の電子にローレンツ力が働き，電流と磁界の両方に垂直な方向に電位差が生じます。これを**ホール効果**といいます。

参考　ホール効果の「ホール」は人名で

あり，**正孔**（ホール）とは別のものです。

この問題は，問題文の記述を追っていけば何となく解けてしまう内容です。ここでは，その内容をしっかりと理解するために，「**等速円運動**」について説明しておきます。

次図のように，物体が速さ v で右方へ移動しているとします。何も力が働かなければ点Aから点Bへ移動しますが，点Oへ向かう何らかの力が働き続けると，本来は点Bに移動しているときに点Cに移動していることになります。等速円運動はこのようにして起こります。ただし，円運動している物体には遠心力が働くので，円運動の中心（点O）に向かう力（**向心力**といいます）と遠心力が釣り合うような関係にならないと等速円運動にはなりません。言い換えれば，向心力と遠心力が釣り合っていれば，物体は点Oにまで移動せず，点Oを中心とした等速円運動を続けることになるわけです。

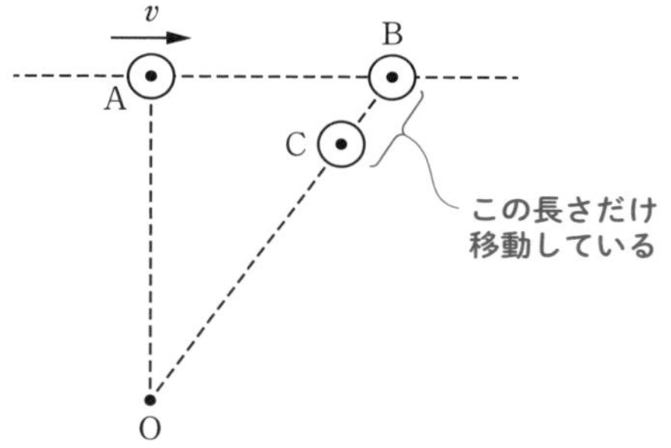

光速（光の速さ）に近い速さで運動する物体は，そうでないときと比べて質量が大きくなります。これを「相対性理論効果」といいます。問題文の但し書きに「電子の速さ v [m/s] は，光速より十分小さいものとする」とあるのは，この効果が無視できて，質量が常に一定であることを意味しています。

［理論］

28 電界中における電子の運動

ブラウン管は電子銃，偏向板，蛍光面などから構成される真空管であり，オシロスコープの表示装置として用いられる。図のように，電荷 $-e$[C] を持つ電子が電子銃から一定の速度 v[m/s] で z 軸に沿って発射される。電子は偏向板の中を通過する間，x 軸に平行な平等電界 E[V/m] から静電力 $-eE$[N] を受け，x 方向の速度成分 u[m/s] を与えられ進路を曲げられる。偏向板を通過後の電子は z 軸と $\tan\theta=\dfrac{u}{v}$ なる角度 θ をなす方向に直進して蛍光面に当たり，その点を発光させる。このとき発光する点は蛍光面の中心点から x 方向に距離 X[m] だけシフトした点となる。

u と X を表す式の組合せとして，正しいものを次の(1)～(5)のうちから一つ選べ。

ただし，電子の静止質量を m[kg]，偏向板の z 方向の大きさを l[m]，偏向板の中心から蛍光面までの距離を d[m] とし，$l \ll d$ と仮定してよい。また，速度 v は光速に比べて十分小さいものとする。

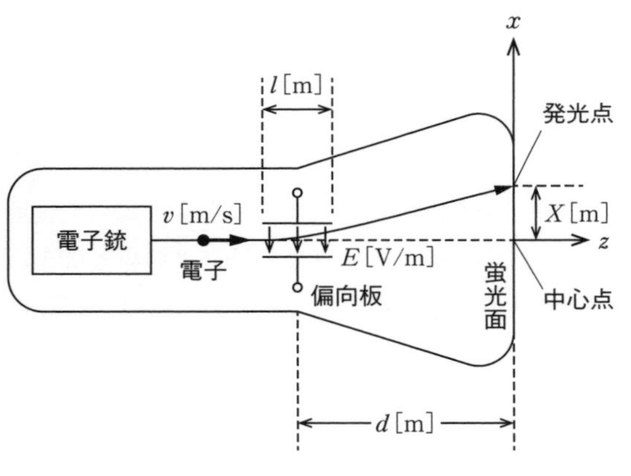

	u	X
(1)	$\dfrac{elE}{mv}$	$\dfrac{2eldE}{mv^2}$
(2)	$\dfrac{elE^2}{mv}$	$\dfrac{2eldE}{mv^2}$
(3)	$\dfrac{elE}{mv^2}$	$\dfrac{eldE^2}{mv}$
(4)	$\dfrac{elE^2}{mv^2}$	$\dfrac{eldE}{mv}$
(5)	$\dfrac{elE}{mv}$	$\dfrac{eldE}{mv^2}$

POINT

電子の運動を，x 方向と z 方向に分けて考えます。

出題テーマをとらえる！

❶ 「電界中の電荷に働く静電力」15ページ参照

❷ 物体に力を加え続けると，物体は加速度を生じ，**等加速度運動**（加速度が一定の運動）を開始します。物体に加えた力の大きさを F[N]，物体の質量を m[kg]，物体に生じた加速度の大きさを a[m/s^2] とすると，

$$F=ma \quad \cdots(1)$$

この(1)式を**運動方程式**といいます。

なお，等加速度運動に対して，一定の速度で運動することを**等速度運動**といいます。

補足 「加速度」とは，単位時間当たりの速度変化のことです。

❸ 時刻 $t=0$[s] に，一直線上を初速（初めの速さ）v_0[m/s]，大きさ a[m/s^2] の加速度で運動を開始した物体の，時刻 t[s] における速度 v[m/s] は，

$$v=v_0+at \quad \cdots(2)$$

補足 (2)式は初速と加速度の向きが同じ場合の式です。加速度が初速 v_0 と逆向きに生じた場合は，

$$v=v_0-at \quad \cdots(2)'$$

参考 時刻 $t=0$[s] に，一直線上を初速（初めの速さ）v_0[m/s]，大きさ a[m/s^2] の加速度で運動を開始した物体の，時刻 t[s] における変位（運動を開始した位置からのずれ）x[m] は，

$$x=v_0t+\frac{1}{2}at^2 \quad \cdots(3)$$

答 (5)

解説

◎ **x 方向の速度成分 u[m/s]**

電子が偏向板（へんこうばん）を通過する間，電子には平等電界からの静電力が働き続けます。

この静電力 F [N] は，題意より $F=-eE$ です。

$F=-eE$ の負（−）の符号は，電界と逆向きの力であることを意味します。

また，静電力 F が働き続けることにより，電子には加速度が生じます。この加速度の大きさ a [m/s²] は，電子の質量が m [kg] なので，(1)式より，

$$|F|=ma \qquad \therefore\ a=\frac{|F|}{m}=\frac{eE}{m} \quad \cdots\text{(a)}$$

ここでは大きさだけを考えるため，静電力の大きさを $|F|$ として式を立てました。

電子に静電力が働き続ける時間，すなわち，電子が偏向板を通過する時間 t [s] は，偏向板の z 方向の大きさが l [m]，電子の z 軸に沿った速度が v [m/s] なので，

$$t=\frac{l}{v} \quad \cdots\text{(b)}$$

したがって，電子の x 方向の速度成分 u [m/s] は，(2)式より，

$$u=0+at \qquad \leftarrow\text{(a)式，(b)式を代入}$$

$$=\frac{eE}{m}\times\frac{l}{v}=\frac{elE}{mv} \quad \cdots\text{(c)}$$

ここでは x 方向の速度成分だけを考えるので，初速は零（0 m/s）です。

◎蛍光面の中心点からの x 方向への距離 X [m]

電子は，偏向板を通過する間は x 方向に等加速度運動をしますが，偏向板を通過した後は静電力が働かないので，等速度運動をします。

また，問題文の但し書きに「$l \ll d$ と仮定してよい」とあるので，偏向板の長さ l は偏向板の中心から蛍光面（けいこうめん）までの距離 d に比べて無視できるほど小さいと見なすことができます。したがって，ここでは，偏向板の間で電子が移動した距離は無視してしまえるほど小さいと解釈します。

結局のところ，$\tan\theta=\dfrac{u}{v}$ なる角度 θ をなす方向に向かって電子は運動を開始し，z 方向には距離 d [m] を移動して蛍光面に当たったと考えることができるわけです。したがって，蛍光面の中心点からの x 方向への距離 X [m] は，

$$\tan\theta = \frac{X}{d} = \frac{u}{v}$$

$$\therefore\ X = \frac{u}{v}d \qquad \leftarrow \text{(c)式を代入}$$

$$= \frac{\frac{elE}{mv}}{v} \times d = \frac{eldE}{mv^2} \qquad \cdots\text{(d)}$$

あるいは，電子が z 方向に距離 d を移動する時間が $\frac{d}{v}$ であることから，次のように計算することもできます。

$$X = u \times \frac{d}{v} \qquad \leftarrow \text{(c)式を代入}$$

$$= \frac{elE}{mv} \times \frac{d}{v} = \frac{eldE}{mv^2}$$

別解 上記の解答では，偏向板の間で電子が移動した距離は無視してしまえるほど小さいと解釈しました。ただし，題意（但し書き）では「$l \ll d$ と仮定してよい」，すなわち，x 方向の長さだけの仮定でした。したがって，z 方向の距離（偏向板の間で電子が z 方向に移動した距離）については，無視できない可能性もあります。これを考慮した場合は，以下のような計算になります。

偏向板の間で電子が z 方向に移動した距離 X_1 は，(3)式から，

$$X_1 = \frac{1}{2}at^2 \qquad \leftarrow \text{(a)式，(b)式を代入}$$

$$= \frac{1}{2}\left(\frac{eE}{m}\right)\left(\frac{l}{v}\right)^2 = \frac{el^2E}{2mv^2} \qquad \cdots\text{(e)}$$

偏向板を通過した電子が z 方向に移動した距離 X_2 は，(d)式より，

$$X_2 = \frac{eldE}{mv^2} \qquad \cdots\text{(f)}$$

したがって，距離 X [m] は，(e)式＋(f)式より，

$$X = X_1 + X_2 = \frac{el^2E}{2mv^2} + \frac{eldE}{mv^2} = \frac{elE(l+2d)}{2mv^2}$$

ここで，「$l \ll d$ と仮定してよい」ことから，$l + 2d \fallingdotseq 2d$ なので，

理論 28

$$X=\frac{elE(l+2d)}{2mv^2}\fallingdotseq\frac{elE\times 2d}{2mv^2}=\frac{eldE}{mv^2}$$

以上のように，結局，答えは同じになります。

より深く理解する！

$\tan\theta=\dfrac{X}{d}$ の式が成り立つのは，等速度運動であれば，移動距離は移動時間に比例する $\left(\dfrac{X}{d}=\dfrac{u}{v}\right)$ からです。

問題文の但し書きにある「速度 v は光速に比べて十分小さい」という条件は，仮に速度 v が光速に近いとしたら，距離 $X\fallingdotseq 0$ [m] になってしまうからです。光速（光の速さ）というのは，それだけ物凄い速さです。また，相対性理論効果（143 ページ参照）が無視できることも意味しています。

［理論］

29 トランジスタ増幅回路

図のトランジスタ増幅回路において，$V_{CC}=9$ [V]，$I_C=2$ [mA] であるとき，バイアス抵抗 R_B [kΩ] の値として，正しいのは次のうちどれか。

ただし，直流電流増幅率 $h_{FE}=100$，$V_{BE}=0.6$ [V] とする。

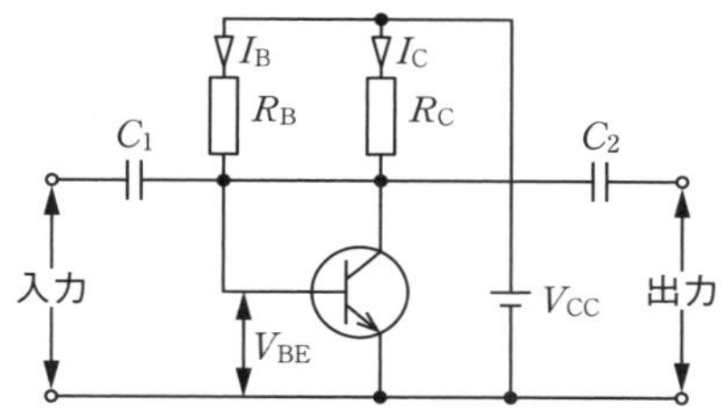

(1)　360　　(2)　420　　(3)　510　　(4)　630　　(5)　740

POINT

電子回路の問題は，バイアス回路（直流回路）に着目すれば，電気回路の問題として解答できます。

出題テーマをとらえる！

❶ 半導体（はんどうたい）を用いて，増幅（ぞうふく），発振（はっしん），スイッチングなどを行う素子（そし）が**トランジスタ**です。**トランジスタ増幅回路**は，トランジスタを用いて入力信号を拡大（増幅）し，出力として取り出す装置です。

増幅回路は電子回路の基本となる最も重要な回路です。

❷ トランジスタは，**エミッタ(E)**，**コレクタ(C)**，**ベース(B)**の三つの電極・端子を持ちます。pnp 構造のものを **pnp 形**，npn 構造のものを **npn 形**といいます。

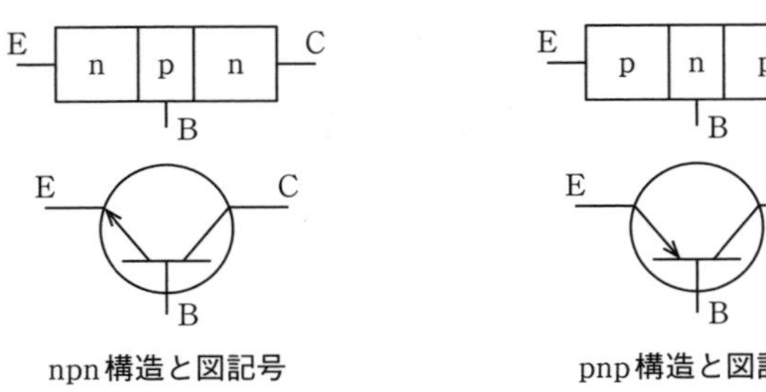

npn 構造と図記号　　pnp 構造と図記号

❸　トランジスタは三端子から入力端子の二端子と出力端子の二端子（合計四端子）をとるので，一つの端子を共通にする必要があります。npn 形トランジスタの場合は，次のように三種類の方式が考えられ，共通端子から接地方式を名付けます。最も一般的なのは**エミッタ接地**ですが，これは最も増幅度が高くなるためです。

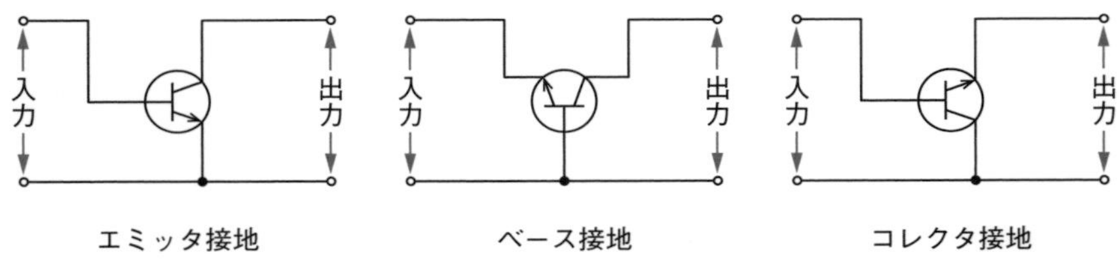

エミッタ接地　　ベース接地　　コレクタ接地

補足　「接地」とは言っても，実際に接地しているわけではありません。端子を共通にして基準電位（0 V）にする程度の意味に理解してください。

❹　トランジスタを動作させるには，エミッタの矢印方向に電流が流れるように直流電圧（バイアス電圧）を加えます。そのためには 2 個の電源が必要で，これらの電源が増幅作用のエネルギー源となります。しかし実際は，2 個の電源を 1 個として，抵抗（バイアス抵抗）への分圧（バイアス電圧）を 2 個目の電源とすることがほとんどです。

補足　トランジスタを正常に動作させるための直流の電圧・電流を**バイアス**といいます。

❺　トランジスタ増幅回路は，増幅のエネルギーを供給するバイアス回路（**直流回路**）と，信号が増幅・伝達される回路（**交流回路**）が混合した回路と考えることができます。

❻　エミッタ電流 i_e [A]，コレクタ電流 i_c [A]，ベース電流 i_b [A] の間には，キルヒホッフの電流則より，$i_e=i_c+i_b$ の関係があります。

補足　npn 形の場合，i_c と i_b がトランジスタに流入し，i_e が流出します。pnp

形の場合は，i_e がトランジスタに流入し，i_c と i_b が流出します。

「流出」することと「出力」することは別ですので，誤解しないように注意してください。

❼　入力電流 i_i[A] に対する出力電流 i_o[A] の比の大きさ $A_i=\left|\frac{i_o}{i_i}\right|$ を**電流増幅率**（**電流増幅度**）といいます。エミッタ接地回路においては，入力電流はベース電流 i_b[A]，出力電流はコレクタ電流 i_c[A] なので，電流増幅率（エミッタ接地電流増幅率）h_{fe} は，

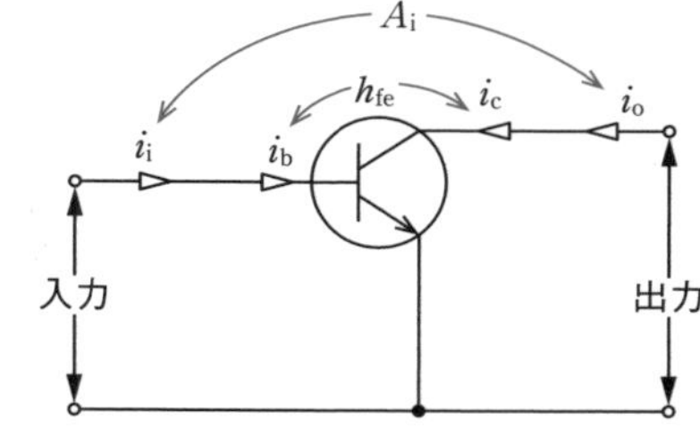

$$h_{fe}=\frac{i_c}{i_b}\quad\cdots(1)$$

答　(2)

解説

バイアス回路（直流回路）を取り出すと，右図のようになります。

キルヒホッフの電圧則を適用すると，

$$V_{CC}=I_B R_B+V_{BE}\quad\cdots(a)$$

ベース電流 I_B とコレクタ電流 I_C の関係は，(1)式より，

$$h_{FE}=\frac{I_C}{I_B}$$

$$\therefore\ I_B=\frac{I_C}{h_{FE}}$$　←ここで各数値を代入

$$=\frac{2\times10^{-3}}{100}\,[\mathrm{A}]$$　←単位に注意（[mA] を [A] にしておく）

$$=2\times10^{-5}\,[\mathrm{A}]\quad\cdots(b)$$

題意の数値と(b)式を(a)式に代入すると，

$$9 = 2 \times 10^{-5} \times R_B + 0.6$$

$$\therefore\ R_B = \frac{9 - 0.6}{2 \times 10^{-5}} = 4.2 \times 10^5\ [\Omega] = 4.2 \times 10^2\ [\text{k}\Omega]\ \rightarrow\ 420\ \text{k}\Omega$$

より深く理解する！

npn 形トランジスタのエミッタ接地回路は，4 つの **h 定数**（**h パラメータ**）を用いて，次の図(a)のような等価回路で表すことができます。

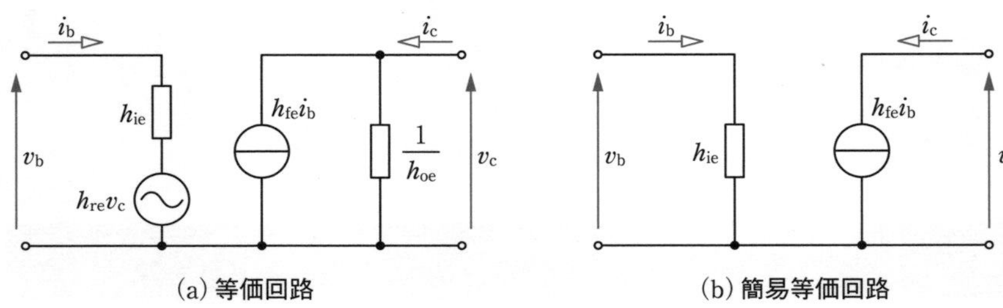

(a) **等価回路**　　(b) **簡易等価回路**

実際に観測できるのは，入力の電圧 v_b と電流 i_b，出力の電圧 v_c と電流 i_c です。4 つのパラメータ h_{ie}，h_{re}，h_{fe}，h_{oe} を用いると，

$$v_b = h_{ie}i_b + h_{re}v_c$$

$$i_c = h_{fe}i_b + h_{oe}v_c$$

ただし，

h_{ie}：$v_c = 0$ のときの入力インピーダンス [Ω]

h_{re}：$i_b = 0$ のときの電圧帰還率（でんあつきかんりつ）

h_{fe}：$v_c = 0$ のときの電流増幅率（でんりゅうぞうふくりつ）

h_{oe}：$i_b = 0$ のときの出力アドミタンス [S]

> h 定数の添え字の一文字目は，input（入力），reverse（逆行），forward（進歩），output（出力），二文字目の e は emitter（エミッタ）の略です。

このうち，h_{re} と h_{oe} は非常に小さいので，実際の計算ではこれらを省略した簡易等価回路（図(b)）を用いる場合がほとんどです。簡易等価回路を用いた場合は，

$$v_b = h_{ie} i_b + h_{re} v_c \quad \rightarrow \quad v_b = h_{ie} i_b \qquad \therefore \ h_{ie} = \frac{v_b}{i_b}$$

$$i_c = h_{fe} i_b + h_{oe} v_c \quad \rightarrow \quad i_c = h_{fe} i_b \qquad \therefore \ h_{fe} = \frac{i_c}{i_b} \quad \cdots (1) \ (再掲)$$

補足 入力端子と出力端子を二つずつ持つ回路を四端子回路といい，入力側の端子間インピーダンスを**入力インピーダンス**，出力側の端子間インピーダンスを**出力インピーダンス**といいます。この呼び名は，アドミタンスの場合でも同じです（入力アドミタンス，出力アドミタンス）。

電子回路の量記号については，例外もありますが，一般的に次表のように表記する習慣があります。

成　分	表　記
直流のみ	大文字＋大文字の添え字（**例**：V_{BE}，V_{CC}，I_B，I_C，）
交流のみ	小文字＋小文字の添え字（**例**：v_{be}，v_{cc}，i_b，i_c）
直流＋交流	小文字＋大文字の添え字（**例**：v_{BE}，v_{CC}，i_B，i_C）

［理論］

30 エミッタホロワ回路

エミッタホロワ回路について，次の(a)及び(b)の問に答えよ。

(a)　図1の回路で$V_{CC}=10$ [V]，$R_1=18$ [kΩ]，$R_2=82$ [kΩ]とする。動作点におけるエミッタ電流を1 mAとしたい。抵抗R_E [kΩ]の値として，最も近いものを次の(1)～(5)のうちから一つ選べ。ただし，動作点において，ベース電流はR_2を流れる直流電流より十分小さく無視できるものとし，ベース–エミッタ間電圧は0.7 Vとする。

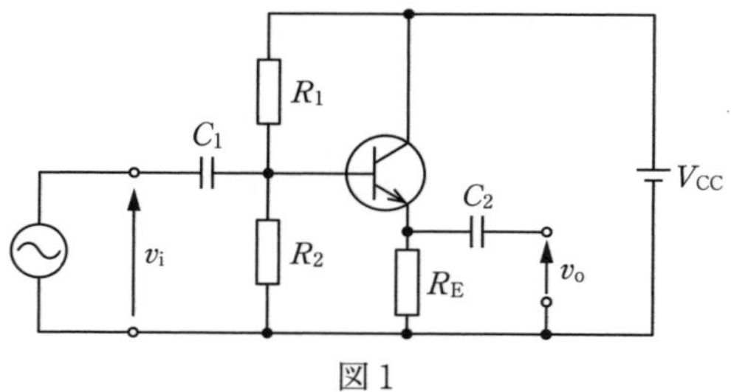

図1

(1)　1.3　　(2)　3.0　　(3)　7.5　　(4)　13　　(5)　75

(b)　図2は，エミッタホロワ回路の交流等価回路である。ただし，使用する周波数において図1の二つのコンデンサのインピーダンスが十分に小さい場合を考えている。ここで，$h_{ie}=2.5$ [kΩ]，$h_{fe}=100$であり，R_Eは小問(a)で求めた値とする。入力インピーダンス$\frac{v_i}{i_i}$ [kΩ]の値として，最も近いものを次の(1)～(5)のうちから一つ選べ。ただし，v_iとi_iはそれぞれ図2に示す入力電圧と入力電流である。

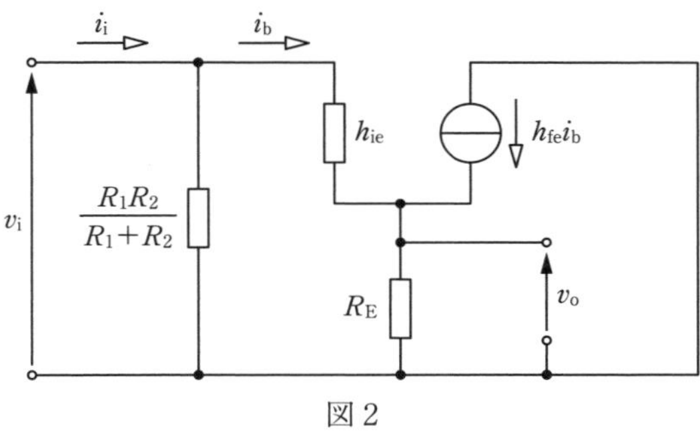

図 2

(1) 2.5　　(2) 15　　(3) 80　　(4) 300　　(5) 750

POINT

(a) バイアス回路（直流回路）に着目して，電圧の関係式を立てます。

(b) 交流回路は ***h*** 定数（***h*** パラメータ）に着目して解答します。解答には，キルヒホッフの法則を利用します。

出題テーマをとらえる！

❶ コレクタ接地回路は，コレクタ側の抵抗を零として（抵抗はエミッタ側に配置），出力電圧をエミッタ（エミッタ側のバイアス抵抗の端子電圧）から取り出すので，**エミッタホロワ回路**と呼ばれています。この回路では，交流信号に対してコレクタが接地状態にあります。

補足 コレクタ接地は，「交流信号に対して」というところがポイントです。すなわち，等価回路上で直流電源は短絡と見なせるため，コレクタは接地状態にあるといえます。

❷ **動作点**（どうさてん）は，ここでは「バイアス電圧によって定まる値」程度の意味だと理解してください。

❸ エミッタ接地回路の簡易等価回路において，入力インピーダンスは h_{ie} [Ω]，電流増幅率は h_{fe} の量記号で表されます（152 ページ参照）。

したがって，図 2 がエミッタ接地回路を表していることが分かります。

答　(a)－(3)，(b)－(2)

解説

(a)　動作点におけるエミッタ電流が 1 mA となる抵抗 R_E [kΩ] の値

次図のように，バイアス回路を取り出して考えます。

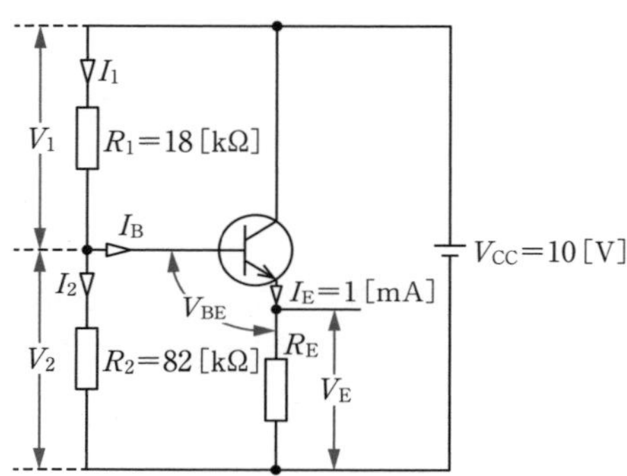

問題文の但し書き（「動作点において，ベース電流は R_2 を流れる直流電流より十分小さく無視できる」⇒ $I_2 \gg I_B$）から，抵抗 R_1 と R_2 に流れる電流は等しいと見なすことができます。

抵抗 R_1，R_2 に流れる電流を I_1，I_2 とすると，キルヒホッフの電流則から $I_1 = I_2 + I_B$ です。しかし題意より，I_B が I_2 より十分小さいことから，I_B を無視して $I_2 = I_1$ としています。

よって，抵抗 R_2 の端子電圧 V_2 は，

$$V_2 = \frac{R_2}{R_1 + R_2} V_{CC}$$

←題意の数値を代入（抵抗の単位は [kΩ] のままで計算できる）

$$= \frac{82}{18 + 82} \times 10 = \frac{82}{100} \times 10 = 8.2 \text{ [V]} \quad \cdots\text{(a)}$$

ベース-エミッタ間の電圧を V_{BE}（$= 0.7$ [V]），抵抗 R_E [kΩ] の端子電圧を V_E [V] とすると，

$$V_2 = V_{BE} + V_E$$

ここで，エミッタ電流を I_E（$= 1$ [mA]）とすると，$V_E = R_E I_E$ なので，

$$V_2 = V_{BE} + R_E I_E$$ ←(a)式と題意の数値を代入

$$8.2 = 0.7 + R_E\,[\mathrm{k\Omega}] \times 1\,[\mathrm{mA}]$$ ←単位に注意すること

$$\therefore\ R_E = \frac{(8.2-0.7)\,[\mathrm{V}]}{1\,[\mathrm{mA}]} = \frac{7.5\,[\mathrm{V}]}{1\times10^{-3}\,[\mathrm{A}]} = 7.5\times10^{3}\,[\Omega] = 7.5\,[\mathrm{k\Omega}]$$

(b)　入力インピーダンス $\dfrac{v_i}{i_i}$ [kΩ] の値

問題に示された図2は，h の添え字 e からも分かるように，エミッタ接地の h 定数で表されています。

エミッタホロワ回路はコレクタ接地回路です。小問(b)では，これをエミッタ接地回路に等価変換しています。

また，題意のとおり「交流等価回路」なので，直流電源 V_{CC} は短絡されています。同様に，「二つのコンデンサのインピーダンスが十分に小さい場合」なので，二つのコンデンサ C_1，C_2 も短絡されています。

R_1 と R_2 の並列接続の合成抵抗を R とすると，題意より，

$$R = \frac{R_1R_2}{R_1+R_2} = \frac{18\times82}{18+82} = \frac{1\,476}{100} = \frac{369}{25}\,[\mathrm{k\Omega}] \quad \cdots(\mathrm{b})$$

入力電圧は v_i なので，この合成抵抗 R を流れる電流は $\dfrac{v_i}{R}$ です。すると，キルヒホッフの電流則より，

$$i_i = \frac{v_i}{R} + i_b \quad \cdots(\mathrm{c})$$

よって，i_b を v_i で表すことができれば，入力インピーダンス $\dfrac{v_i}{i_i}$ の値が計算できそうです。

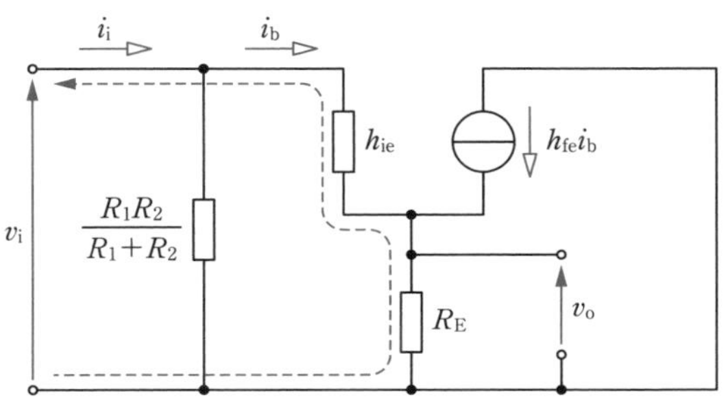

キルヒホッフの法則より，上図の破線で示す回路を考えて，

$$v_i = h_{ie} i_b + R_E(i_b + h_{fe} i_b)$$

$$= i_b \{h_{ie} + R_E(1 + h_{fe})\} \qquad \therefore \ i_b = \frac{v_i}{h_{ie} + R_E(1 + h_{fe})}$$

これを(c)式に代入すると,

$$i_i = \frac{v_i}{R} + \frac{v_i}{h_{ie} + R_E(1 + h_{fe})} = v_i \left\{ \frac{1}{R} + \frac{1}{h_{ie} + R_E(1 + h_{fe})} \right\}$$

$$\therefore \ \frac{v_i}{i_i} = \frac{1}{\dfrac{1}{R} + \dfrac{1}{h_{ie} + R_E(1 + h_{fe})}}$$ ←ここで(b)式と題意の数値を代入

$$= \frac{1}{\dfrac{25}{369} + \dfrac{1}{2.5 + 7.5(1 + 100)}} = \frac{1}{\dfrac{25}{369} + \dfrac{1}{760}} = \frac{1}{\dfrac{25 \times 760 + 369}{369 \times 760}}$$

$$= \frac{1}{\dfrac{19\,369}{280\,440}} = \frac{280\,440}{19\,369} \fallingdotseq 14.48\,[\mathrm{k\Omega}] \ \rightarrow \ 15\,\mathrm{k\Omega}$$

上記の計算では，抵抗やインピーダンスの単位を[kΩ]として計算していることに注意してください。

別解 次のような計算の仕方も考えられます。

キルヒホッフの法則より,

$$v_i = h_{ie} i_b + R_E(i_b + h_{fe} i_b) = i_b \{h_{ie} + R_E(1 + h_{fe})\}$$ ←ここで題意の数値を代入

$$= i_b \{2.5 + 7.5(1 + 100)\} = i_b\,[\mathrm{A}] \times 760\,[\mathrm{k\Omega}]$$

$$\therefore \ \frac{v_i}{i_b} = 760\,[\mathrm{k\Omega}]$$

入力インピーダンス $\frac{v_i}{i_i}$[kΩ]は，このインピーダンス $\frac{v_i}{i_b}$[kΩ]と(b)式の合成抵抗 R[kΩ]との並列合成インピーダンスとなるので,

$$\frac{v_i}{i_i} = \frac{760 \times \dfrac{369}{25}}{760 + \dfrac{369}{25}} = \frac{760 \times 14.76}{760 + 14.76} = \frac{11\,217.6}{774.76} \fallingdotseq 14.48\,[\mathrm{k\Omega}] \ \rightarrow \ 15\,\mathrm{k\Omega}$$

上記の計算では，抵抗やインピーダンスの単位を [kΩ] として計算していることに注意してください。

より深く理解する！

この問題は，深く理解しようとするとなかなか難しい内容です。しかし，トランジスタ増幅回路の概要をポイントだけ押さえておけば，問題を解くだけなら機械的な処理で済んでしまいます。

電子回路は学習しづらい分野なので，はじめから学習を放棄（ほうき）して試験に臨む受験者も多いようです。確（たし）かにその方法でも合格できてしまいますが，確実に合格したいのであれば，解法パターンを必ずマスターしておきたいところです。

［理論］
31 演算増幅器

図のような，演算増幅器を用いた能動回路がある。直流入力電圧 V_{in} [V] が3 V のとき，出力電圧 V_{out} [V] として，最も近い V_{out} の値を次の(1)～(5)のうちから一つ選べ。

ただし，演算増幅器は，理想的なものとする。

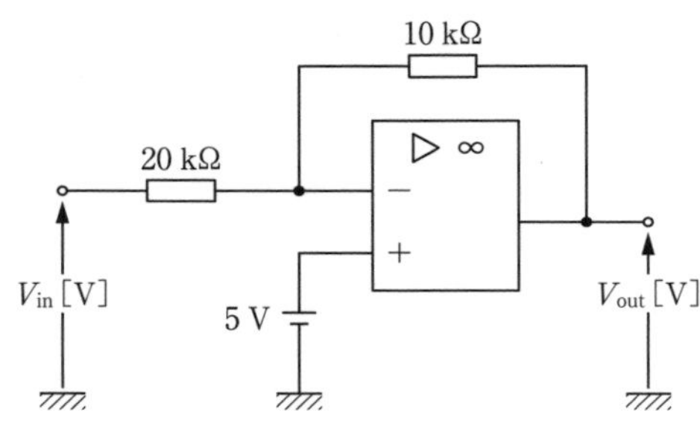

(1)　1.5　　(2)　5　　(3)　5.5　　(4)　6　　(5)　6.5

POINT

入力電圧 V_{in} と出力電圧 V_{out} が同位相なのか逆位相なのかを判断するとともに，理想演算増幅器の特徴から，電位の関係式を立てます。

出題テーマをとらえる！

❶　トランジスタやダイオードなど，電源からの電圧・周波数に働きかける能力を持つ素子を**能動素子**（のうどうそし）といいます。抵抗やコイル，コンデンサなどは，そのような能力を持たないので**受動素子**（じゅどうそし）といいます。

❷　演算増幅器（えんざんぞうふくき）（オペアンプ）は，二つの入力端子と一つの出力端子を持ち，二つの入力電圧の差を増幅して出力します。非反転（ひはんてん）入力端子，反転（はんてん）入力端子への入力電圧を v_{i+}，v_{i-} とし，演算増幅器の増幅度を A と

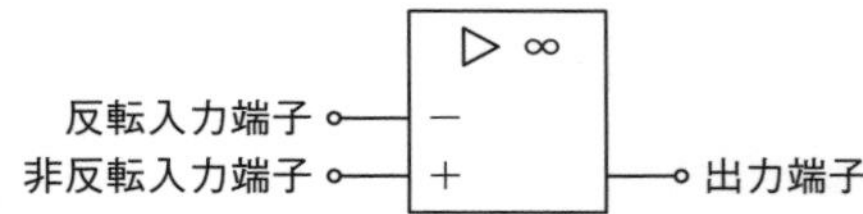

すると，出力電圧 v_o は，

$$v_o = A(v_{i+} - v_{i-}) \quad \cdots(1)$$

❸ 理想的な演算増幅器の**増幅度は無限大**ですが，通常，演算増幅器は単体では使用しません。実際には，出力の一部を入力と**逆位相**で入力端子（通常は反転入力端子）に戻す（**負帰還**（ふきかん）といいます）ことで増幅度を抑え，安定した増幅を行えるようにします。

❹ (1)式より，$v_{i+} - v_{i-} = \dfrac{v_o}{A}$ なので，増幅度が無限大（$A = \infty$）のとき，

$$v_{i+} - v_{i-} = \frac{v_o}{\infty} = 0 \qquad \therefore \; v_{i+} = v_{i-}$$

このとき，反転入力端子と非反転入力端子があたかも短絡しているかのような状態にあり，これを**イマジナリ（イマジナル）ショート**や**仮想短絡**などといいます。

補足 出力の一部を入力と**同位相**で入力端子（通常は非反転入力端子）に戻すことを**正帰還**（せいきかん）といいます。この場合，負帰還の場合とは逆で，増幅度は大きくなります。

❹ 演算増幅器を用いた増幅回路には，**反転増幅回路**（**逆相増幅回路**）と**非反転増幅回路**（**正相増幅回路**）の二種類があります。出力の一部を逆位相で入力に戻す場合が反転増幅回路，同位相で戻す場合が非反転増幅回路です。

❺ 負帰還をかけると，回路の入力インピーダンスと出力インピーダンスが変化します。負帰還の方法によって変化の仕方は異なりますが，理想的な演算増幅回路では，**入力インピーダンスが大きく（≒∞），出力インピーダンスは小さく（≒0）**なります。

入力側の端子間インピーダンスが入力インピーダンス，出力側の端子間インピーダンスが出力インピーダンスです。

答 (4)

解説

この問題の演算増幅器では，出力の一部を反転入力端子に戻していますが，出力は入力と逆位相で戻されています。すなわち，反転増幅回路です。

V_{out}の正の向きとV_{in}の正の向きが逆向きなので，逆位相です。

このとき，問題文の但し書き（「演算増幅器は，理想的なものとする」）から，入力インピーダンスは無限大です。したがって，次図のように，出力側から入力側へ流れる電流I[A]は，演算増幅器には流れ込みません。

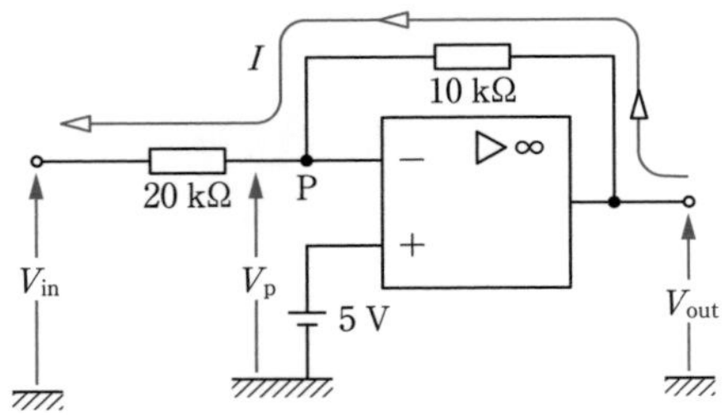

これより，P点の電位をV_p[V]とすると，

$$V_p = V_{in} + \frac{20}{20+10}(V_{out} - V_{in}) = V_{in} + \frac{2}{3}V_{out} - \frac{2}{3}V_{in}$$

$$= \frac{1}{3}V_{in} + \frac{2}{3}V_{out} \quad \cdots\text{(a)}$$

ここで，問題文の但し書き（「演算増幅器は，理想的なものとする」）から，演算増幅器の増幅度は無限大で，イマジナリショートにより$V_p=5$[V]です。これと題意の数値（$V_{in}=3$[V]）を(a)式に代入すると，

$$5 = \frac{1}{3} \times 3 + \frac{2}{3}V_{out} \qquad \therefore \ V_{out} = 6\,[V]$$

別解　次のような計算の仕方も考えられます。

$$V_{in} + 20\,[\mathrm{k\Omega}] \times I = V_p$$ **←数値を代入（単位[kΩ]に注意すること）**

$$\therefore \ I = \frac{(5-3)\,[\mathrm{V}]}{20\,[\mathrm{k\Omega}]} = \frac{2\,[\mathrm{V}]}{20 \times 10^3\,[\Omega]} = 0.1 \times 10^{-3}\,[\mathrm{A}]$$

したがって，

$$V_{out} = V_p + 10\,[\mathrm{k\Omega}] \times I$$

$$= 5 + 10\,[\mathrm{k\Omega}] \times (0.1 \times 10^{-3})\,[\mathrm{A}] = 5 + 1 = 6\,[\mathrm{V}]$$

より深く理解する！

演算増幅回路について，令和2年度の問13を題材に，もう少し詳しく見ていきましょう。ほぼ知識問題なので，知識がないと解けない内容です。消去法で何とか正答率を上げたいところです。

問 演算増幅器及びそれを用いた回路に関する記述として，誤っているものを次の(1)～(5)のうちから一つ選べ。

(1) 演算増幅器には電源が必要である。

(2) 演算増幅器の入力インピーダンスは，非常に大きい。

(3) 演算増幅器は比較器として用いられることがある。

(4) 図1の回路は正相増幅回路，図2の回路は逆相増幅回路である。

(5) 図1の回路は，抵抗 R_S を 0 Ω に（短絡）し，抵抗 R_F を ∞Ω に（開放）すると，ボルテージホロワである。

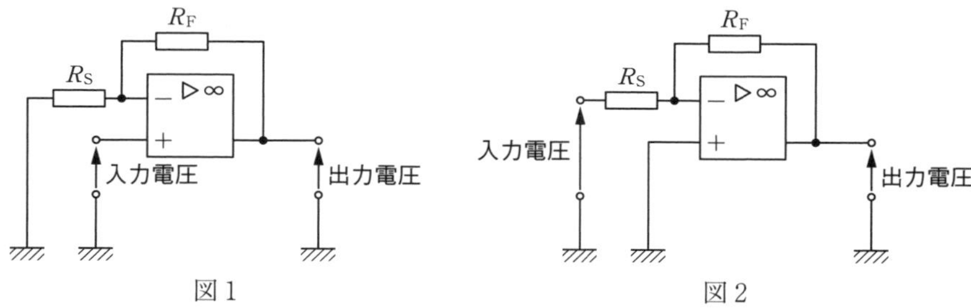

図1　図2

略解

(1)，(2) 正しい内容です。

(3) 演算増幅器は，信号の増幅のほか，加算・減算回路，微分・積分回路，フィルタ回路，比較回路，発振回路，AD（アナログ-ディジタル）変換・DA（ディジタル-アナログ）変換回路などに使用できます。比較回路は二つのデータの大小関係を判定するもので，比較器（コンパレータ）ともいいます。

参考 ある特定の周波数範囲の信号を通過または阻止（そし）する装置をフィルタといいます。また，振動を発生することを発振といい，発振回路は持続した交流（振動の繰り返し）を作る回路です。増幅回路で，出力の一部を入力側に正帰還させると発振が生じます。

(4) 図1のように演算増幅器に負帰還をかけて，非反転入力端子だけに入力を行う回路では，入力電圧と出力電圧の位相が**同相**になります。これを**非反転増幅回路**または**正相増幅回路**といいます。一方，図2のように演算増幅器に負帰還をかけて，反転入力端子だけに入力を行う回路では，入力電圧と出力電圧の位相が**逆相**になります。これを**反転増幅回路**または**逆相増幅回路**といいます。

補足　いずれも負帰還をかけていますが，重要なのは入力電圧との位相関係であることに注意してください。

(5)　ボルテージホロワは，次図のように，入力を非反転入力端子に，出力を反転入力端子に接続した回路です。この回路を作るためには，図1において，抵抗 R_S を ∞Ω に（開放）し，抵抗 R_F を 0 Ω に（短絡）する必要があります。したがって，これが誤り（答え）です。

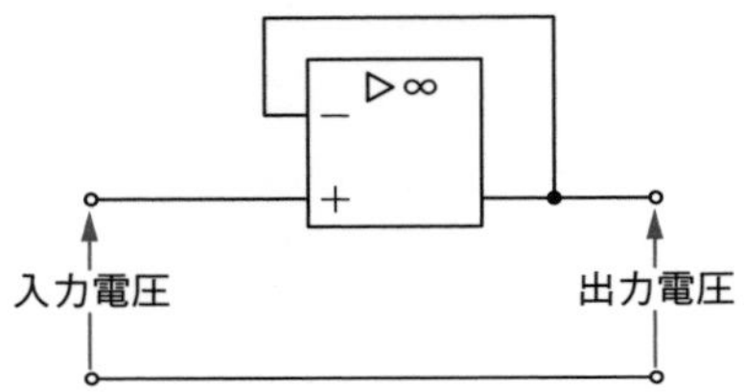

参考　ボルテージホロワは非反転増幅回路の一種で，増幅度（増幅率）を1として使用します。電圧を変えずにインピーダンスの大きさを変えるために利用されます。

［電力］

32 水力発電所の理論水力

水力発電所の理論水力 P は位置エネルギーの式から $P=\rho gQH$ と表される。ここで H [m] は有効落差，Q [m^3/s] は流量，g は重力加速度＝9.8 [m/s^2]，ρ は水の密度＝1 000 [kg/m^3] である。以下に理論水力 P の単位を検証することとする。なお，Pa は「パスカル」，N は「ニュートン」，W は「ワット」，J は「ジュール」である。

$P=\rho gQH$ の単位は ρ，g，Q，H の単位の積であるから，kg/m^3・m/s^2・m^3/s・m となる。これを変形すると，［（ア）］・m/s となるが，［（ア）］は力の単位［（イ）］と等しい。すなわち $P=\rho gQH$ の単位は［（イ）］・m/s となる。ここで［（イ）］・m は仕事（エネルギー）の単位である［（ウ）］と等しいことから $P=\rho gQH$ の単位は［（ウ）］/s と表せ，これは仕事率（動力）の単位である［（エ）］と等しい。ゆえに，理論水力 $P=\rho gQH$ の単位は［（エ）］となるが，重力加速度 $g=9.8$ [m/s^2] と水の密度 $\rho=1\,000$ [kg/m^3] の数値 9.8 と 1 000 を考慮すると $P=9.8QH$ [［（オ）］] と表せる。

上記の記述中の空白箇所(ア)，(イ)，(ウ)，(エ)及び(オ)に当てはまる組合せとして，正しいものを次の(1)～(5)のうちから一つ選べ。

	（ア）	（イ）	（ウ）	（エ）	（オ）
(1)	kg・m	Pa	W	J	kJ
(2)	kg・m/s^2	Pa	J	W	kW
(3)	kg・m	N	J	W	kW
(4)	kg・m/s^2	N	W	J	kJ
(5)	kg・m/s^2	N	J	W	kW

POINT

基本的な物理量の単位や，10 の整数乗倍を表す単位の接頭語は必ず覚えておくこと。また，単位の変換は，できるだけ物理量の定義をもとに考えられるようにしておきましょう。

⇨ 出題テーマをとらえる！

❶ 機械装置を動かすために供給される，“単位時間（1秒間）当たりの仕事”（**仕事率**）のことを**動力**といいます。水力や電力は動力の一種です。

補足 時間 t[s]の間に仕事 W[J]をするときの仕事率 P[W]は，

$$P=\frac{W}{t} \quad \cdots(1)$$

物体に力を加えて動いたとき，その力は物体に対して「仕事をした」といいます。

❷ 水力発電所において，有効落差が H[m]，単位時間（1秒間）当たりに水車に流れ込む水の流量が Q[m³/s]のとき，理論水力 P は，水の密度を ρ（=1 000[kg/m³]），重力加速度を g（=9.8[m/s²]）として，

$$P=\rho g Q H\,[\mathrm{W}] \quad \cdots(2)$$

$$=9.8QH\,[\mathrm{kW}] \quad \cdots(2)'$$

←1 000 W=1 kW であることに注意

補足 物体が落下するときの加速度を**重力加速度**といいます。地球上では，重力加速度の値は約 **9.8 m/s²** であることが分かっています。

❸ **圧力**は，単位面積（1 m²）当たりが受ける力の大きさのことです。F[N]の力が加わる面積 S[m²]の受ける圧力 p[Pa]は，

$$p=\frac{F}{S} \quad \cdots(3)$$

❹ 単位の10の整数乗倍を表す接頭語は次表に示すとおりです。

名　称	ギガ	メガ	キロ	ミリ	マイクロ
記　号	G	M	k	m	μ
大きさ	10^9	10^6	10^3	10^{-3}	10^{-6}

答　(5)

解説

（ア） 題意より，

$$\left[\frac{\mathrm{kg}}{\mathrm{m}^3}\right]\times\left[\frac{\mathrm{m}}{\mathrm{s}^2}\right]\times\left[\frac{\mathrm{m}^3}{\mathrm{s}}\right]\times[\mathrm{m}]=\boxed{\text{（ア）}}\times\left[\frac{\mathrm{m}}{\mathrm{s}}\right]\rightarrow\left[\frac{\mathrm{kg\cdot m^5}}{\mathrm{m^3\cdot s^3}}\right]=\boxed{\text{（ア）}}\times\left[\frac{\mathrm{m}}{\mathrm{s}}\right]$$

$$\therefore\ \boxed{\text{（ア）}}=\left[\frac{\mathrm{kg\cdot m^2}}{\mathrm{s}^3}\right]\times\left[\frac{\mathrm{s}}{\mathrm{m}}\right]=\left[\frac{\mathrm{kg\cdot m}}{\mathrm{s}^2}\right]\rightarrow\mathbf{[kg\cdot m/s^2]}$$

（イ） 題意より「力の単位」なので，$\boxed{\text{（イ）}}$=**[N]（ニュートン）**です。すなわち，**[kg·m/s²]**＝[**N**]です。

参考 (3)式より，

$$[\mathrm{Pa}]=\left[\frac{\mathrm{N}}{\mathrm{m}^2}\right]=\left[\frac{\mathrm{kg\cdot m/s^2}}{\mathrm{m}^2}\right]=\left[\frac{\mathrm{kg\cdot m}}{\mathrm{m^2\cdot s^2}}\right]=\left[\frac{\mathrm{kg}}{\mathrm{m\cdot s^2}}\right]\ \rightarrow\ [\mathrm{kg/m\cdot s^2}]\neq[\mathrm{kg\cdot m/s^2}]$$

このように，選択肢(1)，(2)の[Pa]が誤りであることが確認できます。

（ウ） 題意より「仕事（エネルギー）の単位」なので，$\boxed{\text{（ウ）}}$=**[J]（ジュール）**です。すなわち，[**N·m**]＝[**J**]です。

（エ） 題意より「仕事率（動力）の単位」なので，$\boxed{\text{（エ）}}$=**[W]（ワット）**です。すなわち，[**J/s**]=[**W**]です。

（オ） 題意より，$P=\rho gQH$ [W]に ρ と g の数値を代入すると，

$$P=(1\,000\times9.8\times QH)\,[\mathrm{W}]=9.8QH\,[\boxed{\text{（オ）}}]$$

$$\therefore\ [\boxed{\text{（オ）}}]=1\,000\times[\mathrm{W}]=10^3\times[\mathrm{W}]=\mathbf{[kW]}$$

より深く理解する！

水力発電所では，高所から流した水が低所の水車を動かします。このことから分かるように，高所の水はエネルギーを持っています。この高さによるエネルギーを**位置エネルギー**といいます。

基準面から高さ（有効落差）H [m]の位置にある，質量 m [kg]の水が持つ位置エネルギー U [J]は，重力加速度の大きさを g [m/s²]として，

$$U=mgH \quad \cdots\text{(a)}$$

ここで，水の流量を Q [m³/s]とすると，時間 t [s]の流量（体積）は tQ [m³]です。体積 tQ [m³]の水の質量 m [kg]は，水の密度を ρ [kg/m³]とすると，

$m=\rho tQ$ [kg] です。これを(a)式に代入すると，

$$U=\rho tQ\times gH=\rho gtQH$$

この水の位置エネルギー U が，水の運動エネルギーや圧力エネルギーに変換されながら水車を回転させることになります。

ここで，理論水力 P [W] は動力（仕事率）なので，(1)式より，

$$P=\frac{U}{t}=\frac{\rho gtQH}{t}=\rho gQH \quad \cdots\text{(2)}$$ （再掲）

となって，(2)式が得られます。

最後に，**ベルヌーイの定理**について説明しておきます。

水の位置エネルギーは，運動エネルギーや圧力エネルギーに変換されながら水車に流れ込みます。水の質量を m [kg]，水の基準面からの高さを h [m]，水の流れる速さを v [m]，水の圧力（水圧）を p [Pa]，重力加速度を g [m/s^2] とすると，

$$\text{水の位置エネルギー}=mgh\ [\mathrm{J}]$$

$$\text{水の運動エネルギー}=\frac{1}{2}mv^2\ [\mathrm{J}]$$

$$\text{水の圧力エネルギー}=m\frac{p}{\rho}\ [\mathrm{J}]$$

水の位置エネルギーは運動エネルギーや圧力エネルギーに変換されますが，水車に流れ込むまでは，その総和は一定に保たれます。すなわち，

$$mgh+\frac{1}{2}mv^2+m\frac{p}{\rho}=\text{一定} \quad \cdots\text{(b)}$$

> 水が高所から低所に流れると，mgh が減少し，$\frac{1}{2}mv^2$ や $m\frac{p}{\rho}$ が増加しますが，その総和は常に一定です。

ここで，m と g は定数（一定値）なので，(b)式をより単純な形で表すために mg [N] で割ると，

$$h+\frac{v^2}{2g}+\frac{p}{\rho g}=\text{一定} \quad \cdots\text{(4)}$$

(b)式の右辺（一定値[J]）を別の一定値 mg[N]で割っても，一定値[m]であることに変わりはありません。

となって，ベルヌーイの定理を表す(4)式が得られます。

ところで，高さの関係を表す(4)式は，もともとエネルギーの関係を表す(b)式から得られたものでした。そこで，「エネルギー」を「高さ」に置き換えたものとして，h[m]を**位置水頭**，$\dfrac{v^2}{2g}$[m]を**速度水頭**，$\dfrac{p}{\rho g}$[m]を**圧力水頭**といい，これらの合計を**全水頭**と呼んでいます。

〈適用例〉

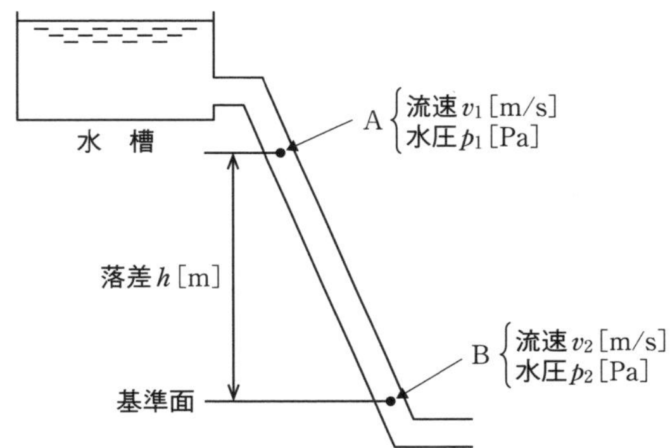

$$h+\frac{{v_1}^2}{2g}+\frac{p_1}{\rho g}=\frac{{v_2}^2}{2g}+\frac{p_2}{\rho g}$$

この式は，A点とB点における全水頭が等しいことを意味しています。なお，B点は基準面上にあるので，位置水頭は零です。

[電力]

33 汽力発電所の効率

出力700 MWで運転している汽力発電所で，発熱量26 000 kJ/kgの石炭を毎時230 t使用している。タービン室効率47.0%，発電機効率99.0%であるとき，次の(a)及び(b)に答えよ。

(a) 発電端熱効率の値[%]として，最も近いのは次のうちどれか。

(1) 39.6　(2) 42.1　(3) 44.3　(4) 46.5　(5) 47.5

(b) ボイラ効率の値[%]として，最も近いのは次のうちどれか。

(1) 83.4　(2) 85.1　(3) 88.6　(4) 89.6　(5) 90.6

POINT

発電端熱効率の公式を適用します。その際，物理量の単位の扱いに注意しましょう。

出題テーマをとらえる！

❶ 蒸気(じょうき)（水蒸気）による動力を**汽力**(きりょく)といい，汽力を利用した発電を**汽力発電**といいます。わが国における火力発電は大部分が汽力発電であるため，火力発電というと汽力発電を指すことが多いと考えてください。

補足 広い意味では，原子力発電や地熱発電なども汽力発電の一種です。

❷「燃料の発熱量」に対する「発生した電力量」の割合を発電所の**熱効率**(ねつこうりつ)といいます。

❸ **発電端熱効率**(はつでんたん) η(イータ)[%]は，発電機の発生電力量を W [kW·h]（$=3\,600\,W$ [kW·s]），燃料消費量を B [kg]，燃料発熱量を H [kJ/kg]とすると，

$$\eta=\frac{3\,600\,W}{BH}\times 100\ [\%]\quad\cdots(1)$$

←「燃料の総発熱量」に対する「発電機で発生した電力量」の割合を示す

または，**ボイラ効率**を η_B，**タービン室効率**を η_T，**発電機効率**を η_g として，

$\eta = \eta_B \eta_T \eta_g$　…(2)

(1)式は百分率，(2)式は小数であることに注意してください。
また，(1)式中の分数の分母 BH の単位は [kJ] です。(1)式の単位が [%] であるためには，分子 3 600 W の単位も [kJ]（=[kW·s]）に揃える必要があります。

補足　1時間（1 h）は3 600秒（3 600 s）なので，

$$1\ \mathrm{kW \cdot h} = 1\ \mathrm{kW} \times 1\ \mathrm{h} = 1\ \mathrm{kW} \times 3\,600\ \mathrm{s} = 3\,600\ \mathrm{kW \cdot s}$$

さらに，[kW]= [kJ/s] の関係から，

$$1\ \mathrm{kW \cdot h} = 3\,600\ \mathrm{kW \cdot s} = 3\,600\ \mathrm{kJ} \quad \cdots(3)$$

❸　汽力発電所における水や蒸気の変化の流れを，主要装置をブロック化した**装置線図**で表すと次のようになります。

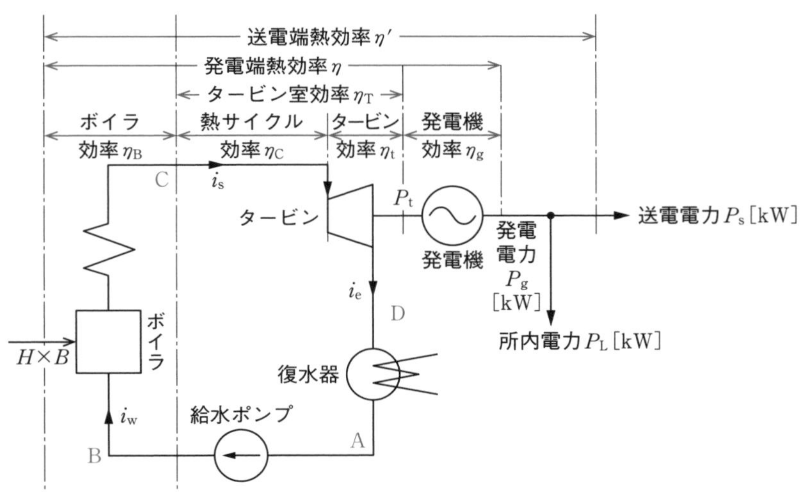

答　(a)−(2)，(b)−(5)

解説

(a) 発電端熱効率の値

発電端熱効率 η [%] は，発生電力量を W [kW·h]（$=3\,600$ [s]× W [kW]），燃料消費量を B [kg]，燃料発熱量を H [kJ/kg] として，(1)式より，

$$\eta=\frac{3\,600\,W}{BH}\times 100 \quad \cdots \text{(a)}$$

ここで，題意より汽力発電所の出力 P は，

$$P=700\,[\text{MW}]=700\times 10^6\,[\text{W}]=700\times 10^3\times 10^3\,[\text{W}]=7\times 10^5\,[\text{kW}]$$

よって，(a)式の分子の 3 600 W は，

$$3\,600\,W\,[\text{kW·s}]=3\,600\,[\text{s}]\times P\,[\text{kW}]=3\,600P\,[\text{kW·s}]$$

$$=3\,600\times(7\times 10^5)\,[\text{kW·s}]=252\times 10^7\,[\text{kW·s}]=252\times 10^7\,[\text{kJ}]$$

さらに，(a)式の分母について，

$$B=230\,[\text{t}]=230\times 1\,000\,[\text{kg}]=23\times 10^4\,[\text{kg}]$$

1 t=1 000 kg（=1 Mg）です。

$$H=26\,000\,[\text{kJ/kg}]=26\times 10^3\,[\text{kJ/kg}]$$

したがって，発電端熱効率 η [%] の値は，これら（3 600 W，B，H）の値を(a)式に代入して，

$$\eta=\frac{252\times 10^7}{(23\times 10^4)\times(26\times 10^3)}\times 100=\frac{252\times 10^7}{598\times 10^7}\times 100\fallingdotseq 42.14\,[\%] \quad \rightarrow \quad 42.1\%$$

(b) ボイラ効率の値

ボイラ効率を η_B として，小問(a)で得られた $\eta\fallingdotseq 42.14\%=0.4214$，題意に示されたタービン室効率 $\eta_T=47.0\%=0.47$，発電機効率 $\eta_g=99.0\%=0.99$ を(2)式に代入すると，

$$0.4214=\eta_B\times 0.47\times 0.99$$

$$\therefore\ \eta_B=\frac{0.4214}{0.47\times 0.99}=\frac{4\,214}{4\,653}\fallingdotseq 0.9056 \quad \rightarrow \quad 90.6\%$$

より深く理解する！

送電端熱効率(そうでんたん) η' [%] は，発生電力量を W [kW·h]，所内電力量（発電所内で消費される電力量）を W_a [kW·h]，燃料消費量を B [kg]，燃料発熱量を H [kJ/kg] とすると，

$$\eta' = \frac{3\,600(W - W_a)}{BH} \times 100\ [\%] \quad \cdots (4)$$

←「燃料の総発熱量」に対する「発電所の送電電力量」の割合を示す

なお，**所内比率**(しょないひりつ) $L = \dfrac{W_a}{W}$ を用いると，(4)式は次のように表されます。

$$\eta' = \eta(1 - L) \quad \cdots (5)$$

各効率の概数は次のとおりです。もちろん覚えておく必要はありませんが，イメージを持っておくと答えのチェックに利用できます。

・発電端熱効率 η：32～40%

・所内比率 L：3～8%

・タービン効率 η_t：84～90%

・発電機効率 η_g：98～99%

・送電端熱効率 η'：30～38%

・ボイラ効率 η_B：86～90%

・タービン室効率 η_T：37～55%

［電力］

34 汽力発電所の理論空気量

定格出力 500 MW，定格出力時の発電端熱効率 40％の汽力発電所がある。重油の発熱量は 44 000 kJ/kg で，潜熱の影響は無視できるものとして，次の(a)及び(b)の問に答えよ。

ただし，重油の化学成分を炭素 85％，水素 15％，水素の原子量を 1，炭素の原子量を 12，酸素の原子量を 16，空気の酸素濃度を 21％とし，重油の燃焼反応は次のとおりである。

$$C+O_2 \rightarrow CO_2$$

$$2H_2+O_2 \rightarrow 2H_2O$$

(a)　定格出力にて，1 時間運転したときに消費する燃料重量の値 [t] として，最も近いものを次の(1)～(5)のうちから一つ選べ。

(1)　10　　(2)　16　　(3)　24　　(4)　41　　(5)　102

(b)　このとき使用する燃料を完全燃焼させるために必要な理論空気量※の値 [m³] として，最も近いものを次の(1)～(5)のうちから一つ選べ。

ただし，1 mol の気体標準状態の体積は 22.4 L とする。

※理論空気量：燃料を完全に燃焼するために必要な最小限の空気量（標準状態における体積）

(1)　5.28×10^4　　(2)　1.89×10^5　　(3)　2.48×10^5

(4)　1.18×10^6　　(5)　1.59×10^6

POINT

(a)　発電端熱効率の公式を正しく適用できれば，簡単な内容の問題です。

(b)　質量比，体積比，物質の構成，質量から物質量への換算，物質同士の反応比など，基本的な化学知識が必要な内容です。計算量も多いので，一つひとつ丁寧に考えなくては正答できない問題です。

出題テーマをとらえる！

❶ 物質を分解したときの最小単位を**原子**(げんし)といいます。ただし，ほとんどの物質は，原子がいくつか結びついて**分子**(ぶんし)となって，その分子が集まり結びついてできたものです。例えば，ダイヤモンドは多数の炭素原子（C）が結びついてできたものです。また，酸素は酸素原子（O）が2個結びついた酸素分子（O_2）が集まったものです。

❷ 原子の質量はとても小さいので，炭素原子1個の質量を基準（12）とした相対質量で表します。これを**原子量**といいます。原子量に単位はありません。

補足 分子を構成する原子の原子量の総和を**分子量**といいます。

❸ **物質量**はその名の通り“物質の量”を表す物理量です。物質の構成要素（原子や分子）を約6.02×10^{23}個だけ集めたものが物質量では1 mol（1モル）になります。物質1 mol（1 kmol）の質量は，その物質の原子量または分子量に単位[g]（[kg]）を付けた値になります。

この約6.02×10^{23}を「アボガドロ数」といいます。

補足 どんな種類の気体でも，**標準状態**（0℃，1気圧における状態）における1 molの気体の体積は**22.4 L**です。

❹ 炭素の構成要素は原子（C），酸素や水素の構成要素は2原子からなる分子（O_2，H_2），二酸化炭素や水の構成要素は3原子からなる分子（CO_2，H_2O）です。よって，炭素や水素が燃焼して空気中の酸素と結びつくとき，構成要素の反応比は決まっています。例えば，1原子の炭素は1分子の酸素と結びついて，1分子の二酸化炭素が発生します（$C+O_2 \rightarrow CO_2$）。また，2分子の水素は1分子の酸素と結びついて，2分子の水が発生します（$2H_2+O_2 \rightarrow 2H_2O$）。化学反応式は，このような化学反応の関係を表すものです。

❺ [t]（トン）や[L]（リットル）の換算は必ず覚えておきましょう。

1 t＝1 000 kg（＝1 Mg），　1 m^3＝1 kL（＝1 000 L）

❻ 「汽力発電」「発電端熱効率」170ページ参照

答 (a)－(5)，(b)－(4)

解説

(a)　定格出力で 1 時間運転したときに消費する燃料重量の値

消費する燃料（重油）の重量 B[kg] は，発生する電力量を W [kW·h]（=3 600W [kW·s]），発電端熱効率を η（=40%），重油の発熱量を H（=44 000 [kJ/kg]）とすると，

$$\eta=\frac{3\,600\,W}{BH}\times100 \qquad \therefore\ B=\frac{3\,600\,W}{\eta H}\times100\ [\%] \quad \cdots\text{(a)}$$

ここで，定格出力を P（=500 [MW]）とすると，

$$P=500\ [\text{MW}]=500\times10^{6}\ [\text{W}]=500\times10^{3}\times10^{3}\ [\text{W}]=500\times10^{3}\ [\text{kW}]$$

$$=5\times10^{5}\ [\text{kW}]$$

$$W\ [\text{kW·h}]=3\,600\ [\text{s}]\times W\ [\text{kW}]=3\,600\ [\text{s}]\times P\ [\text{kW}]=3\,600\times5\times10^{5}\ [\text{kW·s}]$$

$$=18\,000\times10^{5}\ [\text{kW·s}]=18\times10^{8}[\text{kW·s}]=18\times10^{8}\ [\text{kJ}]$$

消費する燃料（重油）の重量 B の値は，(a)式に各数値を代入して，

$$B=\frac{18\times10^{8}}{40\times44\,000}\times100=\frac{1\,800\times10^{8}}{176\times10^{4}}=10.22\times10^{4}=102\,200\ [\text{kg}]\fallingdotseq102\ [\text{t}]$$

(b)　使用燃料を完全燃焼させるために必要な理論空気量の値

小問(a)で求めた燃料重量 B（=102 200 [kg]）の内訳（うちわけ）は，題意（重油の化学成分は炭素 85%，水素 15%）より，

$$炭素の重量\ C_{\text{m}}=B\times\frac{85}{100}=102\,200\times\frac{85}{100}=86\,870\ [\text{kg}]$$

$$水素の重量\ H_{\text{m}}=B\times\frac{15}{100}=102\,200\times\frac{15}{100}=15\,330\ [\text{kg}]$$

これらを質量 [kg] から物質量 [kmol] に換算すると，題意（水素の原子量が 1，炭素の原子量が 12）より，

$$炭素原子の物質量\ C_{\text{a}}=\frac{C_{\text{m}}\ [\text{kg}]}{12\ [\text{kg/kmol}]}\fallingdotseq7\,239\ [\text{kmol}]$$

水素原子の物質量 $H_a = \dfrac{H_m\,[\mathrm{kg}]}{1\,[\mathrm{kg/kmol}]} = 15\,330\,[\mathrm{kmol}]$

水素分子の物質量 $H_{2a} = \dfrac{H_a}{2} = 7\,665\,[\mathrm{kmol}]$

水素は空気中で分子として存在するので，分子の物質量も算出しておきます。

さて，題意の燃焼反応（炭素：$C + O_2 \rightarrow CO_2$）から，炭素原子（C）1 kmolを燃焼させるためには酸素分子（O_2）1 kmolが必要であることが分かります。同様に，題意の燃焼反応（水素：$2H_2 + O_2 \rightarrow 2H_2O$）から，水素分子（$H_2$）2 kmolを燃焼させるためには酸素分子（$O_2$）1 kmolが必要であることが分かります。

よって，炭素原子（C）7 239 kmolを燃焼させるのに必要な酸素分子（O_2）は7 239 kmol，水素分子（H_2）7 665 kmolを燃焼させるのに必要な酸素分子（O_2）は $\dfrac{7\,665}{2}$ kmolで，合計すると $\left(7\,239 + \dfrac{7\,665}{2} \fallingdotseq\right)$ 11 072 kmolの酸素分子（O_2）が必要であることが分かります。この物質量[kmol]の酸素分子（O_2）を気体の体積[m³]に換算すると，題意（1 molの気体標準状態の体積は22.4 L）より，

$$11\,072\,[\mathrm{kmol}] \times 22.4\,[\mathrm{kL/kmol}] \fallingdotseq 248\,000\,[\mathrm{kL}] = 2.48 \times 10^5\,[\mathrm{m^3}]$$

以上のように，必要な理論酸素量が求められました。ただし，題意にあるように，空気の酸素濃度は21%なので，必要な理論空気量はこの $\dfrac{100}{21}$ 倍です。

空気は，酸素（O_2）と窒素（N_2）が1：4の物質量比で混じった気体と見なすことができます。酸素と窒素以外の成分はごくわずかです。

したがって，必要な理論空気量の値は，

$$2.48 \times 10^5 \times \frac{100}{21} \fallingdotseq 11.8 \times 10^5 = 1.18 \times 10^6\,[\mathrm{m^3}]$$

より深く理解する！

ここでは，炭素と水素の燃焼反応について，物質量，質量，体積の関係を確認しておきましょう。

	C	+	O_2	→	CO_2
物質量	1 kmol		1 kmol		1 kmol
質　量	12 kg		32 kg		44 kg
体　積	（液体）		22.4 kL （22.4 m³）		22.4 kL （22.4 m³）

	$2H_2$	+	O_2	→	$2H_2O$
物質量	2 kmol		1 kmol		2 kmol
質　量	4 kg		32 kg		36 kg
体　積	44.8 kL (44.8 m^3)		22.4 kL (22.4 m^3)		44.8 kL (44.8 m^3)

燃焼反応の前後で，質量の総和は変わりません。他方で，物質量や体積はそうではありません。例えば水素では，44.8 kL の気体水素と 22.4 kL の気体酸素が反応すると，理論的には 44.8 kL の水蒸気（気体の水）が発生します。直感的には理解しづらい，不思議に思える現象ですので，必ず理解しておきましょう。

補足　液体が気体に変化するとき，質量は変わりませんが，体積はとても大きくなります。例えば，液体の水が気体の蒸気（水蒸気）になるとき，体積は約 1 700倍にもなります。それゆえ，液体（や固体）の体積は気体の体積に比べて無視できるほど小さいと考えることができます。

温度の変化を伴わず，物質の状態（気体，液体，固体）だけが変化するとき，吸収または放出される熱を**潜熱**（せんねつ）といいます（317 ページ参照）。また，物質の温度が変化するとき，吸収または放出される熱を**顕熱**（けんねつ）といいます。

［電力］

35 汽力発電所のタービン室効率

復水器での冷却に海水を使用する汽力発電所が出力 600 MW で運転しており，復水器冷却水量が $24\ \mathrm{m^3/s}$，冷却水の温度上昇が 7℃ であるとき，次の(a)及び(b)に答えよ。

ただし，海水の比熱を 4.02 kJ/(kg･K)，密度を $1.02\times10^3\ \mathrm{kg/m^3}$，発電機効率を 98%とする。

(a)　復水器で海水へ放出される熱量の値 [kJ/s] として，最も近いのは次のうちどれか。

(1)　4.25×10^4　(2)　1.71×10^5　(3)　6.62×10^5

(4)　6.89×10^5　(5)　8.61×10^5

(b)　タービン室効率の値 [%] として，最も近いのは次のうちどれか。

ただし，条件を示していない損失は無視できるものとする。

(1)　41.5　(2)　46.5　(3)　47　(4)　47.5　(5)　48

POINT

(a)　復水器の損失を求める問題です。

(b)「タービン室」とは，タービンと復水器を一体の設備と見たときの呼び名です。

出題テーマをとらえる！

❶　**セルシウス温度**（**セ氏温度**）t [℃] は，**絶対温度** T [K] に換算すると，

$$T=t+273$$

❷　ある物体の温度を 1 K だけ上昇させるのに必要な熱量を，その物体の**熱容量**といいます。また，物体を構成する物質の単位質量当たりの熱容量を**比熱**といいます。

比熱 c [J/(g·K)] の物質で構成される物体の質量を m [g]，熱容量を C [J/K]（$=mc$ [J/K]）とすると，その物体の温度を ΔT [K] だけ上昇させるのに必要な熱量 Q [J] は，

$$Q=mc\Delta T=C\Delta T \quad \cdots(1)$$

❸ タービンで仕事をした蒸気は，復水器内の冷却水（通常は海水）で冷却され，凝縮して水になります。凝縮した水（**復水**（ふくすい）といいます）は給水ポンプを通りボイラへ送られ，再度，蒸気として循環します。ボイラで熱せられた蒸気は復水器で水になるまで冷却されるので，復水器における損失（復水器損失）は汽力発電所で最も大きい損失です。

補足　気体が液体になることを**凝縮**（ぎょうしゅく）といいます。

❹ 「**タービン室**」とは，タービンと復水器を一体の設備と見たときの呼び名です。したがって，タービン室における損失には，タービン自体の損失（**タービン損失**）だけでなく，復水器における損失（**復水器損失**）も含まれます。

❺ 「汽力発電所の効率」170〜171 ページ参照

答　(a)−(4)，(b)−(3)

解説

(a)　復水器で海水へ放出される熱量の値

題意の「復水器で海水へ放出される熱量」とは，「復水器の損失」のことを指しています。

復水器冷却水量 q（$=24$ [m^3/s]）の質量 m [kg/s] は，海水の密度を ρ（$=1.02\times10^3$ [kg/m^3]）とすると，

$$m=\rho q=(1.02\times10^3)\times24=24.48\times10^3 \text{ [kg/s]}$$

復水器冷却水量 q やその質量 m は 1 秒当たりの値です。

したがって，復水器で海水へ放出される熱量（復水器損失）Q [kJ/s] の値は，海水の比熱を c（$=4.02$ [kJ/(kg·K)]），冷却水の温度上昇を ΔT（$=7$ K$=7$℃）として，(1)式より，

温度変化だけであれば，セルシウス温度も絶対温度も同じ数値（7）になります。

$$Q = mc\Delta T = (24.48\times10^3)\,[\mathrm{kg/s}]\times4.02\,\mathrm{kJ/(kg\cdot K)}\times7\,[\mathrm{K}]$$
$$\fallingdotseq 688.9\times10^3\,[\mathrm{kJ/s}]\fallingdotseq 6.89\times10^5\,[\mathrm{kJ/s}]$$

(b)　タービン室効率の値

タービン，発電機，復水器の装置線図を書いて状況を整理すると，次のようになります。

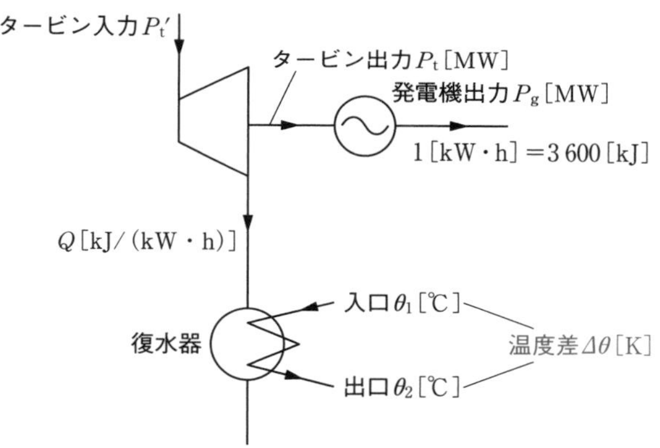

タービン入力を P_t' [Pt]，タービン出力を P_t [MW] とすると，題意（条件を示していない損失は無視できる）よりタービン損失は零なので，$P_t = P_t'$ です。

実際にはタービン損失 W_t があるので，$P_t' = P_t + W_t$ です。

よって，発電機効率 η_g（＝98%＝0.98）は，発電機出力を P_g（＝600 [MW]）とすると，

$$\eta_g = \frac{P_g}{P_t} = \frac{P_g}{P_t'}$$

これより，タービン出力 P_t [MW] は，

$$P_t = P_t' = \frac{P_g}{\eta_g} = \frac{600}{0.98} \fallingdotseq 612\,[\mathrm{MW}]$$

したがって，タービン室効率 η_T [%] の値は，

$$\eta_T = \frac{P_t}{P_t + Q} \times 100$$

タービン室の損失は，題意よりタービン損失が零なので，復水器損失 Q だけです。

$$= \frac{612}{612 + 689} \times 100 \fallingdotseq 47.0\ [\%]$$

より深く理解する！

ボイラ効率 η_B，タービン効率 η_t，熱サイクル効率 η_C は，蒸気発生量を Z [kg/h]，タービン出力を P_t [kW]，タービン入口蒸気の比エンタルピーを i_s [kJ/kg]，タービン出口蒸気の比エンタルピーを i_e [kJ/kg]，ボイラ給水の比エンタルピーを i_w [kJ/kg] として，

$$\eta_B = \frac{Z(i_s - i_w)}{BH} \quad \cdots(2)$$

←燃料発熱量のうち，蒸気の発生に用いられた割合を示す

$$\eta_t = \frac{3\,600 P_t}{Z(i_s - i_e)} \quad \cdots(3)$$

←タービン入力のうち，タービン出力に変換された割合を示す

$$\eta_C = \frac{i_s - i_e}{i_s - i_w} \quad \cdots(4)$$

←ボイラで発生させた熱量のうち，タービンに働かせることができた割合を示す

なお，タービン室効率 $\boldsymbol{\eta_T = \eta_C \eta_t}$ の関係があります。

これらの公式は，171 ページの装置線図とともに理解し，覚えておきましょう。

補足 物体が持つエネルギーの総量を**エンタルピー**といい，1kg の物質が持つエネルギーの総量を**比エンタルピー**といいます。

[電力]

36 タービン発電機の速度調定率

速度調定率 4%のタービン発電機が系統に並列され，定格出力 600 MW，定格周波数 60 Hz で運転している。系統周波数が 60.2 Hz に急上昇したときの発電機出力の値 [MW] として，正しいのは次のうちどれか。

ただし，速度調定率は次式で表される。

$$速度調定率 = \frac{\dfrac{n_2 - n_1}{n_n}}{\dfrac{P_1 - P_2}{P_n}} \times 100\ [\%]$$

P_1：ある出力　　　n_1：出力 P_1 における回転速度

P_2：変化後の出力　　　n_2：出力変化後の回転速度

P_n：定格出力　　　n_n：定格回転速度

(1) 500　(2) 550　(3) 600　(4) 650　(5) 700

POINT

速度調定率の公式に周波数は直接関係しませんが，回転速度が周波数に比例すること（機械科目の知識）を利用して解答します。

出題テーマをとらえる！

❶ **調速機**（ちょうそくき）**（ガバナ）**は，負荷の変動によって水車発電機やタービン発電機の回転速度（回転数）が変動するのを常に一定に保つ装置です。調速機の特性は，**速度調定率**（そくどちょうていりつ）という定数で表されます。

❷ **速度調定率**は，発電機出力の変化率に対する回転速度（回転数）の変化率の割合です。変化前後の出力を P_1，P_2 [kW]，定格出力を P_n [kW]，出力変化前後の回転速度を n_1，n_2 [min^{-1}]，定格回転速度を n_n [min^{-1}] とすると，速度調定率 R [%] は，

$$R=-\frac{\dfrac{n_2-n_1}{n_n}}{\dfrac{P_2-P_1}{P_n}}\times 100\,[\%]=\frac{\dfrac{n_2-n_1}{n_n}}{\dfrac{P_1-P_2}{P_n}}\times 100\,[\%]\quad\cdots(1)$$

補足 回転速度 n は周波数 f に比例するので，出力変化前後の周波数を f_1, f_2 [Hz]，定格周波数を f_n [Hz] とすると，(1)式は次式のように表されます。

$$R=-\frac{\dfrac{f_2-f_1}{f_n}}{\dfrac{P_2-P_1}{P_n}}\times 100\,[\%]=\frac{\dfrac{f_2-f_1}{f_n}}{\dfrac{P_1-P_2}{P_n}}\times 100\,[\%]\quad\cdots(2)$$

速度調定率の公式は問題文に与えられる場合が多いので，無理に覚える必要はありません。

答　(2)

解説

タービン発電機が定格出力 P_n（$=600$ [MW]），定格周波数 f_n（$=60$ [Hz]）で運転しているときの系統周波数 f_1 は，発電機の定格周波数 f_n と一致します。

系統周波数が f_1（$=f_n$）から f_2（$=60.2$ [Hz]）に急上昇したときのタービン発電機の出力を P_2 [MW] とすると，題意から速度調定率 $R=4\%$ なので，(2)式より，

$$R=\frac{\dfrac{f_2-f_1}{f_n}}{\dfrac{P_1-P_2}{P_n}}\times 100\,[\%]\ \rightarrow\ R=\frac{\dfrac{f_2-f_n}{f_n}}{\dfrac{P_n-P_2}{P_n}}\times 100\ \rightarrow\ 4=\frac{\dfrac{60.2-60}{60}}{\dfrac{P_n-P_2}{600}}\times 100$$

定格周波数 f_n で運転しているときの発電機出力は定格値 P_n です。当然，系統周波数が変化する前の発電機出力 $P_1=P_n$ です。また，系統周波数が変化した後の発電機の周波数は，系統周波数 f_2 と一致します。

$$\rightarrow\ P_n-P_2=\frac{\dfrac{60.2-60}{60}}{\dfrac{4}{600}}\times 100=\frac{0.2\times 10}{4}\times 100=50\,[\text{MW}]$$

$$\therefore\ P_2=P_n-50=600-50=550\,[\text{MW}]$$

より深く理解する！

発電機の回転速度は，同期発電機を水車やタービンに直結するため，極数 p と周波数 f [Hz] からなる同期速度 n_s [min^{-1}] とします（250 ページ参照）。

$$n_s = \frac{120f}{p} \quad \rightarrow \quad n_s \propto f \text{（} n_s \text{ は } f \text{ に比例）}$$

この公式は機械科目に登場するため，機械科目の知識がなければ解くことができない問題です。

調速機（ガバナ）には，負荷の変動に応じて発電機が安定して運転できるように，右図に示すような特性（速度調定率）を持たせています。

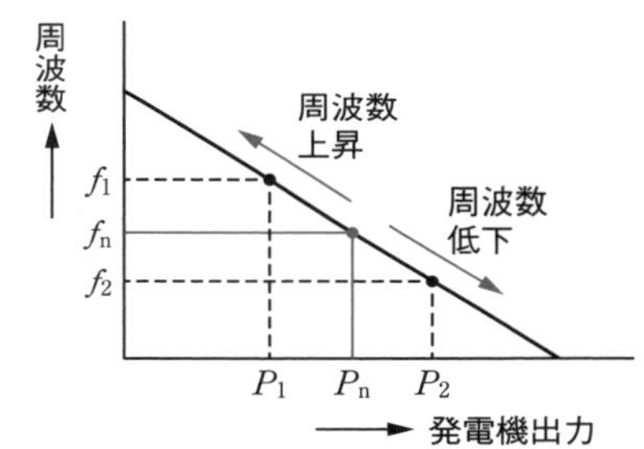

発電機が定格（出力 P_n，周波数 f_n）で系統に並列運転中に，何らかの原因で電力系統の周波数が低下（$f_n \rightarrow f_2$）すると，調速機は**発電機出力を増大**（$P_n \rightarrow P_2$）させるように働きます。逆に，何らかの原因で系統の周波数が上昇（$f_n \rightarrow f_1$）すると，調速機は**発電機出力を減少**（$P_n \rightarrow P_1$）させるように働きます。すなわち，系統に並列中の発電機は，系統周波数の乱れがあれば，速度調定率に従った出力変化を生じます。

速度調定率を表す次式の負（－）の符号は，周波数が低下（上昇）すると，出力が増加（減少）することを示しています。

$$\text{速度調定率 } R = -\frac{\dfrac{f_2 - f_1}{f_n}}{\dfrac{P_2 - P_1}{P_n}} \times 100 \text{ [\%]} \quad \cdots (2) \text{（再掲）}$$

なお，速度調定率が異なる 2 台の発電機が並行運転している場合，**速度調定率が異なるので特性も別になりますが，系統の周波数は一致しています**。したがって，速度調定率が発電機の**並行運転時の負荷分担**を決める機能を持ちます。

H25年，問2

［電力］37 コンバインドサイクル発電におけるガスタービン発電の熱効率

排熱回収方式のコンバインドサイクル発電所において，コンバインドサイクル発電の熱効率が48%，ガスタービン発電の排気が保有する熱量に対する蒸気タービン発電の熱効率が20%であった。

ガスタービン発電の熱効率の値[%]として，最も近いものを次の(1)～(5)のうちから一つ選べ。

ただし，ガスタービン発電の排気はすべて蒸気タービン発電に供給されるものとする。

(1) 23　(2) 27　(3) 28　(4) 35　(5) 38

POINT

コンバインドサイクル発電の効率を表す公式を理解していれば，ごく簡単な内容の問題です。

出題テーマをとらえる！

❶ **コンバインドサイクル発電（CC発電）**は，ガスタービン発電と蒸気タービン発電（汽力発電）を組み合わせた発電方式です。燃料の燃焼ガスでガスタービンを回転させ，その後，その排気ガスを排熱回収ボイラに導き，給水を加熱して蒸気を発生させ，蒸気タービンを回転させています。

補足 **ガスタービン発電**は，圧縮した空気で燃料を燃やし，発生した燃焼ガスによりガスタービンを回転させる発電方式です。ほとんどの熱エネルギーを排ガスとして排出してしまうため，熱効率は高くなりません。

❷ コンバインドサイクル発電の熱効率ηは，ガスタービン発電の熱効率をη_G，蒸気タービン発電の熱効率をη_Sとして，

$$\eta=\eta_G+(1-\eta_G)\eta_S \quad \cdots(1)$$

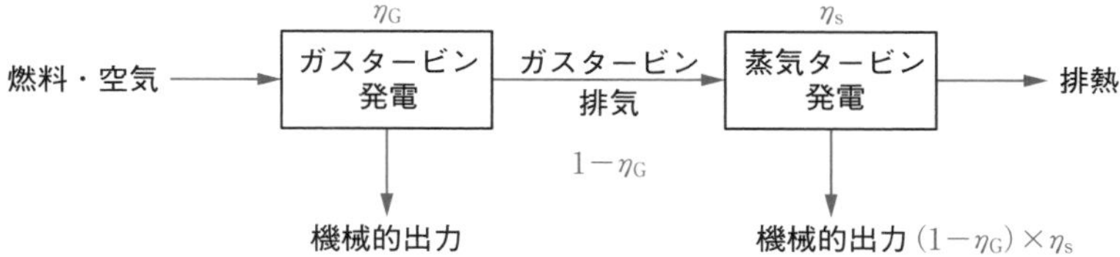

答　(4)

解説

題意より，コンバインドサイクル発電の熱効率を η（＝48％＝0.48），ガスタービン発電の排気が保有する熱量に対する蒸気タービン発電の熱効率を η_s（＝20％＝0.2）として，(1)式より，

$$0.48=\eta_G+(1-\eta_G)\times 0.2 \ \rightarrow\ 0.48=\eta_G+0.2-0.2\eta_G \ \rightarrow\ 0.8\eta_G=0.28$$

$$\therefore\ \eta_G=\frac{0.28}{0.8}=0.35 \ \rightarrow\ 35\%$$

より深く理解する！

コンバインドサイクル発電（1軸型）の装置線図は次のようになります。

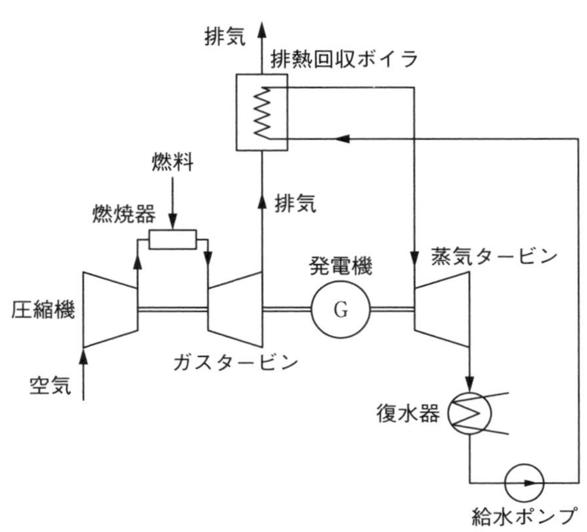

ここでは，コンバインドサイクル発電の熱効率の公式（(1)式）を導いてみましょう。

ガスタービンへ流入する熱量，放出する熱量を Q_{Gi}，Q_{Go} とし，ガスタービンの出力を W_{G}，蒸気タービンの出力を W_{S} とすると，コンバインドサイクル発電の熱効率 η は，

$$\eta=\frac{W_{\mathrm{G}}+W_{\mathrm{S}}}{Q_{\mathrm{Gi}}}=\frac{W_{\mathrm{G}}}{Q_{\mathrm{Gi}}}+\frac{W_{\mathrm{S}}}{Q_{\mathrm{Gi}}}=\frac{W_{\mathrm{G}}}{Q_{\mathrm{Gi}}}+\frac{Q_{\mathrm{Go}}}{Q_{\mathrm{Gi}}}\times\frac{W_{\mathrm{S}}}{Q_{\mathrm{Go}}}\quad\cdots\text{(a)}$$

ここで，$Q_{\mathrm{Go}}=Q_{\mathrm{Gi}}-W_{\mathrm{G}}$ なので，これを(a)式に代入すると，

$$\eta=\frac{W_{\mathrm{G}}}{Q_{\mathrm{Gi}}}+\frac{Q_{\mathrm{Gi}}-W_{\mathrm{G}}}{Q_{\mathrm{Gi}}}\times\frac{W_{\mathrm{S}}}{Q_{\mathrm{Go}}}=\frac{W_{\mathrm{G}}}{Q_{\mathrm{Gi}}}+\left(1-\frac{W_{\mathrm{G}}}{Q_{\mathrm{Gi}}}\right)\frac{W_{\mathrm{S}}}{Q_{\mathrm{Go}}}\quad\cdots\text{(b)}$$

さらに，ガスタービンの熱効率 $\eta_{\mathrm{G}}=\dfrac{W_{\mathrm{G}}}{Q_{\mathrm{Gi}}}$，蒸気タービンの熱効率 $\eta_{\mathrm{S}}=\dfrac{W_{\mathrm{S}}}{Q_{\mathrm{Go}}}$ なので，これを(b)式に代入すると，

$$\eta=\eta_{\mathrm{G}}+(1-\eta_{\mathrm{G}})\eta_{\mathrm{S}}\quad\cdots\text{(1)（再掲）}$$

となって，(1)式が得られます。

［電力］

38 ウランの核分裂エネルギー

ウラン235を3％含む原子燃料が1kgある。この原子燃料に含まれるウラン235がすべて核分裂したとき，ウラン235の核分裂により発生するエネルギーの値[J]として，最も近いものを次の(1)～(5)のうちから一つ選べ。

ただし，ウラン235が核分裂したときには，0.09％の質量欠損が生じるものとする。

(1)　2.43×10^{12}　　(2)　8.10×10^{13}　　(3)　4.44×10^{14}

(4)　2.43×10^{15}　　(5)　8.10×10^{16}

POINT

結合エネルギーの公式を利用しますが，光速（光の速さ）の値を覚えておかなければ解くことができません。

出題テーマをとらえる！

❶　原子は，1個の**原子核**（げんしかく）とその周囲を運動する**電子**（でんし）から構成されます。

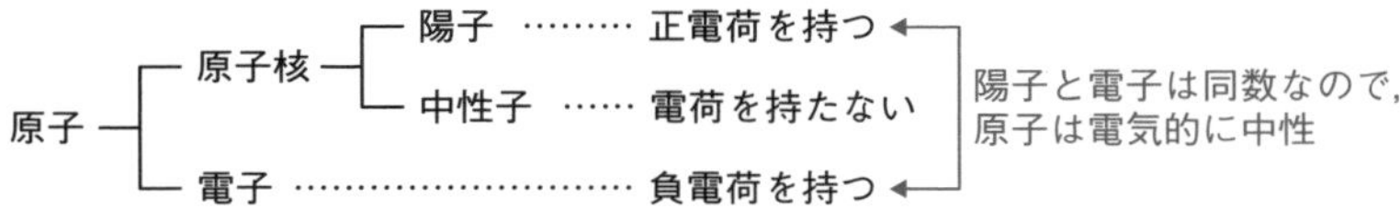

補足　原子核は1個以上の陽子（ようし）と中性子（ちゅうせいし）から構成され，一つの原子では陽子の数と電子の数が同じなので，原子は電気的に中性です。なお，陽子の数と電子の数が同じではないもの（電気的に中性ではなく，電荷を帯びたもの）を**イオン**といいます。

❷　原子を構成する陽子と中性子を**核子**（かくし）と総称します。原子核を構成する核子の質量の総和は，その原子核の質量よりもわずかに大きいことが分かっています。この質量の差を**質量欠損**（しつりょうけっそん）といい，核子同士を結びつけるエネルギー（**結合エネ**

ルギー）に由来します。

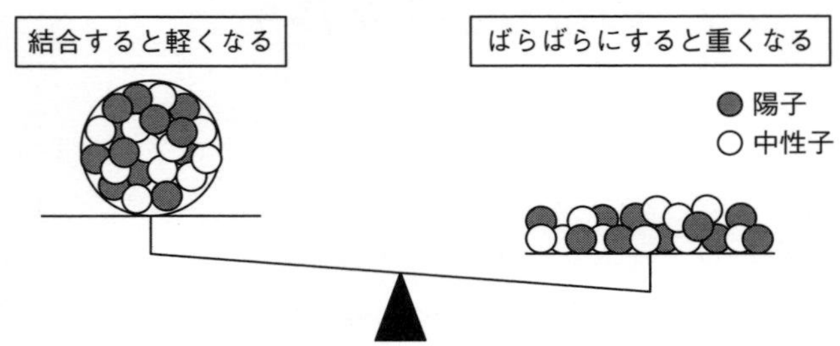

結合エネルギー U [J] は，質量欠損を m [kg]，真空中の光速（光の速さ）を c [m/s] とすると，

$$U = mc^2 \quad \cdots(1)$$

なお，$\boldsymbol{c = 3\times10^8}$ **[m/s]** であることが知られています。

参考　質量とエネルギーが等価であるという理論は，アインシュタインによって唱えられたものです。

❸ ^{235}U（ウラン 235）や ^{239}Pu（プルトニウム 239）の原子核が中性子を吸収すると不安定になり，二つの**核分裂生成物**に分裂するとともに 2〜3 個の中性子を発生します。この現象を**核分裂**といい，このとき質量欠損に相当する多量のエネルギー（**核分裂エネルギー**といいます）が発生します。

補足　ウラン 235 の「235」，プルトニウム 239 の「239」は，これらの原子核が持つ核子の総数を示しています。

答　(1)

解説

題意より，原子燃料 1 kg に含まれるウラン 235 の質量 M [kg] は，ウラン 235 の濃度が 3%なので，

$$M = 1\times\frac{3}{100} = 0.03\,[\text{kg}] = 3\times10^{-2}\,[\text{kg}]$$

質量 M（$=3\times10^{-2}$ [kg]）のウラン 235 がすべて核分裂したときの質量欠損

m [kg] は，題意より全質量 M の 0.09％なので，

$$m = M \times \frac{0.09}{100} = (3\times10^{-2})\times(0.09\times10^{-2}) = 3\times10^{-2}\times9\times10^{-4}$$
$$= 2.7\times10^{-5}\ [\mathrm{kg}]$$

百分率で 0.09％なので，計算の際は 100 で割ることを忘れないようにしてください。

この質量欠損 m（$=2.7\times10^{-5}$ [kg]）により発生するエネルギー U [J] は，光速を c（$=3\times10^{8}$ [m/s]）として，(1)式より，

$$U = mc^2 = (2.7\times10^{-5})\times(3\times10^{8})^2 = 2.7\times10^{-5}\times3^2\times10^{8\times2} = 2.7\times9\times10^{16-5}$$
$$= 24.3\times10^{11} = 2.43\times10^{12}\ [\mathrm{J}]$$

電力 38

より深く理解する！

光速の値（3×10^{8}m/s）は問題文に与えられることもありますが，念のため，覚えておきましょう。

核分裂によって原子がばらばらになるので，質量が増えて，むしろエネルギーが必要になる（エネルギーを吸収する）のでは？　と考える人もいるかもしれません。しかし，核分裂反応は原子がばらばらになるだけの単純な反応ではないことに注意しましょう。複雑な反応の結果，やはりエネルギーが放出されるのです。

［電力］

39 風のエネルギー，風車の出力

ロータ半径が 30 m の風車がある。風車が受ける風速が 10 m/s で，風車のパワー係数が 50％のとき，風車のロータ軸出力 [kW] に最も近いものを次の(1)～(5)のうちから一つ選べ。ただし，空気の密度を 1.2 kg/m³ とする。ここでパワー係数とは，単位時間当たりにロータを通過する風のエネルギーのうちで，風車が風から取り出せるエネルギーの割合である。

(1) 57　(2) 85　(3) 710　(4) 850　(5) 1 700

POINT

風車出力（動力）の公式を利用するだけなので，答えを求めるだけなら簡単です。公式の導出過程もしっかり理解しておきましょう。

出題テーマをとらえる！

❶ プロペラ形風車の**ロータ**は，ブレード（羽根），ブレードの付け根を回転軸（ロータ軸）に連結するハブ，ロータ軸から構成されています。

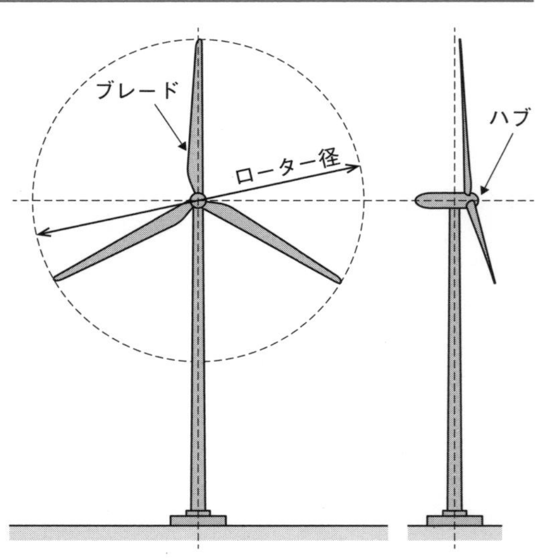

参考　プロペラ形風車の構成としては，**増速機**，**発電機**，**制御装置**（ヨー制御装置，ピッチ制御装置，ブレーキ装置）が重要です。

❷ 風の通過面積を A [m²]，空気の密度を ρ [kg/m³]，風速を v [m/s] とすると，風力

P_W [W] は，

$$P_W=\frac{1}{2}A\rho v^3$$

この風力 P_W を風車によって動力 P [W] に変換するとき，その変換効率（**パワー係数**（けいすう）といいます）を C とすると，

$$P=\frac{1}{2}AC\rho v^3 \quad \cdots(1)$$

答　(4)

解説

風車の受風面積 A [m²] は，ロータ半径を r（=30 [m]）とすると，

$$A=\pi r^2=\pi\times 30^2\fallingdotseq 2\,827\ [\mathrm{m}^2]$$

よって，空気の密度が ρ（=1.2 [kg/m³]），風速が v（=10 [m/s]）のとき，風車のロータ軸出力 P [kW] は，風車のパワー係数を C（=50%）として，(1)式より，

$$P=\frac{1}{2}AC\rho v^3=\frac{1}{2}\times 2\,827\times\frac{50}{100}\times 1.2\times 10^3=848\,100$$

$$=848.1\times 10^3\ [\mathrm{W}]\fallingdotseq 850\ [\mathrm{kW}]$$

より深く理解する！

ここでは，風車の動力（出力）を表す公式（(1)式）を導いてみましょう。

質量 m [kg] の「物体」が速さ v [m/s] で運動しているとき，物体が持つ運動エネルギー U [J] は，

$$U=\frac{1}{2}mv^2$$

ここで，「物体」を「空気」に置き換えると，風の持つ運動エネルギー W [J] は，

$$W=\frac{1}{2}mv^2 \quad \cdots\text{(a)}$$

当たり前のようですが，風は空気が移動する現象です。

次に，風車の受風面積を A [m²]，受風時間を t [s]，空気密度を ρ [kg/m³] とすると，単位時間（1 秒）当たりに風車が受ける空気の質量は，

$$\frac{m}{t}=A\rho v\,[\text{kg/s}] \quad \cdots\text{(b)}$$

速さ v [m/s] の風が時間 t [s] に面積 A [m²] を通過する量（体積）は Avt [m³] です。体積 Avt [m³] の空気の質量 m [kg] は，空気の密度を ρ [kg/m³] とすると $A\rho vt$ [kg] です。

さて，理想的な風車は，(a)式のエネルギー W を変換効率 100％で動力に変えることできます。理想的な風車の動力 P_0 [W] は，

$$P_0=\frac{W}{t}=\frac{1}{2}\cdot\frac{m}{t}\cdot v^2 \quad \cdots\text{(c)}$$

単位時間（1 s）当たりにロータを通過する風のエネルギーの単位は [J/s] です。そして，[J/s]=[W] の関係があります。

(c)式に(b)式を代入すると，

$$P_0=\frac{1}{2}\cdot A\rho v\cdot v^2=\frac{1}{2}A\rho v^3 \quad \cdots\text{(b)'}$$

実際には，風力のすべてを動力に変換することはできません。パワー係数を C とすると，実際の動力 P [W] は，

$$P=CP_0=\frac{1}{2}AC\rho v^3$$

この導出過程は必ず理解しておきましょう。ここで特に重要なのは，風車の出力が(a)式のように風速の 2 乗に比例するのでなく，(b)' 式のように**風速の 3 乗に比例する**ことです。

［電力］
40 変圧器の並行運転

容量15 MV·A，変圧比33 kV/6.6 kV，百分率インピーダンス降下が自己容量基準で5%であるA変圧器と，容量8 MV·A，変圧比33 kV/6.6 kV，百分率インピーダンス降下が自己容量基準で4%であるB変圧器とを並行運転している変電所がある。これについて次の(a)及び(b)に答えよ。

ただし，各変圧器の抵抗とリアクタンスの比は等しいものとする。

(a) 12 MV·Aの負荷を加えたとき，A変圧器の分担する負荷の値[MV·A]として，正しいのは次のうちどれか。

(1) 4.8 (2) 5.3 (3) 6.7 (4) 7.2 (5) 7.8

(b) 並行運転している2台の変圧器が負担できる最大負荷容量の値[MV·A]として，正しいのは次のうちどれか。

(1) 20 (2) 21 (3) 22 (4) 23 (5) 25

POINT

(a) 両変圧器の基準容量を揃えてからA変圧器の分担負荷を計算します。

(b) 変圧器は容量以上の負荷を分担できないので，それぞれの変圧器について，最大負荷容量の条件を考えます。

出題テーマをとらえる！

❶ 2台以上の変圧器を並列（へいれつ）に接続して運転することを**変圧器の並行運転（へいこううんてん）**といいます。

❷ インピーダンス電圧（**インピーダンス降下**）は，インピーダンス Z [Ω] に定格電流 I_n [A] が流れたときの電圧降下 ZI_n [V] を指します。

補足 変圧器では，低圧側を短絡し高圧側に定格電流が流れるように調整したときの，高圧側に加えた電圧を指します。

❸ 定格電圧に対するインピーダンス電圧の比を，百分率（%）で表した値を百

分率インピーダンス降下（**百分率インピーダンス**）といいます。

定格電圧（相電圧）を E_n [V]，インピーダンスを Z [Ω] とすると，百分率インピーダンス降下 $\%Z$ [%] は，

$$\%Z = \frac{ZI_n}{E_n} \times 100\ [\%] \quad \cdots(1)$$

❹ 電力系統の計算では，変圧器における百分率インピーダンス降下は基準容量をもとに表します。特に，定格容量を基準容量とする場合を**自己容量基準**(じこようりょうきじゅん)といいます。

自己容量基準（定格容量 P_n [V·A]）での百分率インピーダンス降下が $\%Z$ [%] である変圧器があるとして，これを基準容量 P_n' [V·A] へ換算した場合の百分率インピーダンス降下 $\%Z'$ [%] は，

$$\%Z' = \%Z \times \frac{P_n'}{P_n} \quad \cdots(2)$$

❺ 負荷 P [MV·A] を基準容量の等しい2台の変圧器AとBで分担(ぶんたん)するとき，変圧器A，Bの百分率インピーダンス降下をそれぞれ $\%Z_A$，$\%Z_B$ [%] とすると，変圧器A，Bの分担する負荷 P_A，P_B [V·A] は，

$$P_A = \frac{\%Z_B}{\%Z_A + \%Z_B}P, \quad P_B = \frac{\%Z_A}{\%Z_A + \%Z_B}P \quad \cdots(3)$$

答　(a) − (4)，(b) − (1)

解説

(a)　12 MV·A 負荷時の A 変圧器の分担負荷

A変圧器とB変圧器の定格容量が異なるので，B変圧器の基準容量をA変圧器の定格容量に揃えて換算します。

自己容量基準 P_{Bn}（＝8 [MV·A]）でのB変圧器の百分率インピーダンス降下を $\%Z_B$（＝4%）とすると，基準容量をA変圧器の定格容量 P_{An}（＝15 [MV·A]）に揃えて換算した百分率インピーダンス降下 $\%Z_B'$ [%] は，(2)式より，

$$\%Z_B' = \%Z_B \times \frac{P_{An}}{P_{Bn}} = 4 \times \frac{15}{8} = 7.5\ [\%]$$

したがって，負荷 P（$=12$ [MV·A]）を加えたとき，A 変圧器の分担する負荷 P_A [MV·A] の値は，自己容量基準 P_{An}（$=15$ [MV·A]）での A 変圧器の百分率インピーダンスを $\%Z_A$（$=5\%$）とすると，(3)式より，

$$P_A=\frac{\%Z_B'}{\%Z_A+\%Z_B'}P=\frac{7.5}{5+7.5}\times 12=\frac{3}{5}\times 12=7.2\ [\mathrm{MV\cdot A}]$$

(b)　2 台の変圧器が負担できる最大負荷容量の値

並行運転している 2 台の変圧器が負担できる最大負荷容量 P_{max} [MV·A] は，A 変圧器，B 変圧器の分担負荷を P_{Amax}，P_{Bmax} [MV·A] とすると，(3)式より，

$$P_{Amax}=\frac{\%Z_B'}{\%Z_A+\%Z_B'}P_{max}$$

$$=\frac{3}{5}P_{max}\leqq 15\ [\mathrm{MV\cdot A}]$$

$$\therefore\ P_{max}\leqq\frac{5}{3}\times 15=25\ [\mathrm{MV\cdot A}]\quad\cdots(\mathrm{a})$$

$$P_{Bmax}=\frac{\%Z_A}{\%Z_A+\%Z_B'}P_{max}=\frac{5}{5+7.5}P_{max}$$

$$=\frac{2}{5}P_{max}\leqq 8\ [\mathrm{MV\cdot A}]$$

$$\therefore\ P_{max}\leqq\frac{5}{2}\times 8=20\ [\mathrm{MV\cdot A}]\quad\cdots(\mathrm{b})$$

P_{max} は(a)式と(b)式の両方の条件を満たす最大値なので，$P_{max}=20$ [MV·A] です。

より深く理解する！

変圧器の等価回路を考えるとき，一次側と二次側の電圧が異なるので，変圧器の内部インピーダンスは一次側と二次側のどちらかに換算する必要があります。この換算を変圧器があるごとに行うのは大変ですが，百分率インピーダンス降下の考え方を利用すれば，このような換算は不要になります。

A 変圧器の基準容量を B 変圧器の定格容量に揃えて換算すると，

$$\%Z_A'=\%Z_A\times\frac{P_{Bn}}{P_{An}}=5\times\frac{8}{15}=\frac{8}{3}\ [\%]$$

よって，B 変圧器の分担する負荷 P_B [MV·A] は，

$$P_B = \frac{\%Z_A'}{\%Z_A' + \%Z_B} P = \frac{\frac{8}{3}}{\frac{8}{3}+4} \times 12 = \frac{8}{20} \times 12 = 4.8\,[\mathrm{MV \cdot A}]$$

したがって，A 変圧器の分担する負荷 $P_A\,[\mathrm{MV \cdot A}]$ は，

$$P_A = P - P_B = 12 - 4.8 = 7.2\,[\mathrm{MV \cdot A}]$$

となって，基準容量を A 変圧器としても B 変圧器としても，計算結果が同じになることを確認できます。

［電力］

41 送電線路の百分率インピーダンス降下

66 kV 1 回線送電線路の 1 線のインピーダンスが 11 Ω，電流が 300 A のとき，百分率インピーダンスの値 [%] として，正しいのは次のうちどれか。

(1)　2.17　　(2)　4.33　　(3)　5.00　　(4)　8.66　　(5)　15.0

POINT

百分率インピーダンス降下の公式を利用するだけですが，公式に代入する数値をよく検討しましょう。

出題テーマをとらえる！

❶　三相交流を 3 本の電線で送電するときの一つの単位（3 本の組合せで 1 単位）を「**回線**（かいせん）」といいます。また，三相交流電圧の値は，特に断りがない限り**線間電圧**を指すのが普通です。

❷　「インピーダンス電圧（インピーダンス降下）」195 ページ参照

❸　「百分率インピーダンス降下（百分率インピーダンス）」195〜196 ページ参照

補足　線間電圧を V_{n} [V] とすると，相電圧 $E_{\mathrm{n}}=\dfrac{V_{\mathrm{n}}}{\sqrt{3}}$ なので，

$$\%Z=\frac{ZI_{\mathrm{n}}}{E_{\mathrm{n}}}\times 100=\frac{\sqrt{3}\,ZI_{\mathrm{n}}}{V_{\mathrm{n}}}\times 100\ [\%]\quad \cdots(1)$$

答　(4)

解説

題意の「66 kV 1 回線送電線路」とは，三相交流を 3 本の電線で送電するもので，線間電圧は 66 kV です。

したがって，百分率インピーダンス（降下）$\%Z$ [Ω] の値は，1線のインピーダンスを Z（＝11 [Ω]），電流を I（＝300 [A]），線間電圧を V（＝66 [kV]＝66×10³ [V]）として，(1)式より，

$$\%Z=\frac{\sqrt{3}ZI}{V}\times100=\frac{\sqrt{3}\times11\times300}{66\times10^3}\times100\fallingdotseq8.66\ [\%]$$

より深く理解する！

線間電圧を V_n [V]，線電流を I_n [A] とすると，三相の定格容量 $P_n=\sqrt{3}V_nI_n$ なので，(1)式は次のように変形できます。

$$\%Z=\frac{\sqrt{3}ZI_n}{V_n}\times100=\frac{\sqrt{3}ZI_n\times V_n}{V_n\times V_n}\times100=\frac{\sqrt{3}V_nI_n\times Z}{{V_n}^2}\times100$$

$$=\frac{P_nZ}{{V_n}^2}\times100\ [\%]\quad\cdots(2)$$

この(2)式から，$\boldsymbol{\%Z\propto P_n}$ の比例関係が分かります。

［電力］

42 変圧器二次側の三相短絡電流

図のような系統において，F 点に三相短絡故障が発生した場合，変圧器二次側（154 kV 側）の短絡電流の大きさ [A] として，正しいのは次のうちどれか。ただし，系統定数は 275 kV 基準で次の値とする。

A 端の電源側インピーダンス $j10\,\Omega$，送電線路インピーダンス $j5\,\Omega$（抵抗分は無視），変圧器インピーダンス $j35\,\Omega$。なお，変圧器から故障点までのインピーダンスは，無視するものとする。

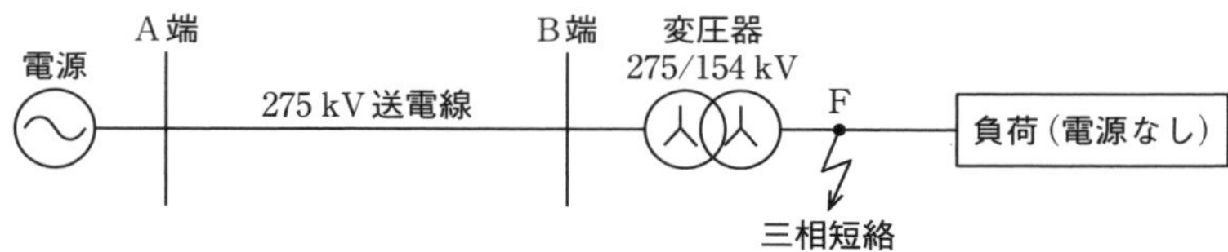

(1)　1 778　　(2)　3 080　　(3)　3 175　　(4)　5 670　　(5)　17 538

POINT

変圧器の知識（機械科目の知識）が必要な内容です。一次側（二次側）の値を二次側（一次側）の値に換算して考えますが，このとき，換算する値に何を選ぶかによって解法が異なります。

出題テーマをとらえる！

❶　変圧器の一次側，二次側の誘導起電力をそれぞれ E_1，E_2 [V]，電流をそれぞれ I_1，I_2 [A] とすると，**変圧比**（へんあつひ） a は，

$$a=\frac{E_1}{E_2}=\frac{I_2}{I_1}\quad\cdots(1)$$

また，二次側のインピーダンス Z_2 [Ω] を一次側に換算した値 Z_1 [Ω] は，

$Z_1 = a^2 Z_2 \quad \cdots(2)$

補足 **変流比**（へんりゅうひ）$\dfrac{I_1}{I_2}=\dfrac{1}{a}$，**巻数比**（まきすうひ）$\dfrac{N_1}{N_2}=a$（$N_1$，$N_2$ は変圧器の一次巻線，二次巻線の巻数）です。なお，定数 a を**変成比**（へんせいひ）ともいいます。

❷ 電力系統において三相短絡故障が発生した場合の短絡電流 I_s [A] は，相電圧を E_n [V]，1 線のインピーダンスを Z [Ω] として，

$$I_s = \frac{E_n}{Z} \quad \cdots(3)$$

補足 短絡電流 I_s [A] は，百分率インピーダンス降下を %Z [%]，定格電流を I_n [A] として，

$$I_s = \left(\frac{100}{\%Z}\right) I_n \quad \cdots(4)$$

答 (4)

解説

◎一次側のインピーダンスを二次側に換算して計算する

題意に示された 275 kV 基準の系統定数から，変圧器一次側（275 kV 側）の合成インピーダンス $\dot{Z}_1$ [Ω] とその大きさ Z_1 [Ω] は，

$$\dot{Z}_1 = j10 + j5 + j35 = j50\ [\Omega] \qquad Z_1 = \left|\dot{Z}_1\right| = 50\ [\Omega]$$

これを二次側（154 kV 側）に換算した値 Z_2 [Ω] は，(1)式，(2)式より，

$$Z_2 = \frac{1}{\left(\dfrac{275}{154}\right)^2} Z_1 = \left(\frac{154}{275}\right)^2 \times 50 = 15.68\ [\Omega]$$

(2)式は二次側を一次側に換算する式ですが，ここでは一次側を二次側に換算していることに注意してください。また，題意より，「変圧器から故障点までのインピーダンスは，無視」できます。

したがって，変圧器二次側の短絡電流の大きさ I_{s2} [A] は，相電圧を E_2 [V] として，(3)式より，

$$I_{s2}=\frac{E_2}{Z_2}=\frac{\frac{154}{\sqrt{3}}\times 10^3}{15.68}\fallingdotseq 5\,670\,[\mathrm{A}]$$

275 kV と 154 kV は線間電圧なので，相電圧に換算して代入します。

別解　一次側の短絡電流を二次側に換算して計算する

この場合，三相短絡故障が二次側ではなく一次側で発生したと仮定して考えます。

まず，変圧器一次側（275 kV 側）の合成インピーダンスの大きさ $Z_1=50\,[\Omega]$ が求められたとします。すると，変圧器一次側の短絡電流の大きさ $I_{s1}\,[\Omega]$ は，相電圧を $E_1\,[\mathrm{V}]$ として，(3)式より，

$$I_{s1}=\frac{E_1}{Z_1}=\frac{\frac{275}{\sqrt{3}}\times 10^3}{50}\fallingdotseq 3\,175\,[\mathrm{A}]$$

これを二次側（154 kV 側）に換算した値 $I_{s2}\,[\mathrm{A}]$ は，変圧比を a として，(1)式より，

$$I_{s2}=aI_{s1}=\frac{E_1}{E_2}I_{s1}=\frac{275}{154}\times 3\,175\fallingdotseq 5\,670\,[\mathrm{A}]$$

より深く理解する！

$$Z_1=\frac{E_1}{I_1}$$

ここで，(1)式より $E_1=aE_2$，$I_1=\frac{I_2}{a}$ なので，これらを上式に代入すると，

$$Z_1=\frac{aE_2}{\frac{I_2}{a}}=a^2\frac{E_2}{I_2}=a^2Z_2 \quad \cdots(2)$$（再掲）

(3)式より $I_s=\frac{E_n}{Z}\,[\mathrm{A}]$ なので，199 ページの(1)式から，

$$\%Z=\frac{ZI_n}{E_n}\times 100=\left(\frac{Z}{E_n}\right)I_n\times 100=\frac{I_n}{I_s}\times 100$$

$$\therefore\ I_s=\left(\frac{100}{\%Z}\right)I_n\,[\mathrm{A}] \quad \cdots(4)$$（再掲）

電力 42

出題テーマ：送配電方式／進相コンデンサの容量／電線路の電圧降下／百分率インピーダンス降下／電圧変動率

H25年，問16

［電力］43 進相コンデンサの容量，受電端の電圧変動率

図のように，特別高圧三相3線式1回線の専用架空送電線路で受電している需要家がある。需要家の負荷は，40 MW，力率が遅れ0.87で，需要家の受電端電圧は66 kVである。

ただし，需要家から電源側をみた電源と専用架空送電線路を含めた百分率インピーダンスは，基準容量10 MV·A当たり6.0%とし，抵抗はリアクタンスに比べ非常に小さいものとする。その他の定数や条件は無視する。

次の(a)及び(b)の問に答えよ。

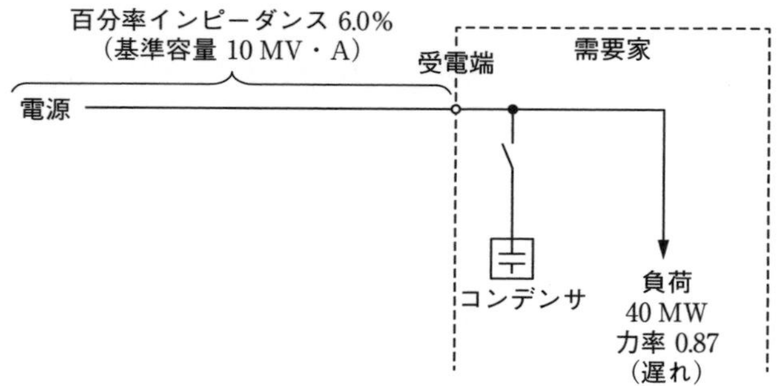

(a) 需要家が受電端において，力率1の受電になるために必要なコンデンサ総容量の値[Mvar]として，最も近いものを次の(1)～(5)のうちから一つ選べ。

ただし，受電端電圧は変化しないものとする。

(1) 9.7　(2) 19.7　(3) 22.7　(4) 34.8　(5) 81.1

(b) 需要家のコンデンサが開閉動作を伴うとき，受電端の電圧変動率を2.0%以内にするために必要なコンデンサ単機容量の最大値[Mvar]として，最も近いものを次の(1)～(5)のうちから一つ選べ。

(1) 0.46　(2) 1.9　(3) 3.3　(4) 4.3　(5) 5.7

POINT

(a)　受電端において力率が１になるためには，需要家の負荷の無効電力をすべて打ち消す必要があります。

(b)　受電端の電圧変動（電圧上昇）がコンデンサを流れる電流によるものであること，あるいは，無効電力の変化がコンデンサの容量と等しいことを利用して解答します。

出題テーマをとらえる！

❶　電圧は高低によって，**低圧・高圧・特別高圧**の三種類に区分されます。

❷　わが国の送配電方式（交流方式）には，単相２線式，単相３線式，三相３線式，三相４線式などがあります。

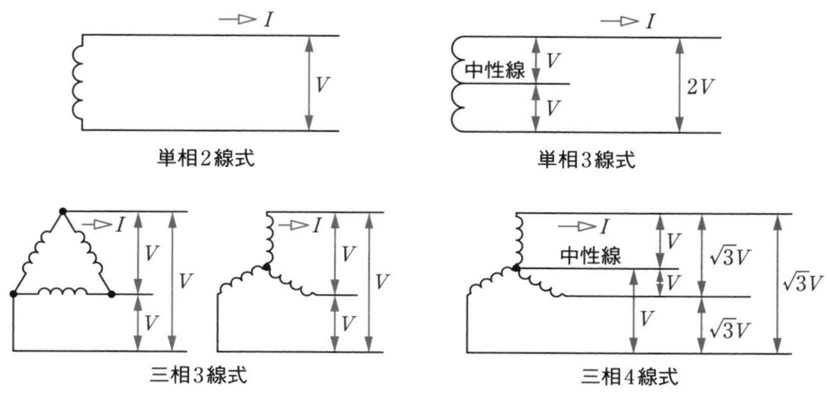

❸　「三相電力」101～102ページ参照

❹　負荷が P [kW]（一定），その力率が $\cos\theta$（遅れ）のとき，進相（しんそう）コンデンサを接続して合成力率を $\cos\theta_0$ にする場合，進相コンデンサの容量 Q [kvar] は，

$$Q = P(\tan\theta - \tan\theta_0) \quad \cdots(1)$$

補足　電力系統の負荷は一般に誘導性です。したがって，力率改善には容量性の負荷であるコンデンサ（進相コンデンサ）を使用します。

❺　三相３線式電線路の１線当たりの電圧降下 v [V] は，送電端（線間）電圧 V_s [V] から受電端（線間）電圧 V_r [V] を差し引いた値です。１線当たりの抵抗を R [Ω]，リアクタンスを X [Ω]，線路電流を I [A]，負荷の力率を $\cos\theta$ とすると，

$$v = V_s - V_r \fallingdotseq \sqrt{3} I (R\cos\theta + X\sin\theta) \quad \cdots (2)$$

ここで，受電端の有効電力 $P = \sqrt{3} V_r I \cos\theta$，無効電力 $Q = \sqrt{3} V_r I \sin\theta$ として，

$$v = V_s - V_r = \frac{PR + QX}{V_r} \quad \cdots (3)$$

補足 電線路の電圧降下 $e\left(=\dfrac{v}{\sqrt{3}}\right)$ は，送電端（相）電圧 $E_s\left(=\dfrac{V_s}{\sqrt{3}}\right)$，受電端（相）電圧 $E_r\left(=\dfrac{V_r}{\sqrt{3}}\right)$ を用いると，

$$e = E_s - E_r \fallingdotseq I(R\cos\theta + X\sin\theta)$$

❻「百分率インピーダンス降下（百分率インピーダンス）」195〜196ページ参照

補足 百分率インピーダンス降下 $\%Z$ [%] は，インピーダンスを Z [Ω]，定格電圧を V_n [V]，定格容量を P_n [W] として，

$$\%Z = \frac{P_n Z}{V_n^2} \times 100 \text{ [\%]} \quad \cdots (4)$$

❼ **電圧変動率** ε [%] は，無負荷時の受電端電圧を V_{0r} [V]，全負荷時の受電端電圧を V_r [V] として，

$$\varepsilon = \frac{V_{0r} - V_r}{V_r} \times 100 \text{ [\%]} \quad \cdots (5)$$

なお，(5)式の分母は，V_r の代わりに基準電圧 V [V]（公称電圧，定格電圧など）とすることもできます。

答 (a)−(3)，(b)−(3)

(a) 需要家が受電端において，力率 1 の受電になるコンデンサ総容量の値

需要家の負荷の有効電力を P（=40 [MW]），力率角を θ とすると，無効電力 Q [Mvar] は，

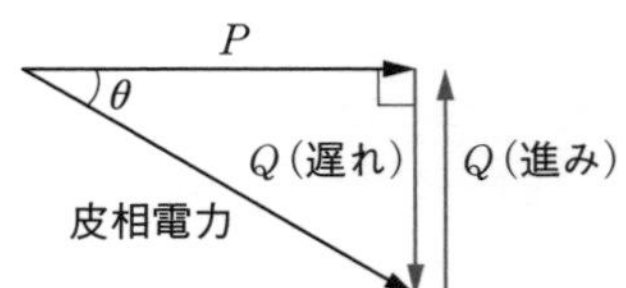

$$Q = P\tan\theta \quad \cdots (a)$$

需要家が受電端において，力率1の受電になるためには，力率改善用の進相コンデンサを設置して，遅れ無効電力 Q を進み無効電力ですべて打ち消すことが必要です。よって，必要なコンデンサ総容量は Q と等しくなります。

コンデンサの力率は「進み」なので，「遅れ」を打ち消します。

ここで，題意より負荷の力率 $\cos\theta=0.87$（遅れ）なので，$\sin\theta$ は，

$$\sin\theta=\sqrt{1-\cos^2\theta}=\sqrt{1-0.87^2}\fallingdotseq 0.493$$

$\sin^2\theta+\cos^2\theta=1$ の公式を変形すると，$\sin\theta=\sqrt{1-\cos^2\theta}$ となります。

これより，

$$\tan\theta=\frac{\sin\theta}{\cos\theta}=\frac{0.493}{0.87}$$

この値と $P=40$ [MW] を(a)式に代入すると，

$$Q=P\tan\theta=40\times\frac{0.493}{0.87}\fallingdotseq 22.7\ [\mathrm{Mvar}]$$

となり，必要なコンデンサ総容量が求められます。

補足　ここでは，内容が単純なので(1)式を使わずに考えました。使った場合の計算は次のようになります。

$$Q=P(\tan\theta-\tan\theta_0)=40\times\left(\frac{0.493}{0.87}-0\right)\fallingdotseq 22.7\ [\mathrm{Mvar}]$$

力率 $\cos\theta_0=1$ の受電になるとき，$\tan\theta_0=\dfrac{\sin\theta_0}{\cos\theta_0}=\dfrac{0}{1}=0$ です。

(b)　受電端の電圧変動率を2.0%以内にするコンデンサ単機容量の最大値

電圧変動率の公式を利用してコンデンサ投入時の電圧上昇を求め，この電圧上昇がコンデンサに流れる電流によるものであることから解答します。

電圧変動率を ε [%]，コンデンサ投入時，開放時の受電端電圧を V_{r1}，V_{r2} [V] とすると，(5)式より，

$$\varepsilon=\frac{V_{r1}-V_{r2}}{V_{r2}}\times 100 \ \rightarrow\ \frac{\varepsilon}{100}=\frac{V_{r1}}{V_{r2}}-1 \ \rightarrow\ V_{r1}=\left(\frac{\varepsilon}{100}+1\right)V_{r2} \quad \cdots\text{(b)}$$

電力 43

V_{r1} [kV] は，(b)式に題意の各数値（$\varepsilon=2$ [%]，$V_{r2}=66$ [kV]）を代入して，

$$V_{r1}=\left(\frac{2}{100}+1\right)\times 66=67.32\,[\mathrm{kV}]$$

よって，コンデンサ投入時の電圧上昇 $\varDelta V$ [V] は，

$$\varDelta V=V_{r1}-V_{r2}=67.32-66=1.32\,[\mathrm{kV}]=1\,320\,[\mathrm{V}] \quad \cdots(\mathrm{c})$$

ところで，この電圧上昇 $\varDelta V$ は，コンデンサ投入時にコンデンサに流れる電流 I_C [A] による電線路の電圧降下分に等しいことから，電線路のインピーダンスを Z [Ω] すると，

もちろん，需要家の負荷に流れる電流によっても電線路の電圧降下は生じています。ここでは，コンデンサに流れる電流だけを取り出して考えています。

$$\varDelta V=\sqrt{3}I_C Z \qquad \therefore\ I_C=\frac{\varDelta V}{\sqrt{3}Z} \quad \cdots(\mathrm{d})$$

(d)式は，相電圧の上昇 $\varDelta E=I_C Z$ から求めたものです。

このときのコンデンサ容量 $\varDelta Q$ [var] は，

$$\varDelta Q=\sqrt{3}\,V_{r2}I_C \qquad \text{←ここで(d)式を代入}$$

$$=\sqrt{3}\,V_{r2}\times\frac{\varDelta V}{\sqrt{3}Z}=\frac{V_{r2}\varDelta V}{Z} \quad \cdots(\mathrm{e})$$

ここで，電線路の百分率インピーダンスを $\%Z$（$=6.0$ [%]），基準容量を P_n（$=10$ [MV·A]），基準電圧を V_n（$=V_{r2}=66$ [kV]）とすると，(4)式より，

$$\%Z=\frac{P_n Z}{V_n^2}\times 100\,[\%]$$

P_n，V_n は，定格値の代わりに基準値としても支障はありません。これは，基準値として定格値を当てはめても支障がないのと同じことです。

$$\therefore\ Z=\frac{\%Z}{100}\times\frac{V_n^2}{P_n} \qquad \text{←ここで各数値を代入}$$

$$=\frac{6.0}{100}\times\frac{(66\times 10^3)^2}{10\times 10^6}=\frac{6.0\times 66^2\times 10^6}{1\,000\times 10^6}=26.136\,[\Omega] \quad \cdots(\mathrm{f})$$

コンデンサ単機容量の最大値は $\varDelta Q$ [var] なので，(e)式に各数値（題意の $V_{r2}=66$ [kV]，(c)式，(f)式）を代入して，

$$\varDelta Q=\frac{66\times10^3\times1\,320}{26.136}\fallingdotseq3\,333\times10^3\,[\mathrm{var}]\fallingdotseq3.3\,[\mathrm{Mvar}]$$

別解 電圧降下の公式と電圧変動率の公式を利用し，無効電力の変化がコンデンサの容量と等しいことから解答します。

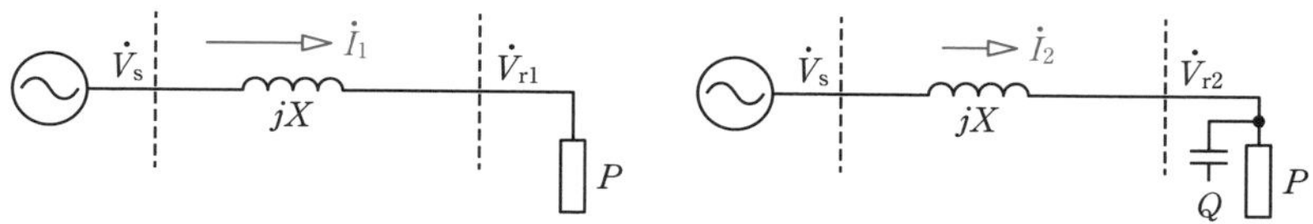

コンデンサ開放時，投入時の電圧降下 v_1，v_2 [V] は，送電端電圧を V_s [V]，コンデンサ開放時，投入時の受電端電圧を V_{r1}，V_{r2} [V]，線路電流を I_1，I_2 [A]，電線路のリアクタンスを X [Ω]，コンデンサ開放時，投入時の力率角を θ_1，θ_2 とすると，(2)式より，

$$v_1=V_s-V_{r1}=\sqrt{3}I_1X\sin\theta_1$$
$$v_2=V_s-V_{r2}=\sqrt{3}I_2X\sin\theta_2$$

題意の但し書き（抵抗 R はリアクタンス X に比べ非常に小さい）から，$R\ll X$ より $R\fallingdotseq0$ [Ω] と近似できます。

これより，コンデンサ開放時の電圧変動 $\varDelta V$ [V] は，

$$\varDelta V=v_1-v_2=V_{r2}-V_{r1}=\sqrt{3}X(I_1\sin\theta_1-I_2\sin\theta_2)$$

力率改善によって線路電流が低減できるので，$I_1>I_2$ です。同様に，$\cos\theta_2>\cos\theta_1$ から $\sin\theta_1>\sin\theta_2$ です。以上から，$v_1>v_2$ であることは明らかです。

よって，電圧変動率 ε [%] は，(5)式より，

$$\varepsilon=\frac{V_{r2}-V_{r1}}{V_{r1}}\times100=\frac{\sqrt{3}X(I_1\sin\theta_1-I_2\sin\theta_2)}{V_{r1}}\times100$$

$$=\frac{X(\sqrt{3}V_{r1}I_1\sin\theta_1-\sqrt{3}V_{r2}I_2\sin\theta_2)}{V_{r1}{}^2}\times100\quad\cdots\text{(g)}$$

電圧変動率が 2.0% 以内と小さいので，ここでは $V_{r1}\fallingdotseq V_{r2}$ と近似しました。このことは，小問(a)の但し書き（受電端電圧は変化しない）からも連想できます。

(g)式は，コンデンサ開放時，投入時の無効電力を Q_1，Q_2 [var] とすると，(3)式より，

電力 43

$$\varepsilon=\frac{X(Q_1-Q_2)}{V_{r1}{}^2}\times 100 \quad \cdots(\mathrm{h})$$

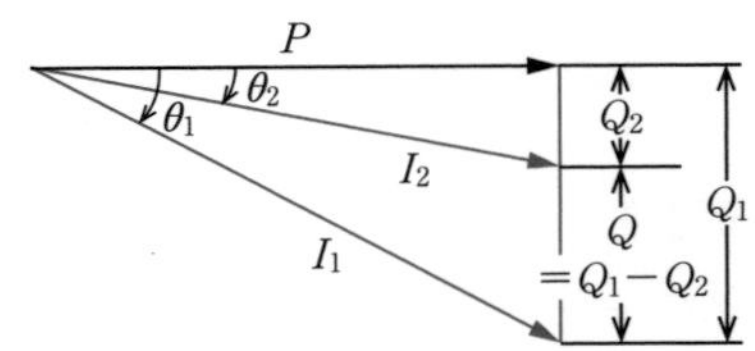

$Q_1=\sqrt{3}\,V_{r1}I_1\sin\theta_1$，$Q_2=\sqrt{3}\,V_{r2}I_2\sin\theta_2$ です。なお，(Q_1-Q_2) は無効電力の変化分なので，これがコンデンサの容量と等しくなります。

ここで，百分率リアクタンス（降下）を $\%X$ [%]，基準容量（定格容量）を P_n（=10 [MV·A]）とすると，(4)式より，

$$\%X=\frac{P_nX}{V_{r1}{}^2}\times 100\ [\%] \quad \rightarrow \quad \frac{\%X}{P_n}=\frac{X}{V_{r1}{}^2}\times 100$$

題意の但し書きから，$R \ll X$ より $R \fallingdotseq 0$ [Ω] と近似できます。したがって，インピーダンス $Z=X$ です。また，V_{r1} は変化しないと見なし，これを定格電圧としています。

これを(h)式に代入して整理した後，各数値を代入すると，

$$\varepsilon=\left(\frac{X}{V_{r1}{}^2}\times 100\right)\times(Q_1-Q_2)=\frac{\%X}{P_n}\times(Q_1-Q_2)$$

$$\therefore\ Q_1-Q_2=\frac{\varepsilon P_n}{\%X} \quad \cdots(\mathrm{i})$$

$$=\frac{2\times(10\times 10^6)}{6}=3.33\cdots\times 10^6\ [\mathrm{var}]\fallingdotseq 3.3\ [\mathrm{Mvar}]$$

以上から，受電端の電圧変動率を 2.0% 以内にするコンデンサ単機容量の最大値は (Q_1-Q_2) に等しく，その値は 3.3 Mvar です。

(i)式より $(Q_1-Q_2)\propto\varepsilon$ なので，ε を 2% 以内にするためにはコンデンサ単機容量を (Q_1-Q_2) 以下にする必要があります。

より深く理解する！

公式の読み替え（定格値→基準値）や近似（電圧変動率が小さいとき，受電端電圧の変化は無視）といった計算テクニックを使いこなすのは相当な訓練が必要ですから，すぐに出来なくても構いません。ただし，それ以外の考え方は基本的な内容ですから，しっかり理解しておきましょう。

(3)式は，(2)式から次のように導出できます。

$$v=\sqrt{3}I(R\cos\theta+X\sin\theta)=\frac{\sqrt{3}V_{\mathrm{r}}I\cos\theta\cdot R+\sqrt{3}V_{\mathrm{r}}I\sin\theta\cdot X}{V_{\mathrm{r}}}$$

ここで，受電端の有効電力 $P=\sqrt{3}V_{\mathrm{r}}I\cos\theta$，無効電力 $Q=\sqrt{3}V_{\mathrm{r}}I\sin\theta$ とすると，

$$v=\frac{PR+QX}{V_{\mathrm{r}}}\quad\cdots(3)$$ （再掲）

［電力］

44 ケーブルの充電容量

電圧 6.6 kV，周波数 50 Hz，こう長 1.5 km の交流三相 3 線式地中電線路がある。ケーブルの心線 1 線当たりの静電容量を 0.35 μF/km とするとき，このケーブルの心線 3 線を充電するために必要な容量の値 [kV·A] として，最も近いものを次の(1)～(5)のうちから一つ選べ。

(1)　4.2　　(2)　4.8　　(3)　7.2　　(4)　12　　(5)　37

POINT

線路の充電容量の公式を適用します。充電容量を求める公式は，1 相分なのか 3 相分なのかを理解しておきましょう。

出題テーマをとらえる！

❶　電力ケーブルにおいて，電流を流すための導線（電線）を**心線**（しんせん）といいます。

❷　三相電線路の 3 本の電線には，電線と電線間，電線と大地間に静電容量が分布しています。2 線間の静電容量を**線間静電容量**，1 線と大地間の静電容量を**対地静電容量**（たいち）といいます。対地静電容量を C_e，線間静電容量を C_m とすると，1 線当たりの静電容量 $\boldsymbol{C = C_e + 3C_m}$ であり，これを**作用静電容量**（さよう）といいます。架空電線路では中距離以上でない限り作用静電容量を無視できますが，地中ケーブルでは無視できない大きさになります。

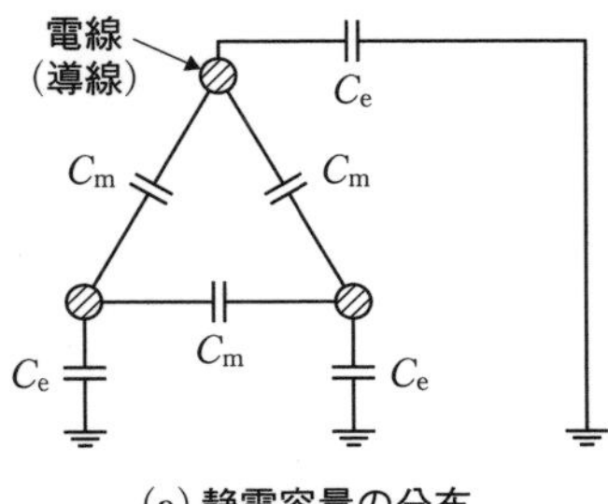

(a) 静電容量の分布

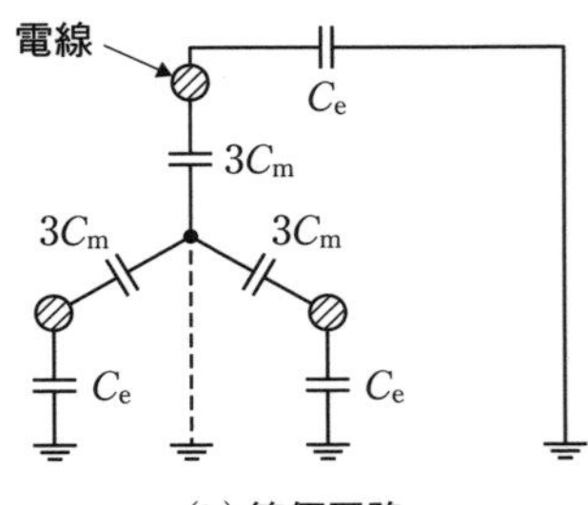

(b) 等価回路

❸　無負荷時でも，作用静電容量のために電線路には送電端から電流が流れています。これを**充電電流**（**無負荷充電電流**）といいます。また，充電電流による無効電力を線路の**充電容量**といいます。

充電電流 I_C [A]，充電容量 Q [V·A] は，周波数を f [Hz] として角周波数を $\omega=2\pi f$ [rad/s]，作用静電容量を C [F]，線間電圧を V [V] とすると，

$$I_C=\frac{\omega CV}{\sqrt{3}}=\frac{2\pi fCV}{\sqrt{3}} \quad \cdots(1)$$

$$Q=\sqrt{3}\,VI_C=\omega CV^2=2\pi fCV^2 \quad \cdots(2)$$

補足　(1)式中に含まれる $\frac{V}{\sqrt{3}}$ は相電圧です。また，(2)式は三相電力の公式から導いたものなので，3相分の値を示しています。

電力
44

答　(3)

解説

ケーブルの心線1線当たりの作用静電容量（1相当たりの静電容量）C [μF] は，題意より1 km 当たりの静電容量が0.35 μF，こう長が1.5 km なので，

$$C=0.35\times1.5=0.525\ [\mu\text{F}]$$

したがって，このケーブルの心線3線を充電するために必要な容量（3相分の容量）Q [kV·A] の値は，周波数を f（=50 [Hz]），線間電圧を V（=6.6 kV）として，(2)式より，

$$Q=2\pi fCV^2=2\pi\times50\times(0.525\times10^{-6})\times(6.6\times10^3)^2$$
$$=2\pi\times50\times0.5255\times10^{-6}\times6.6^2\times10^6$$
$$\fallingdotseq 7\,200\ [\text{V·A}]=7.2\times10^3\ [\text{V·A}]=7.2\ [\text{kV·A}]$$

より深く理解する！

充電電流 I_{C}[A] は，相電圧を $E\left(=\dfrac{V}{\sqrt{3}}\right)$[V]，容量性リアクタンスを $X_{\mathrm{C}}\left(=\dfrac{1}{\omega C}=\dfrac{1}{2\pi fC}\right)$[Ω] とすると，次のように求められます。

$$I_{\mathrm{C}}=\frac{E}{X_{\mathrm{C}}}=\frac{\dfrac{V}{\sqrt{3}}}{\dfrac{1}{\omega C}}=\frac{\omega CV}{\sqrt{3}}=\frac{2\pi fCV}{\sqrt{3}}\quad\cdots(1)$$ （再掲）

［電力］

45 電線路の電圧降下率

図のように，こう長2 kmの高圧配電線路の末端に受電端電圧6 400 V，負荷電流50 A，遅れ力率80%の負荷がある。この負荷端における電圧降下率[%]はいくらか。正しい値を次のうちから選べ。

ただし，1線当たりの線路抵抗は，抵抗 $r=0.3$ [Ω/km]，リアクタンス $x=0.35$ [Ω/km]とする。

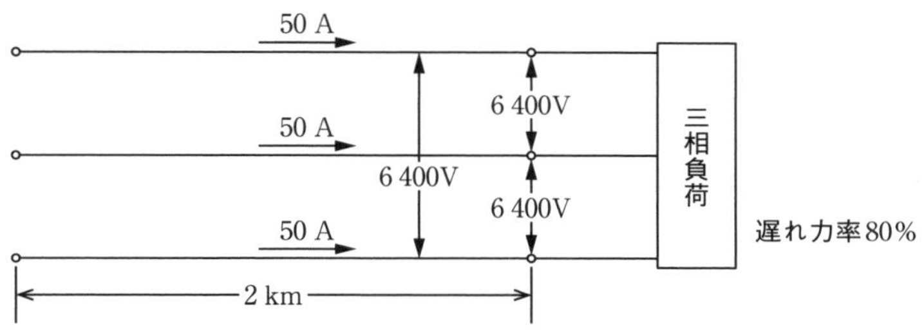

(1)　0.38　　(2)　0.65　　(3)　0.70　　(4)　1.00　　(5)　1.22

POINT

電線路の電圧降下の公式から電圧降下を求め，電圧降下率の公式に代入するだけです。電線路の電圧降下を求める際は，送電方式に注意しましょう。

⇨ 出題テーマをとらえる！

❶「三相3線式電線路の電圧降下」205～206ページ参照

❷ **電圧降下率** ε [%]は，電線路の電圧降下を v [V]，受電端電圧を V_r [V]，送電端電圧を V_s [V]として，

$$\varepsilon=\frac{V_s-V_r}{V_r}=\frac{v}{V_r}\times 100\ [\%] \quad \cdots(1)$$

答　(5)

解説

電線路の抵抗 R [Ω]，リアクタンス X [Ω] は，こう長を L（$=2$ [km]）として，1 km 当たりの線路の抵抗が r（$=0.3$ [Ω/km]），リアクタンスが x（$=0.35$ [Ω/km]）なので，

$$R=Lr=2\times0.3=0.6\ [\Omega]$$
$$X=Lx=2\times0.35=0.7\ [\Omega]$$

よって，電線路の電圧降下 v [V] は，負荷電流を I（$=50$ [A]），遅れ力率を $\cos\theta$（$=80\%=0.8$）として，

$$v=\sqrt{3}I(R\cos\theta+X\sin\theta)=\sqrt{3}I\left(R\cos\theta+X\sqrt{1^2-\cos^2\theta}\right)$$
$$=\sqrt{3}\times50\times\left(0.6\times0.8+0.7\times\sqrt{1-0.8^2}\right)=50\sqrt{3}(0.6\times0.8+0.7\times0.6)$$
$$=50\sqrt{3}\times0.6\times(0.8+0.7)=30\sqrt{3}\times1.5\fallingdotseq77.9\ [\mathrm{V}]$$

したがって，電圧降下率 ε [%] は，受電端電圧を V_{r}（$=6\,400$ [V]）として，(1)式より，

$$\varepsilon=\frac{v}{V_{\mathrm{r}}}\times100=\frac{77.9}{6\,400}\times100\fallingdotseq1.22\ [\%]$$

より深く理解する！

ここでは，三相3線式電線路の電圧降下の公式（近似式）を導出してみましょう。

平衡三相回路から1相分を取り出すと，次のようになります。ただし，1相分の送電端電圧を $\dot{E}_{\mathrm{s}}$ [V]，1相分の受電端電圧を $\dot{E}_{\mathrm{r}}$ [V]，負荷電流を $\dot{I}$ [A]，負荷の遅れ力率を $\cos\theta$，1線当たりのインピーダンスを $\dot{Z}=R+jX$ [Ω]（抵抗 R [Ω]，リアクタンス X [Ω]）とします。

これらをベクトル図に表すと，下のようになります。

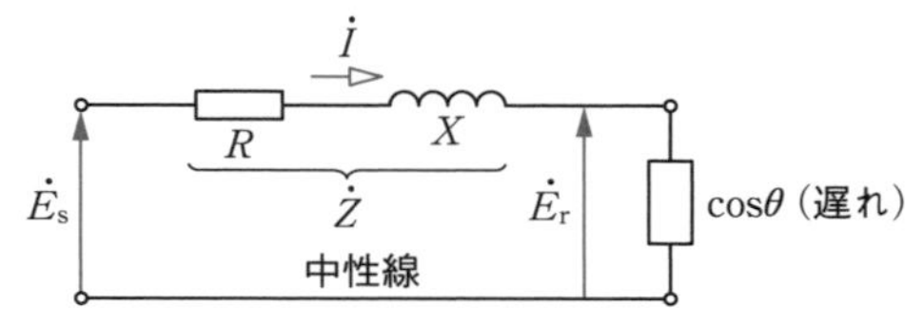

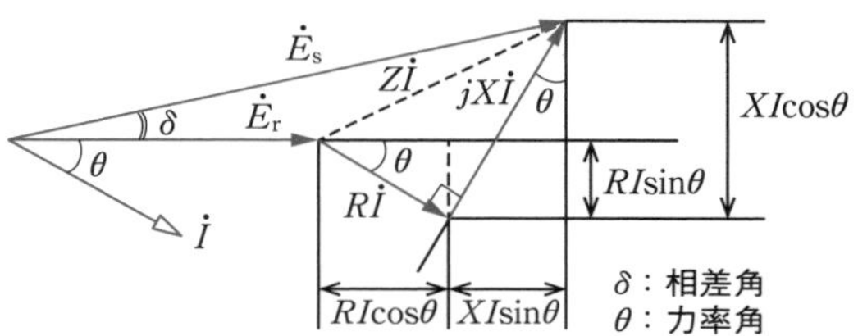

ベクトル図をかく手順

① $\dot{E}_r$ [V] をかいて，他のベクトルをかく基準とします。

② $\dot{E}_r$ の始点から，$\dot{E}_r$ から力率角 θ だけ遅れた $\dot{I}$ [A] をかきます。

③ $\dot{E}_r$ の終点から，$\dot{I}$ と平行な $R\dot{I}$ [V] をかきます。

④ $R\dot{I}$ の終点から，$R\dot{I}$ と直角に $jX\dot{I}$ [V] をかきます。

⑤ $\dot{E}_r$ の始点から $jX\dot{I}$ の終点へ向かって，$\dot{E}_s$ [V] をかきます。

⑥ $\dot{E}_r$ と $\dot{E}_s$ の位相差を**相差角**（そうさかく）δ とします。

$\dot{E}_s$ [V]，$\dot{E}_r$ [V]，$\dot{I}$ [A] の大きさを E_s [V]，E_r [V]，I [A] とすると，上のベクトル図と三平方の定理から，

$$E_s{}^2=(E_r+RI\cos\theta+XI\sin\theta)^2+(XI\cos\theta-RI\sin\theta)^2$$

力率角 θ はごく小さい値なので，近似計算により，

$$E_s\fallingdotseq E_r+RI\cos\theta+XI\sin\theta=E_r+I(R\cos\theta+X\sin\theta)\quad\cdots\text{(a)}$$

ここで，送電端と受電端の線間電圧を V_s，V_r [V] として，(a)式に $E_s=\dfrac{V_s}{\sqrt{3}}$，$E_r=\dfrac{V_r}{\sqrt{3}}$ [V] を代入すると，

$$\frac{V_s}{\sqrt{3}}=\frac{V_r}{\sqrt{3}}+I(R\cos\theta+X\sin\theta)\ \rightarrow\ V_s-V_r=\sqrt{3}I(R\cos\theta+X\sin\theta)$$

したがって，三相 3 線式電線路の 1 線当たりの電圧降下 v [V] は，

$$v=V_s-V_r=\sqrt{3}I(R\cos\theta+X\sin\theta)$$

［電力］
46 単相2線式環状線路の負荷電流

図のような単相2線式線路がある。母線F点の線間電圧が107Vのとき，B点の線間電圧が96Vになった。B点の負荷電流I[A]として，最も近いものを次の(1)～(5)のうちから一つ選べ。

ただし，使用する電線は全て同じものを用い，電線1条当たりの抵抗は，1km当たり0.6Ωとし，抵抗以外は無視できるものとする。また，全ての負荷の力率は100%とする。

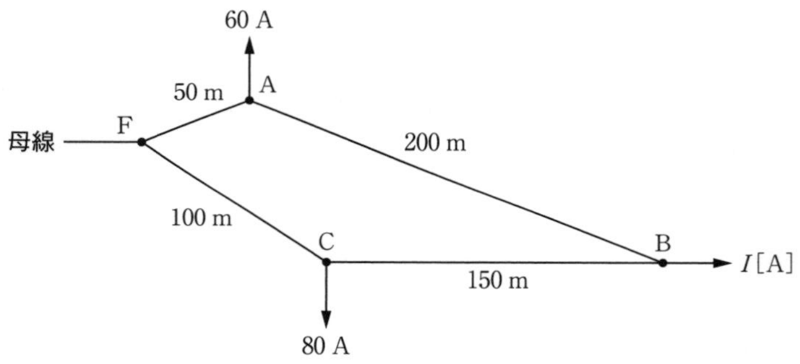

(1)　29.3　　(2)　54.3　　(3)　84.7　　(4)　102.7　　(5)　121.3

POINT

単相2線式なので，電圧降下は往復の2線で生じることに注意しましょう。また，キルヒホッフの法則から立式して計算を行いますが，いろいろな計算方法があるので，自分に合った方法を選んでください。

出題テーマをとらえる！

❶「送配電方式（交流方式）」205ページ参照

❷「キルヒホッフの法則」71ページ参照

❸ 複数の導線（電線）からなる1組の電線を数える場合，「本」ではなく「条（じょう）」を使うことがあります。

❹ 単相２線式の電線路の電圧降下 v [V] は，送電端電圧 V_s [V] から受電端電圧 V_r [V] を差し引いた値であり，往復２線の抵抗を R [Ω]，リアクタンスを X [Ω]，線路電流を I [A]，負荷の力率を $\cos\theta$ とすると，

$$v = V_s - V_r \fallingdotseq I(R\cos\theta + X\sin\theta) \quad \cdots(1)$$

補足 往復２線ではなく，片道１線の抵抗を R [Ω]，リアクタンスを X [Ω] とした場合は，

$$v = V_s - V_r \fallingdotseq 2I(R\cos\theta + X\sin\theta) \quad \cdots(1)'$$

答 (1)

解説

題意の但し書き（使用する電線は全て同じで，電線１条当たりの抵抗は 0.6 Ω/km）より，各区間の抵抗は，

F-A 間の抵抗 $r_{FA} = 0.6 \times (50 \times 10^{-3}) = 0.03$ [Ω]
A-B 間の抵抗 $r_{AB} = 0.6 \times (200 \times 10^{-3}) = 0.12$ [Ω]
F-C 間の抵抗 $r_{FC} = 0.6 \times (100 \times 10^{-3}) = 0.06$ [Ω]
C-B 間の抵抗 $r_{CB} = 0.6 \times (150 \times 10^{-3}) = 0.09$ [Ω]

また，F → A の向きに流れる電流を I_{FA} [A]，F → C の向きに流れる電流を I_{FC} [A] とすると，キルヒホッフの電流則（第１法則）から，

A → B の向きの電流 $I_{AB} = I_{FA} - 60$ [A] $\cdots$(a)
C → B の向きの電流 $I_{CB} = I_{FC} - 80$ [A] $\cdots$(b)

さらに，F 点の線間電圧を V_F（＝107 [V]），B 点の線間電圧を V_B（＝96 [V]）とすると，題意より全ての負荷の力率が 100% なので，(1)' 式から，

$$V_F - V_B = 2r_{FA}I_{FA} + 2r_{AB}I_{AB} \quad \cdots(c)$$
$$V_F - V_B = 2r_{FC}I_{FC} + 2r_{CB}I_{CB} \quad \cdots(d)$$

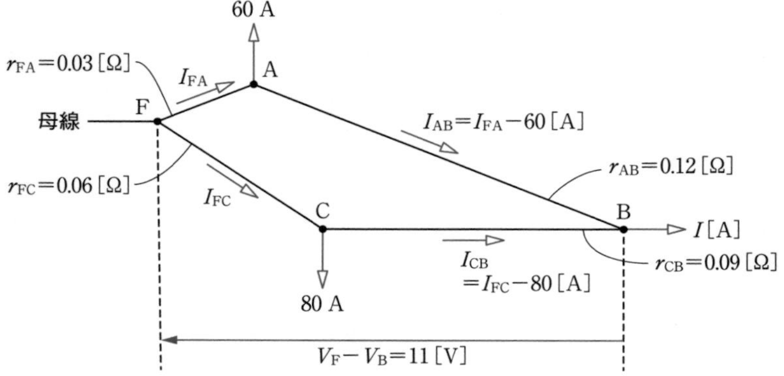

(c)式に各数値を代入して整理すると,

$$107-96=2\times0.03\times I_{FA}+2\times0.12\times(I_{FA}-60) \rightarrow 11=0.06I_{FA}+0.24I_{FA}-14.4$$

$$\rightarrow \quad 0.3I_{FA}=25.4 \qquad \therefore \ I_{FA}=\frac{25.4}{0.3}=\frac{254}{3}\ [\mathrm{A}] \quad \cdots\text{(e)}$$

また,(d)式に各数値を代入して整理すると,

$$107-96=2\times0.06\times I_{FC}+2\times0.09\times(I_{FC}-80)$$

$$\rightarrow \quad 11=0.12I_{FC}+0.18I_{FC}-14.4 \quad \rightarrow \quad 0.3I_{FC}=25.4$$

$$\therefore \ I_{FC}=\frac{25.4}{0.3}=\frac{254}{3}\ [\mathrm{A}] \quad \cdots\text{(f)}$$

したがって,B 点の負荷電流 I [A] は,キルヒホッフの電流則((a)式+(b)式)と(e)式,(f)式から,

$$I=I_{AB}+I_{CB}=(I_{FA}-60)+(I_{FC}-80)$$

$$=\left(\frac{254}{3}-\frac{180}{3}\right)+\left(\frac{254}{3}-\frac{240}{3}\right)=\frac{74}{3}+\frac{14}{3}=\frac{88}{3}\fallingdotseq 29.3\ [\mathrm{A}]$$

別解 まず,題意の但し書きから各区間の抵抗 $r_{FA}=0.03$ [Ω],$r_{AB}=0.12$ [Ω],$r_{FC}=0.06$ [Ω],$r_{CB}=0.09$ [Ω] が求められたとします。

次に,F → A の向きに流れる電流を I_{FA} [A] とすると,キルヒホッフの電流則(第 1 法則)から,

A → B の向きの電流 $I_{AB}=I_{FA}-60$ [A]

C → B の向きの電流 $I_{CB}=I-I_{AB}=I-I_{FA}+60\,[\mathrm{A}]$

F → C の向きの電流 $I_{FC}=I_{CB}+80=I-I_{FA}+140\,[\mathrm{A}]$

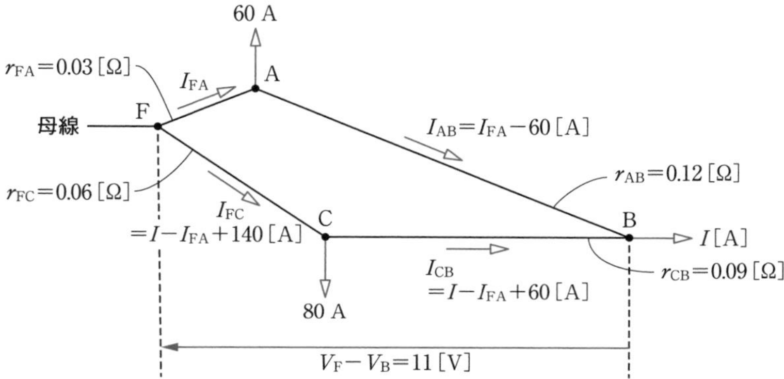

すると，キルヒホッフの電圧則（第２法則）から，

$$2r_{FA}I_{FA}+2r_{AB}I_{AB}+2r_{CB}(-I_{CB})+2r_{FC}(-I_{FC})=0$$

$$r_{FA}I_{FA}+r_{AB}I_{AB}-r_{CB}I_{CB}-r_{FC}I_{FC}=0$$

この式に各数値を代入して整理すると，

$$0.03I_{FA}+0.12(I_{FA}-60)-0.09(I-I_{FA}+60)-0.06(I-I_{FA}+140)=0$$

$$0.3I_{FA}-0.15I=21 \quad \cdots(\mathrm{g})$$

また，F 点の線間電圧を V_F（$=107\,[\mathrm{V}]$），B 点の線間電圧を V_B（$=96\,[\mathrm{V}]$）とすると，F-B 間の電圧降下 V_F-V_B は，

$$V_F-V_B=2r_{FA}I_{FA}+2r_{AB}I_{AB}$$

この式に各数値を代入して整理すると，

$$107-96=2\times0.03\times I_{FA}+2\times0.12\times(I_{FA}-60) \rightarrow 11=0.06I_{FA}+0.24I_{FA}-14.4$$
$$\rightarrow \quad 0.3I_{FA}=25.4$$

これを(g)式に代入すると，

$$25.4-0.15I=21 \quad \rightarrow \quad 0.15I=4.4 \qquad \therefore\ I=\frac{4.4}{0.15}\fallingdotseq29.3\,[\mathrm{A}]$$

電力
46

より深く理解する！

この問題では，負荷点（F，B）の電圧が与えられ，そこから負荷電流 I を求める内容でした。それでは，次のように負荷電流が与えられ，そこから負荷点 F-B 間の電圧降下 V_{FB} [V] の値を求める内容であった場合を考えてみましょう。

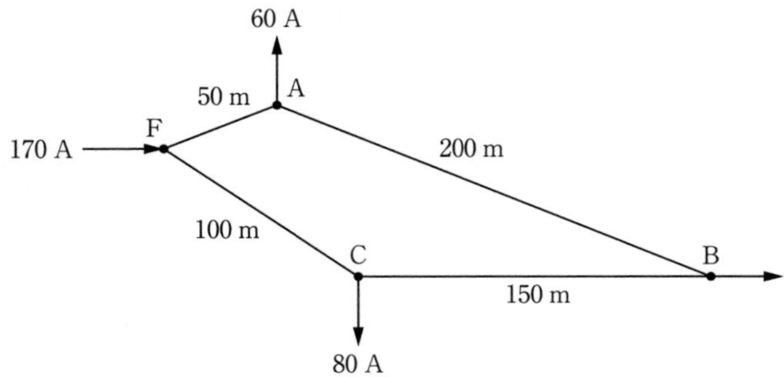

略解　まず，各区間の抵抗 $r_{FA}=0.03$ [Ω]，$r_{AB}=0.12$ [Ω]，$r_{FC}=0.06$ [Ω]，$r_{CB}=0.09$ [Ω] が求められたとします。

次に，F → A の向きに流れる電流を I_{FA} [A] とすると，キルヒホッフの電流則（第１法則）から，

A → B の向きの電流 $I_{AB}=I_{FA}-60$ [A]　…(h)

F → C の向きの電流 $I_{FC}=170-I_{FA}$ [A]

C → B の向きの電流 $I_{CB}=I_{FC}-80=90-I_{FA}$ [A]

すると，F-B 間の電圧降下 V_{FB} [V] は，

$$V_{FB}=2r_{FA}I_{FA}+2r_{AB}I_{AB}=2r_{FC}I_{FC}+2r_{CB}I_{CB} \rightarrow r_{FA}I_{FA}+r_{AB}I_{AB}=r_{FC}I_{FC}+r_{CB}I_{CB}$$

$$\rightarrow \quad 0.03I_{FA}+0.12(I_{FA}-60)=0.06(170-I_{FA})+0.09(90-I_{FA})$$

$$\rightarrow \quad 0.03I_{FA}+0.12I_{FA}-7.2=10.2-0.06I_{FA}+8.1-0.09I_{FA}$$

$$\rightarrow \quad 0.15I_{FA}-7.2=18.3-0.15I_{FA} \quad \rightarrow \quad 0.3I_{FA}=25.5$$

$$\therefore \ I_{FA}=\frac{25.5}{0.3}=85 \text{ [A]}$$

これを(h)式に代入すると，$I_{AB}=85-60=25$ [A] なので，

$$V_{FB}=2r_{FA}I_{FA}+2r_{AB}I_{AB}=2(0.03\times 85+0.12\times 25)=11.1 \text{ [V]}$$

と答えが求められます。

［電力］

47 送電線路の電力損失

発電所間を結ぶ2回線併架の送電線があり，一方には300 A，他方には100 Aが流れていたとき，線路損失の合計が2回線で50 kWであった。いま，送電電流の合計は，そのままで，2回線を並列に使用すれば，そのときの線路損失[kW]はいくらか。正しい値を次のうちから選べ。ただし，各回線の線路定数は等しいものとする。

(1) 25　(2) 30　(3) 40　(4) 50　(5) 100

POINT

「回線」「併架」「（回線の）並列使用」「線路定数」などの用語を知っていれば，ごく簡単な内容の問題です。

出題テーマをとらえる！

❶ 同一の支持物（鉄塔など）で複数の回線の送電線を支持することを**併架**（へいか）といいます。

❷ 「回線」199ページ参照

❸ 電線路の抵抗，インダクタンス，静電容量などを**線路定数**（せんろていすう）といいます。線路定数は，電線路の等価回路や電圧降下など，電線路の電気的特性を知るための重要な定数です。

❹ 「送配電方式（交流方式）」205ページ参照

❺ 各送配電方式の電線路における電力損失（線路損失）P_{12}，P_{13}，P_{33} [W]は，1線当たりの抵抗をr [Ω]，電流をI [A]とすると，

単相2線式：$P_{12}=2rI^2$　…(1)

単相3線式：$P_{13}=2rI^2$　…(2)

三相3線式：$P_{33}=3rI^2$　…(3)

補足　電力損失は抵抗のみで発生します。

答　(3)

解説

電流 I_1（＝300 [A]）が流れる回線の線路損失 P_1 [W] は，1 線当たりの抵抗を r [Ω] として，(3)式より，

$$P_1 = 3rI_1{}^2 = 3r \times 300^2 = 3r \times 90\,000 = 27r \times 10^4 \text{ [W]}$$

電流 I_2（＝100 [A]）が流れる回線の線路損失 P_2 [W] は，題意の但し書き（各回線の線路定数は等しい）と(3)式から，

$$P_2 = 3rI_2{}^2 = 3r \times 100^2 = 3r \times 10\,000 = 3r \times 10^4 \text{ [W]}$$

題意より，線路損失の合計（$P_1 + P_2$）が 50 kW なので，

$$P_1 + P_2 = (27r \times 10^4) + (3r \times 10^4) = 30r \times 10^4 \text{ [W]} = 50 \text{ [kW]} = 50 \times 10^3 \text{ [W]}$$

これより，1 線当たりの抵抗 r [Ω] は，

$$r = \frac{50 \times 10^3}{30 \times 10^4} = \frac{5}{30} = \frac{1}{6} \text{ [Ω]}$$

題意のように送電電流の合計が（300＋100＝）400 A のままで，2 回線を並列に使用した場合，題意の但し書き（各回線の線路定数は等しい）から各回線を流れる電流 $I_3 = (400 \div 2 =) 200$ [A] になります。したがって，このときの線路損失 P_3 [W] は，(3)式×2（回線）より，

$$P_3 = 3rI_3{}^2 \times 2 = 3 \times \frac{1}{6} \times 200^2 \times 2 = 40\,000 \text{ [W]} = 40 \text{ [kW]}$$

より深く理解する！

各方式の線路損失 P_{12}，P_{13}，P_{33} [W] は以下のとおりです。ただし，1 線当たりの抵抗を r [Ω]，線路に流れる電流を I [A]，受電端電力を P [W]，受電端電圧（線間電圧）を V_r [V]，負荷の力率を $\cos\theta$ とします。

・**単相2線式**では，2線で線路損失が生じます。

$$P_{12}=2rI^2=2r\left(\frac{P}{V_r\cos\theta}\right)^2=\frac{2rP^2}{V_r{}^2\cos^2\theta}\quad(P=V_rI\cos\theta)$$

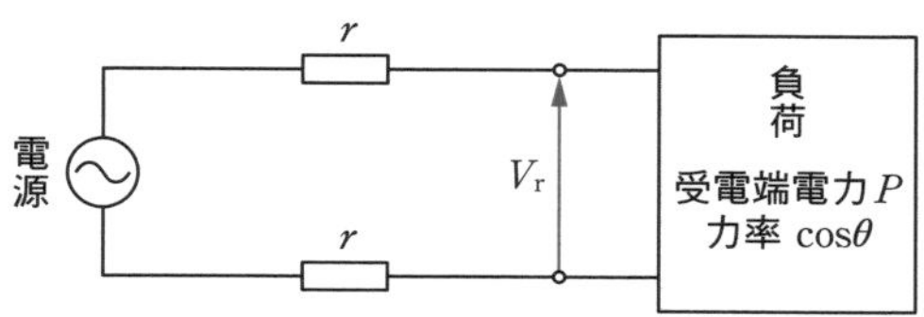

・**単相3線式**では，負荷が平衡しているとき中性線には電流が流れないので，2線で線路損失が生じます。

$$P_{13}=2rI^2=2r\left(\frac{P}{2V_r\cos\theta}\right)^2=\frac{rP^2}{2V_r{}^2\cos^2\theta}\quad(P=2V_rI\cos\theta)$$

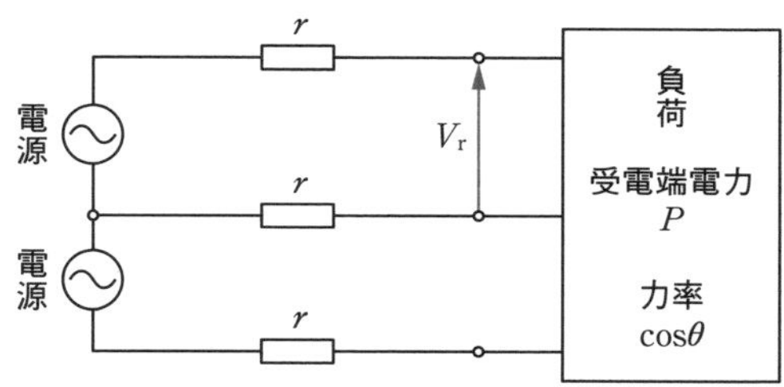

・**三相3線式**では，3線で線路損失が生じます。

$$P_{33}=3rI^2=3r\left(\frac{P}{\sqrt{3}V_r\cos\theta}\right)^2=\frac{rP^2}{V_r{}^2\cos^2\theta}\quad(P=\sqrt{3}V_rI\cos\theta)$$

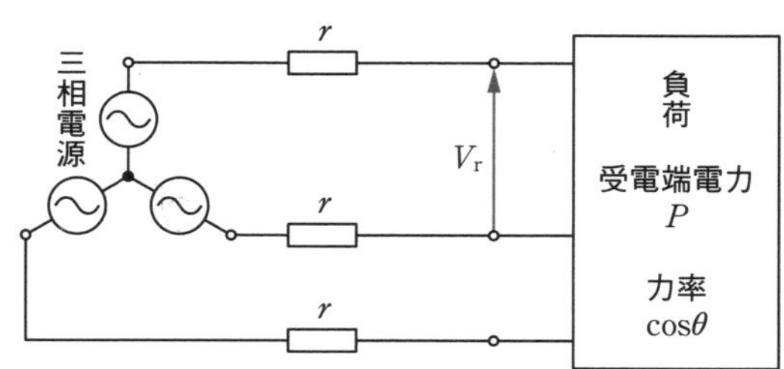

［電力］
48 連続 2 径間の架空送電線のたるみ

高低差のない連続 2 径間の架空送電線路がある。径間長は，$S_1=300$ [m]，$S_2=250$ [m] で電線が同一張力で架線されている。いま，S_1 径間のたるみを実測したところ 8 m であった。S_2 径間のたるみ [m] はいくらか。正しい値を次のうちから選べ。

(1)　4.80　　(2)　5.56　　(3)　5.76　　(4)　6.67　　(5)　9.60

POINT

問題文に示された状況を正しく把握し，それをもとに電線のたるみの公式を適用するだけです。

出題テーマをとらえる！

❶ 高低差のない電線の支持点 A，B の径間(けいかん)を S [m]，電線 1 m 当たりの質量による荷重を W [N/m]，電線の最下点の水平張力（水平方向の引張強さ）を T [N] とすると，電線のたるみ D [m] は，

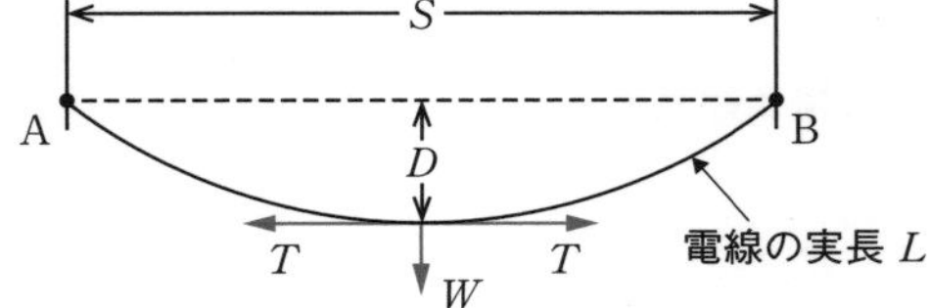

$$D=\frac{WS^2}{8T}\quad\cdots(1)$$

参考　また，電線の実長(じっちょう) L [m] は，

$$L=S+\frac{8D^2}{3S}\quad\cdots(2)$$

補足　電線の質量を m [kg]，重力加速度を g [m/s^2] とすると，電線の**荷重**(かじゅう)（**重さ**(おも)）W [N] は，

$$W=mg$$

電線の長さを L [m] とすると，電線 1 m 当たりの荷重 W' [N/m] は，

$$W' = \frac{W}{L} = \frac{mg}{L}$$

答　(2)

解説

問題文に示された状況を図に表すと，次のようになります。ただし，S_1 径間のたるみを D_1（＝8 [m]），求める S_2 径間のたるみを D_2 [m]，電線 1 m 当たりの質量による荷重を W [N/m]，電線の最下点の水平張力を T [N] としています。

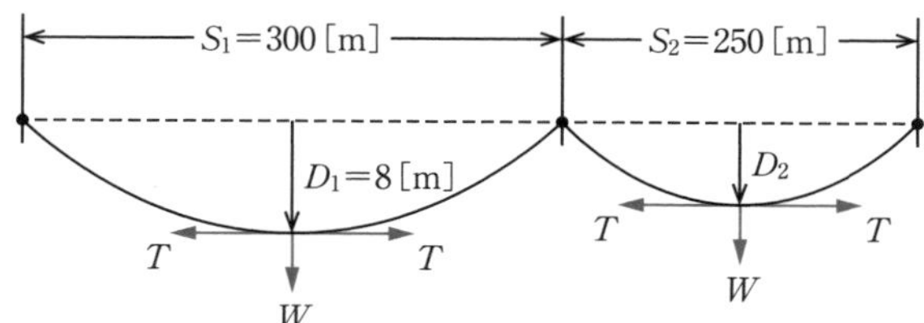

電線は S_1 径間と S_2 径間が同一張力で架線されているので，水平張力 T は共通の同じ値であることに注意してください。

まず，D_1 について，(1)式に $S_1=300$ [m]，$D_1=8$ [m] を代入すると，

$$D_1 = \frac{WS_1^2}{8T} = \frac{W\times(300)^2}{8T} = 8 \quad \rightarrow \quad \frac{W}{T} = \left(\frac{8}{300}\right)^2 \quad \cdots\text{(a)}$$

次に，D_2 について，(1)式に $S_2=250$ [m] を代入すると，

$$D_2 = \frac{WS_2^2}{8T} = \frac{W\times(250)^2}{8T} = \frac{250^2}{8}\times\frac{W}{T}$$

求めるたるみ D_2 [m] は，この式に(a)式を代入して，

$$D_2 = \frac{250^2}{8}\times\left(\frac{8}{300}\right)^2 = \left(\frac{250}{300}\right)^2\times\frac{8^2}{8} = \left(\frac{5}{6}\right)^2\times 8 = \frac{25}{36}\times 8 = \frac{200}{36} = \frac{50}{9} \fallingdotseq 5.56 \text{ [m]}$$

別解　題意より，電線は S_1 径間と S_2 径間が同一張力で架線されているので，

(1)式における T は共通の同じ値です。また，同じ電線なので，(1)式における W も共通の同じ値です。よって，(1)式より，電線のたるみの比（$D_1:D_2$）は径間長の 2 乗の比（$S_1{}^2:S_2{}^2$）に比例することから，

$$D_1:D_2\left(=\frac{WS_1{}^2}{8T}:\frac{WS_2{}^2}{8T}\right)=S_1{}^2:S_2{}^2 \rightarrow D_1S_2{}^2=D_2S_1{}^2$$

$$\rightarrow D_2=D_1\left(\frac{S_2}{S_1}\right)^2 \quad \cdots\text{(b)}$$

求めるたるみ D_2 [m] は，(b)式に各数値を代入して，

$$D_2=8\times\left(\frac{250}{300}\right)^2=8\times\left(\frac{5}{6}\right)^2=\frac{200}{36}=\frac{50}{9}\fallingdotseq 5.56\ \text{[m]}$$

より深く理解する！

電線は温度によって実長が変化します。実長 L_1 [m] の電線について，電線の線膨張係数（せんぼうちょうけいすう）を α [/℃] とすると，温度が t [℃] 変化したとき電線の実長 L_2 [m] は，

$$L_2=L_1(1+\alpha t) \quad \cdots(3)$$

なお，$t>0$ の場合（温度上昇の場合），電線は長くなります。また，$t<0$ の場合（温度低下の場合），電線は短くなります。

参考 線膨張係数は，硬銅線では約 1.7×10^{-5}/℃，硬アルミ線では約 2.3×10^{-5}/℃，鋼心アルミより線用鋼線では約 1.15×10^{-5}/℃ です。

本問では必要ありませんでしたが，(2)式や(3)式も必ず覚えておいてください。

［電力］
49 異容量Ｖ結線変圧器

２台の単相変圧器20 kV·A及び80 kV·Aを異容量Ｖ結線に接続し，三相４線式低圧配電線路により，三相負荷22 kV·A及び単相負荷45 kV·Aに供給する場合，（ア）専用変圧器20 kV·Aの稼働率（利用率）[%]及び（イ）共用変圧器80 kV·Aの稼働率（利用率）[%]はそれぞれいくらになるか。次の組合せのうち正しいものを選べ。なお，異容量Ｖ結線における負荷の接続は進み接続とするが，単相負荷の力率は100%，共用変圧器に流れる三相の負荷電流は単相負荷電流と同位相になっているものとする。

	（ア）	（イ）
(1)	55.0	72.1
(2)	55.0	83.8
(3)	63.5	56.3
(4)	63.5	72.1
(5)	63.5	83.8

POINT

「三相４線式」や「異容量Ｖ結線」の「進み接続」について理解していないと，解答は極めて困難です。理解してしまえば，計算自体は単純で計算量も多くなく，短時間で解答が可能でしょう。

出題テーマをとらえる！

❶ 「送配電方式（交流方式）」205ページ参照

補足 **三相４線式**は，変圧器の二次側の中性点から１線（中性線）を引き出して，電線３線と中性線１線との合計４線で配電を行う方式です。

❷ 容量の異なる２台の**単相変圧器**（単相交流用の変圧器）をＶ結線（**異容量Ｖ結線**（いようりょうブイけっせん））で接続すると，同一の**バンク**（変圧器の組合せ）から単相負荷（電灯負荷）と三相負荷（動力負荷）の両方に電力を供給することができます。これ

を**電灯動力共用方式**（**灯動共用方式**）といいます。共用変圧器には電灯と動力の両方の電流が流れるため，その容量は一般に動力専用変圧器よりも大きくなります。

補足　単相負荷への電力の供給は**単相 3 線式**と同じです。単相負荷の接続の仕方には，進み位相側の変圧器に接続する**進み接続**と，遅れ位相側の変圧器に接続する**遅れ接続**があります。

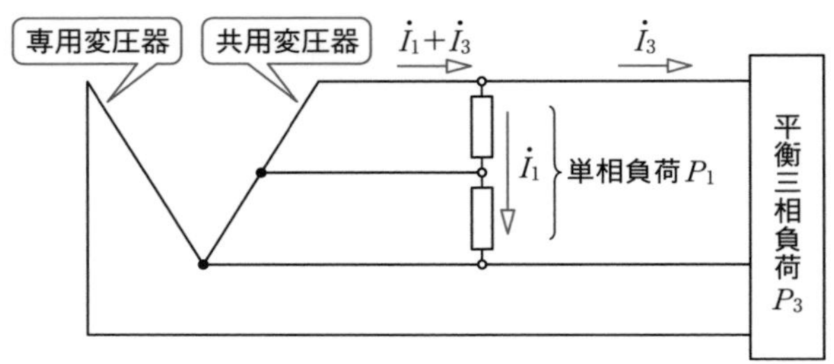

単相負荷電流を $\dot{I}_1$ [A]，三相負荷電流を $\dot{I}_3$ [A] とすると，共用変圧器には両者のベクトル和である $\dot{I}_1+\dot{I}_3$ [A] の電流が流れます。

単相負荷を P_1 [W]，その力率を $\cos\theta_1$，三相負荷を P_3 [W]，その力率を $\cos\theta_3$ とし，線間電圧を V [V] とすると，$\dot{I}_1$ の大きさ I_1 [A]，$\dot{I}_3$ の大きさ I_3 [A] は，

$$I_1=\frac{P_1}{V\cos\theta_1} \quad \cdots(1)$$

←単相交流の公式（91 ページ）参照

$$I_3=\frac{P_3}{\sqrt{3}\,V\cos\theta_3} \quad \cdots(2)$$

←三相交流の公式（102 ページ）参照

❸　設備（変圧器）の容量 Q [V·A] に対する電力供給に使われる容量 S [V·A] の割合 $\left(\dfrac{S}{Q}\right)$ を**利用率**といいます。利用率を百分率で表した場合は，

$$利用率=\frac{S}{Q}\times 100\ [\%] \quad \cdots(3)$$

答　(4)

解説

題意の状況を回路図に表すと，次のようになります。

相順がa→b→cなので，単相負荷はa-b間に，進み位相側の変圧器に接続（進み接続，230，232ページ参照）されています。

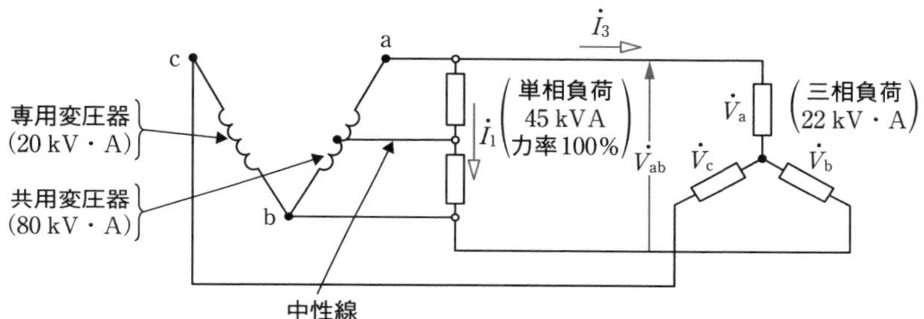

進み位相側の変圧器から引き出された配電線は中性線なので，電流が流れません。

単相負荷電流の大きさ I_1 [A] は，単相負荷の皮相電力を P_1（＝45 [kV·A]），力率を $\cos\theta_1$（＝1），線間電圧を V_{ab} [V] として，(1)式より，

$$I_1=\frac{P_1}{V_{ab}\cos\theta_1}=\frac{45\,[\mathrm{kV\cdot A}]}{V_{ab}\,[\mathrm{V}]\times 1}=\frac{45\times 10^3}{V_{ab}}\,[\mathrm{A}]$$

題意より「単相負荷の力率は100%」なので，単相負荷の力率 $\cos\theta_1=1$ です。

同様に，三相負荷電流の大きさ I_3 [A] は，三相負荷の皮相電力を P_2（＝22 [kV·A]），力率を $\cos\theta_3$（＝1）として，(2)式より，

$$I_3=\frac{P_3}{\sqrt{3}\,V_{ab}\cos\theta_3}=\frac{22\,[\mathrm{kV\cdot A}]}{\sqrt{3}\,V_{ab}\,[\mathrm{V}]}=\frac{22\times 10^3}{\sqrt{3}\,V_{ab}}\,[\mathrm{A}]$$

題意より「共用変圧器に流れる三相の負荷電流は単相負荷電流と同位相」なので，三相負荷と単相負荷の力率角は等しく，三相負荷の力率 $\cos\theta_3=\cos\theta_1=1$ です。

これより，専用変圧器の分担負荷 S_1 [kV·A] は，

$$S_1=V_{ab}I_3=V_{ab}\times\frac{22\times 10^3}{\sqrt{3}\,V_{ab}}=\frac{22\times 10^3}{\sqrt{3}}$$

$$\fallingdotseq 12.7\times 10^3\,[\mathrm{V\cdot A}]=12.7\,[\mathrm{kV\cdot A}]$$

同様に，共用変圧器の分担負荷 S_2 [kV·A] は，

$$S_2 = V_{ab}(I_1 + I_3) = V_{ab}\left(\frac{45\times10^3}{V_{ab}} + \frac{22\times10^3}{\sqrt{3}\,V_{ab}}\right) = \left(45 + \frac{22}{\sqrt{3}}\right)\times10^3\,[\mathrm{V\cdot A}]$$

$$\fallingdotseq 57.7\times10^3\,[\mathrm{V\cdot A}] = 57.7\,[\mathrm{kV\cdot A}]$$

題意より「共用変圧器に流れる三相の負荷電流は単相負荷電流と同位相」なので，共用変圧器に流れる電流の大きさは単純な足し算（I_1+I_3）で求められます。仮に同位相でなかった場合は，両者のベクトル和（$\dot{I}_1+\dot{I}_3$）からその大きさ（$|\dot{I}_1+\dot{I}_3|$）を求めなければいけません。

したがって，各変圧器の稼働（かどう）率（利用率）は，専用変圧器の容量を Q_1（$=20\,[\mathrm{kV\cdot A}]$），共用変圧器の容量を Q_2（$=80\,[\mathrm{kV\cdot A}]$）として，

専用変圧器：$\dfrac{S_1}{Q_1} = \dfrac{12.7}{20}\times100 = 63.5\,[\%]$

共用変圧器：$\dfrac{S_2}{Q_2} = \dfrac{57.7}{80}\times100 \fallingdotseq 72.1\,[\%]$

より深く理解する！

ここでは，異容量 V 結線における負荷の「進み接続」について補足説明しておきます。

次の左図のように，相順が a → b → c のとき，a-b 間（進み位相側の変圧器）に負荷を接続することを**進み接続**といいます。右図（ベクトル図）から，共用相の電圧（$\dot{V}_{ab}=\dot{E}_a-\dot{E}_b$），電流（$\dot{I}_{共}$）が専用相の電圧（$\dot{V}_{bc}=\dot{E}_b-\dot{E}_c$），電流（$\dot{I}_{3a}$）よりも進んでいることが分かります。なお，$\dot{V}_{ab}$ に対する $\dot{I}_1$ の遅れを θ_1，$\dot{E}_a$ に対する $\dot{I}_{3a}$ の遅れを θ_3 とすると，$\dot{I}_1$ に対する $\dot{I}_{3a}$ の遅れは $\dfrac{\pi}{6}+\theta_3-\theta_1$ です。

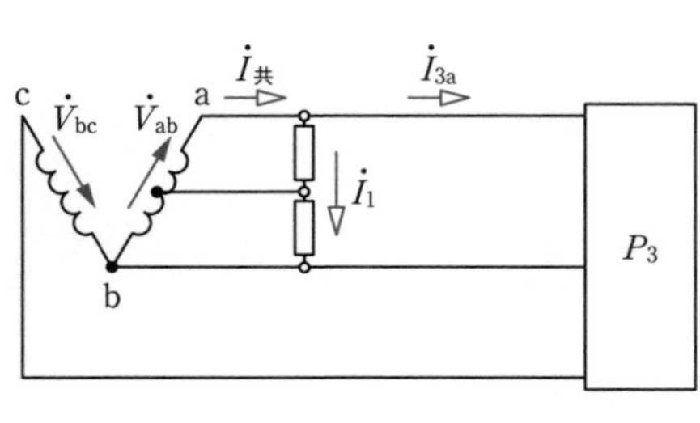

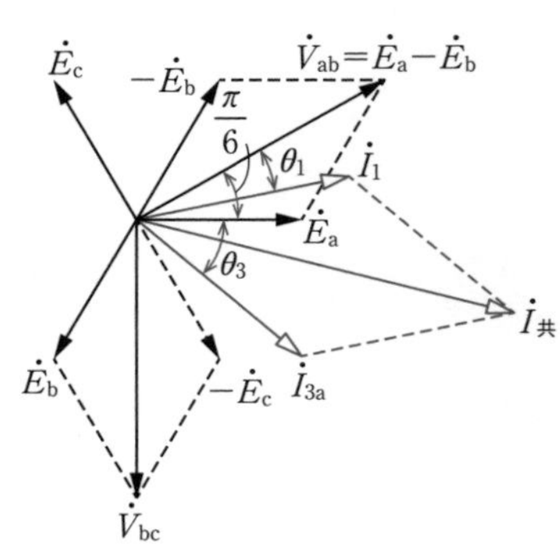

［機械］

50 直流他励電動機の始動と速度制御

直流他励電動機の電機子回路に直列抵抗 0.8 Ω を接続して電圧 120 V の直流電源で始動したところ，始動直後の電機子電流は 120 A であった。電機子電流が 40 A になったところで直列抵抗を 0.3 Ω に切り換えた。インダクタンスが無視でき，電流が瞬時に変化するものとして，切換え直後の電機子電流［A］の値として，最も近いものを次の(1)～(5)のうちから一つ選べ。

ただし，切換え時に電動機の回転速度は変化しないものとする。また，ブラシによる電圧降下及び電機子反作用はないものとし，電源電圧及び界磁電流は一定とする。

(1) 60　(2) 80　(3) 107　(4) 133　(5) 240

POINT

まず，直流電動機の等価回路が書けることが必要です。加えて，直流電動機のその時々の状況（電機子電流，直列抵抗，逆起電力の各値）を正しく把握することが求められます。

出題テーマをとらえる！

❶ 直流電力を発生する**直流発電機**と，直流電力によって動力を発生する**直流電動機**を，まとめて**直流機**といいます。

❷ 直流機の構造は，固定された部分（**固定子**（こていし））と回転する部分（**回転子**（かいてんし））に大きく分けられます。「固定子」は磁界を発生する**界磁**（鉄心と巻線）と磁気回路を構成する**継鉄**（けいてつ），「回転子」はトルク・

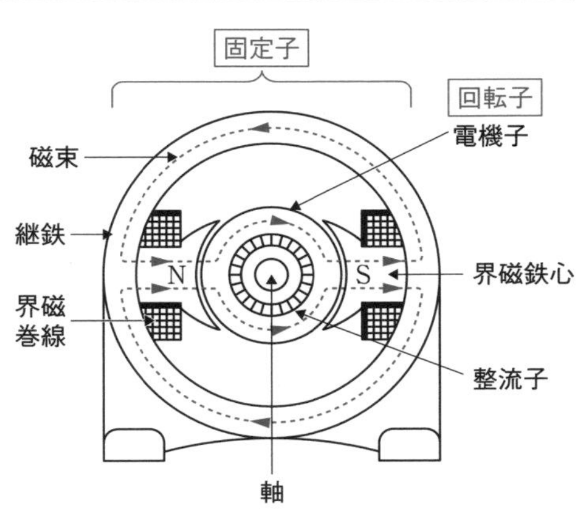

誘導起電力を発生する**電機子**（でんきし）や交流を直流に変換する**整流子**（せいりゅうし）**（ブラシ）**などから構成されます。

❸ 直流機には，**他励式**と**自励式**があります。また，自励式の直流機には，**分巻式**，**直巻式**，**複巻式**などがあります。

補足 **交流機**（交流発電機と交流電動機）にも同様に，他励式と自励式（分巻式，直巻式，複巻式など）があります。

❹ 他励式は界磁電流を他の電源から得るもので，直流電動機の等価回路は次図のようになります。この回路では，左側が動力を発生する**電機子回路**，右側が磁束をつくる**界磁回路**に相当します。

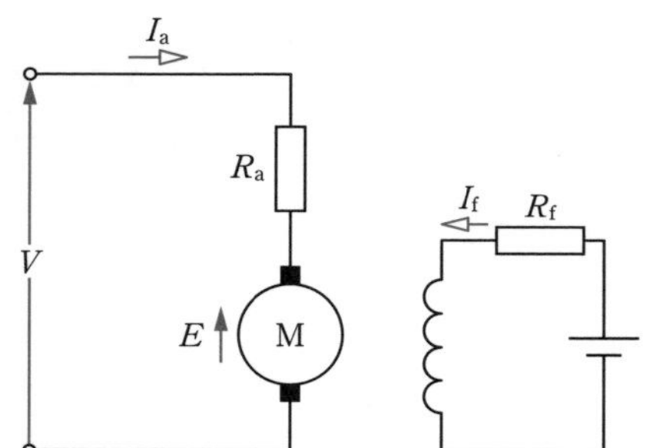

V：電動機の端子電圧［V］
E：電動機の逆起電力［V］
R_a：電機子（巻線）抵抗［Ω］
I_a：電機子電流［A］
R_f：界磁（巻線）抵抗［Ω］
I_f：界磁電流［A］

❺ 直流他励電動機に電機子電流が流れて電機子が回転すると，電機子巻線は界磁に発生した磁束（界磁磁束）を切って回転するので，フレミングの右手の法則により，電機子電流を減少させる向きに誘導起電力 E を生じることになります。この逆向きの誘導起電力を**逆起電力**といい，界磁磁束 Φ [Wb] と電機子の回転速度 n [min^{-1}] に比例します（K は比例定数）。

$$E = K\Phi n \quad \cdots(1)$$

また，直流電動機の電機子電流 I_a は，上図（等価回路）から，

$$I_a = \frac{V - E}{R_a} \quad \cdots(2)$$

❻ 電機子の回路に直列に抵抗を接続することで，電動機（電機子）の回転速度を制御する方法を**抵抗制御法**といいます。

❼ 電機子電流が流れると電機子周辺に磁束が生じ，界磁の磁束分布が乱されてしまいます。このように，電機子電流によって及ぼされる界磁磁束への影響を**電機子反作用**といいます。

参考 ❽ ブラシ（整流子）それ自体にも抵抗があるなど，さまざまな理由に

より電圧降下が生じます。

答　(2)

解説

題意の等価回路を書くと，次図のようになります。

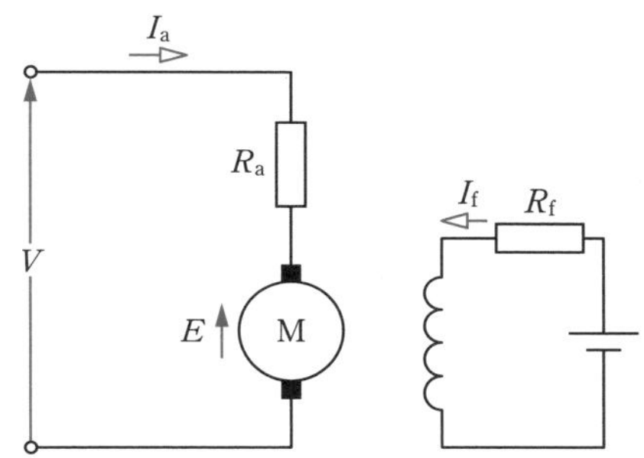

さらに，次表のように①電動機の始動直後，②電機子電流が40Aになったとき（直列抵抗の切換え**直前**），③直列抵抗の切換え**直後**という三つの状況に整理して考えます。

電動機の状況	直列抵抗	電機子抵抗	電機子電流	逆起電力
①電動機の始動直後	0.8 Ω	R_a（一定）	120 A	0 V
②直列抵抗の切換え**直前**	0.8 Ω	R_a（一定）	40 A	E
③直列抵抗の切換え**直後**	0.3 Ω	R_a（一定）	I_a	E

電動機の始動直後，電機子の回転速度は $0\,\mathrm{min}^{-1}$ なので，(1)式より逆起電力は0Vです。また，直列抵抗の切換え直前の逆起電力を E とすると，題意の但し書き（「切換え時に電動機の回転速度は変化しない」，「電機子反作用はない」&「界磁電流は一定」（＝界磁磁束は一定）と(1)式より，切換え直後の逆起電力は E のままで変化しません。なお，同じく題意より，「ブラシによる電圧降…はないものとし，電源電圧…は一定」なので，電動機の端子電圧も120Vで一定です。

まず，①（電動機の始動直後）の状況について，(2)式より，

$$120 = \frac{120-0}{R_a+0.8} \qquad \therefore \ R_a = 0.2\,[\Omega]$$

次に，②（直列抵抗の切換え**直前**）の状況について，(2)式より，

$$40=\frac{120-E}{R_a+0.8}=\frac{120-E}{0.2+0.8}=120-E \qquad \therefore\ E=120-40=80\,[\mathrm{V}]$$

最後に，③（直列抵抗の切換え**直後**）の状況について，(2)式より，

$$I_a=\frac{120-E}{R_a+0.3}=\frac{120-80}{0.2+0.3}=\frac{40}{0.5}=80\,[\mathrm{A}]$$

より深く理解する！

一般に，電動機の電機子巻線抵抗はきわめて小さいので，過大な電流が流れて電機子巻線を焼損（しょうそん）するおそれがあります。そこで電動機の始動時には，電機子回路に直列に抵抗（「**始動抵抗**（しどう）」といいます）を接続してから，電動機に端子電圧（電源電圧）を加えます。

始動抵抗は始動時の電流を制限するもので，電動機の回転速度が上昇するに従って，その抵抗値を減少させます。

*　*　*　*　*　*　*　*　*　*　*

(1)式を(2)式に代入し，回転速度 n について解くと，

$$I_a=\frac{V-K\Phi n}{R_a} \qquad \therefore\ n=\frac{V-I_aR_a}{K\Phi}$$

この式から，「抵抗制御法」以外の速度制御法が理解できます。すなわち，界磁磁束 Φ の大きさを変える**界磁制御法**と，電圧 V の大きさを変える**電圧制御法**の二つです。

［機械］

51 発電機から電動機への転用

出力 20 kW，端子電圧 100 V，回転速度 1 500 min^{-1} で運転していた直流他励発電機があり，その電機子回路の抵抗は 0.05 Ω であった。この発電機を電圧 100 V の直流電源に接続して，そのまま直流他励電動機として使用したとき，ある負荷で回転速度は 1 200 min^{-1} となり安定した。

このときの運転状態における電動機の負荷電流（電機子電流）の値[A]として，最も近いものを次の(1)～(5)のうちから一つ選べ。

ただし，発電機での運転と電動機での運転とで，界磁電圧は変わらないものとし，ブラシの接触による電圧降下及び電機子反作用は無視できるものとする。

(1) 180　(2) 200　(3) 220　(4) 240　(5) 260

POINT

「発電機として運転しているとき」と「電動機として運転しているとき」の各状況を正しく把握する必要があります。なお，逆起電力（誘導起電力）は界磁磁束と回転速度に比例しますが，本問では界磁電圧が一定なので，回転速度のみに比例することになります。

出題テーマをとらえる！

❶ 「直流機の構造と種類」233～234 ページ参照

❷ 「逆起電力と電機子電流」234 ページ参照

❸ 直流発電機と直流電動機の構造は同じなので，前者を後者（あるいは，後者を前者）として使用することができます。両者の主な違いは電気機器の役割（電源 or 負荷）で，これによって電機子電流（負荷電流）I_a の流れる向きが逆になります。

次図のように，各運転状況における等価回路はほとんど同じで，電機子電流と出力は下表に示すとおりになります。

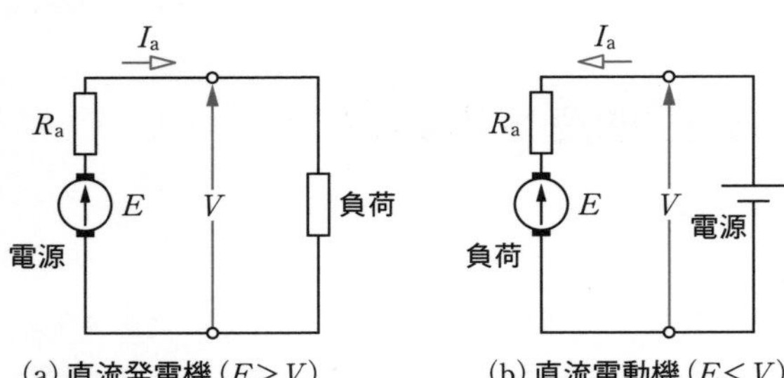

(a) 直流発電機 ($E > V$)　(b) 直流電動機 ($E < V$)

運転状況	電機子電流 I_a [A]	出力 P_o [W]
(a) 直流発電機	$I_a = \frac{E-V}{R_a}$ …(1)	$P_o = VI_a\ (= EI_a - R_a I_a^2)$ …(3)
(b) 直流電動機	$I_a = \frac{V-E}{R_a}$ …(2)	$P_o = EI_a\ (= VI_a - R_a I_a^2)$ …(4)

補足　上の等価回路(a)と(b)から，次の(1)′式と(2)′式がそれぞれ成り立ちます。これらの式を利用すると，上表中の(1)～(4)式が求められます。

$$E = V + R_a I_a \quad \cdots(1)'$$
$$V = E + R_a I_a \quad \cdots(2)'$$

❹ 「電機子反作用」234 ページ参照

参考　❺　物体の接触面を通って電流が流れるとき，物体間には抵抗が生じます。これを**接触抵抗**といいます。

答　(4)

解説

まず，発電機としての運転時を考えます。このとき，電機子電流 I_a [A] の値は，出力 $P_o = 20$ [kW] $= 20 \times 10^3$ [W]，端子電圧 $V = 100$ [V] なので，(3)式より，

$$I_a = \frac{P_o}{V} = \frac{20 \times 10^3}{100} = 200 \text{ [A]}$$

よって，逆起電力 E [V] の値は，電機子抵抗 $R_a = 0.05$ [Ω] なので，(1)′式より，

$$E = V + R_a I_a = 100 + 0.05 \times 200 = 110\,[\mathrm{V}]$$

この E は，題意の但し書き（「発電機での運転と電動機での運転とで，界磁電圧は変わらない」）より発電機の回転速度 $n = 1500\,[\mathrm{min}^{-1}]$ に比例します。その比例定数を K とすると，

界磁電流が変わらなければ界磁磁束も変わらないので，結果として回転速度のみに比例することになります（234ページ参照）。

$$E = 110\,[\mathrm{V}] = Kn = 1\,500K \qquad \therefore\ K = \frac{110}{1\,500} = \frac{11\,[\mathrm{V}]}{150\,[\mathrm{min}^{-1}]}$$

次に，電動機としての運転時を考えます。このときの逆起電力を E' [V] とすると，E と同様に回転速度 $n' = 1\,200\,[\mathrm{min}^{-1}]$ に比例し，その比例定数は K なので，

$$E' = Kn' = \frac{11}{150} \times 1\,200 = 88\,[\mathrm{V}]$$

したがって，電機子電流 I_a' [A] の値は，接続した電圧 $V' = 100\,[\mathrm{V}]$ なので，(2)式より，

$$I_a' = \frac{V' - E'}{R_a} = \frac{100 - 88}{0.05} = 240\,[\mathrm{A}]$$

より深く理解する！

前ページの等価回路を改めて見直してみましょう。

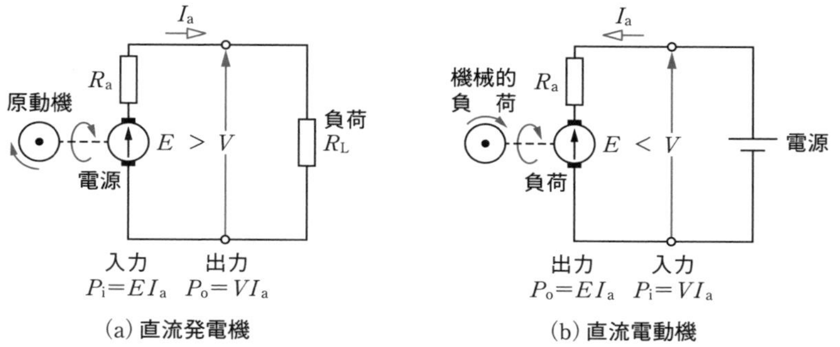

(a) 直流発電機　　(b) 直流電動機

直流発電機としての運転時は，$E = V + R_a I_a$（または，$V = E - R_a I_a$）なので，

$$I_a = \frac{E - V}{R_a} \quad \cdots(1)\ \text{（再掲）}$$

$$P_{\mathrm{i}}=EI_{\mathrm{a}}=(V+R_{\mathrm{a}}I_{\mathrm{a}})I_{\mathrm{a}}=VI_{\mathrm{a}}+R_{\mathrm{a}}I_{\mathrm{a}}^2$$

$$P_{\mathrm{o}}=VI_{\mathrm{a}}=(E-R_{\mathrm{a}}I_{\mathrm{a}})I_{\mathrm{a}}=EI_{\mathrm{a}}-R_{\mathrm{a}}I_{\mathrm{a}}^2 \quad \cdots(3)\ （再掲）$$

直流電動機としての運転時は，$E=V-R_{\mathrm{a}}I_{\mathrm{a}}$（または，$V=E+R_{\mathrm{a}}I_{\mathrm{a}}$）なので，

$$I_{\mathrm{a}}=\frac{V-E}{R_{\mathrm{a}}} \quad \cdots(2)\ （再掲）$$

$$P_{\mathrm{o}}=EI_{\mathrm{a}}=(V-R_{\mathrm{a}}I_{\mathrm{a}})I_{\mathrm{a}}=VI_{\mathrm{a}}-R_{\mathrm{a}}I_{\mathrm{a}}^2 \quad \cdots(4)\ （再掲）$$

$$P_{\mathrm{i}}=VI_{\mathrm{a}}=(E+R_{\mathrm{a}}I_{\mathrm{a}})I_{\mathrm{a}}=EI_{\mathrm{a}}+R_{\mathrm{a}}I_{\mathrm{a}}^2$$

これらの式は，暗記するのではなく，等価回路から導けることが重要です。

［機械］

52　三相同期発電機の同期インピーダンス

定格速度，励磁電流 480 A，無負荷で運転している三相同期発電機がある。この状態で，無負荷電圧（線間）を測ると，12 600 V であった。次に，96 A の励磁電流を流して短絡試験を実施したところ，短絡電流は 820 A であった。この同期発電機の同期インピーダンス [Ω] の値として，最も近いものは次のうちどれか。

ただし，磁気飽和は無視できるものとする。

(1)　1.77　　(2)　3.07　　(3)　15.4　　(4)　44.4　　(5)　76.8

POINT

短絡比を利用した解法と，（題意より）無負荷飽和曲線が直線グラフと見なせることを利用した解法があります。

出題テーマをとらえる！

❶　固定子に発生する回転磁界の速度に等しい速度を**同期速度**といいます。定常運転時に同期速度で回転し，電力と動力の間の変換を行ったり，無効電力を調整したりする交流電気機器を**同期機**といいます。同期機には，発電機，電動機，調相機などがあります。

❷　電機子（巻線）抵抗を r_a [Ω]，同期リアクタンスを x_s [Ω] とすると，三相同期発電機の1相分の等価回路は右図のようになり，そのインピーダンス $\dot{Z}_s$ [Ω] を**同期インピーダンス**といいます。

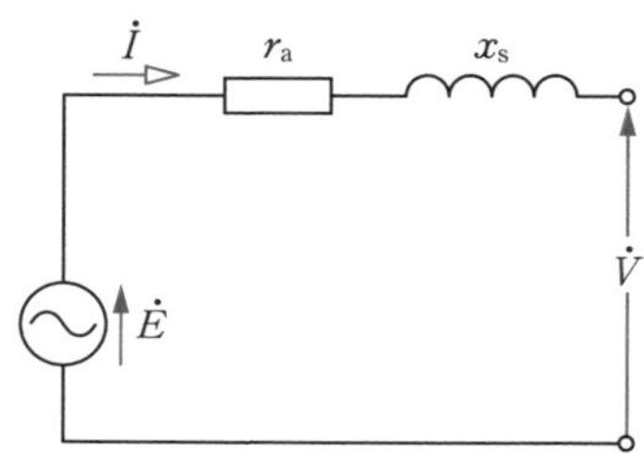

$$\dot{Z}_s = r_a + jx_s$$

補足　電機子反作用による影響をリアクタンスで表したものを**電機子反作用リアクタンス**（電機子反作用によるリアクタンス）といいます。また，電機子反作用によって生じた起磁力による磁束の一部は電機子巻線にのみ鎖交しますが，この影響をリアクタンスで表したものを**電機子漏れリアクタンス**といいます。これら両リアクタンスの和を**同期リアクタンス**といいます。

❸ **短絡試験**は回路を短絡状態にして行う試験で，短絡発生時に流れる電流を**短絡電流**といいます。三相短絡試験では，下図のように界磁電流と短絡電流が比例関係になります。この特性曲線を**短絡曲線**といいます。

❹ 同期発電機を無負荷のまま定格速度で運転し，界磁電流と端子電圧の関係を調べると，下図のような曲線グラフになります。これを**無負荷飽和曲線**といいます。（なお，無負荷時の端子電圧は誘導起電力と等しくなります。）

補足 界磁電流の増加に伴い磁路の鉄心は磁気でいっぱいになる（「**磁気飽和**」といいます）ので，それ以上は磁束が増えなくなります。したがって，界磁電流と端子電圧は比例関係にはなりません。

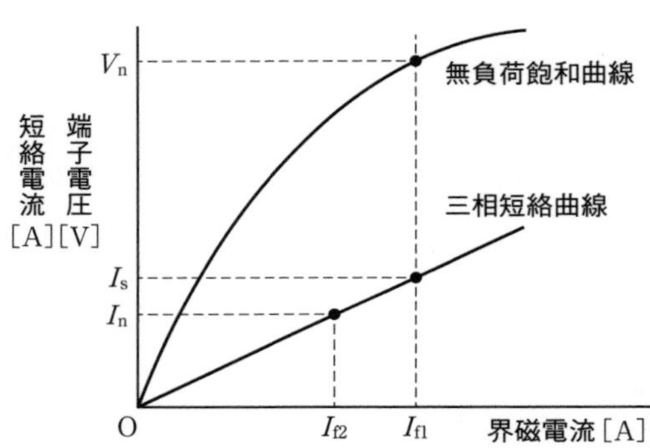

無負荷飽和曲線と短絡曲線はともに横軸が界磁電流なので，左図ではまとめて一つの図に表してあります。

参考 減磁作用により磁気飽和がないため，界磁電流と端子電圧は比例関係になって，短絡曲線は実際には直線グラフになります。

❺ 上図において，I_n は定格電流と等しい短絡電流です。また，I_s は無負荷で定格電圧 V_n を発生するときの界磁電流と等しい界磁電流における短絡電流です。短絡電流が I_s，I_n になるときの界磁電流をそれぞれ I_{f1}，I_{f2} として，I_{f1} が I_{f2} の何倍になるのかを示す値（I_{f1}/I_{f2}）を**短絡比**といいます。

補足 $I_s : I_n = I_{f1} : I_{f2}$ なので，短絡比 K_s は，

$$K_s = \frac{I_{f1}}{I_{f2}} = \frac{I_s}{I_n} \quad \cdots(1)$$

❻ 磁束を発生させるために流す電流を**励磁電流**といい，**界磁電流**と同じものです。

答 (1)

解説

三相同期発電機は当初，定格速度・無負荷で運転しており，また三相短絡試験を実施したことから，無負荷飽和曲線と三相短絡曲線は右図のようになります。

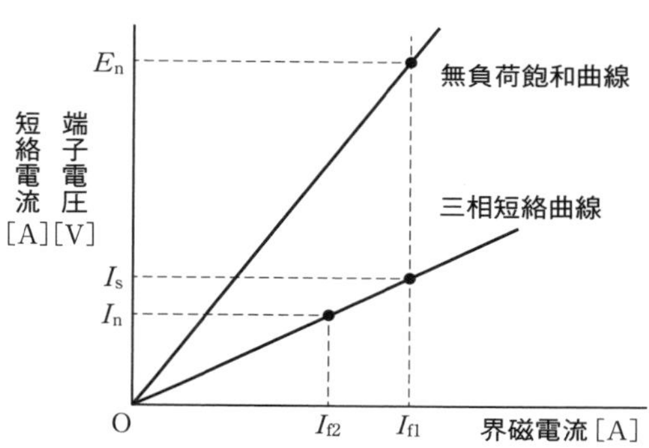

問題文の但し書きから「磁気飽和は無視できる」ので，無負荷飽和曲線も直線グラフで表されます。

励磁電流（界磁電流）が $I_{f2}=96\,[\mathrm{A}]$ のときの短絡電流は $I_n=820\,[\mathrm{A}]$ なので，界磁電流が $I_{f1}=480\,[\mathrm{A}]$ のときの短絡電流 $I_s\,[\mathrm{A}]$ は，短絡比 K_s（一定）を利用して(1)式より，

$$K_s=\frac{I_{f1}}{I_{f2}}=\frac{I_s}{I_n} \quad\rightarrow\quad \frac{480}{96}=\frac{I_s}{820} \qquad \therefore\ I_s=\frac{480}{96}\times 820=4\,100\,[\mathrm{A}]$$

無負荷電圧（線間電圧）を V_n（$=12\,600\,[\mathrm{V}]$）とすると，相電圧 $E_n=\dfrac{V_n}{\sqrt{3}}$ なので，この同期発電機の同期インピーダンス $Z_s\,[\Omega]$ は，

$$Z_s=\frac{\dfrac{V_n}{\sqrt{3}}}{I_s}=\frac{\dfrac{12\,600}{\sqrt{3}}}{4\,100}=\frac{12\,600}{4\,100\sqrt{3}}=\frac{12\,600}{4\,100}\times\frac{\sqrt{3}}{3}=\frac{42}{41}\sqrt{3}\fallingdotseq 1.77\,[\Omega]$$

別解 無負荷飽和曲線が直線グラフとなることから，励磁電流（界磁電流）が $I_{f2}=96\,[\mathrm{A}]$ のときの端子電圧（相電圧）を $E_n'\,[\mathrm{V}]$ とすると，

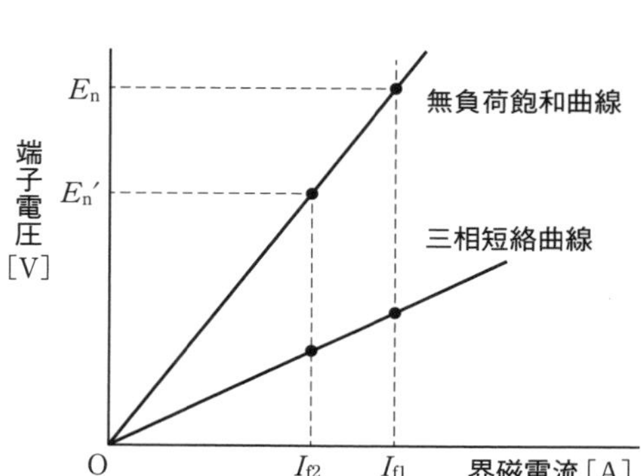

$$I_{f1} : I_{f2}=E_n : E_n'$$

$$480 : 96=\frac{12\,600}{\sqrt{3}} : E_n'$$

$$\therefore\ E_n'=\frac{96\times\dfrac{12\,600}{\sqrt{3}}}{480}=\frac{96\times 12\,600\times\sqrt{3}}{480\times 3}=840\sqrt{3}\,[\mathrm{V}]$$

このときの短絡電流が $I_n=820$ [A] なので，同期インピーダンス Z_s [Ω] は，

$$Z_s=\frac{E_n'}{I_n}=\frac{840\sqrt{3}}{820}\fallingdotseq 1.77\ [\Omega]$$

より深く理解する！

三相同期発電機の 1 相分のインピーダンス Z は，相電圧を E_n（線間電圧を V_n），短絡電流を I_s' として次式で表されます。

$$Z=\frac{E_n}{I_s'}=\frac{V_n}{\sqrt{3}I_s'}$$

したがって，Z の値を求めるためには E_n または V_n の値を知る必要がありますが，これを三相短絡試験だけから測定することはできません。そこで，短絡電流 I_s' を流したときの界磁電流における電圧（E，V）を無負荷試験で測定し，Z を求めます。

$$Z=\frac{E}{I_s'}=\frac{V}{\sqrt{3}I_s'}$$

しかし，この Z は飽和特性を持つので，一定値を示しません。そこで，電圧（E，V）が定格電圧（E_n，V_n）のときのインピーダンスを同期インピーダンス Z_s と定義し，次式で表しています。なお，I_s はこのときの短絡電流です。

$$Z_s=\frac{E_n}{I_s}=\frac{V_n}{\sqrt{3}I_s}$$

[機械]

53 三相同期発電機の出力と負荷角

定格容量 P[kV·A]，定格電圧 V[V]の星形結線の三相同期発電機がある。電機子電流が定格電流の40%，負荷力率が遅れ86.6%（$\cos 30°=0.866$），定格電圧でこの発電機を運転している。このときのベクトル図を描いて，負荷角 δ の値[°]として，最も近いものを次の(1)～(5)のうちから一つ選べ。

ただし，この発電機の電機子巻線の1相当たりの同期リアクタンスは単位法で0.915 p.u.，1相当たりの抵抗は無視できるものとし，同期リアクタンスは磁気飽和等に影響されず一定であるとする。

(1) 0　(2) 15　(3) 30　(4) 45　(5) 60

POINT

三相同期発電機の1相分の等価回路とともにベクトル図が描けること，また，単位法（pu法）による各値の換算と計算ができることが必要です。

出題テーマをとらえる！

❶ 「同期機」241ページ参照

❷ 「同期インピーダンス」241ページ参照

❸ 三相同期発電機において，同期インピーダンスの抵抗 r_a は同期リアクタンス x_s に比べてごく小さいので無視すると，1相分の等価回路は次図（左）のようになります。また，そのベクトル図は次図（右）のようになります。

このとき，1相分の出力を P_s とすると，3相の合計出力 P は，

$$P=3P_s=\frac{3VE}{x_s}\sin\delta \quad \cdots(1)$$

なお，端子電圧 $\dot{V}$ に対する誘導起電力 $\dot{E}$ の位相角 δ を**負荷角**（または，**内部位相差，内部相差角**）といいます。

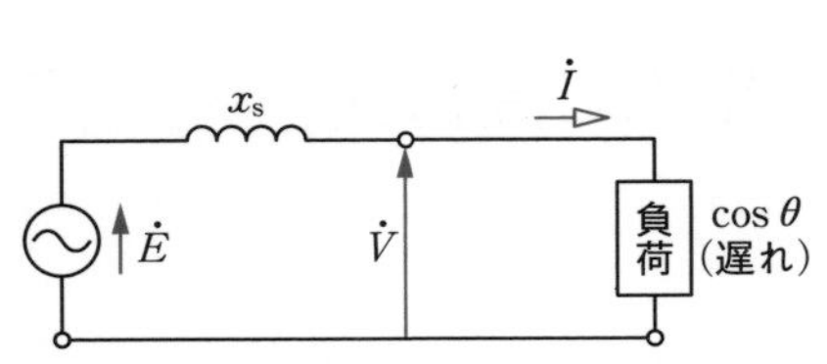

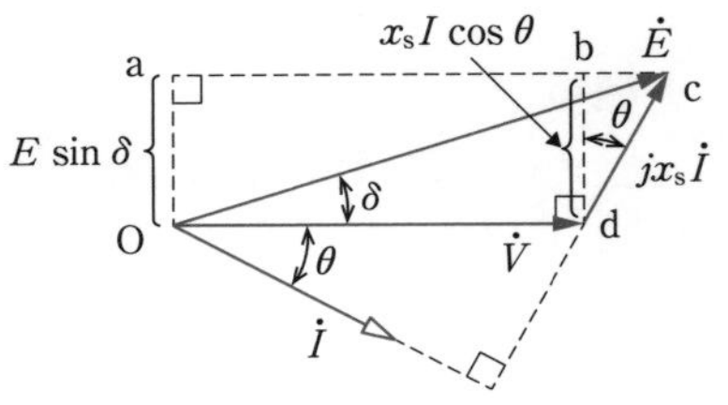

$\dot{E}$：誘導起電力 [V]，$\dot{V}$：端子電圧 [V]，$\dot{I}$：負荷電流 [A]，x_s：同期リアクタンス [Ω]，$\cos\theta$：負荷力率，δ：負荷角

補足　ベクトル図から $x_s I\cos\theta = E\sin\delta$ であり，この式の両辺に $\dfrac{V}{x_s}$ を掛けると，

$$VI\cos\theta = \frac{VE}{x_s}\sin\delta = P_s \quad \cdots(2)$$

よって，$\delta=90°$ のときに最大出力となるほか，δ が正（つまり，$\dot{E}$ は $\dot{V}$ より位相が進み）でなければ発電機は負荷に電力を送ることができません。

❹　電圧，電流，インピーダンスなどを基準量に対する倍率（小数）として表す方法を**単位法（pu 法）**といいます。

補足　基準量を 100% に換算して表す百分率に対して，単位法では基準量を 1 に換算して表します。

答　(2)

解説

この三相同期発電機の 1 相分の等価回路は次の左図のようになり，これをもとにベクトル図を描くと右図のようになります。

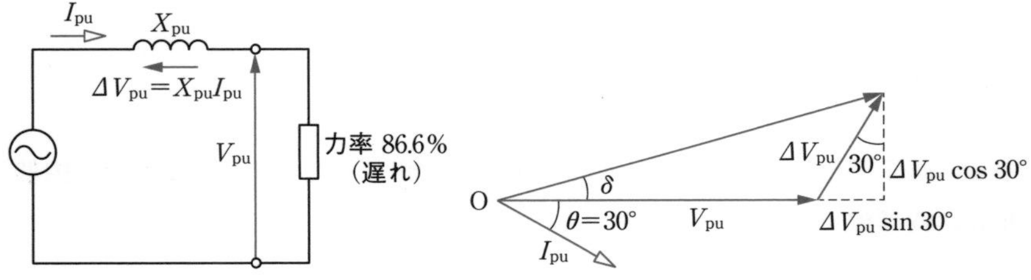

この問題の場合，星形結線（Y 結線）の三相同期発電機なので，1 相分の等価回路を描く際に特に悩むことはありません。なお，Δ 結線（三角結線）だった場合には注意が必要です。

ただし題意より，単位法による各数値は，供給電圧（定格）$V_{pu}=1.0$ [p.u.]，負荷電流（定格）$I_{pu}=0.4$ [p.u.]，同期リアクタンス $x_{pu}=0.915$ [p.u.] です。また，力率角 $\theta=30°$ であり，負荷角を δ とします。

同期リアクタンス x_{pu} による電圧降下 $\varDelta V_{pu}$ [p.u.] は，

$$\varDelta V_{pu}=X_{pu}I_{pu}=0.915\times0.4=0.366\ [\text{p.u.}]$$

よって，ベクトル図における $\varDelta V_{pu}\cos30°$，$\varDelta V_{pu}\sin30°$ は，負荷力率 $\cos30°=0.866$ であるから，

$$\varDelta V_{pu}\cos30°=0.366\times0.866\fallingdotseq0.317\ [\text{p.u.}]$$

$$\varDelta V_{pu}\sin30°=\varDelta V_{pu}\times\sqrt{1-\cos^2 30°}=0.366\times\sqrt{1-0.866^2}\fallingdotseq0.366\times0.500$$

$$=0.183\ [\text{p.u.}]$$

よって，$\tan\delta$ の値は，ベクトル図から，

$$\tan\delta=\frac{\varDelta V_{pu}\cos30°}{V_{pu}+\varDelta V_{pu}\sin30°}=\frac{0.317}{1+0.183}=\frac{0.317}{1.183}\fallingdotseq0.27$$

ここで，$\tan0°=0$，$\tan30°=\dfrac{1}{\sqrt{3}}=\dfrac{\sqrt{3}}{3}\fallingdotseq0.58$ なので，$0<\delta<30°$ であることが分かります。そして，この条件を満たす選択肢(2)が答えだと判断できます。

① $\tan30°=\dfrac{1}{\sqrt{3}}$ という数値は，三角比の図形とともに覚えておきましょう。

② 実際には $\delta\fallingdotseq15°$ です。もちろん，$\tan15°$ の値を覚えておく必要はありません。30°，45°，60° という三つの主要な角度の正弦（sin），余弦（cos），正接（tan）を覚えておいて，それと比較することで δ の範囲を確定し，選択肢から答えを選びます。

より深く理解する！

$\tan15°$ の値は，三角関数の公式（加法定理）から次のように計算することができます。しかし，覚える公式はできるだけ少なくしたいですし，計算も面倒で時間がかかるので，現実的な解法ではありません。

$$\tan15°=\tan(60°-45°)=\frac{\tan60°-\tan45°}{1+\tan60°\tan45°}=\frac{\sqrt{3}-1}{1+\sqrt{3}\times1}=\frac{\sqrt{3}-1}{\sqrt{3}+1}$$

$$=\frac{(\sqrt{3}-1)^2}{(\sqrt{3}+1)(\sqrt{3}-1)}=\frac{3-2\sqrt{3}+1}{3-1}=\frac{4-2\sqrt{3}}{2}=2-\sqrt{3}\fallingdotseq 0.27$$

もちろん，選択肢に 10，15，20 といった数値があれば話は別ですが，電験三種でそこまで細かい数値が出題されることはありません。

＊　＊　＊　＊　＊　＊　＊　＊　＊　＊　＊

この問題は，(1)式，(2)式の公式を使う必要はなく，ベクトル図だけから考えることができました。これらの公式はベクトル図さえ描ければ導出できますが，重要な公式ですので必ず覚えておきましょう。

［機械］

54 三相同期電動機のトルクと誘導起電力

周波数が60 Hzの電源で駆動されている4極の三相同期電動機（星形結線）があり，端子の相電圧 V [V]は $\dfrac{400}{\sqrt{3}}$ V，電機子電流 I_M [A]は200 A，力率1で運転している。1相の同期リアクタンス x_s [Ω]は1.00 Ωであり，電機子の巻線抵抗，及び機械損などの損失は無視できるものとして，次の(a)及び(b)の問に答えよ。

(a)　上記の同期電動機のトルクの値[N·m]として最も近いものを，次の(1)〜(5)のうちから一つ選べ。

(1)　12.3　(2)　368　(3)　735　(4)　1 270　(5)　1 470

(b)　上記の同期電動機の端子電圧及び出力を一定にしたまま界磁電流を増やしたところ，電機子電流が I_{M1} [A]に変化し，力率 $\cos\theta$ が $\dfrac{\sqrt{3}}{2}$ ($\theta=30°$)の進み負荷となった。出力が一定なので入力電力は変わらない。図はこのときの状態を説明するための1相の概略のベクトル図である。このときの1相の誘導起電力 E [V]として，最も近い E の値を次の(1)〜(5)のうちから一つ選べ。

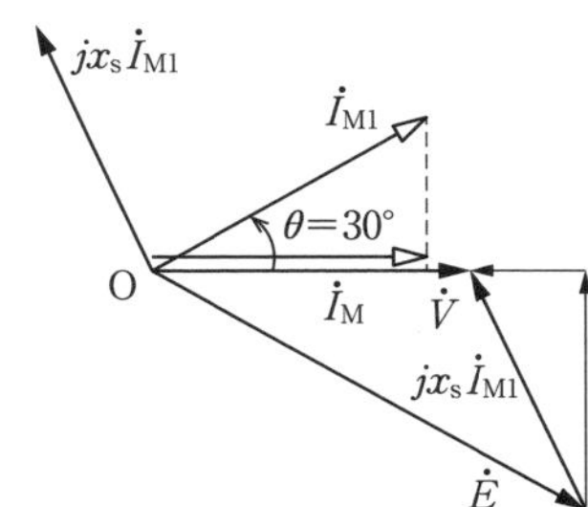

(1)　374　(2)　387　(3)　400　(4)　446　(5)　475

POINT

(a)　角速度と出力を個別に求めてからトルクを計算するだけです。
(b)　与えられたベクトル図を利用して計算するだけです。

出題テーマをとらえる！

❶ 「同期機」241ページ参照

❷ 同期速度 n_s は，同期機（または，誘導機）の極数を p，周波数を f [Hz] として，

$$n_s = \frac{2f}{p}[\mathrm{s^{-1}}] = \frac{120f}{p}[\mathrm{min^{-1}}] \quad \cdots(1)$$

補足 1周期 $t=\dfrac{1}{f}$ [s] の間の回転数は $\dfrac{2}{p}$ であり，f の単位 [Hz]＝[s^{-1}]（毎秒）なので，$n_s=\dfrac{2f}{p}$[s^{-1}] です。そして，これを [min^{-1}]（毎分）に単位変換するためには，60 s/min（60秒毎分：1分は60秒）を掛ける必要があります。

❸ 「同期電動機の出力」245～246ページ参照

❹ 電動機のトルク T [N·m] は，電動機の出力を P_o [W]，角速度を ω [rad/s]，回転速度を n [min^{-1}] とすると，

$$T = \frac{P_o}{\omega} = \frac{60}{2\pi} \cdot \frac{P_o}{n} \quad \cdots(2)$$

補足 この(2)式は次の(2)′式を変形したものです。

$$P_o = \omega T = \left(2\pi \times \frac{n}{60}\right)T \quad \cdots(2)'$$

ここで $\omega=2\pi\times\dfrac{n}{60}$ という式は，角速度 [rad/s] を速度 [min^{-1}] へ変換する式です。2π [rad]＝360°，n は1 min（1分）当たりの回転数（1回転は360°）なので，$2\pi\times n$ の単位は [rad/min] になります。そして，これを [rad/s] に単位変換するためには，60 s/min で割る必要があります。

❺ 摩擦などによる機械エネルギーの損失を**機械損**といいます。

答　(a)－(3)，(b)－(3)

(a)　同期電動機のトルクの値 [N·m]

この電動機の同期速度 n_s [min^{-1}] は，極数 $p=4$，周波数 $f=60$ [Hz] なので，(1) 式より，

$$n_s = \frac{120f}{p} = \frac{120\times 60}{4} = 1\,800\ [\mathrm{min^{-1}}]$$

これを同期角速度 ω_s [rad/s] に変換すると，

$$\omega_s = 2\pi\times\frac{n_s}{60} = 2\pi\times\frac{1\,800}{60} = 60\pi\ [\mathrm{rad/s}]$$

次に，1 相分の出力 P_s [W] は，この電動機が星形結線（Y 結線）で端子の相電圧 $V=\dfrac{400}{\sqrt{3}}$ [V]，電機子電流 $I_M=200$ [A]，力率 $\cos\theta=1$ なので，

$$P_s = VI_M\cos\theta = \frac{400}{\sqrt{3}}\times 200\times 1 = \frac{80\times 10^3}{\sqrt{3}}\ [\mathrm{W}]$$

以上より，この電動機のトルク T [N·m] は，3 相分の出力を P_o [W] として，

$$T = \frac{P_o}{\omega_s} = \frac{3P_s}{\omega_s} = \frac{3\times\left(\dfrac{80}{\sqrt{3}}\times 10^3\right)}{60\pi} \fallingdotseq 735\ [\mathrm{N\cdot m}]$$

トルク T は 3 相分の出力 P_o から計算することに気をつけましょう。

(b)　電機子電流や力率の変化後の 1 相の誘導起電力 E の値 [V]

電機子電流や力率の変化後の 1 相分の等価回路は左図のようになり，また，与えられたベクトル図に長さや角度を書き加えると次図のようになります。

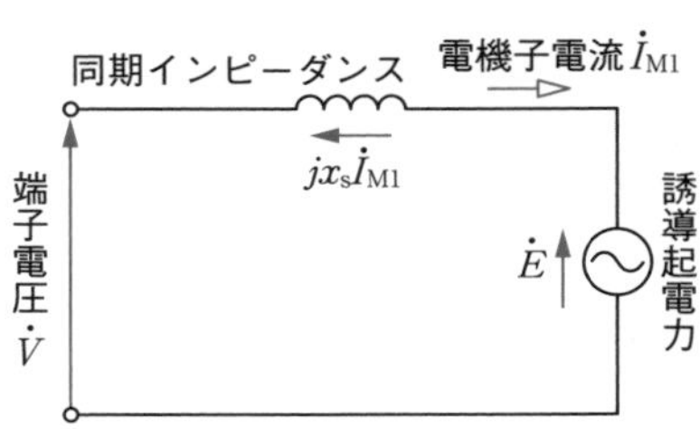

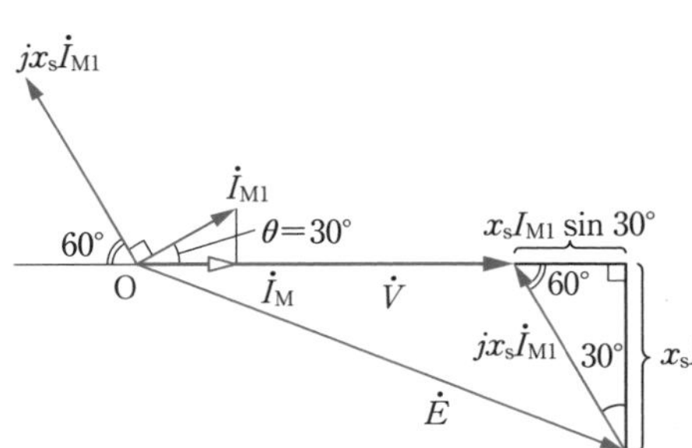

機械 54

このベクトル図から，$|\dot{V}|=V$，$|\dot{E}|=E$ とすると，

$$E^2=(V+x_sI_{M1}\sin 30°)^2+(x_sI_{M1}\cos 30°)^2$$

ここでは三平方の定理を利用して立式しています。

$$\therefore\ E=\sqrt{(V+x_sI_{M1}\sin 30°)^2+(x_sI_{M1}\cos 30°)^2}\quad \cdots\text{(a)}$$

ここで，端子の相電圧 $V=\dfrac{400}{\sqrt{3}}$ [V]，同期リアクタンス $x_s=1.00$ [Ω] は変化していません。また，$|\dot{I}_M|=I_M=200$ [A]，$|\dot{I}_{M1}|=I_{M1}$ とすると，ベクトル図から，

$$I_{M1}\cos 30°=I_M \qquad \therefore\ I_{M1}=\frac{I_M}{\cos 30°}=\frac{200}{\frac{\sqrt{3}}{2}}=\frac{400}{\sqrt{3}}\ \text{[A]}$$

面倒そうな計算が後に控えているので，ここでは I_{M1} を実数にせず，無理数（√）や分数の形のままにしておきます。その都度，実数にするのではなく，最後にまとめて実数にする方が計算は楽な場合が多いです。

したがって，1 相分の誘導起電力 E [V] の値は，これらの値を(a)式に代入して，

$$E=\sqrt{\left(\frac{400}{\sqrt{3}}+1.00\times\frac{400}{\sqrt{3}}\times\frac{1}{2}\right)^2+\left(1.00\times\frac{400}{\sqrt{3}}\times\frac{\sqrt{3}}{2}\right)^2}=\frac{400}{\sqrt{3}}\sqrt{\left(1+\frac{1}{2}\right)^2+\left(\frac{\sqrt{3}}{2}\right)^2}$$

$$=\frac{400}{\sqrt{3}}\sqrt{\left(\frac{3}{2}\right)^2+\left(\frac{\sqrt{3}}{2}\right)^2}=\frac{400}{\sqrt{3}}\sqrt{\frac{9}{2^2}+\frac{3}{2^2}}=\frac{400}{\sqrt{3}}\sqrt{\frac{2^2\times 3}{2^2}}=\frac{400}{\sqrt{3}}\times\frac{2\sqrt{3}}{2}$$

$$=400\ \text{[V]}$$

ここでも，すぐに実数にしないで，なるべく単純な形になるまで計算を進めましょう。この問題では，計算しやすいように数値が設定されていて，電卓を使わなくても答えが求められるようになっていることが最後に判明します。

より深く理解する！

小問(b)は一見して難しそうな問題に見えますが，ヒントとして問題文にベクトル図が与えられているので，これを利用すれば，答えを出すだけなら特に難しくはありません。ただ，計算は少し面倒なので，なるべく楽に計算する方法を日頃から意識しておきましょう。

＊　＊　＊　＊　＊　＊　＊　＊　＊　＊　＊

小問(a)と(b)のベクトル図を比べると，次のようになっています。ここでは，

進み力率とするために，界磁電流を大きくして誘導起電力を大きくしています。すなわち，界磁電流の制御（**界磁制御法**，236 ページ参照）によって，誘導起電力の位相や大きさを調整しています。

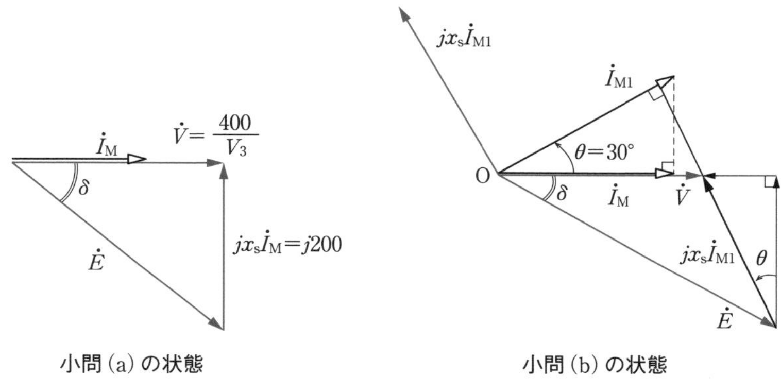

小問 (a) の状態　　　　小問 (b) の状態

参考　上図(a)より，$E\sin\delta=x_s I_M$ $\left(\because\ I_M=\dfrac{E}{x_s}\sin\delta\right)$ なので，

$$P_s=\frac{EV}{x_s}\sin\delta=VI_M$$

あるいは，

$$P_s=EI_M\cos\delta=VI_M\quad(\because\ E\cos\delta=V)$$

［機械］

55 三相かご形誘導電動機の入力と損失

三相かご形誘導電動機を周波数60 Hzの電源に接続して運転したとき，機械出力は34.8 kW，滑りは3%，固定子の銅損（一次銅損）は3.8 kW，鉄損は1.4 kWであった。この電動機について，次の(a)及び(b)に答えよ。

ただし，機械損は無視できるものとする。

(a)　この運転時の回転子の銅損（二次銅損）[kW]の値として，最も近いのは次のうちどれか。

(1)　0.89　　(2)　0.93　　(3)　1.08　　(4)　1.16　　(5)　1.20

(b)　この運転時の一次入力[kW]の値として，最も近いのは次のうちどれか。

(1)　40.2　　(2)　41.1　　(3)　42.2　　(4)　43.5　　(5)　44.8

POINT

滑りを s，二次入力を P_2 とすると，二次銅損 $P_{c2}=sP_2$ です。この式と電力の流れを覚えておけば，それほど苦労せず解答できます。

出題テーマをとらえる！

❶　**誘導機**は固定子と回転子にそれぞれ巻線を持ち，一方の巻線が他方の巻線から電磁誘導作用によるエネルギーを受けることで回転する交流機です。誘導電動機として広く用いられていますが，産業用の動力としては**三相誘導電動機**が主に用いられ，小容量の電動機には**かご形回転子**を用いた**三相かご形誘導電動機**が多く用いられています。

❷　誘導電動機において，同期速度（＝磁界の回転数）n_s [min^{-1}] に対する，n_s と実際の回転速度 n [min^{-1}] との速度差（n_s-n）の比を**滑り（すべり）**といいます。

滑り s は次式で表しますが，実際には百分率で表す方が一般的です。

$$s=\frac{n_s-n}{n_s}\quad\cdots(1)$$

補足 誘導電動機の諸特性は，滑りとの関係で表されることが多いです。例えば回転速度 n [min^{-1}] は，(1)式より，

$$n=(1-s)n_s$$

❸ 三相誘導電動機の電力の流れは，次図のように表されます。

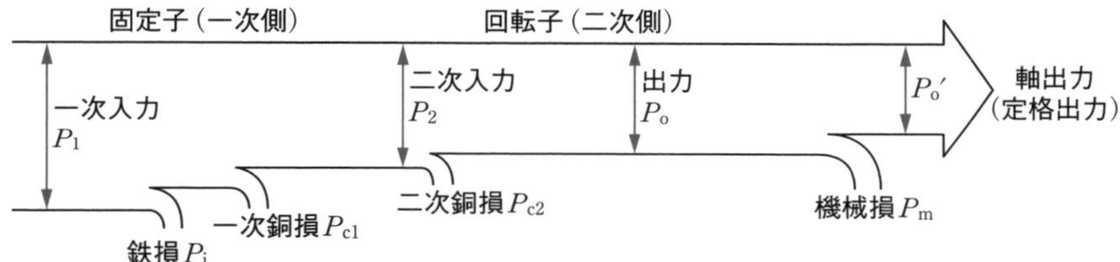

鉄損 P_i は鉄心中の損失で，**一次銅損** P_{c1} は固定子（一次側）巻線の損失（**抵抗損＝ジュール熱**）です。一次入力 P_1 は，二次入力（一次出力）を P_2 として，

$$P_1=P_2+P_i+P_{c1}\quad\cdots(2)$$

二次銅損 P_{c2} は，回転子（二次側）巻線の損失（抵抗損＝ジュール熱）です。二次入力（一次出力）P_2 は，**機械出力**（二次出力）を P_o，滑りを s として，

$$P_2=P_o+P_{c2}\quad\cdots(3)$$

なお，二次銅損 P_{c2} は，

$$P_{c2}=sP_2\quad\cdots(4)$$

機械損 P_m は，回転子の運動による軸受の**摩擦損**などです。**軸出力（定格出力）** P_o' は，

$$P_o'=P_o-P_m\quad\cdots(5)$$

補足 (4)式を(3)式に代入すると，

$$P_2=P_o+sP_2\qquad\therefore\ P_o=(1-s)P_2\quad\cdots(6)$$

以上より，P_2，P_{c2}，P_o の関係は，

$$P_2:P_{c2}:P_o=P_2:sP_2:(1-s)P_2=1:s:(1-s)\quad\cdots(7)$$

答　(a)－(3)，(b)－(2)

解説

(a)　回転子の銅損（二次銅損）の値[kW]

二次入力 P_2[kW] は，機械出力を $P_o=34.8$[kW]，滑り $s=3$[%]$=0.03$ なので，(6)式より，

$$P_2=\frac{P_o}{1-s}=\frac{34.8}{1-0.03}\fallingdotseq 35.88\,[\mathrm{kW}]$$

問題文に与えられた数値で桁数を最も多く取っているのは $P_o=34.8$[kW]（有効数字 3 桁）です。よって計算過程では，これよりも一つ多く桁を取っておく（有効数字 4 桁）と安心です。

よって，二次銅損 P_{c2}[kW] の値は，(3)式より，

$$P_{c2}=P_2-P_o=35.88-34.8=1.08\,[\mathrm{kW}]$$

別解　(4)式と(6)式より，

$$P_{c2}:P_o=s:(1-s)\quad\rightarrow\quad(1-s)P_{c2}=sP_o$$

比の計算では，「内側の積＝外側の積」が成り立ちます。

$$\therefore\ P_{c2}=\frac{s}{1-s}P_o=\frac{0.03}{1-0.03}\times 34.8=1.076\cdots\fallingdotseq 1.08\,[\mathrm{kW}]$$

(b)　一次入力の値[kW]

一次入力 P_1[kW] は，一次銅損を $P_{c1}=3.8$[kW]，鉄損を $P_i=1.4$[kW] として，(2)式より，

$$P_1=P_2+P_i+P_{c1}=35.88+1.4+3.8\fallingdotseq 41.1\,[\mathrm{kW}]$$

別解　一次入力 P_1[kW] は，(2)式に(3)式を代入して，

$$P_1=P_2+P_i+P_{c1}=(P_o+P_{c2})+P_i+P_{c1}$$
$$=34.8+1.08+1.4+3.8\fallingdotseq 41.1\,[\mathrm{kW}]$$

より深く理解する！

電力の流れ（255 ページの図）を覚えておけば，覚えるべき公式は最小限に抑えられます。

＊　＊　＊　＊　＊　＊　＊　＊　＊　＊　＊

本問では，問題文に電源の周波数の値（60 Hz）が与えられていますが，特に使用する機会はありませんでした。ここは，「周波数が一定である」という程度に理解しておきましょう。

＊　＊　＊　＊　＊　＊　＊　＊　＊　＊　＊

「定格運転時の機械出力」のことを**軸出力**ということがあります。本問の小問(b)では，単に「機械出力」として書かれていませんが，但し書き（「機械損は無視できる」）から「機械出力」＝「軸出力」が成立するので，気にする必要はありません。

［機械］

56 三相誘導電動機のトルクと諸量の関係

三相誘導電動機について，次の(a)及び(b)に答えよ。

(a)　一次側に換算した二次巻線の抵抗 r_2' と滑り s の比 $\dfrac{r_2'}{s}$ が，他の定数（一次巻線の抵抗 r_1，一次巻線のリアクタンス x_1，一次側に換算した二次巻線のリアクタンス x_2'）に比べて十分に大きくなるように設計された誘導電動機がある。この電動機を電圧 V の電源に接続して運転したとき，この電動機のトルク T と滑り s，電圧 V の関係を表す近似式として，正しいのは次のうちどれか。ただし，k は定数である。

(1)　$T=kV^2s$　　(2)　$T=kVs$　　(3)　$T=\dfrac{kV^2}{s}$

(4)　$T=\dfrac{k}{Vs}$　　(5)　$T=\dfrac{k}{V^2s}$

(b)　上記(a)で示された条件で設計されて定格電圧 220 V，同期速度 1 200 min^{-1} の三相誘導電動機がある。この電動機を電圧 220 V の電源に接続して，一定トルクの負荷で運転すると，1 140 min^{-1} の回転速度で回転する。この電動機に供給する電源電圧を 200 V に下げたときの電動機の回転速度 [min^{-1}] の値として，最も近いのは次のうちどれか。

ただし，電源電圧を下げたとき，負荷トルクと二次抵抗は変化しないものとする。

(1)　1 000　　(2)　1 091　　(3)　1 113　　(4)　1 127　　(5)　1 150

POINT

(a)　題意より，r_2'/s 以外の定数（r_1，x_1，x_2'）は無視できます。そうして無視した等価回路を書いて考えます。

(b)　題意より，負荷トルク T の値は変化しないので，小問(a)の答えを利用して考えます。

出題テーマをとらえる！

❶　「誘導機」254 ページ参照

❷　「電動機のトルク」250 ページ参照

❸　「誘導電動機の滑り」254～255 ページ参照

補足　$T=\dfrac{60}{2\pi}\cdot\dfrac{P_o}{n}$ に $P_o=(1-s)P_2$，$n=(1-s)n_s$ を代入すると，

$$T=\frac{60}{2\pi}\cdot\frac{(1-s)P_2}{(1-s)n_s}=\frac{60}{2\pi}\cdot\frac{P_2}{n_s}\qquad\therefore\ P_2=2\pi\frac{n_s}{60}T$$

この P_2 を，同期速度 n_s への対応から**同期ワット**といいます。トルクは同期ワットを用いて表されることも多いです。

❹　誘導電動機の等価回路は，一次側（固定子側）と二次側（回転子側）に分かれています。この等価回路の回路計算を行う際は，一次側と二次側をまとめて一つの回路に表したものが使われます。

二次側の諸量を一次側に換算し，さらに回路計算を楽にするために簡易化した回路（一次側から見た**（L 型）簡易等価回路**）は下図のようになります。

ただし，$\dot{V}_1$ [V] は一次相電圧，$\dot{E}_1$ [V] は一次誘導起電力（$\dot{E}_2'$ [V] は一次側に換算した二次誘導起電力），$\dot{I}_1$ [A]（$=\dot{I}_1'+\dot{I}_0$）は一次電流，$\dot{I}_0$ [A] は励磁電流，$\dot{I}_1'$ [A] は一次側に換算した負荷電流，r_1 [Ω] は一次（巻線）抵抗，x_1 [Ω] は一次（巻線）漏れリアクタンス，r_2' [Ω] は一次側に換算した二次側（巻線）抵抗，x_2' [Ω] は一次側に換算した（巻線）漏れリアクタンス，R' [Ω] は一次側に換算した負荷抵抗（等価抵抗）です。

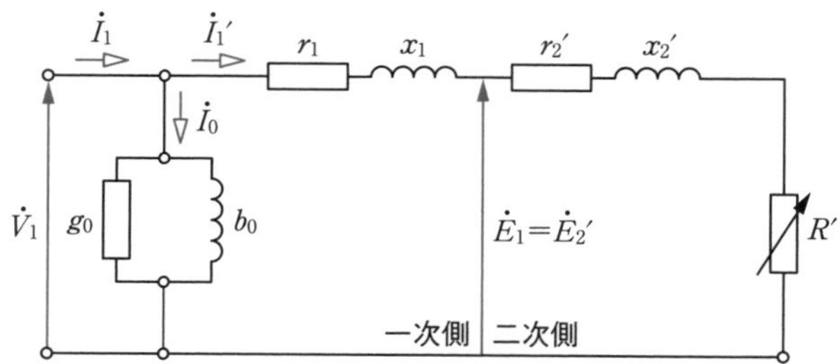

補足　本来の等価回路を**（T 型）精密等価回路**といい，励磁回路の位置が上図とは異なります。

❺　滑り s で運転中の誘導電動機の二次誘導起電力は，停止時の s 倍になりま

す。また，二次側（回転子側）に流れる電流の周波数は，一次側（固定子側）の電流の s 倍になります。よって，滑り s で運転中に流れる二次電流 I_2 は，停止時の二次誘導起電力を E_2 [V]，二次（巻線）抵抗を r_2 [Ω]，停止時の二次（漏れ）リアクタンスを x_2 [Ω] とすると，

$$I_2=\frac{sE_2}{\sqrt{{r_2}^2+(sx_2)^2}}=\frac{E_2}{\sqrt{\left(\frac{r_2}{s}\right)^2+{x_2}^2}} \quad \cdots(1)$$

よって，二次側を（sE_2 ではなく）電源電圧 E_2 の等価回路で表した場合，二次（巻線）抵抗は $\frac{r_2}{s}$，二次（漏れ）リアクタンスは x_2 になります。

補足 前ページの等価回路と同様に，二次側の抵抗を r_2 と負荷抵抗（等価抵抗）R の二つで表す場合，R は s と r_2 を用いて，

$$R+r_2=\frac{r_2}{s} \qquad \therefore\ R=\frac{r_2}{s}-r_2=\frac{1-s}{s}\cdot r_2$$

答 (a)－(1)，(b)－(4)

解説

(a) この電動機のトルク T と滑り s，電圧 V の関係を表す近似式

滑り s で運転中の電動機のトルク T は，出力を P_s，回転角速度を ω_s として，

$$T=\frac{P_s}{\omega_s} \quad \cdots(a)$$

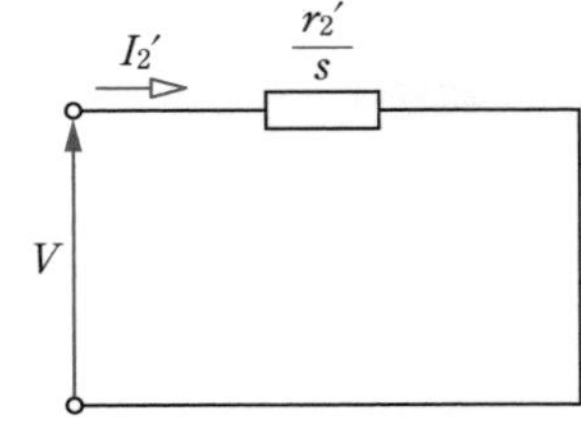

この電動機の一次側から見た 1 相分の等価回路は，右図のようになります。

なお，題意より $\frac{r_2'}{s}\gg r_1,\ x_1,\ x_2'$ なので，$\frac{r_2'}{s}$ 以外の値は無視しています。

> (a)式は，同期ワットによって表しています。
> また，前ページの等価回路とは異なり，この等価回路では二次側の抵抗を二次（巻線）抵抗だけで表しています。

よって，3 相分の出力 P_s [W] は，1 相分の出力を P_2 [W]，一次側に換算した二次抵抗を I_2' [A] として，

$$P_s=3P_2=3\times(I_2')^2\cdot\frac{r_2'}{s}=3\times\frac{(E_2')^2}{\left(\frac{r_2'}{s}\right)^2}\cdot\left(\frac{r_2'}{s}\right)=\frac{3(E_2')^2}{\left(\frac{r_2'}{s}\right)}$$

> この I_2' は，(1)式を一次側に換算したものです（題意より，r_2'/s 以外の定数 r_1，x_1，x_2' は無視しています）。

この値を(a)式に代入すると，電圧 V と一次誘導起電力 $E_1=E_2'$ より，

$$T=\frac{3(E_2')^2}{\left(\frac{r_2'}{s}\right)\times\omega_s}=\frac{3V^2}{\left(\frac{r_2'}{s}\right)\times\omega_s}=\left(\frac{3}{r_2'\omega_s}\right)V^2s=kV^2s\quad\left(\text{比例定数 }k=\frac{3}{r_2'\omega_s}\right)$$

(b)　一定トルク負荷で電源電圧を下げたときの電動機の回転速度 [min^{-1}] の値

題意の但し書き（「電源電圧を下げたとき，負荷トルクと二次抵抗は変化しない」）より，小問(a)で求めた関係式（$T=kV^2s$）が成り立つので，これを利用します。

電源電圧を $V=220$ [V] から $V'=200$ [V] に下げたときの滑りを s' とすると，トルク T は一定なので，

$$T=kV^2s=kV'^2s'\qquad\therefore\ s'=\left(\frac{V}{V'}\right)^2s=\left(\frac{220}{200}\right)^2s=1.1^2s\quad\cdots\text{(b)}$$

ところで，電源電圧 $V=220$ [V] で運転したときの滑り s は，同期速度 $n_s=1\,200$ [min^{-1}]，実際の回転速度 $n=1\,140$ [min^{-1}] なので，

$$s=\frac{n_s-n}{n_s}=\frac{1\,200-1\,140}{1\,200}=\frac{60}{1\,200}=\frac{1}{20}=0.05$$

これを(b)式に代入すると，

$$s'=1.1^2\times0.05=0.0605$$

したがって，このときの回転速度 n' [min^{-1}] の値は，

$$n'=(1-s')n_s=(1-0.0605)\times1\,200=1\,127.4\fallingdotseq1\,127\ [\text{min}^{-1}]$$

より深く理解する！

本問の小問(a)から，次のことが分かります。

・**トルク T は，滑り s が一定であれば一次電圧 V_1 の 2 乗に比例**

機械 56

・一次電圧 V_1 が一定であれば，負荷（トルク）の変化は滑り s に影響

このような関係は次図のように表せ，これを**トルク–速度曲線**といいます。なお，安定に利用できる最大のトルク T_m を**停動トルク**といいます。

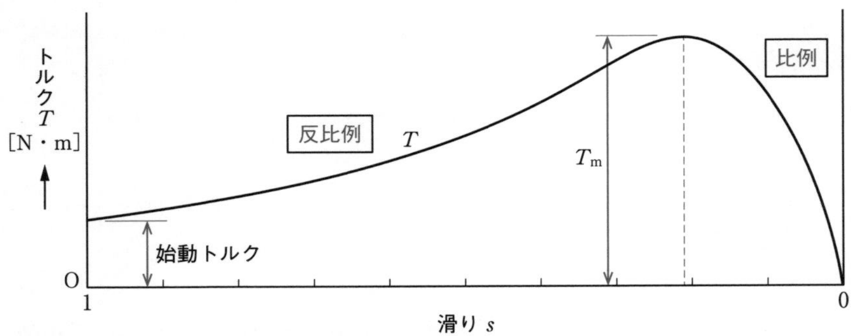

グラフの横軸は「滑り s」ですが，これを「回転速度 n」とすることもできます。その場合，$s=1$ のときに $n=0$，$s=0$ のときに $n=n_s$（同期速度）となります。
停動トルクを境に，T と s が反比例または比例の関係になっています。

［機械］

57 三相巻線形誘導電動機の比例推移

定格出力15 kW，定格電圧220 V，定格周波数60 Hz，6極の三相巻線形誘導電動機がある。二次巻線は星形（Y）結線でスリップリングを通して短絡されており，各相の抵抗値は0.5 Ω である。この電動機を定格電圧，定格周波数の電源に接続して定格出力（このときの負荷トルクを T_{n} とする）で運転しているときの滑りは5%であった。

計算に当たっては，L形簡易等価回路を採用し，機械損及び鉄損は無視できるものとして，次の(a)及び(b)の問に答えよ。

(a)　速度を変えるために，この電動機の二次回路の各相に0.2 Ω の抵抗を直列に挿入し，上記と同様に定格電圧，定格周波数の電源に接続して上記と同じ負荷トルク T_{n} で運転した。このときの滑りの値[%]として，最も近いものを次の(1)～(5)のうちから一つ選べ。

(1)　3.0　　(2)　3.6　　(3)　5.0　　(4)　7.0　　(5)　10.0

(b)　電動機の二次回路の各相に上記(a)と同様に0.2 Ω の抵抗を直列に挿入したままで，電源の周波数を変えずに電圧だけを200 V に変更したところ，ある負荷トルクで安定に運転した。このときの滑りは上記(a)と同じであった。この安定に運転したときの負荷トルクの値[N·m]として，最も近いものを次の(1)～(5)のうちから一つ選べ。

(1)　99　　(2)　104　　(3)　106　　(4)　109　　(5)　114

POINT

(a)　トルクの比例推移を表す公式を適用するだけです。

(b)　前問（機械56）の小問(a)の内容を思い出しましょう。滑りが一定であれば，トルクは一次電圧の2乗に比例します。

出題テーマをとらえる！

❶ 「簡易等価回路」259 ページ参照

❷ 「誘導電動機の滑り」254〜255 ページ参照

❸ 「電動機のトルク」250 ページ参照

❹ **三相巻線形誘導電動機**では，スリップリングを通して，二次側に**始動抵抗器**（三相可変抵抗器）を接続して始動します。これにより始動トルクを大きくして，小さな始動電流とすることができます。

❺ 滑り s で運転中の三相誘導電動機において，トルク T を変えずに，二次（巻線）抵抗 r_2 を m 倍にすると，滑り s は m 倍になります。また，滑り s で運転中の三相巻線形誘導電動機において，二次（巻線）抵抗 r_2 と外部抵抗 R_s [Ω] の和を r_2 の m 倍すると，滑り s' はやはり s の m 倍になります。

このような関係は次式で表され，下図のように表されます。このような曲線の推移のしかたを**比例推移**(ひれいすいい)といいます。

$$\frac{r_2}{s}=\frac{mr_2}{ms}=\frac{r_2+R_s}{s'} \quad \cdots(1)$$

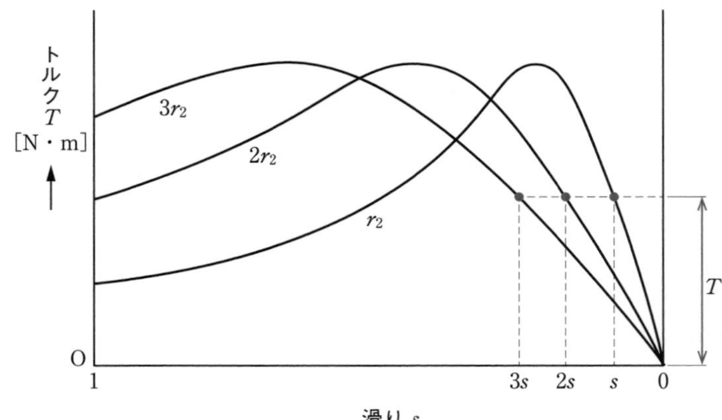

答 (a)－(4)，(b)－(2)

解説

(a)　外部抵抗を挿入し，負荷トルク T_n で運転したときの滑りの値 [%]

この電動機の負荷トルク T_n は一定で，二次抵抗 $r_2=0.5\,[\Omega]$ のときの滑り $s=5\,[\%]=0.05$，二次回路に抵抗 $R_s=0.2\,[\Omega]$ を直列に挿入したときの滑りを $s'\,[\%]$ とすると，(1)式より，

$$\frac{r_2}{s}=\frac{r_2+R_s}{s'}\ \rightarrow\ \frac{0.5}{0.05}=\frac{0.5+0.2}{s'}\qquad \therefore\ s'=\frac{0.7}{10}=0.07=7.0\,[\%]$$

(b)　さらに，電圧だけを 200 V に変更したときの負荷トルクの値 [N·m]

定格電圧 $V_n=220\,[\mathrm{V}]$ のときの負荷トルクが T_n であり，電圧を $V=200\,[\mathrm{V}]$ に変更したときの負荷トルクを T とすると，滑りが一定であればトルクは一次電圧の 2 乗に比例するので，

滑りとトルク，一次電圧の関係（$T=kV^2s$）については，前問（機械 56，258 ページ）を参照してください。

$$\frac{T}{T_n}=\left(\frac{V}{V_n}\right)^2=\left(\frac{200}{220}\right)^2\ \rightarrow\ T=\left(\frac{10}{11}\right)^2T_n\quad\cdots\text{(a)}$$

ここで，この電動機の同期速度 $n_s\,[\mathrm{min}^{-1}]$ は，極数 $p=6$，周波数 $f=60\,[\mathrm{Hz}]$ なので，

$$n_s=\frac{120f}{p}=\frac{120\times 60}{6}=1\,200\,[\mathrm{min}^{-1}]$$

よって，滑り $s=0.05$ のときの回転速度 $n\,[\mathrm{min}^{-1}]$ は，

$$n=n_s(1-s)=1\,200\times(1-0.05)=1\,140\,[\mathrm{min}^{-1}]$$

これより負荷トルク $T_n\,[\mathrm{N\cdot m}]$ は，定格出力 $P_n=15\,[\mathrm{kW}]=15\times 10^3\,[\mathrm{W}]$ なので，

$$T_n=\frac{60}{2\pi}\cdot\frac{P_n}{n}=\frac{60}{2\pi}\times\frac{15\times 10^3}{1\,140}\fallingdotseq 125.6\,[\mathrm{N\cdot m}]$$

これを(a)式に代入すると，負荷トルク $T\,[\mathrm{N\cdot m}]$ の値は，

$$T=\left(\frac{10}{11}\right)^2T_n=\frac{100}{121}\times 125.6\fallingdotseq 104\,[\mathrm{N\cdot m}]$$

補足 以下のように計算しても構いません。この場合，T_n を計算する際は，$n\,[s^{-1}]$ の単位を $[min^{-1}]$ に変換するため，“×60” することを見落とさないようにしましょう。

$$n_s=\frac{2f}{p}=20\,[s^{-1}],\quad n=n_s(1-s)=20\times(1-0.05)=19\,[s^{-1}]$$

$$T_n=\frac{60}{2\pi}\cdot\frac{P_n}{n\times60}=\frac{15\times10^3}{2\pi\times19}\fallingdotseq125.6$$

より深く理解する！

滑り s で運転している同期速度 $n_s\,[min^{-1}]$ の三相誘導電動機のトルク $T\,[N\cdot m]$ は，一次電圧を $V_1\,[V]$，一次（巻線）抵抗と一次（漏れ）リアクタンスを r_1，$x_1\,[\Omega]$，一次側に換算した二次（巻線）抵抗と二次（漏れ）リアクタンスを r_2'，$x_2'\,[\Omega]$ とすると，

$$T=3\cdot\frac{60}{2\pi n_s}\cdot\frac{V_1{}^2\dfrac{r_2'}{s}}{\left(r_1+\dfrac{r_2'}{s}\right)^2+(x_1+x_2')^2}\quad\leftarrow T\text{ は }\frac{r_2'}{s}\text{ の関数}$$

ここで $\dfrac{r_2'}{s}$ に着目すると，トルク T が一定であれば，r_2' を m 倍にすると s も m 倍になります。この関係を式に表すと，

$$\frac{r_2'}{s}=\frac{mr_2'}{ms}\quad\cdots(1)'$$

(1)式は，このようにして導かれます。

［機械］

58 単相変圧器の簡易等価回路

無負荷で一次電圧6 600 V，二次電圧200 Vの単相変圧器がある。一次巻線抵抗$r_1=0.6$［Ω］，一次巻線漏れリアクタンス$x_1=3$［Ω］，二次巻線抵抗$r_2=0.5$［mΩ］，二次巻線漏れリアクタンス$x_2=3$［mΩ］である。計算に当たっては，二次側の諸量を一次側に換算した簡易等価回路を用い，励磁回路は無視するものとして，次の(a)及び(b)の問に答えよ。

(a)　この変圧器の一次側に換算したインピーダンスの大きさ［Ω］として，最も近いものを次の(1)～(5)のうちから一つ選べ。

(1)　1.15　(2)　3.60　(3)　6.27　(4)　6.37　(5)　7.40

(b)　この変圧器の二次側を200 Vに保ち，容量200 kV·A，力率0.8（遅れ）の負荷を接続した。このときの一次電圧の値［V］として，最も近いものを次の(1)～(5)のうちから一つ選べ。

(1)　6 600　(2)　6 700　(3)　6 740　(4)　6 800　(5)　6 840

POINT

(a)　励磁回路を無視した，一次側に換算した簡易等価回路を書いて，回路インピーダンスを計算します。

(b)　二次電圧が変わらないので，これを二次側に換算します。求めた電圧値を利用して，負荷電流や電圧降下を計算します。

⇨ 出題テーマをとらえる！

❶　**変圧器**は，交流電圧を高くしたり低くしたりする電磁機器です。変圧器では，電源を接続して**一次巻線**に電圧を加え，**電磁誘導作用の働き**によって，負荷に接続した**二次巻線**に電圧を発生させています。

なお，一次巻線に発生した電圧V_1［V］と二次電圧に発生した電圧V_2［V］の比（a）を**電圧比（変圧比）**といいます。

$$a=\frac{V_1}{V_2}\quad\cdots(1)$$

補足 一次巻線と二次巻線の巻数を N_1，N_2，流れる電流を I_1，I_2[A]とすると，次式の関係が成り立ちます（201～202ページ参照）。

$$\frac{V_1}{V_2}=\frac{N_1}{N_2}=\frac{I_2}{I_1}=a\quad\cdots(2)$$

なお，巻線内での電圧降下は無視できるほど小さいので，一次側，二次側の誘導起電力を E_1，E_2[V]として，

$$\frac{V_1}{V_2}\fallingdotseq\frac{E_1}{E_2}=a$$

❷ 変圧器の等価回路は，一次側（電源側）と二次側（負荷側）に分かれています。この等価回路の回路計算を行う際は，一次側と二次側をまとめて一つの回路に表すと便利です。

二次側の諸量を一次側に換算し，さらに回路計算を楽にするために簡易化した回路（一次側から見た**（L形）簡易等価回路**）は次図のようになります。

ただし，$\dot{V}_1$[V]は一次電圧，$\dot{I}_1$[A]は一次電流，r_1[Ω]は一次（巻線）抵抗，x_1[Ω]は一次（巻線）漏れリアクタンスです。また，$\dot{I}_0$[A]は励磁電流，$\dot{Y}_0$[S]は励磁アドミタンス，g_0[S]は励磁コンダクタンス，b_0[S]は励磁サセプタンスです。

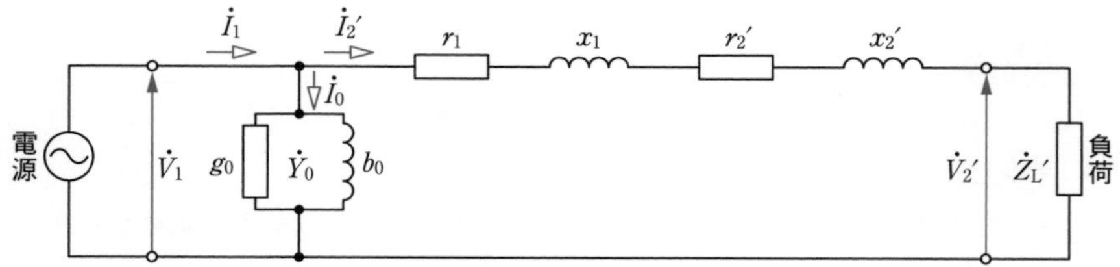

さらに，$\dot{I}_2'$[A]は二次電流 $\dot{I}_2$[A]を，r_2'[Ω]は二次側（巻線）抵抗 r_2[Ω]を，x_2'[Ω]は二次（巻線）漏れリアクタンス x_2[Ω]を，$\dot{V}_2'$[V]は二次電圧 $\dot{V}_2$[V]を，$\dot{Z}_L'$[Ω]は負荷インピーダンス $\dot{Z}_L$[Ω]を，それぞれ一次側に換算したものです。これらの各諸量は，一次回路と二次回路の電圧比（変圧比）を a として，

$$\dot{I}_2'=\frac{\dot{I}_2}{a}\quad\cdots(3)$$ ← もとの値の $\frac{1}{a}$ 倍

$$V_2'=aV_2\quad\cdots(4)$$ ← もとの値の a 倍

$$r_2'=a^2r_2,\ x_2'=a^2x_2,\ \dot{Z}'_L=a^2\dot{Z}_L\quad\cdots(5)$$ ← もとの値の a^2 倍

補足 簡易等価回路では電圧降下を無視するため，次式のように V_1 と V_2' が等しくなっています。

$$V_2' = aV_2 = \frac{V_1}{V_2} \cdot V_2 = V_1$$

❸ 「電線路の電圧降下」205～206 ページ参照

答　(a)－(4)，(b)－(3)

解説

題意の指示に従い，励磁回路（励磁アドミタンス）を無視して，二次側の諸量を一次側に換算した簡易等価回路（一次側から見た簡易等価回路）を書くと，次図のようになります。

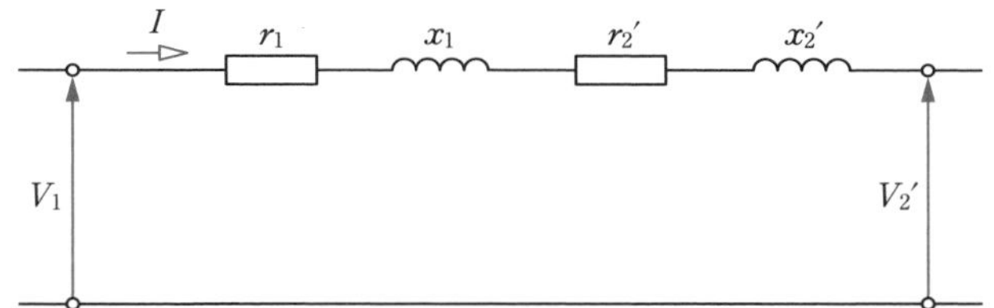

(a)　この変圧器の一次側に換算したインピーダンスの大きさ [Ω]

この変圧器の変圧比 a は，一次電圧 $V_1 = 6\,600$ [V]，二次電圧 $V_2 = 200$ [V] なので，(1)式より，

$$a = \frac{V_1}{V_2} = \frac{6\,600}{200} = 33$$

二次巻線抵抗 $r_2 = 0.5$ [mΩ] を一次側に換算した値 r_2' は，(5)式より，

$$r_2' = a^2 r_2 = 33^2 \times 0.5 = 544.5\ [\mathrm{m\Omega}] = 0.5445\ [\Omega]$$ ← 単位の接頭語に注意

同様に，二次巻線漏れリアクタンス $x_2 = 3$ [mΩ] を一次側に換算した値 x_2' は，(5)式より，

$$x_2' = a^2 x_2 = 33^2 \times 3 = 3\,267\ [\mathrm{m\Omega}] = 3.267\ [\Omega]$$ ← 単位の接頭語に注意

よって，一次側に換算した抵抗 R の値は，一次巻線抵抗が $r_1 = 0.6$ [Ω] なので，

機械 58

$$R = r_1 + r_2' = 0.6 + 0.5445 = 1.1445\,[\Omega]$$

同様に，一次側に換算したリアクタンス X の値は，一次巻線漏れリアクタンスが $x_1 = 3\,[\Omega]$ なので，

$$X = x_1 + x_2' = 3 + 3.267 = 6.267\,[\Omega]$$

したがって，一次側に換算したインピーダンス Z の値は，

$$Z = \sqrt{R^2 + X^2} = \sqrt{1.1445^2 + 6.267^2} \fallingdotseq 6.37\,[\Omega]$$

参考 一次側と二次側のインピーダンス Z_1，Z_2 の値は，

$$Z_1 = \sqrt{r_1{}^2 + x_1{}^2} = \sqrt{0.6^2 + 3^2} \fallingdotseq 3.059\,[\Omega]$$
$$Z_2 = \sqrt{r_2{}^2 + x_2{}^2} = \sqrt{0.5^2 + 3^2} \fallingdotseq 3.041\,[\mathrm{m}\Omega]$$

Z_2 を一次側に換算した値 Z_2' は，

$$Z_2' = a^2 Z_2 = 33^2 \times 3.041 \fallingdotseq 3312\,[\mathrm{m}\Omega] = 3.312\,[\Omega]$$

よって，一次側に換算したインピーダンス Z の値は，

$$Z = Z_1 + Z_2' = 3.059 + 3.312 \fallingdotseq 6.37\,[\Omega]$$

補足 このように，二次側のインピーダンスを一次側に換算する場合にも，もとの値（Z_2）を a^2 倍にすることが理解できます（268 ページ参照）。

(b) 二次側を 200 V に保ち，負荷を接続したときの一次電圧の値 [V]

負荷を接続した等価回路を書くと，次図のようになります。

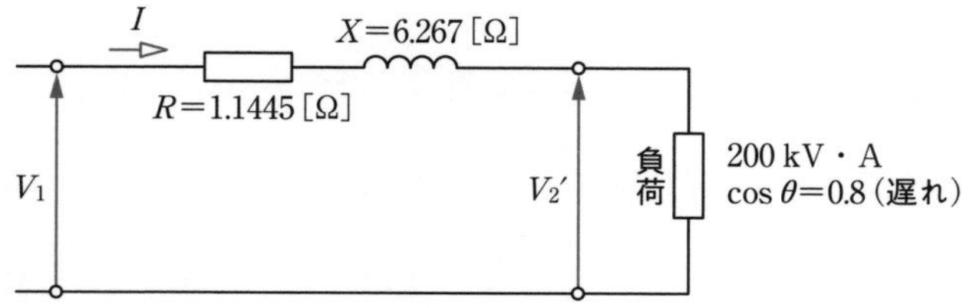

二次電圧は 200 V のまま変わらないので，これを一次側に換算した値 $V_2' = 6600\,[\mathrm{V}]$ です。

V_2' は次のように計算できます。

$$V_2' = aV_2 = 33 \times 200 = 6\,600\,[\mathrm{V}]$$

ただし，実際には計算を行うまでもなく，変圧比の定義から V_2' が 6 600 V であることが分かります。

$$a = \frac{V_1}{V_2} \rightarrow aV_2 = V_1$$

よって，負荷電流 I [A] の値は，負荷の容量 $P=200\,[\mathrm{kV \cdot A}]=200\times10^3\,[\mathrm{kV \cdot A}]$ なので，

$$I = \frac{P}{V_2'} = \frac{200\times10^3}{6\,600} \fallingdotseq 30.3\,[\mathrm{A}]$$

したがって，電圧降下 v [V] の値は，負荷の力率 $\cos\theta=0.8$ なので，

$$v = I(R\cos\theta + X\sin\theta) = 30.3\times(1.144\,5\times0.8+6.267\times\sqrt{1-0.8^2})$$
$$= 30.3\times(0.915\,6+6.267\times0.6) = 30.3\times4.675\,8 \fallingdotseq 142\,[\mathrm{V}]$$

これより，一次電圧 V [V] の値は，

$$V = V_2' + v = 6\,600 + 142 = 6\,742 \fallingdotseq 6\,740\,[\mathrm{V}]$$

より深く理解する！

本問では，変圧器の二次側の諸量を一次側に換算しました（一次側から見ました）が，これとは逆の，一次側の諸量を二次側に換算する（二次側から見る）方法は次の問題で扱います。

また，簡易等価回路の書き方（作り方）も必ず理解しておきましょう。

＊　＊　＊　＊　＊　＊　＊　＊　＊　＊　＊

変圧器と誘導機の等価回路はほぼ同じなので，まとめて比較しながら学習すると理解しやすくなると思います。ちなみに，両者の違いには次のようなものがあります。

- 変圧器が静止機であるのに対して，誘導機は回転機なので滑りがあります。そして，誘導機の諸量は滑りと関係するものが多く，滑りとの関係で表されることが多いです。
- 回転機である誘導機には，出力とトルクの関係を問う内容が出題されます。
- 変圧器は一次側から見た場合（一次側に換算する場合）と二次側から見た場合（二次側に換算する場合）の両方がありますが，誘導機は一次側から見た場合に限られます。

出題テーマ：単相変圧器／簡易等価回路／電圧変動率
／百分率抵抗降下・百分率リアクタンス降下

H26年，問8

［機械］

59 単相変圧器の電圧変動

次の文章は，単相変圧器の電圧変動に関する記述である。

単相変圧器において，一次抵抗及び一次漏れリアクタンスが励磁回路のインピーダンスに比べて十分小さいとして二次側に移した，二次側換算の簡易等価回路は図のようになる。$r_{21}=1.0\times10^{-3}$ [Ω]，$x_{21}=3.0\times10^{-3}$ [Ω]，定格二次電圧 $V_{2n}=100$ [V]，定格二次電流 $I_{2n}=1$ [kA] とする。

負荷の力率が遅れ80%のとき，百分率抵抗降下 p，百分率リアクタンス降下 q 及び電圧変動率 ε のそれぞれの値 [%] の組合せとして，最も近いものを次の(1)～(5)のうちから一つ選べ。なお，本問では簡単のため用いられる近似式を用いて解答すること。

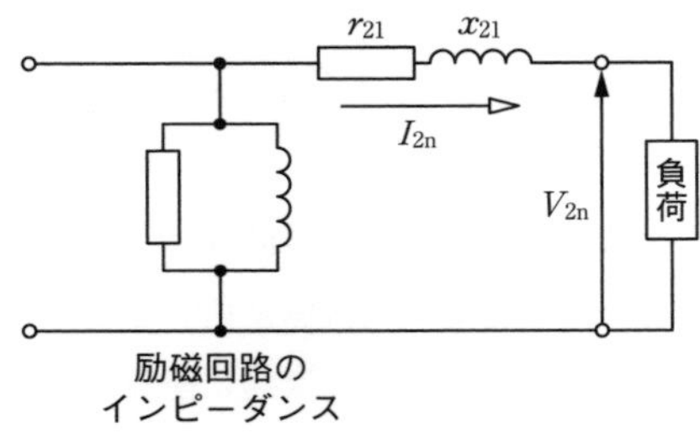

	p	q	ε
(1)	3.0	1.0	3.0
(2)	3.0	1.0	2.4
(3)	1.0	3.0	3.1
(4)	1.0	2.6	3.0
(5)	1.0	3.0	2.6

POINT

二次側に換算した簡易等価回路が与えられているので，これをもとに計算するだけです。

⇨ 出題テーマをとらえる！

❶ 「単相変圧器」267～268 ページ参照

❷ 一次側の諸量を二次側に換算し，さらに回路計算を楽にするために簡易化した回路（二次側から見た **（L 形）簡易等価回路**）は，次図のようになります。

ただし，$\dot{V}_2$ [V] は二次電圧，$\dot{I}_2$ [A] は二次電流，r_2 [Ω] は二次（巻線）抵抗，x_2 [Ω] は二次（巻線）漏れリアクタンス，$\dot{Z}_L$ [Ω] は負荷インピーダンスです。

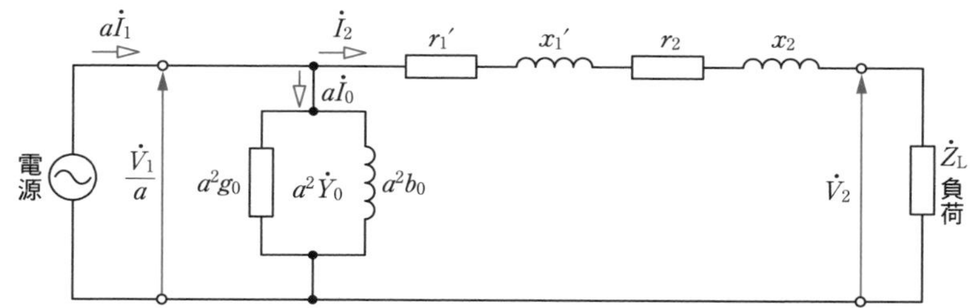

さらに，$\dot{I}_1'$ [A] は一次電流 $\dot{I}_1$ [A] を，r_1' [Ω] は一次側（巻線）抵抗 r_1 [Ω] を，x_1' [Ω] は一次（巻線）漏れリアクタンス x_1 [Ω] を，$\dot{V}_1'$ [V] は一次電圧 $\dot{V}_1$ [V] を，$\dot{I}_0'$ [A] は励磁電流 $\dot{I}_0$ [A] を，$\dot{Y}_0'$ [S] は励磁アドミタンス $\dot{Y}_0$ [S] を，g_0'[S] は励磁コンダクタンス g_0 [S] を，b_0' [S] は励磁サセプタンス b_0 [S] を，それぞれ二次側に換算したものです。

参考 これら諸量は，一次回路と二次回路の電圧比（変圧比）を a として，

$\dot{Y}'_0=a^2\dot{Y}_0$，$\dot{g}'_0=a^2\dot{g}_0$，$\dot{b}'_0=a^2\dot{b}_0$ …(1) ← もとの値の a^2 倍

$\dot{I}'_0=a\dot{I}_0$，$\dot{I}'_1=a\dot{I}_1$ …(2) ← もとの値の a 倍

$V'_1=\dfrac{V_1}{a}$ …(3) ← もとの値の $\dfrac{1}{a}$ 倍

$r'_1=\dfrac{r_1}{a^2}$，$x'_1=\dfrac{x_1}{a^2}$， …(4) ← もとの値の $\dfrac{1}{a^2}$ 倍

補足 簡易等価回路では電圧降下を無視するため，次式のように V_2 と V_1' が等しくなっています。

$$V_1'=\frac{V_1}{a}=\frac{V_2}{V_1}\cdot V_1=V_2$$

❸ **電圧変動率** ε [%] は，無負荷時の二次電圧を V_{20} [V]，定格時の二次電圧を V_{2n} [V] として，

機械 59

$$\varepsilon = \frac{V_{20} - V_{2n}}{V_{2n}} \times 100\,[\%] \quad \cdots(5)$$

なお，この式は電線路の電圧降下率とほぼ同じ式です（215 ページ参照）

❹ 電圧変動率 ε [%] は，負荷の力率を $\cos\theta$ として，次のように近似できます。

$$\varepsilon = p\cos\theta + q\sin\theta + \frac{(p\cos\theta - q\sin\theta)^2}{200} \quad \leftarrow \text{第 3 項を無視}$$

$$\fallingdotseq p\cos\theta + q\sin\theta \quad \cdots(6)$$

ただし，**百分率抵抗降下** p [%]，**百分率リアクタンス降下** q [%] は，二次側に換算した抵抗，リアクタンスを r_{21} [Ω]$=(r_2 + r_1{}')$，x_{21} [Ω]$=(x_2 + x_1{}')$ として，

$$p = \frac{r_{21} I_{2n}}{V_{2n}} \times 100\,[\%] \quad \cdots(7)$$

$$q = \frac{x_{21} I_{2n}}{V_{2n}} \times 100\,[\%] \quad \cdots(8)$$

なお，p と q の基本的な考え方は，「百分率インピーダンス降下（百分率インピーダンス）」（195～196 ページ参照）と同じです。

答　(5)

解説

題意より，二次側に換算した抵抗 $r_{21} = 1.0 \times 10^{-3}$ [Ω]，リアクタンス $x_{21} = 3.0 \times 10^{-3}$ [Ω]，定格二次電圧 $V_{2n} = 100$ [V]，定格二次電流 $I_{2n} = 1$ [kA]$= 1 \times 10^3$ [A] なので，(7)式，(8)式より，

$$\text{百分率抵抗降下}\ p = \frac{r_{21} I_{2n}}{V_{2n}} \times 100 = \frac{(1.0 \times 10^{-3}) \times (1 \times 10^3)}{100} \times 100 = 1.0\,[\%]$$

$$\text{百分率リアクタン降下}\ q = \frac{x_{21} I_{2n}}{V_{2n}} \times 100 = \frac{(3.0 \times 10^{-3}) \times (1 \times 10^3)}{100} \times 100 = 3.0\,[\%]$$

また，題意より負荷の力率 $\cos\theta = 80\% = 0.8$ なので，

$$\sin\theta = \sqrt{1 - \cos^2\theta} = \sqrt{1 - 0.8^2} = \sqrt{0.36} = 0.6$$

さらに，題意より「簡単のため用いられる近似式を用いて解答」できるので，

電圧変動率 ε [%] は，(6)式に各数値を代入して，

$$\varepsilon \fallingdotseq p\cos\theta + q\sin\theta = 1.0\times0.8 + 3.0\times0.6 = 2.6\ [\%]$$

より深く理解する！

本問では，励磁回路のインピーダンスが十分に小さいことから，本来の一次側ではなく二次側に移された形の簡易等価回路が登場しています。この形の簡易等価回路もよく知られているので，記憶にとどめておきましょう。

十分に小さいことから励磁回路を無視すると，電圧変動率は以下のように，(5)式を使って求めることもできます。

電圧降下 v は，

$$\begin{aligned} v &= I_{2n}\times(r_{21}\cos\theta + x_{21}\sin\theta) \\ &= (1\times10^{3})\times\{(1.0\times10^{-3})\times0.8 + (3.0\times10^{-3})\times0.6\} \\ &= 0.8 + 3\times0.6 = 2.6\ [\mathrm{V}] \end{aligned}$$

したがって，電圧変動率 ε は，(5)式より，

$$\varepsilon = \frac{(V_{2n}+v) - V_{2n}}{V_{2n}}\times100 = \frac{2.6}{100}\times100 = 2.6\ [\%]$$

この方が，題意に与えられた数値を（V_{2n} も含めて）すべて使用しているので，もっともらしい解法に見えてしまいます。しかし，本問では百分率抵抗降下と百分率リアクタンス降下も求めなくてはいけないので，やはり(6)式を覚えておいた方が良いでしょう。

出題テーマ：単相変圧器／変圧器の試験／短絡インピーダンス／変圧器の規約効率

H25年，問15

［機械］

60 単相変圧器の無負荷試験と短絡試験

定格容量 10 kV·A，定格一次電圧 1 000 V，定格二次電圧 100 V の単相変圧器で無負荷試験及び短絡試験を実施した。高圧側の回路を開放して低圧側の回路に定格電圧を加えたところ，電力計の指示は 80 W であった。次に，低圧側の回路を短絡して高圧側の回路にインピーダンス電圧を加えて定格電流を流したところ，電力計の指示は 120 W であった。

(a)　巻線の高圧側換算抵抗の値 [Ω] として，最も近いものを次の(1)～(5)のうちから一つ選べ。

(1)　1.0　　(2)　1.2　　(3)　1.4　　(4)　1.6　　(5)　2.0

(b)　力率 $\cos\phi=1$ の定格運転時の効率の値 [%] として，最も近いものを次の(1)～(5)のうちから一つ選べ。

(1)　95　　(2)　96　　(3)　97　　(4)　98　　(5)　99

POINT

変圧器の試験について，基本的な理解が必要な内容です。

(a)　短絡試験の結果を利用します。電力計の指示値に関係するのは，抵抗のみであることに注意しましょう（リアクタンスは無関係）。

(b)　無負荷試験と短絡試験の両方の結果を利用します。

⇨ 出題テーマをとらえる！

❶ 「単相変圧器」267～268 ページ参照

補足 **定格容量** [V·A] に**力率**や（定格時と比べた）**負荷の倍率**を考慮した値が出力 [W] です。

❷ **無負荷試験**は，無負荷で運転したときの機器の損失（**無負荷損**）を調べる試験です。変圧器の場合，高圧側を無負荷にして，低圧側に定格電圧 V_{2n} [V] を加

えたときの電力計の指示値 P_i[W]が無負荷損となります。

無負荷試験の測定回路と簡易等価回路は，次図のようになります。ただし，$\dot{I}_0$[A]は励磁電流，$\dot{Y}_0$[S]は励磁アドミタンス，g_0[S]は励磁コンダクタンス，b_0[S]は励磁サセプタンスです。

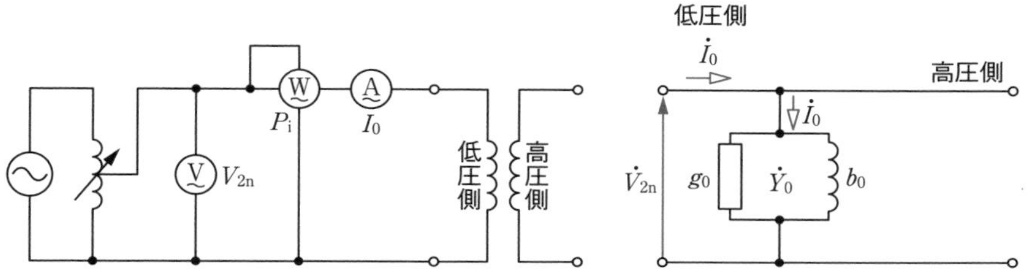

補足 低圧側を無負荷にして高圧側に定格電圧を加える場合もありますが，得られる結果は同じです。

❸ 変圧器の**短絡試験（短絡インピーダンス試験）**では，低圧側を短絡して，高圧側に定格周波数の低電圧 V_{1z}[V]を加えて定格一次電流 I_{1n}[A]を流したときの電力計の指示値 P_c[W]が**負荷損**（負荷電流が流れたときの損失）となります。なお，この P_c を**インピーダンスワット**といいます。また，I_{1n} が流れたときの供給電圧 V_{1z} を**インピーダンス電圧**といい，このときの変圧器のインピーダンス $Z_{12}[\Omega]\left(=\dfrac{V_{1z}}{I_{1n}}\right)$ を**短絡インピーダンス**といいます。

短絡試験の測定回路と簡易等価回路は次図のようになります。ただし，r_1，x_1[Ω]はそれぞれ高圧側の（巻線）抵抗，巻線）漏れリアクタンス，r_2'，x_2'[Ω]は高圧側に換算した低圧側の（巻線）抵抗，（巻線）漏れリアクタンスです。

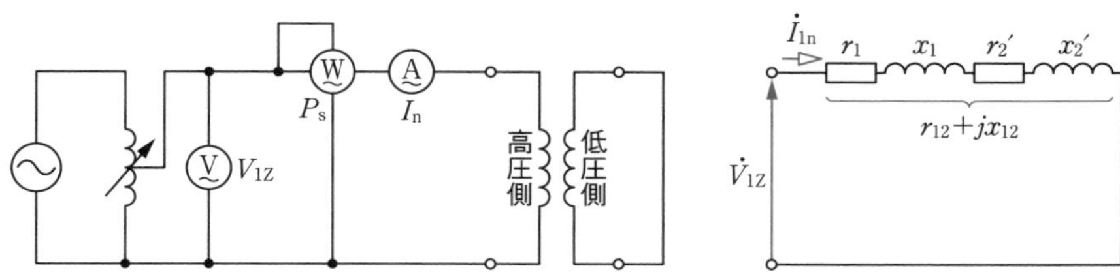

補足 上図（測定回路）では電源側を一次側として作図してありますが，必ずしも電源側＝一次側というわけではないことに注意してください。

❹ 定格負荷時における変圧器の効率 η[%]は，

$$\eta=\frac{\text{出力}}{\text{出力}+\text{無負荷損}+\text{負荷損}}\times 100\,[\%]\quad\cdots(1)$$

機械 60

ここで，定格二次電圧を V_{2n} [V]，定格二次電流を I_{2n} [A]，力率を $\cos\theta$，無負荷損（≒**鉄損**）を P_i [W]，負荷損（≒**銅損**）を P_c [W]とすると，

$$\eta=\frac{V_{2n}I_{2n}\cos\theta}{V_{2n}I_{2n}\cos\theta+P_i+P_c}\times 100\,[\%] \quad \cdots(2)$$

補足　効率は入力に対する出力の比（出力/入力）で表されますが，変圧器の容量が大きくなると入力を測定するのが難しくなります。そこで実際には，**規約効率**（規格で定められた効率）を表す(2)式によって計算を行います。

答　(a)－(2)，(b)－(4)

解説

(a)　巻線の高圧側換算抵抗［Ω］の値

定格容量 $P_n=10$ [kV·A]$=10\times10^3$ [V·A]，定格一次電圧 $V_{1n}=1\,000$ [V] なので，定格一次電流 I_{1n} [A]の値は，

$$I_{1n}=\frac{P_n}{V_{1n}}=\frac{10\times10^3}{1\,000}=10\,[\mathrm{A}]$$

短絡試験における電力計の指示値 $P_c=120$ [W]は，定格一次電流 $I_{1n}=10$ [A]を流したときの値なので，巻線の高圧側（一次側）換算抵抗 r_{12} [Ω]の値は，

$$P_c=I_{1n}^2 r_{12}$$ ← 有効電力なので，抵抗のみが関係（リアクタンスは無関係）

$$\therefore\ r_{12}=\frac{120}{10^2}=1.2\,[\Omega]$$

(b)　力率 $\cos\phi=1$ の定格運転時の効率［%］の値

定格一次電圧 $V_{1n}=1\,000$ [V]，定格二次電圧 $V_{2n}=100$ [V] なので，この変圧器の変圧比（電圧比）a は，

$$a=\frac{V_{1n}}{V_{2n}}=\frac{1\,000}{100}=10$$

よって，定格二次電流 I_{2n} [A]の値は，

$$\frac{1}{a}=\frac{I_{1n}}{I_{2n}}$$ ← 変圧比は変流比の逆数

$\therefore\ I_{2n}=aI_{1n}=10\times10=100\,[\mathrm{A}]$

無負荷試験における電力計の指示値 $P_i=80\,[\mathrm{W}]$ が無負荷損，短絡試験における電力計の指示値 $P_c=120\,[\mathrm{W}]$ が負荷損なので，力率 $\cos\phi=1$（定格運転時）における変圧器の効率 $\eta\,[\%]$ の値は，(2)式より，

$$\eta=\frac{V_{2n}I_{2n}\cos\phi}{V_{2n}I_{2n}\cos\phi+P_i+P_c}\times100=\frac{100\times100\times1}{100\times100\times1+80+120}\times100$$

$$=\frac{10\,000}{10\,200}\times100=98.0\cdots\fallingdotseq98\,[\%]$$

別解 定格容量 $P_n=V_{2n}I_{2n}$ なので，この値を用いて計算しても構いません（むしろ，その方が計算量は少なくて済みます）。

$$\eta=\frac{P_n\cos\phi}{P_n\cos\phi+P_i+P_c}\times100=\frac{10\times10^3\times1}{10\times10^3\times1+80+120}\times100\fallingdotseq98\,[\%]$$

補足 定格容量 $P_n=V_{1n}I_{1n}$ なので，この値を用いて計算しても解答できます。ただし，出力はあくまで $V_{2n}I_{2n}$ が基本であることを忘れないようにしましょう。

より深く理解する！

変圧器の無負荷試験と短絡（インピーダンス）試験の概要を知らないと答えられない問題です。ただし，面倒な計算は要求されていないので，本問は比較的，解答しやすい問題ともいえるでしょう。

［機械］

61 単相変圧器の最大効率

定格容量50 kV·Aの単相変圧器において，力率1の負荷で全負荷運転したときに，銅損が1 000 W，鉄損が250 Wとなった。力率1を維持したまま負荷を調整し，最大効率となる条件で運転した。銅損と鉄損以外の損失は無視できるものとし，この最大効率となる条件での効率の値[%]として，最も近いものを次の(1)～(5)のうちから一つ選べ。

(1) 95.2　(2) 96.0　(3) 97.6　(4) 98.0　(5) 99.0

POINT

変圧器が最大効率になるときの（定格時と比較した）負荷の倍率を求め，各数値を公式に代入するだけです。

出題テーマをとらえる！

❶ 「単相変圧器」267～268ページ参照

❷ 定格負荷のk倍の負荷時における変圧器の効率η_k[%]は，定格二次電圧をV_{2n}[V]，定格二次電流をI_{2n}[A]，力率を$\cos\theta$，無負荷損（≒鉄損）をP_i[W]，負荷損（≒銅損）をk^2P_c[W]とすると，

$$\eta_k=\frac{kV_{2n}I_{2n}\cos\theta}{kV_{2n}I_{2n}\cos\theta+P_i+k^2P_c}\times 100\,[\%] \quad \cdots(1)$$

なお，η_kが最大になるのは，「鉄損＝銅損」（$P_i=k^2P_c$）のときです。

補足　定格負荷時と比べると，k倍の負荷時では出力がk倍，銅損がk^2倍になっています。なお，鉄損は変化しません。

答　(4)

解説

定格負荷の k 倍の負荷時において，変圧器の効率 η_k が最大になったとします。このとき，鉄損は定格負荷時の値 $P_i = 250$ [W] から変化せず，また，銅損は定格負荷時の値 $P_c = 1\,000$ [W] の k^2 倍になっていて，両者は等しくなります。すなわち，

$$P_i = k^2 P_c \;\rightarrow\; k^2 = \frac{P_i}{P_c} \qquad \therefore\; k = \sqrt{\frac{P_i}{P_c}} = \sqrt{\frac{250}{1\,000}} = \sqrt{\frac{1}{4}} = \frac{1}{2}$$

このとき $\left(\frac{1}{2}\text{負荷時}\right)$ の変圧器の最大効率 $\eta_{\frac{1}{2}}$ は，定格二次電圧を V_{2n}，定格二次電流を I_{2n}，力率を $\cos\theta\,(=1)$ とすると，(1)式より，

$$\eta_{\frac{1}{2}} = \frac{kV_{2n}I_{2n}\cos\theta}{kV_{2n}I_{2n}\cos\theta + P_i + k^2P_c} \times 100 = \frac{\frac{1}{2}V_{2n}I_{2n}\cos\theta}{\frac{1}{2}V_{2n}I_{2n}\cos\theta + P_i + P_i} \times 100$$

ここでは $P_i = k^2P_c$ となることから，式中の k^2P_c を P_i に置き換えました。

ここで，定格容量 $P_n = V_{2n}I_{2n}$ ($=50$ [kV·A] $=50\times10^3$ [V·A]) なので，

$$\eta_{\frac{1}{2}} = \frac{\frac{1}{2}P_n\cos\theta}{\frac{1}{2}P_n\cos\theta + 2P_i} \times 100 = \frac{\frac{1}{2}\times(50\times10^3)\times1}{\frac{1}{2}\times(50\times10^3)\times1 + 2\times250} \times 100$$

$$= \frac{25\,000}{25\,000+500} \times 100 = \frac{25\,000}{25\,500} \times 100 \fallingdotseq 98\ [\%]$$

より深く理解する！

鉄損は負荷電流の値にかかわらず常に一定なので，負荷の倍率が変わっても変化しません。一方で，銅損は負荷電流の2乗（と巻線抵抗）に比例するので，負荷の倍率とともに変化します。

＊　＊　＊　＊　＊　＊　＊　＊　＊　＊　＊

(1)式の分子分母を k で割ると，

$$\frac{V_{2n}I_{2n}\cos\theta}{V_{2n}I_{2n}\cos\theta + \frac{1}{k}P_i + kP_c} \times 100\ [\%]$$

機械 61

力率 $\cos\theta$ が変化しない場合，$V_{2n}I_{2n}\cos\theta$（定格負荷時の出力）は一定値になります。よって，この式の値が最大となるためには，分母の $\frac{1}{k}P_i+kP_c$ の値が最小になれば良いことが分かります。ここで，$\frac{1}{k}P_i\times kP_c=P_iP_c$（一定）なので，$\frac{1}{k}P_i+kP_c$ が最小となるための条件は，「最小の定理」より，

$$\frac{1}{k}P_i=kP_c \quad \rightarrow \quad P_i=k^2P_c \text{（鉄損＝銅損）}$$

このように，変圧器の効率が最大になるのは，鉄損と銅損の値が等しくなるときです。

補足　二つの正の数 a，b の積 $a\times b$ が一定であれば，$a+b$ は $a=b$ のときに最小になります。これを**最小の定理**といいます。この定理は，「**最大電力供給の定理**」として理論科目などでも稀に出題されるので，ぜひ覚えておきましょう。

［機械］
62 単巻変圧器の分路巻線電流

図のような定格一次電圧 100 V，定格二次電圧 120 V の単相単巻変圧器があり，無負荷で一次側に 100 V の電圧を加えたときの励磁電流は 1 A であった。この変圧器の二次側に抵抗負荷を接続し，一次側を 100 V の電源に接続して二次側に大きさが 15 A の電流が流れたとき，分路巻線電流 $\dot{I}$ の大きさ $|\dot{I}|$ [A] の値として，正しいのは次のうちどれか。

ただし，巻線の抵抗及び漏れリアクタンス並びに鉄損は無視できるものとする。

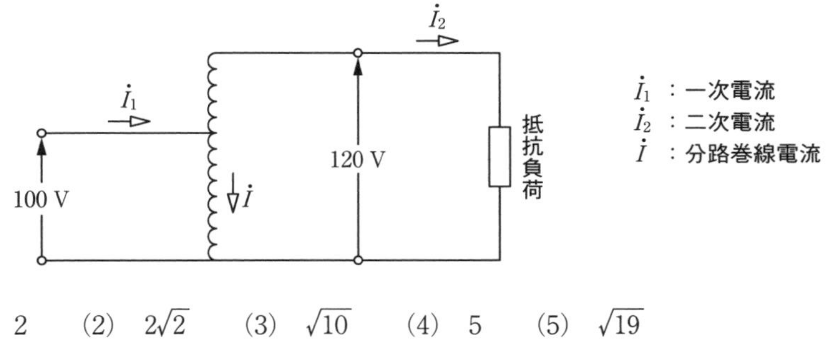

(1) 2　(2) $2\sqrt{2}$　(3) $\sqrt{10}$　(4) 5　(5) $\sqrt{19}$

POINT

本問では励磁電流が無視できないので，無視した場合の分路巻線に流れる電流を求め，その値に題意の励磁電流を加える計算をしなければいけません。なお，損失が無視できるので，普通の変圧器と同じように，変圧器の入力と出力は等しくなります。

出題テーマをとらえる！

❶ 巻線が一つしかない変圧器を**単巻変圧器**といいます。巻線の途中から端子が出ていて，そこを境に，共通部分の**分路巻線**と共通でない部分の**直列巻線**に分けられます。

分路巻線の巻数を N_1，全体（分路巻線＋直列巻線）の巻数を N_2，分路巻線に

加える電圧を V_1[V]，全体の巻線に誘導される電圧を V_2[V] とすると，巻線の巻数比（＝電圧比）a は，

$$a=\frac{N_1}{N_2}=\frac{V_1}{V_2} \quad \cdots(1)$$

ここで，励磁電流を無視すると，一次側に流れる電流を I_1[A]，二次側の負荷電流を I_2[A] として，

$$\frac{I_1}{I_2}=\frac{N_2}{N_1}=\frac{1}{a} \quad \cdots(2)$$

これより，分路巻線に流れる電流 I[A] は，

$$I=I_1-I_2=(1-a)I_1 \quad \cdots(3)$$

補足　(3)式は，キルヒホッフの電流則（$I_1=I_2+I$）と(2)式（$I_2=aI_1$）から求められます。

❷ 「インピーダンス」90 ページ参照

答　(3)

解説

この変圧器の変圧比（電圧比）a は，定格一次電圧 $V_1=100$[V]，定格二次電圧 $V_2=120$[V] なので，(1)式より，

$$a=\frac{V_1}{V_2}=\frac{100}{120}=\frac{5}{6}$$

題意の但し書きから損失を無視できるので，変圧器の一次側の入力（I_1V_1）と二次側の出力（I_2V_2）は等しくなります。よって，定格一次電流を I_1[A]，定格二次電流を $I_2=15$[A] とすると，

$$I_1V_1=I_2V_2 \qquad \therefore\ I_1=I_2\times\frac{V_2}{V_1}=I_2\times\frac{1}{a}=15\times\frac{6}{5}=18\,[\mathrm{A}]$$

したがって，励磁電流を無視すると，分路巻線に流れる電流 i[A] の値は，(3)式より，

$i = I_1 - I_2 = 18 - 15 = 3\,[\mathrm{A}]$

ただし，本問では励磁電流の値（1A）が題意に与えられており，これを無視できません。ここで，励磁電流は 90° 遅れなので（つまり，$-j1\,[\mathrm{A}]$），これを考慮に入れると，分路巻線に流れる電流 $\dot{I} = 3 - j1\,[\mathrm{A}]$ の大きさ $|\dot{I}|\,[\mathrm{A}]$ の値は，

コイル（巻線）に流れる電流の位相は，抵抗に流れる電流よりも 90° 遅れます。

$$|\dot{I}| = \sqrt{3^2 + (-1)^2} = \sqrt{10}\,[\mathrm{A}]$$

より深く理解する！

単巻変圧器の**自己容量** $P_s\,[\mathrm{V \cdot A}]$ は，一次側の電圧を $V_1\,[\mathrm{V}]$，電流を $I_1\,[\mathrm{A}]$，二次側の電圧を $V_2\,[\mathrm{V}]$，電流を $I_2\,[\mathrm{A}]$，電圧比 $\dfrac{V_1}{V_2} = a$ として，

$$P_s = (V_2 - V_1) I_2 = \left(1 - \frac{V_1}{V_2}\right) V_2 I_2 = (1 - a) V_2 I_2$$

また，出力 $P_l = V_2 I_2\,[\mathrm{V \cdot A}]$ を**負荷容量**または**線路容量**といいます。

単巻変圧器の定格容量は，自己容量や負荷容量で表されます。

機械 62

［機械］

63 単相整流回路と平滑コンデンサ

単相整流回路の出力電圧に含まれる主な脈動成分（脈流）の周波数は，半波整流回路では入力周波数と同じであるが，全波整流回路では入力周波数の［（ア）］倍である。

単相整流回路に抵抗負荷を接続したとき，負荷端子間の脈動成分を減らすために，平滑コンデンサを整流回路の出力端子間に挿入する。この場合，その静電容量が［（イ）］，抵抗負荷電流が［（ウ）］ほど，コンデンサからの放電が緩やかになり，脈動成分は小さくなる。

上記の記述中の空白箇所(ア)，(イ)及び(ウ)に記入する語句又は数値として，正しいものを組み合せたのは次のうちどれか。

	（ア）	（イ）	（ウ）
(1)	$\frac{1}{2}$	大きく	小さい
(2)	2	小さく	大きい
(3)	2	大きく	大きい
(4)	$\frac{1}{2}$	小さく	大きい
(5)	2	大きく	小さい

POINT

(ア)は入力と出力の波形の変化に着目します。(イ)と(ウ)については，***RC*** 回路の時定数から考えます。

出題テーマをとらえる！

❶ 交流を直流に変換することを**整流**（または，**順変換**）といい，交流電圧から直流電圧を取り出す回路が**整流回路**です。

整流回路によって整流された電流は，流れる方向は一定ですが，大きさが周期的に変化します。このような電流を**脈流（脈動電流）**といいます。

補足　交流電力を直流電力に効率よく変換する回路のことも整流回路ということがあります。

❷　脈流はそのままでは直流として利用できないので，**平滑回路**などで電圧を滑らかに（平滑に）します（ただし，電圧を完全に均一にすることはできません）。平滑回路にリアクトルを利用する場合は負荷と直列に，コンデンサを利用する場合（**平滑コンデンサ**）は負荷と並列に接続します。

補足　平滑コンデンサは，ある電圧を基準として，基準電圧より電圧が高いときは充電，基準電圧より電圧が低いときは放電することで，出力電圧を平滑にします。

❸　ダイオード（D，電流を一方通行にする素子）を使用した**単相半波整流回路**，サイリスタ（Th，290ページ参照）を使用した**単相全波整流回路**（**単相ブリッジ整流回路**）とその出力波形は次図のようになります。

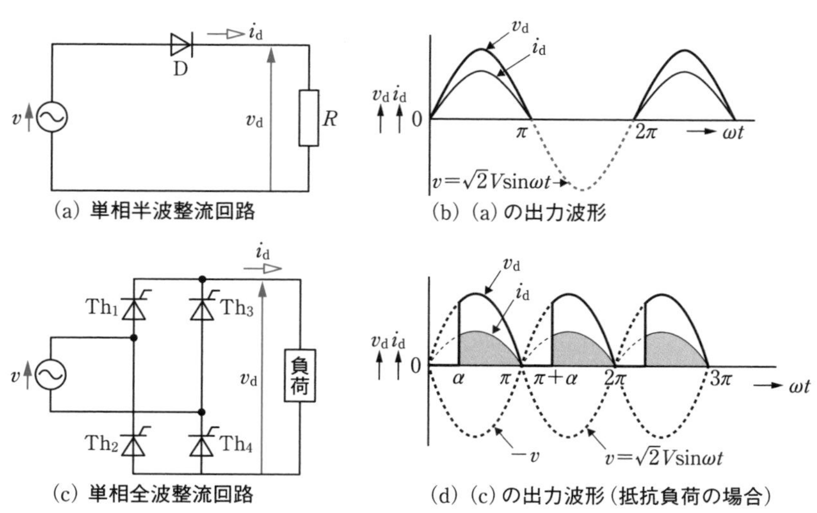

(a) 単相半波整流回路　(b) (a)の出力波形
(c) 単相全波整流回路　(d) (c)の出力波形（抵抗負荷の場合）

補足　半波整流では入力波形の正の部分だけを，全波整流では入力波形の正・負の両部分を整流します。

❹　「時定数」124～125ページ参照

答　(5)

解説

(ア) 周波数（振動数）f と周期 T は，お互いに逆数の関係です（$f=1/T$）。半波整流回路の波形では，出力と入力の周期が同じなので（前ページ参照），周波数も等しくなることが分かります。また，全波整流回路では，出力は入力の半分 $\left(\frac{1}{2}\right)$ の周期なので（前ページ参照），周波数は **2 倍**になることが分かります。

> 周期が $T \to \dfrac{T}{2}$ と変化すると，周波数 f は $f=\dfrac{1}{T} \to \dfrac{1}{\frac{T}{2}}=\dfrac{2}{T}=2f$ と変化します。

(イ)・(ウ) 平滑コンデンサと負荷によって RC 直列回路が形成されますが，このとき時定数 $\tau=RC$ であることから，静電容量 C が**大きく**なるほど放電は緩やかになります。また，負荷抵抗 R が大きいほど，負荷抵抗電流は**小さい**値となって，やはり放電が緩やかになります。その結果として，出力電圧が平滑になって，脈動成分が小さくなります。

> 時定数は過渡現象の長さの目安となる時間なので，時定数が大きく過渡現象が長いほど，放電も緩やかになります。

より深く理解する！

入力電圧 v の波形と，平滑コンデンサの有無による出力電圧 v_d の波形は，次図のようになります。

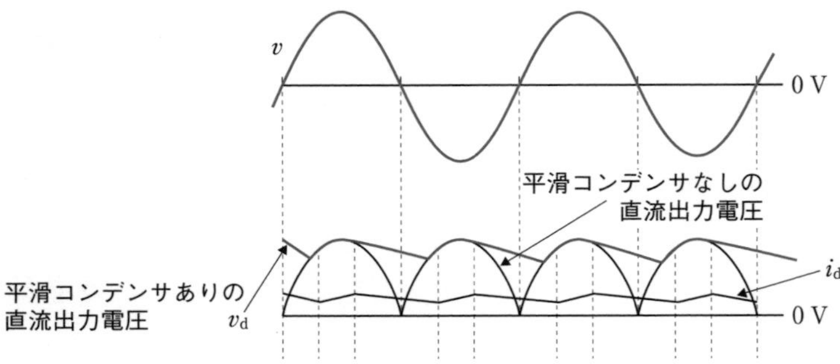

［機械］

64 全波整流回路の直流平均電圧

交流電圧 v_a［V］の実効値 V_a［V］が 100 V で，抵抗負荷が接続された図 1 に示す半導体電力変換装置において，図 2 に示すようにラジアンで表した制御遅れ角 α［rad］を変えて出力直流電圧 v_d［V］の平均値 V_d［V］を制御する。

度数で表した制御遅れ角 α［°］に対する V_d［V］の関係として，適切なものを次の(1)～(5)のうちから一つ選べ。

ただし，サイリスタの電圧降下は，無視する。

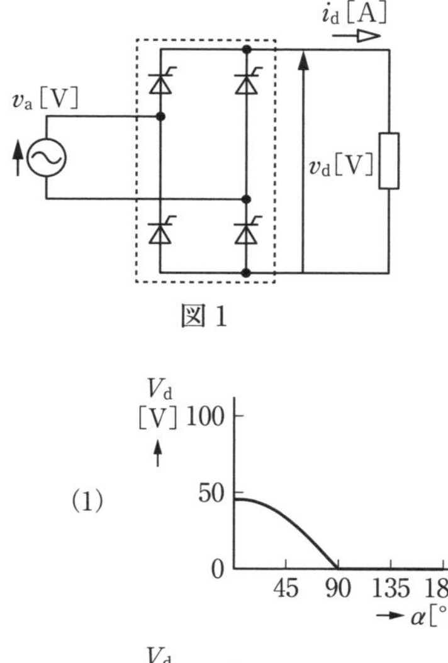

図 1

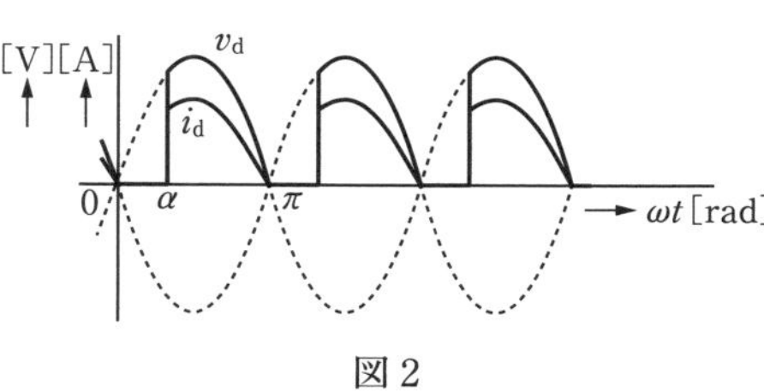

図 2

(1)

(2)

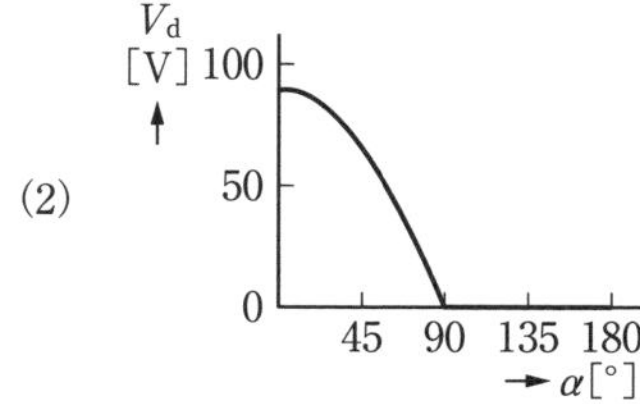

(3)

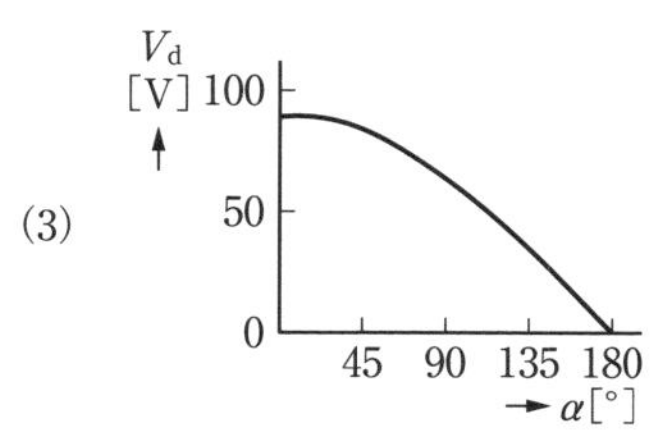

(4)

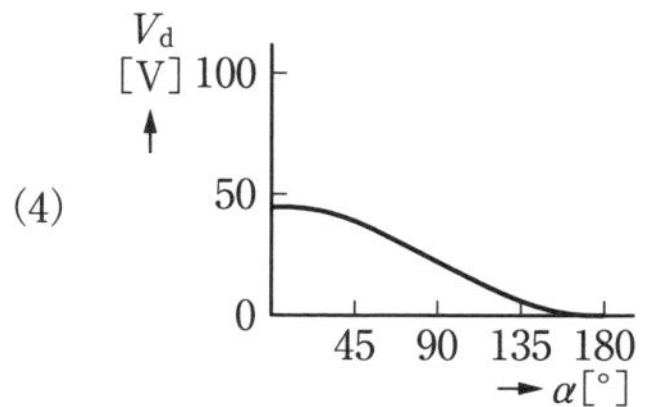

(5)

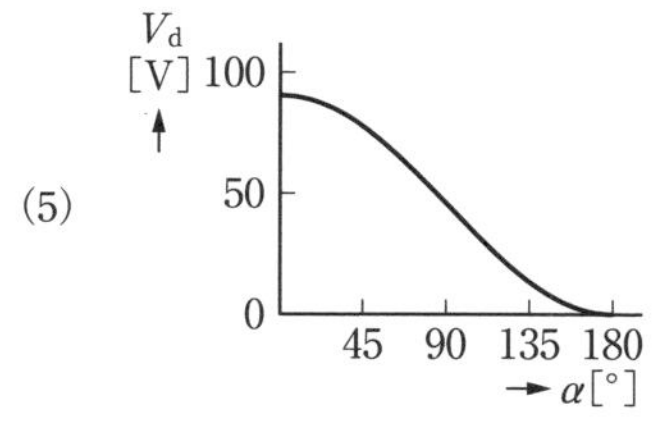

POINT

出力電圧（直流電圧）の平均値を表す式に，実際に制御角 $\boldsymbol{\alpha}$ の値をいくつか代入し，求めた数値から答えを判断します。

出題テーマをとらえる！

❶ 「単相全波整流回路」287 ページ参照

補足 **サイリスタ**は，電力変換回路を構成する素子の一つで，出力を調整する役割を持ちます。サイリスタのゲート（G）と呼ばれる一端子に電流を入力するタイミングを**制御角**といいます。

❷ 単相全波整流回路の出力電圧の平均値（**直流平均電圧**）V_d [V] は，入力電圧（交流電圧）の実効値を V_a [V]，制御角を α [rad] として，

・**抵抗**負荷の場合　$V_d = \dfrac{2\sqrt{2}}{\pi} V_a \cdot \dfrac{1+\cos\alpha}{2} \fallingdotseq 0.9 V_a \dfrac{1+\cos\alpha}{2}$　…(1)

・**誘導性**負荷の場合　$V_d = \dfrac{2\sqrt{2}}{\pi} V_a \cos\alpha \fallingdotseq 0.9 V_a \cos\alpha$　…(2)

参考 (1)式，(2)式は積分計算によって求められる式なので，導出過程は気にせず，そのまま覚える方が得策です。

答　(5)

解説

抵抗負荷の全波整流回路であり，入力電圧（交流電圧）v_a の実効値 $V_a = 100$ [V] なので，出力直流電圧 v_d の平均値 V_d は，(1)式より，

$$V_d = 0.9 \times 100 \times \frac{1+\cos\alpha}{2} = 45(1+\cos\alpha)$$

制御遅れ角 $\alpha = 0°$ ときの $V_d = V_{d1}$ [V] の値は，

$$V_{d1} = 45(1+\cos 0°) = 45 \times (1+1) = 90 \text{ [V]}$$

これを満たす選択肢は，(2)，(3)，(5)の三つです。

次に，$\alpha=90°$ ときの $V_d=V_{d2}$ [V] の値は，

$$V_{d2}=45(1+\cos 90°)=45\times(1+0)=45\ [\mathrm{V}]$$

選択肢(2)，(3)，(5)のうち，これを満たすのは(5)だけです。したがって，これが求める答えです。

補足 なお，$\alpha=180°$ ときの $V_d=V_{d3}$ [V] の値は，

$$V_{d3}=45(1+\cos 180°)=45\times\{1+(-1)\}=0\ [\mathrm{V}]$$

選択肢(5)は，確かにこれを満たしています。

より深く理解する！

左図は，サイリスタ（p ゲート逆阻止３端子サイリスタ）の基本構造（左）と図記号（右）です。

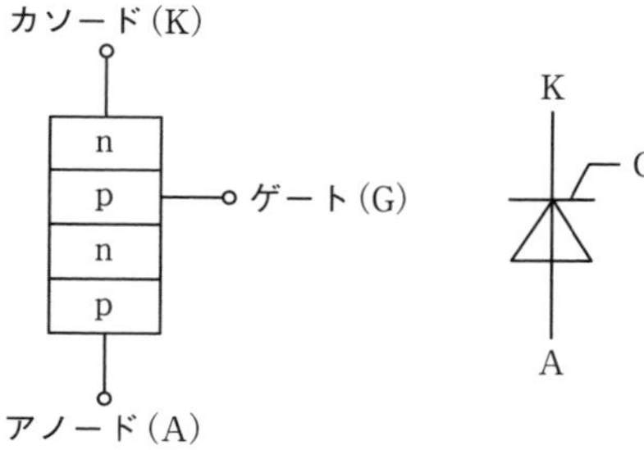

サイリスタは，アノードのカソードに対する電圧が正（順電圧）の場合，ゲートに適当な電流を流すと導通します（オン状態になります）。いったん導通すると，（ゲート電流がなくても）順電圧が加わる限りは導通したままで，逆電圧が加わるまでは不導通（オフ状態）になりません。

このような動作の結果，287 ページのような波形が得られることをよく理解しておきたいところです。

機械 64

［機械］
65 直流チョッパの出力平均電圧

図は，2種類の直流チョッパを示している。いずれの回路もスイッチS，ダイオードD，リアクトルL，コンデンサC（図1のみに使用されている。）を用いて，直流電源電圧 $E=200$［V］を変換し，負荷抵抗 R の電圧 v_{d1}，v_{d2} を制御するためのものである。これらの回路で，直流電源電圧は $E=200$［V］一定とする。また，負荷抵抗Rの抵抗値とリアクトルLのインダクタンス又はコンデンサCの静電容量の値とで決まる時定数が，スイッチSの動作周期に対して十分に大きいものとする。各回路のスイッチSの通流率を0.7とした場合，負荷抵抗Rの電圧 v_{d1}，v_{d2} の平均値 V_{d1}，V_{d2} の値［V］の組合せとして，最も近いものを次の(1)〜(5)のうちから一つ選べ。

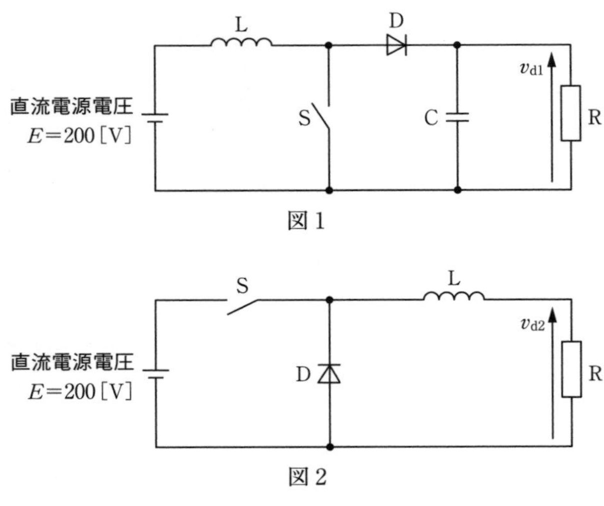

図1

図2

	V_{d1}	V_{d2}
(1)	667	140
(2)	467	60
(3)	667	86
(4)	467	140
(5)	286	60

POINT

直流降圧チョッパと直流昇圧チョッパの回路構成を理解できていれば，公式に数値を代入するだけで答えが求められます。

出題テーマをとらえる！

❶ 交流電力の昇降圧を行う変圧器に対して，直流電力の昇降圧を行う直流変換装置が**直流チョッパ**です。直流チョッパには，降圧用，昇圧用と，両者を組み合わせた昇降圧用があります。

補足 高頻度で直流電源のオンオフ動作を行い，直流電圧を変換する回路を**チョッパ**といいます（「チョッパ」は英語で「切り刻む者」という意味）。

❷ **直流降圧チョッパ**の回路は次図のようになり，オンオフ動作を行う半導体スイッチS（**チョップ部**），チョップ部がオフ状態のときに電流通路となるダイオード（**還流ダイオード**）D，電源E（電圧 V [V]），負荷Rの電圧（v_d [V]）を調整するリアクトルL，平滑コンデンサCなどから構成されています。

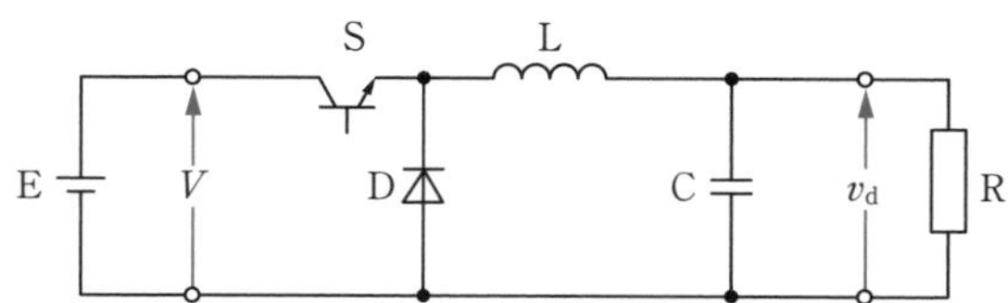

チョップ部のオン期間を T_{on} [s]，オフ期間を T_{off} [s]として周期 $T=T_{on}+T_{off}$ とすると，出力電圧 v_d の平均電圧 V_d [V]は，

$$V_d=\frac{T_{on}}{T}V=\alpha V \quad \cdots(1)$$

なお，周期 T に対するオン期間 T_{on} の比 α を**通流率**といいます。

❸ **直流昇圧チョッパ**の回路構成は次図のようになり，各素子の役割は直流降圧チョッパと同じです。

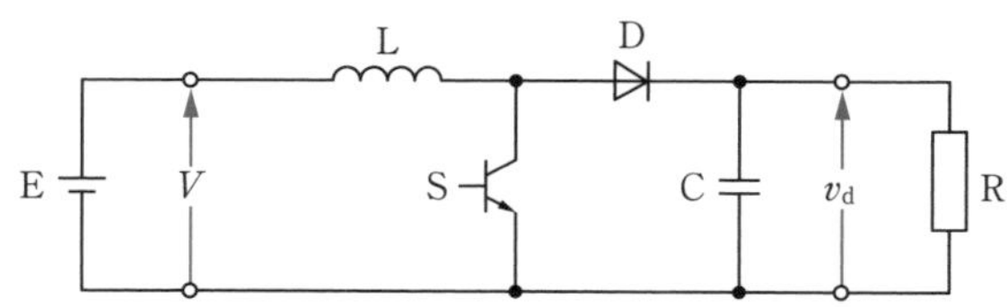

出力電圧 v_d の平均電圧 V_d は，

$$V_d = \frac{T}{T_{off}} V = \frac{1}{1-\alpha} V \quad \cdots (2)$$

補足　(2)式は次のように導かれます。

$$V_d = \frac{T}{T_{off}} = \frac{T}{T-T_{on}} = \frac{1}{1-\frac{T_{on}}{T}} V = \frac{1}{1-\alpha} V$$

答　(1)

解説

問題図 1 は直流昇圧チョッパです。よって，負荷抵抗 R の電圧 v_{d1} の平均値 V_{d1} [V] は，通流率 $\alpha=0.7$，電源電圧 $E=200$ [V] なので，(2)式より，

$$V_{d1} = \frac{1}{1-\alpha} E = \frac{1}{1-0.7} \times 200 = \frac{200}{0.3} \fallingdotseq 667 \text{ [V]}$$

また，問題図 2 は直流降圧チョッパです。よって，負荷抵抗 R の電圧 v_{d2} の平均値 V_{d2} [V] は，(1)式より，

$$V_{d2} = \alpha E = 0.7 \times 200 = 140 \text{ [V]}$$

より深く理解する！

直流昇降圧チョッパの回路構成は，次図のようになります。

出力電圧 v_d の平均電圧 V_d は，

$$V_d = \frac{T_{on}}{T_{off}} V = \frac{T-T_{off}}{T_{off}} V = \frac{1-\frac{T_{off}}{T}}{\frac{T_{off}}{T}} V = \frac{1-\alpha}{\alpha} V \quad \cdots (3)$$

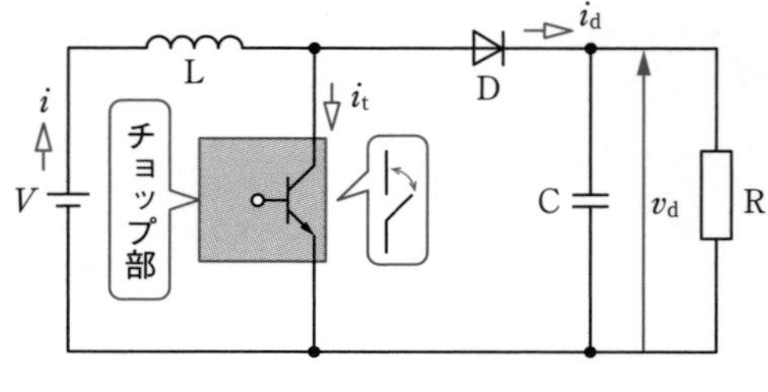

＊　＊　＊　＊　＊　＊　＊　＊　＊　＊　＊

本問は，問題図1,2の回路が，降圧用，昇圧用，昇降圧用のいずれに該当するか判定できれば，あとは公式に数値を代入するだけです。回路構成は多少アレンジできるので，やはり各素子の役割からいずれに該当するのかを判定できる必要があります。

詳細は割愛しますが，次のポイントを抑えておきましょう。

・**降　圧**：チョッパの基本形。スイッチSで直流を切り刻む。

・**昇　圧**：リアクトルLに蓄積されたエネルギーを電流として放出する。

・**昇降圧**：リアクトルLから負荷にエネルギーが放出される。

［機械］
66 ブロック線図と周波数伝達関数

図のようなブロック線図で示す制御系がある。出力信号 $C(j\omega)$ の入力信号 $R(j\omega)$ に対する比，すなわち $\dfrac{C(j\omega)}{R(j\omega)}$ を示す式として，正しいものを次の(1)～(5)のうちから一つ選べ。

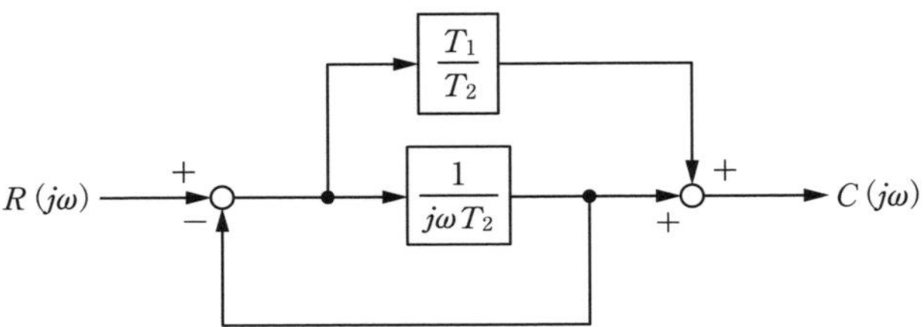

(1) $\dfrac{T_1+j\omega}{T_2+j\omega}$　(2) $\dfrac{T_2+j\omega}{T_1+j\omega}$　(3) $\dfrac{j\omega T_1}{1+j\omega T_2}$

(4) $\dfrac{1+j\omega T_1}{1+j\omega T_2}$　(5) $\dfrac{1+j\omega\dfrac{T_1}{T_2}}{1+j\omega T_2}$

POINT

未知の信号と伝達関数（周波数伝達関数）を用いて入力信号 $\boldsymbol{R(j\omega)}$ と出力信号 $\boldsymbol{C(j\omega)}$ をそれぞれ式に表し，これらの二式から未知の信号を消去します。

出題テーマをとらえる！

❶ 機械や装置の運転，調整などを制御装置で行うことを**自動制御**といいます。自動制御は，定量的な（数値化できる）制御を行う**フィードバック制御**と，定性的な（数値化できない）制御を行う**シーケンス制御**に大別されます。

❷ 互いに関係する二つの量 A と B があるとき，A を B に変換するための関数を**伝達関数**といいます。特に，正弦波を変換するものを**周波数伝達関数**といいます。

補足　正弦波（角周波数 ω）の入力信号を $X(j\omega)$，出力信号を $Y(j\omega)$ とすると，周波数伝達関数 $G(j\omega)$ は，

$$G(j\omega)=\frac{Y(j\omega)}{X(j\omega)}$$

このように，$j\omega$ の関数として表されることがポイントです。

❸ 信号の伝わり方（分岐，加減，乗除）を図記号化したものが**ブロック線図**です。自動制御系では，ブロック線図は信号と伝達関数の関係を表します。

名　称	図記号	概　要
信号線	→（直線と矢印）	信号の経路と向き
引き出し点	●（黒丸）	信号の分岐
加え合わせ点 （差し引き点）	○（白丸） ＋，－（符号）	信号の加減 （＋：加算，－：減算）
伝達要素	□（ブロック）	伝達関数による信号の乗除

答　(4)

解説

問題図に示された制御系は伝達関数によって定量化（数式化）されているので，フィードバック制御です。また，入力信号も出力信号も $j\omega$ の関数として表されているので，伝達関数は周波数伝達関数です。

なお，以下では信号の“$(j\omega)$”の部分を省略して表記します。

信号の経路を辿ると，伝わり方は次の①～⑥のようになります。

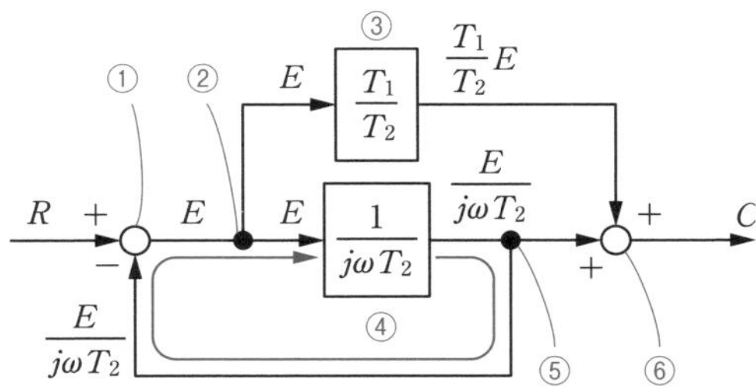

加え合わせ点①では，二つの信号の加減算（足し算，引き算）が行われます。ここで，加減算が行われた結果を信号 E とします。

この時点で，引き出し点⑤から分岐してきた信号は未知です。そこで，ここでは入力信号 R の加算と，⑤で分岐してきた信号の減算との結果を信号 E と仮定しました。

引き出し点②では，信号 E が分岐します。

信号は電流とは違うので，分岐することで量が変化するものではないことに注意しましょう。

ブロック③，④では，それぞれで信号の乗除算（掛け算，割り算）が行われます。このとき，各ブロックから出力された信号は，$\dfrac{T_1}{T_2}E$，$\dfrac{E}{j\omega T_2}$ です。

加え合わせ点①での加減算の結果を信号 E と仮定したのは，このように，二つのブロックから出力された信号を表す式をできるだけ単純な形にしたかったからです。

引き出し点⑤では，信号 $\dfrac{E}{j\omega T_2}$ が分岐します。この信号が，加え合わせ点①では減算されます。すなわち，

$$R-\frac{E}{j\omega T_2}=E \ \rightarrow \ R=E\left(1+\frac{1}{j\omega T_2}\right) \quad \cdots\text{(a)}$$

加え合わせ点⑥では，二つの信号 $\dfrac{T_1}{T_2}E$ と $\dfrac{E}{j\omega T_2}$ の加算が行われます。そして，加算された信号が出力信号 C に他なりません。すなわち，

$$\frac{T_1}{T_2}E+\frac{E}{j\omega T_2}=C \ \rightarrow \ C=\frac{E}{T_2}\left(T_1+\frac{1}{j\omega}\right) \quad \cdots\text{(b)}$$

よって，周波数伝達関数 $\dfrac{C}{R}$ を示す式は，(b)式 ÷ (a)式より，

$$\frac{C}{R}=\frac{\dfrac{E}{T_2}\left(T_1+\dfrac{1}{j\omega}\right)}{E\left(1+\dfrac{1}{j\omega T_2}\right)}=\frac{\left(T_1+\dfrac{1}{j\omega}\right)}{T_2\left(1+\dfrac{1}{j\omega T_2}\right)}=\frac{T_1+\dfrac{1}{j\omega}}{T_2+\dfrac{1}{j\omega}}\times\frac{j\omega}{j\omega}=\frac{1+j\omega T_1}{1+j\omega T_2}$$

より深く理解する！

本問では，加え合わせ点①における入力信号を R，引き出し点⑤で分岐してきた信号の加減算の結果（信号）を E として考えました。もちろん，別の方法で

も考えることができます。例えば，⑤で分岐してきた信号をFとすると（このとき，$E=R-F$となります），

$$F=\frac{R-F}{j\omega T_2} \;\rightarrow\; F+\frac{F}{j\omega T_2}=\frac{R}{j\omega T_2} \;\rightarrow\; F=\frac{R}{1+j\omega T_2} \quad \cdots\text{(c)}$$

$$C=(R-F)\frac{T_1}{T_2}+(R-F)\frac{1}{j\omega T_2}=(R-F)\left(\frac{1+j\omega T_1}{j\omega T_2}\right) \quad \cdots\text{(d)}$$

(d)式に(c)式を代入すると，

$$C=\left(R-\frac{R}{1+j\omega T_2}\right)\left(\frac{1+j\omega T_1}{j\omega T_2}\right)=R\left(1-\frac{1}{1+j\omega T_2}\right)\left(\frac{1+j\omega T_1}{j\omega T_2}\right)=R\left(\frac{1+j\omega T_1}{1+j\omega T_2}\right)$$

$$\therefore\ \frac{C}{R}=\frac{1+j\omega T_1}{1+j\omega T_2}$$

答えは求められましたが，考え方や計算は少し面倒かもしれません。

＊　＊　＊　＊　＊　＊　＊　＊　＊　＊　＊

本問では，$\dfrac{C(j\omega)}{R(j\omega)}=\dfrac{1+j\omega T_1}{1+j\omega T_2}$ であることが分かりました。このことは，問題図（題意のブロック線図）が次のような単純なブロック線図に等価変換できることを意味しています。

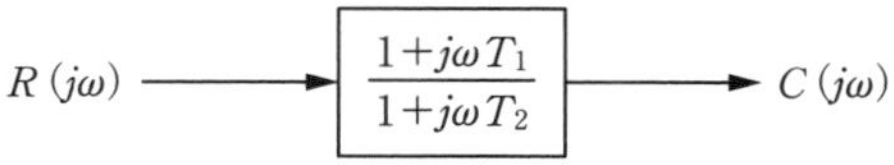

$$R(j\omega) \longrightarrow \boxed{\frac{1+j\omega T_1}{1+j\omega T_2}} \longrightarrow C(j\omega)$$

＊　＊　＊　＊　＊　＊　＊　＊　＊　＊　＊

本問では使いませんでしたが，次表に示す等価変換は必ず覚えておくこと。

接続形態	変換前	変換後	伝達関数
直列接続	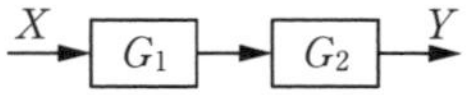 $X \rightarrow \boxed{G_1} \rightarrow \boxed{G_2} \rightarrow Y$	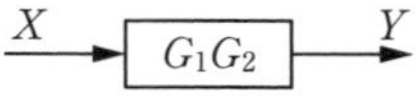 $X \rightarrow \boxed{G_1G_2} \rightarrow Y$	$\dfrac{Y}{X}=G_1G_2$
並列接続	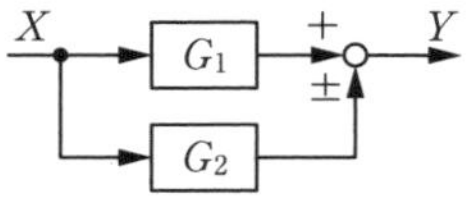 X → $\boxed{G_1}$（+）, $\boxed{G_2}$（±）→ ○ → Y	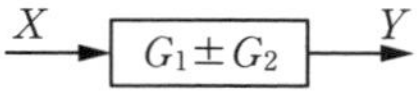 $X \rightarrow \boxed{G_1\pm G_2} \rightarrow Y$	$\dfrac{Y}{X}=G_1\pm G_2$
フィードバック接続	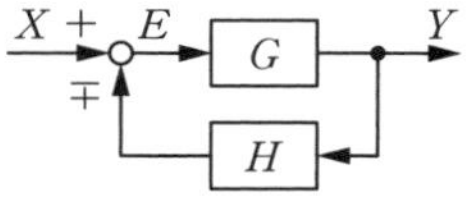 X（+）→ ○ → E → $\boxed{G}$ → Y；Y → $\boxed{H}$ → ○（∓）	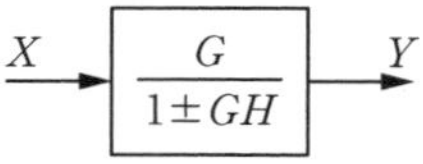 $X \rightarrow \boxed{\dfrac{G}{1\pm GH}} \rightarrow Y$	$\dfrac{Y}{X}=\dfrac{G}{1\pm GH}$

H27年，問17

［機械］

67 ブロック線図とボード線図

図に示すように，フィードバック接続を含んだブロック線図がある。このブロック線図において，$T=0.2$ [s]，$K=10$ としたとき，次の(a)及び(b)の問に答えよ。

ただし，ω は角周波数 [rad/s] を表す。

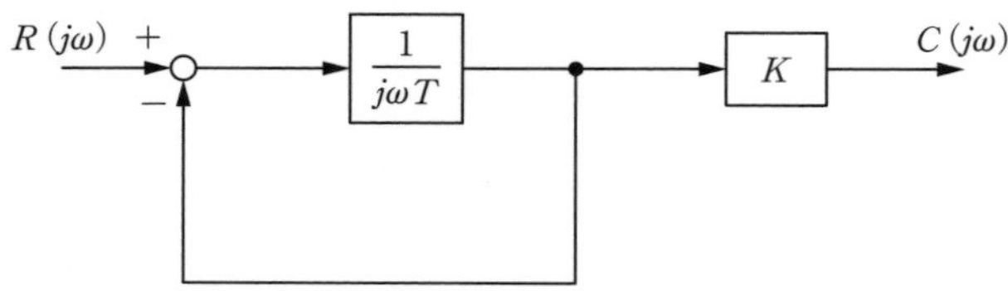

(a)　入力を $R(j\omega)$，出力を $C(j\omega)$ とする全体の周波数伝達関数 $W(j\omega)$ として，正しいものを次の(1)～(5)のうちから一つ選べ。

(1)　$\dfrac{10}{1+j0.2\omega}$　(2)　$\dfrac{1}{1+j0.2\omega}$　(3)　$\dfrac{1}{1+j5\omega}$

(4)　$\dfrac{50\omega}{1+j5\omega}$　(5)　$\dfrac{j2\omega}{1+j0.2\omega}$

(b)　次のボード線図には，正確なゲイン特性を実線で，その折線近似ゲイン特性を破線で示し，横軸には特に折れ点角周波数の数値を示している。上記(a)の周波数伝達関数 $W(j\omega)$ のボード線図のゲイン特性として，正しいものを次の(1)～(5)のうちから一つ選べ。ただし，横軸は角周波数 ω の対数軸であり，-20 dB/dec とは，ω が10倍大きくなるに従って $|W(j\omega)|$ が -20 dB 変化する傾きを表している。

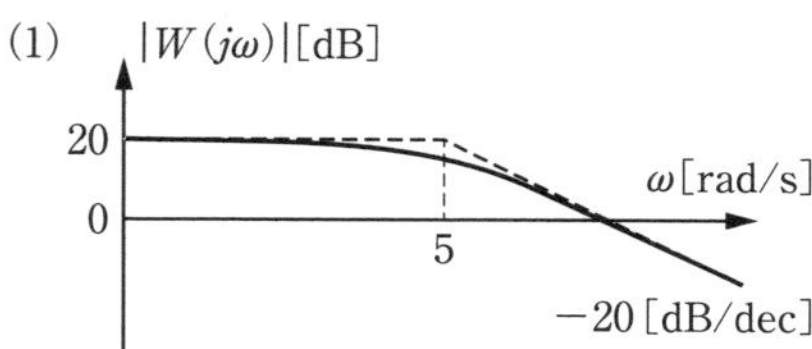

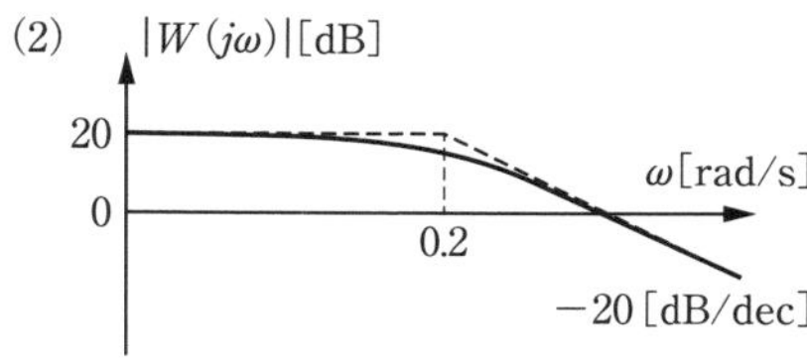

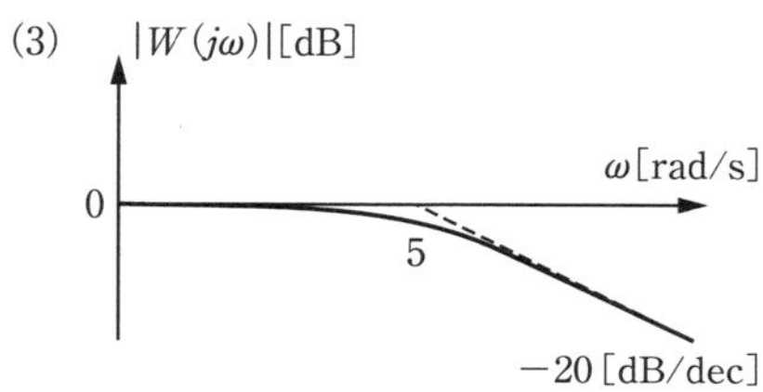

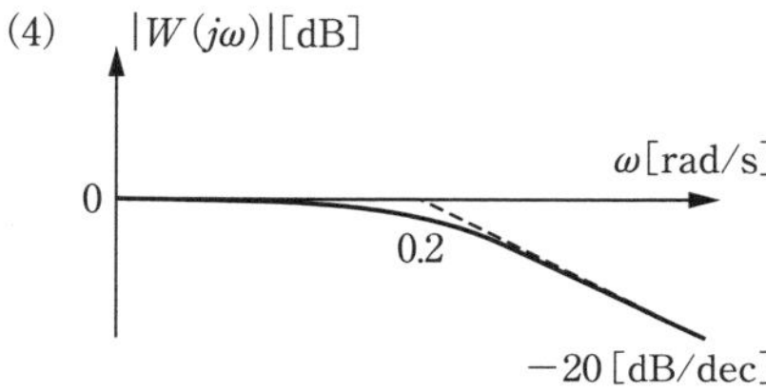

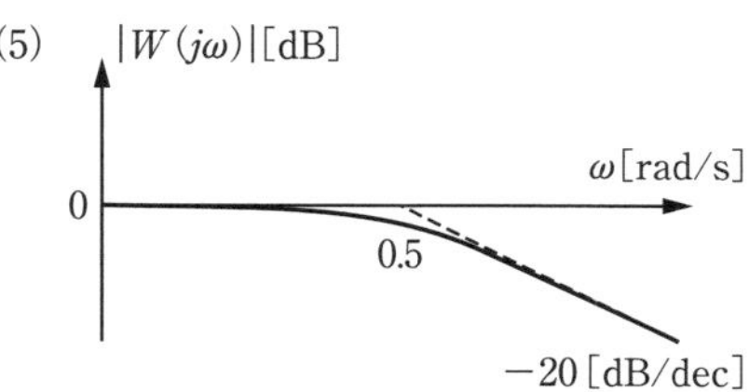

POINT

(a) 未知の信号と伝達関数から考えることもできますが，等価変換の公式を覚えておけばごく短時間で解答できます。

(b) 周波数伝達関数をゲインで表し，そのゲインをボード線図（ゲイン特性）に表したときの特徴から考えます。

出題テーマをとらえる！

❶ 「ブロック線図」297ページ参照

❷ 「周波数伝達関数」296ページ参照

❸ 入力信号（振幅 A_i）と出力信号（振幅 A_o）の振幅の比を**ゲイン**（**利得**，G）といい，デジベル単位[dB]としたときは次式で表されます。なお，ゲインは信号の**増幅度**とほぼ同じような意味と考えて差し支えありません。

$$G = 20\log_{10}\left|\frac{A_o}{A_i}\right| \quad \cdots(1)$$

❹ 対数目盛の横軸に角周波数を取って，平等目盛の縦軸にゲインや位相差との関係を描いたものを**ボード線図**といいます。このとき，ゲインとの関係を描いたものを**ゲイン特性**，位相差との関係を描いたものを**位相特性**といいます。ボード線図は，制御システムの性質を調べるために必要なものです。

補足　ゲイン特性は曲線グラフで表されますが，これを折れ曲がる直線に近似して表すことがあります。このとき，折れ曲がる点（**折れ点**）における角周波数の値を**折れ点角周波数**といいます。

補足　❺ 正の実数 x と a（ただし，$a \neq 1$）の間に $\boldsymbol{a^p = x}$ の関係があるとき，$\boldsymbol{p = \log_a x}$ と表すことができて，これを**対数**といいます。対数の性質としては，次の5つを必ず覚えておきましょう。

① $\log_a xy = \log_a x + \log_a y$　② $\log_a \dfrac{x}{y} = \log_a x - \log_a y$

③ $\log_a x^p = p \log_a x$　④ $\log_a a = 1$　⑤ $\log_a 1 = 0$

なお，④と⑤については，対数の定義からも明らかです。

$a^1 = a \ \rightarrow \ 1 = \log_a a$　　$a^0 = 1 \ \rightarrow \ 0 = \log_a 1$

答　(a)－(1)，(b)－(1)

解説

以下では信号の“$(j\omega)$”の部分を省略して表記します。

(a)　全体の周波数伝達関数 $W(j\omega)$

加え合わせ点における加減算の結果の信号を E とすると，一つ目のブロックの出力信号，すなわち引き出し点で分岐する信号は $\dfrac{E}{j\omega T}$ です。

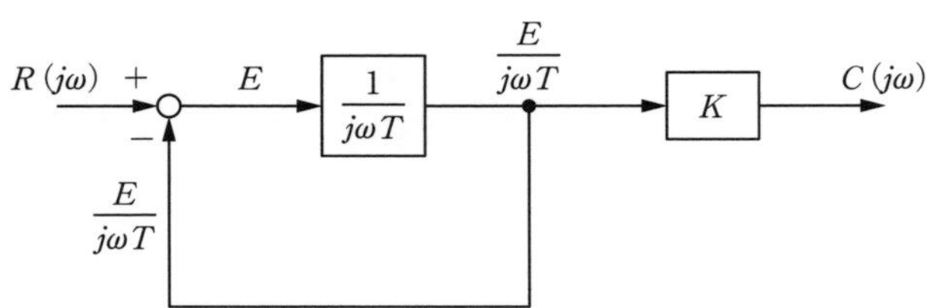

これより，

$$E=R-\frac{E}{j\omega T} \rightarrow R=E\left(1+\frac{1}{j\omega T}\right) \quad \cdots\text{(a)}$$

また，二つ目のブロックの出力信号，すなわち出力信号 C は，

$$C=K\times\frac{E}{j\omega T}=E\frac{K}{j\omega T} \quad \cdots\text{(b)}$$

全体の周波数伝達関数 W は，(b)式÷(a)式より，

$$W=\frac{C}{R}=\frac{E\frac{K}{j\omega T}}{E\left(1+\frac{1}{j\omega T}\right)}=\frac{K}{1+j\omega T} \quad \cdots\text{(b)}'$$

この式に題意の各数値（$T=0.2$ [s]，$K=10$）を代入して，

$$W=\frac{10}{1+j0.2\omega}$$

別解　299 ページの等価変換より，フィードバック接続の合成伝達関数は，

$$\frac{\frac{1}{j\omega T}}{1+\frac{1}{j\omega T}\times 1}=\frac{1}{1+j\omega T}$$

よって，全体の周波数伝達関数 W は，

$$W=\frac{K}{1+j\omega T}=\frac{10}{1+j0.2\omega}$$

(b)　周波数伝達関数 $W(j\omega)$ のボード線図のゲイン特性

まず，小問(a)で求めた周波数伝達関数 W をゲイン G で表します。W を(1)式に代入すると，

$$G=20\log_{10}\left|\frac{10}{1+j0.2\omega}\right|=20\log_{10}\frac{10}{\sqrt{1^2+(0.2\omega)^2}}$$

$$=20\log_{10}10-20\log_{10}\{1+(0.2\omega)^2\}^{\frac{1}{2}}$$

$$=20-10\log_{10}\{1+(0.2\omega)^2\} \quad \cdots\text{(c)}$$

機械 67

そして，このゲイン特性が表されたボード線図を選択肢から選びます。このとき，正誤判定の基準になりそうな特徴がいくつかあります。

判定基準となりそうなものの一つは，$\omega=0$ のときの G の値です。そこで，(c)式に $\omega=0$ を代入すると，

$$G=20-10\log_{10}\{1+(0.2\times 0)^2\}=20-10\log_{10}1=20\,[\mathrm{dB}]$$

選択肢(1)と(2)では $\omega=0$ のとき $G=20\,[\mathrm{dB}]$，(3)～(5)では $\omega=0$ のとき $G=0\,[\mathrm{dB}]$ です。よって，これが一つの正誤判定基準となります。結局，この時点で答えは(1)と(2)のどちらかに絞られます。

もう一つの判定基準は，$G=0$ のときの ω の値です。(c)式に $G=0$ を代入すると，

$$G=20-10\log_{10}\{1+(0.2\omega)^2\}=0 \quad\rightarrow\quad 20=10\log_{10}\{1+(0.2\omega)^2\}$$

$$\rightarrow\quad 2=\log_{10}\{1+(0.2\omega)^2\} \quad\rightarrow\quad 10^2=1+(0.2\omega)^2$$

$$\rightarrow\quad 10^2 \fallingdotseq (0.2\omega)^2 \quad\rightarrow\quad 0.2\omega=10 \qquad \therefore\ \omega=50\,[\mathrm{rad/s}]$$

ここで，ω がこの値の $\dfrac{1}{10}$ 倍，すなわち $\omega=\dfrac{50}{10}=5\,[\mathrm{rad/s}]$ のとき，題意の但し書き（ω が 10 倍大きくなるに従って $|W(j\omega)|$ が $-20\,\mathrm{dB}$ 変化する）より $G=|W(j5)|=20\,[\mathrm{dB}]$ です。したがって，答えは(1)です。

$\omega=50\,[\mathrm{rad/s}]$ のときに $G=0$ なので，ω がこの $\dfrac{1}{10}$ 倍の $5\,\mathrm{rad/s}$ になったときは，$+20\,\mathrm{dB}$ 増加（変化）しています。

より深く理解する！

小問(b)について，折れ点角周波数から考えてみましょう。

(b)′式のように，分母が角周波数 ω の一次式で表される要素を**一次遅れ要素**といいます。一次遅れ要素のボード線図では，一般に折れ点角周波数 $\omega_c=\dfrac{1}{T}$ です。よって，折れ点角周波数 ω_c の値は，題意より $T=0.2\,[\mathrm{s}]$ なので，

$$\omega_c=\frac{1}{0.2}=5\,[\mathrm{rad/s}]$$

この時点で答えは(1)と(3)のどちらかに絞られます。

余裕があれば，この式$\left(\omega_c=\dfrac{1}{T}\right)$もぜひ覚えておきましょう。

＊　＊　＊　＊　＊　＊　＊　＊　＊　＊　＊

本問は対数計算が解答の要となっています。対数の性質をしっかり押さえておきましょう。

［機械］

68 配光特性の異なる2個の照明

図に示すように，床面上の直線距離3m離れた点O及び点Qそれぞれの真上2mのところに，配光特性の異なる2個の光源A，Bをそれぞれ取り付けたとき，$\overline{OQ}$線上の中点Pの水平面照度に関して，次の(a)及び(b)に答えよ。

ただし，光源Aは床面に対し平行な方向に最大光度I_0[cd]で，このI_0の方向と角θをなす方向に$I_A(\theta)=1\,000\cos\theta$[cd]の配光をもつ。光源Bは全光束5 000 lmで，どの方向にも光度が等しい均等放射光源である。

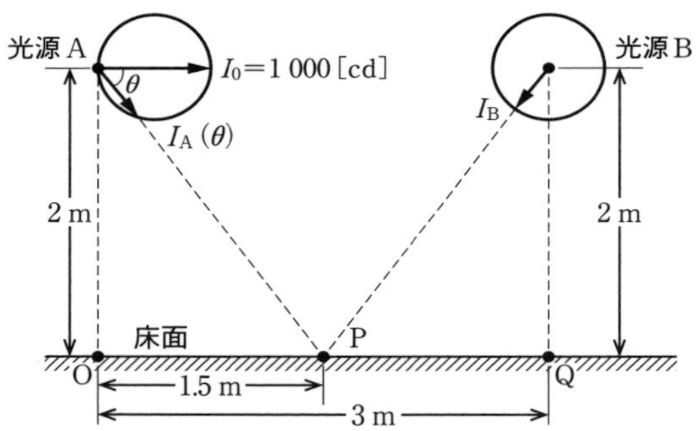

(a)　まず，光源Aだけを点灯したとき，点Pの水平面照度[lx]の値として，最も近いのは次のうちどれか。

(1)　57.6　(2)　76.8　(3)　96.0　(4)　102　(5)　192

(b)　次に，光源Aと光源Bの両方を点灯したとき，点Pの水平面照度[lx]の値として，最も近いのは次のうちどれか。

(1)　128　(2)　141　(3)　160　(4)　172　(5)　256

POINT

(a)　配光光度$I_A(\theta)$がそのまま点Pに達するわけではないことに注意しましょう。光度は単位立体角当たりの光束，照度は単位面積当たりの光束です。

(b)　光源Bによる点Pの照度を求めるためには，まず光源Bの全光束の値から光度を計算する必要があります。

⇨ 出題テーマをとらえる！

❶ 光を放射する物体を**光源**といい，光源から単位時間に放射される光のエネルギーを**放射束**といいます。単位は [J/s]＝[W] です。

❷ 光源の放射束のうち，人の目が光として感じる量を**光束**といいます。単位は**ルーメン** [lm] です。

❸ 点光源からある方向の単位立体角当たりに放射される光束の大きさを**光度**といいます。単位は**カンデラ** [cd] です（[lm/sr]＝[cd]）。また，光源のそれぞれの向きの光度分布を**配光**といいます。

補足 ある点から見た空間の広がりの度合いは**立体角**で表されます。立体角の単位は**ステラジアン** [sr] で，**全立体角は 4π [sr]** です。

❹ 照射面の単位面積当たりに入射する光束の大きさを**照度**といいます。単位は**ルクス** [lx] です（[l m/m²]＝[lx]）。また，入射光束に垂直な面に対する照度を**法線照度**，水平面に対する照度を**水平面照度**，鉛直面に対する照度を**鉛直面照度**といいます。

❺ 点光源からの距離が大きくなるほど，照射面が大きくなって単位面積当たりの入射光束も小さくなります。このとき，照度は距離の 2 乗に反比例し，これを**距離の逆 2 乗の法則**といいます。すなわち，光度 I [cd] の点光源から距離 l [m] だけ離れた点の法線照度 E_n [lx] は，

$$E_n=\frac{I}{l^2} \quad \cdots(1)$$

補足 右図のように，光度 I [cd] の方向と鉛直面のなす角度を θ とすると，法線照度 E_n [lx]，水平面照度 E_h [lx]，鉛直面照度 E_v [lx] の間には次式の関係があります。

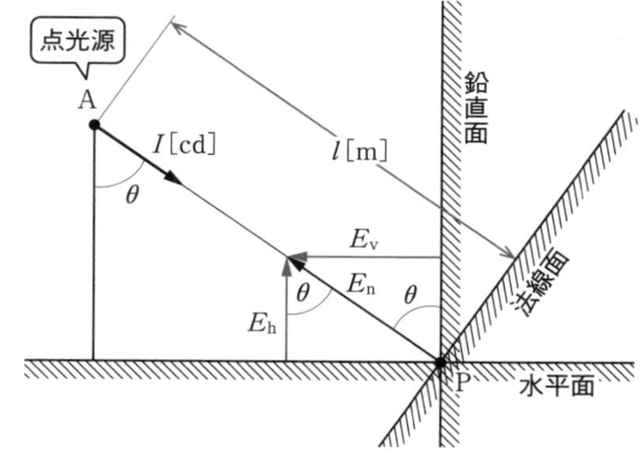

$$E_h=E_n\cos\theta \quad \cdots(2)$$

$$E_v=E_n\sin\theta \quad \cdots(3)$$

答 (a)－(2)，(b)－(1)

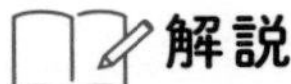

解説

(a) 光源Aだけを点灯したときの点Pの水平面照度[lx]の値

題意より，最大光度 I_0 の配光光度 $I_A(\theta)=1\,000\cos\theta$ [cd] です。

ここで，右図より，

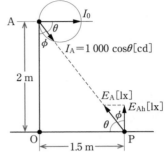

$$\overline{AP}=\sqrt{\overline{OA}^2+\overline{OP}^2}$$ ←三平方の定理

$$=\sqrt{2^2+1.5^2}=\sqrt{6.25}=2.5$$

よって，

$$\cos\theta=\frac{\overline{OP}}{\overline{AP}}=\frac{1.5}{2.5}=\frac{3}{5}$$

したがって，

$$I_A(\theta)=1\,000\cos\theta$$
$$=1\,000\times\frac{3}{5}=600\ [cd]$$

この配光光度の点Pにおける法線照度 E_A [lx] は，(1)式より，

$$E_A=\frac{I_A(\theta)}{\overline{AP}^2}=\frac{600}{2.5^2}=96\ [lx]$$

点Pの水平面照度 E_{Ah} は，上図のように E_A [lx] と垂直面のなす角を $\phi\left(=\frac{\pi}{2}-\theta\right)$ とすると，(2)式より，

$$E_{Ah}=E_A\cos\phi=E_A\times\frac{\overline{OA}}{\overline{AP}}=96\times\frac{2}{2.5}=76.8\ [lx]$$

(2)式中の θ は鉛直面となす角ですが，この問題で与えられている θ は水平面となす角であることに注意してください。(2)式中の θ は，上図中の ϕ に相当する角です。

(b) 光源Aと光源Bの両方を点灯したときの点Pの水平面照度[lx]の値

光源Aによる点Pの水平面照度 E_{Ah} は小問(a)で求めたので，光源Bによる点Pの水平面照度 E_{Bh} を求めるのが本題です。

光源Bは均等放射光源で全光束は5 000 lm，全立体角は4π[sr]なので，その光度I_Bは，

$$I_B=\frac{5\,000}{4\pi}=\frac{1\,250}{\pi}\ [\text{cd}]$$

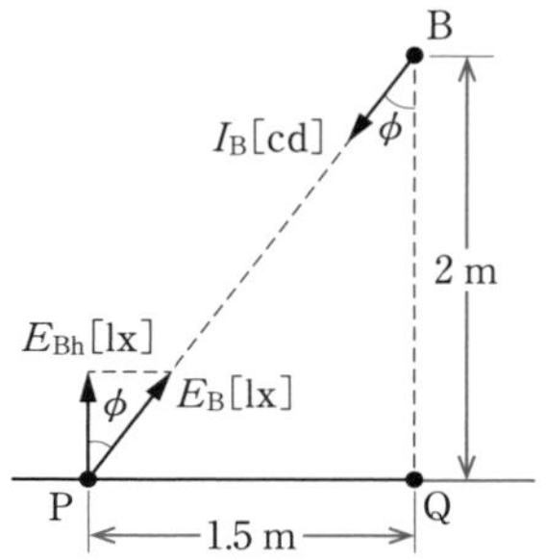

右図のように，配光光度I_Bの方向と垂直面のなす角はϕなので，光度I_BのPにおける法線照度E_B[lx]は，(1)式より，

$$E_B=\frac{I_B}{\text{BP}^2}=\frac{I_B}{\text{AP}^2}=\frac{\frac{1\,250}{\pi}}{2.5^2}=\frac{200}{\pi}[\text{lx}]$$

点Pは$\overline{\text{OQ}}$線上の中点なので，$\angle\text{OAP}=\angle\text{QBP}=\phi$です。当然，$\overline{\text{BP}}=\overline{\text{AP}}$です。

よって，光源Bによる点Pの水平面照度E_{Bh}[lx]は，(2)式より，

$$E_{Bh}=E_B\cos\phi=\frac{200}{\pi}\times\frac{2}{2.5}\fallingdotseq 50.9\ [\text{lx}]$$

したがって，点Pの水平面照度は，

$$E_{Ah}+E_{Bh}=76.8+50.9=127.7\fallingdotseq 128\ [\text{lx}]$$

より深く理解する！

「放射束」と「光束」は同じものを別の視点から捉えたものです。放射束はエネルギーという**物理量**の観点から，光束は人間の目による測定量（**測光量**）という観点から捉えたものです。当然，両者の単位は異なります。

＊　＊　＊　＊　＊　＊　＊　＊　＊　＊　＊

「光度」は単位立体角当たりの光束なので，その大きさは光源からの距離に無関係です。それ対して「照度」は，単位面積当たりの光束なので，光源から離れれば離れるほど小さくなります。

＊　＊　＊　＊　＊　＊　＊　＊　＊　＊　＊

半径R[m]の球について，球の中心Oを頂点とした円すいを考えましょう。この円すいは，中心Oから見た空間の広がりの度合い，すなわち「立体角」を示唆します。よって，円すい（立体角ω）が切り取る球面上の面積がS_1[m^2]のとき，ω[sr]は次式で表されます。

$$\omega=\frac{S_1}{R^2}\quad\cdots(4)$$ ←立体角の定義（公式）

ここで，半径 R の球の表面積 $S=4\pi R^2$ [m^2] なので，全立体角は $\dfrac{4\pi R^2}{R^2}=4\pi$ [sr] です。

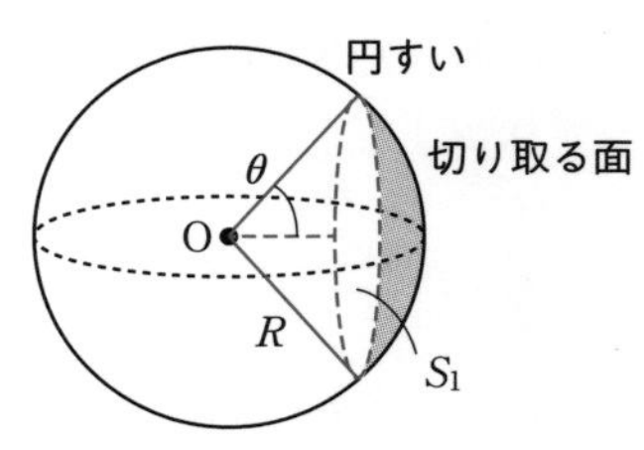

また，立体角 ω [sr] と平面角 θ [rad] の間には次式の関係があります。ただし，θ は右図に示す値であることに注意してください。

$$\omega=2\pi(1-\cos\theta) \quad \cdots(5)$$

［機械］

69 照明設計

床面積20 m×60 mの工場に，定格電力400 W，総合効率55 lm/Wの高圧水銀ランプ20個と，定格電力220 W，総合効率120 lm/Wの高圧ナトリウムランプ25個を取り付ける設計をした。照明率を0.60，保守率を0.70としたときの床面の平均照度[lx]の値として，正しいのは次のうちどれか。

ただし，総合効率は安定器の損失を含むものとする。

(1)　154　　(2)　231　　(3)　385　　(4)　786　　(5)　1 069

POINT

照明器具の定格電力と総合効率から全光束を計算し，題意の数値とともに平均照度の公式に代入するだけです。

出題テーマをとらえる！

❶　照明の効率は単位電力当たりの全光束（単位[lm/W]）で表され，この値が大きいほど高効率です。

❷　室内やその作業面で均一な照度を得たい場合（**全般照明**）は，多くの光源を分布して配置するだけでなく，基準となる高さを決める必要があります。これは，光源からの距離によって照度が変わるからです（距離の逆2乗の法則）。

❸　基準面の面積をA [m^2]，光源からの光束をF [lm]，光束の数（照明器具の数）をN，照明率をU，保守率をMとすると，平均照度E [lx]は，

$$E=\frac{NFUM}{A}\quad\cdots(1)$$

補足　**保守率**Mは，照明器具の「新設時の照度」Eに対する「一定期間経過後の照度」E'の割合$\left(\dfrac{E'}{E}\right)$です。また，**照明率**$U$は，総光束に対する基準面に達する光束$EA$ [lm]（または，$E'A$）の割合です。ここでいう総光束は，照明器

具の新設時は NF [lm] ですが，保守率を考慮した場合は NFM [lm] です。

$$U = \frac{EA}{NF} = \frac{E'A}{NFM}$$

参考 ❹ 安定器は鉄心にコイルを巻いたもので，照明の点灯回路に流れる電流を制限して一定の大きさで流す役割を担っています。

答　(3)

解説

高圧水銀ランプ 1 個の全光束 F_1 [lm]，高圧ナトリウムランプ 1 個の全光束 F_2 [lm] の値は，定格電力と総合効率から，

$$F_1 = 400 \times 55 = 22\,000 = 22 \times 10^3 \text{ [lm]}$$

$$F_2 = 220 \times 120 = 26\,400 = 26.4 \times 10^3 \text{ [lm]}$$

照明の効率に関する知識がなくても，単位に着目すれば「定格電力×総合効率」⇒「[W]×[lm/W]= [lm]」となることから，全光束の計算方法が推測できるはずです。

計算結果の桁数が多くなった場合，計算ミスを防ぐためにも 10 の累乗（$\times 10^n$）の形にしておくことをお勧めします。その際，n の数値は 3 の倍数にしておくと便利なことが多いです。これは，単位の接頭語（例．キロ $k=10^3$，メガ $M=10^6$）では，n が 3 の倍数あることがほとんどだからです。

よって，照明器具の（新設時の）総光束 NF [lm] は，高圧水銀ランプの個数を $N_1 = 20$，高圧ナトリウムランプの個数を $N_2 = 25$ とすると，

$$NF = N_1F_1 + N_2F_2 = 22 \times 10^3 \times 20 + 26.4 \times 10^3 \times 25 = 440 \times 10^3 + 660 \times 10^3$$
$$= 1\,100 \times 10^3 = 1.1 \times 10^6 \text{ [lm]}$$

したがって，床面の平均照度 E [lx] は，(1)式に各数値（NF，照明率 $U=0.60$，保守率 $M=0.70$，床面積 $A=20$ [m]×60 [m]）を代入して，

$$E = \frac{NFUM}{A} = \frac{1.1 \times 10^6 \times 0.60 \times 0.70}{20 \times 60} = \frac{462\,000}{1\,200} = 385 \text{ [lx]}$$

［機械］

70 電気炉壁からの熱損失

電気炉の壁の外面に垂直に小穴をあけ，温度計を挿入して壁の外面から 10 cm と 30 cm の箇所で壁の内部温度を測定したところ，それぞれ 72℃と 142℃の値が得られた。炉壁の熱伝導率を 0.94 W/(m·K) とすれば，この炉壁からの単位面積当たりの熱損失 [W/m²] の値として，正しいのは次のうちどれか。

ただし，壁面に垂直な方向の温度こう配は一定とする。

(1) 3.29　(2) 14.9　(3) 165　(4) 329　(5) 1 490

POINT

炉壁からの熱損失は炉壁の熱流にほかなりません。ただし，求めるのは「単位面積当たり」の値であることに注意しましょう。

出題テーマをとらえる！

❶ 熱の伝わり方には，伝導・対流・放射の三つの形態があります。物体の高温側から低温側に，熱が物体内を移動することを**熱伝導**といいます。また，流体（水や空気など）の移動に伴って熱が移動することを**対流**，物体（媒体）を仲介せずに熱が移動することを**熱放射**といいます。

❷ 熱の伝導は電気の伝導（電流）とよく似ています。熱伝導によって単位時間当たりに流れる熱量を**熱流**といいます。物体の高温側の温度を θ_1 [℃]（θ_1 [K]），低温側の温度を θ_2 [℃]（θ_2 [K]），両者の温度差を θ [℃]（θ [K]），熱の伝わりにくさ（**熱抵抗**）を R_T [K/W] とすると，熱流 Φ [W] は，

$$\Phi = \frac{\theta_1 - \theta_2}{R_T} = \frac{\theta}{R_T} \quad \cdots(1)$$

←電気系における「オームの法則」に類似！

この(1)式を**熱回路のオームの法則**ということがあります。なお，熱流が流れる物体の距離を l [m]，断面積を S [m²]，熱伝導のしやすさを示す定数（**熱伝導率**）を λ [W/(m·K)] とすると，熱抵抗 R_T [K/W] は，

$$R_T = \frac{1}{\lambda} \cdot \frac{l}{S} \quad \cdots (2)$$

補足　「セルシウス温度と絶対温度」179 ページ参照

答　(4)

解説

電気炉の炉壁内を熱伝導によって熱が移動し，炉壁の表面（外面）から外部に熱が放射（熱放射）されます。これが炉壁からの熱損失です。流れ出る熱流 Φ は，(1)式に(2)式を代入すると，

$$\Phi = \frac{\theta_1 - \theta_2}{\frac{1}{\lambda} \cdot \frac{l}{S}} = \frac{\lambda S}{l}(\theta_2 - \theta_1)$$

求める値は「単位面積当たりの」熱流 $\left(\frac{\Phi}{S}\right)$ なので，この式の両辺を面積 S で割ってから，題意の各数値（$\lambda = 0.94$ [W/(m·K)]，$l = 30 - 10 = 20$ [cm] $= 0.2$ [m]，$\theta_2 = 142$ [℃]，$\theta_1 = 72$ [℃]）を代入します。

$$\frac{\Phi}{S} = \frac{\lambda}{l}(\theta_2 - \theta_1) = \frac{0.94}{0.2}(142 - 72) = 4.7 \times 70 = 329 \text{ [W/m}^2\text{]}$$

より深く理解する！

公式に数値を代入するときは，単位の整合性に気を付けましょう。炉壁の外面からの距離（10 cm と 30 cm）の単位が[cm]で与えられていますが，求める答え（炉壁からの単位面積当たりの熱損失）の単位は [W/m^2] なので，単位の接頭語を $c = 10^{-2} = 0.01$ として [m] に換算します。また，炉壁の熱伝導率の単位 [W/(m·K)] には [K] が含まれていますが，ここでは温度差だけが分かれば良いので，単位は [℃] のままで計算しても大丈夫です。

*　*　*　*　*　*　*　*　*　*　*

問題文の但し書きに「壁面に垂直な方向の温度こう配は一定」とありますが，これは一定の割合で温度が変化することを意味しています。

*　*　*　*　*　*　*　*　*　*　*

熱系と電気系の値を対応させると，次表のようになります。

熱系の量	電気系の量
熱流 Φ[W]	電流 I[A]
温度差 θ[K]	電位差，電圧 V[V]
熱量 Q[J]	電気量 Q[C]
熱抵抗 R_T[K/W]	電気抵抗 R[Ω]
熱伝導率 λ[W/(m·K)]	導電率 σ[S/m]
熱容量 C[J/K]	静電容量 C[F]

特に，(1)式，(2)式について比較すると，次のようになります。

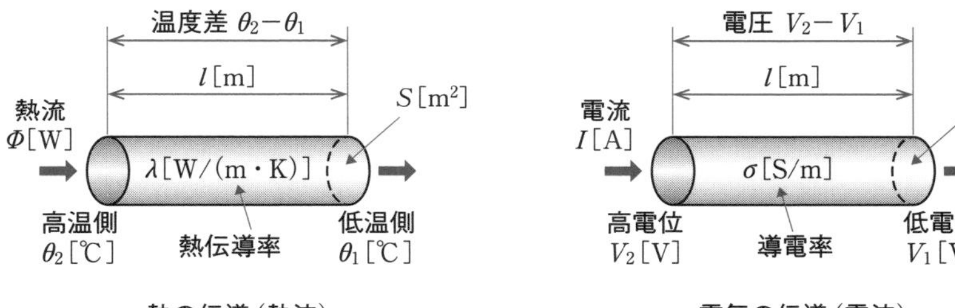

熱の伝導（熱流）　　電気の伝導（電流）

機械 70

［機械］

71 ヒートポンプ式電気給湯器

図はヒートポンプ式電気給湯器の概要図である。ヒートポンプユニットの消費電力は 1.34 kW，COP（成績係数）は 4.0 である。また，貯湯タンクには 17℃の水 460 L が入っている。この水全体を 88℃まで加熱したい。次の(a)及び(b)の問に答えよ。

(a)　この加熱に必要な熱エネルギー W_h の値[MJ]として，最も近いものを次の(1)～(5)のうちから一つ選べ。ただし，貯湯タンク，ヒートポンプユニット，配管などからの熱損失はないものとする。また，水の比熱容量は 4.18 kJ/(kg･K)，水の密度は 1.00×10^3 kg/m^3 であり，いずれも水の温度に関係なく一定とする。

(1)　37　　(2)　137　　(3)　169　　(4)　202　　(5)　297

(b)　この加熱に必要な時間 t の値[h]として，最も近いものを次の(1)～(5)のうちから一つ選べ。ただし，ヒートポンプユニットの消費電力及び COP はいずれも加熱の開始から終了まで一定とする。

(1)　1.9　　(2)　7.1　　(3)　8.8　　(4)　10.5　　(5)　15.4

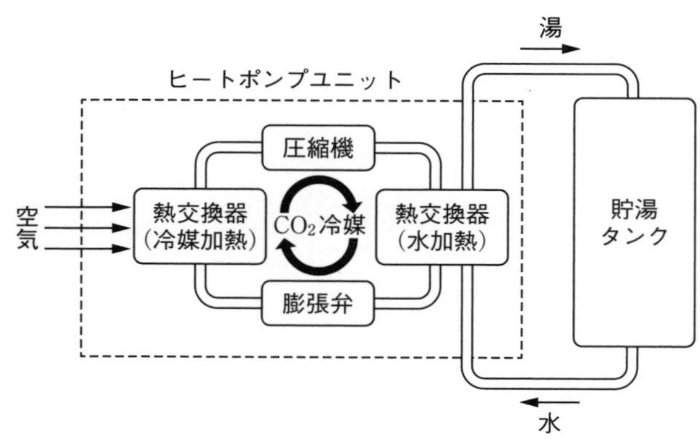

POINT

(a) 体積の単位に注意して水の質量を計算し，公式を適用するだけです。なお，1 L は 10^{-3}m^3 です。

(b) 成績係数（COP）の公式を利用しますが，このとき電力（仕事率）と電力量（仕事＝エネルギー）を混同しないように注意しましょう。また，求める時間 t の単位は，秒[s]ではなく時間[h]であることにも注意しましょう。

出題テーマをとらえる！

❶ **ヒートポンプ**（heat pump）は，冷媒（流体）によって低温部の熱（熱エネルギー）を高温部へと移動させる装置です。水を低所から高所へ汲み上げるポンプ（pump）に似ていることから，「熱（heat）のポンプ」という意味でこのように呼ばれています。

❷ 物体は，固体・液体・気体の間を変化（状態変化）するとき，エネルギーを吸収したり放出したりします。これを**潜熱**といいます。ヒートポンプは冷媒の潜熱を利用した仕組みです。

補足　例えば，100℃の水（熱湯）が100℃の水蒸気（気体の水）に変わるとき，温度が変わらないにもかかわらず，熱（熱エネルギー）が吸収されます。このとき吸収される熱が潜熱です。

❸ **成績係数（COP）**は，ヒートポンプ式電気給湯器やエアコンなど冷暖房機器のエネルギー消費効率を表す指標の一つです。成績係数は，必ず1よりも大きくなります。

$$\mathrm{COP}=\frac{\text{冷暖房の能力}\,[\mathrm{kW}]}{\text{消費電力}\,[\mathrm{kW}]}\quad\cdots(1)$$

❹ 電気抵抗で発生する熱（ジュール熱）を利用した加熱方法を**抵抗加熱**といいます。抵抗の消費電力を P[W]とすると，t 秒[s]の間に発生する熱量 Q[J]は，

$$Q=Pt\quad\cdots(2)$$

補足　「仕事率と仕事」166ページ参照

❺ 「熱容量」179〜180ページ参照

補足　水の比熱（容量）は水の温度によって変化します。ただし，それほど大

きな変化ではないため，その変化を普通は無視できます。

答　(a)－(2)，(b)－(2)

解説

このヒートポンプユニットでは，問題図の左側の熱交換器で空気から熱を奪って，その熱を冷媒（二酸化炭素 CO_2）に与えることで冷媒を加熱します。加熱された冷媒は右側の熱交換器に移動しますが，右側の熱交換器では冷媒から水に熱を移動させて，水を加熱してお湯を沸かします。そうして熱を奪われた冷媒は，再び左側の熱交換器に移動し，そこで再び空気から熱を受け取ります。なお，圧縮機（コンプレッサー）や膨張弁はその間の調整を行うだけのものなので，ここでは深く考えなくても大丈夫です。

(a)　加熱に必要な熱エネルギー W_h の値 [MJ]

1 L＝10^{-3}m^3 なので，460 L＝0.46 m^3 です。よって，460 L の水の質量 m は，題意より水の密度が 1.00×10^3kg/m^3 なので，

$$m=0.46\times1.00\times10^3=460\ [\mathrm{kg}]$$

「密度」は単位体積当たりの質量です。よって，質量は次式のように計算できます。
　　質量 [kg]＝ 体積 [m^3]× 密度 [kg/m^3]

題意より水の比熱 $c=4.18$ [kJ/(kg·K)]，上昇させる温度 $\Delta T=88-17=71$ [K] なので，この加熱に必要な熱エネルギー W_h の値は，

$$W_h=mc\Delta T=460\times4.18\times71=136\,518.8\ [\mathrm{kJ}]$$
$$\fallingdotseq137\times10^3\ [\mathrm{kJ}]=137\ [\mathrm{MJ}]$$

単位の接頭語に注意しましょう。k＝10^3，M＝10^6 です（166 ページ参照）。

(b)　加熱に必要な時間 t の値 [h]

成績係数（COP＝4.0）が分かっているので，(1)式を利用します。ただし，(1)式は「電力 [W]」すなわち「仕事率 [J/s]」に関するものであることに注意し

ます。

(2)式より，加熱に必要な時間を t[h] とすると，必要な能力 P は，

$$P=\frac{W_{\mathrm{h}}}{t}=\frac{137\times10^{3}\,[\mathrm{kJ}]}{\mathrm{t}\,[\mathrm{h}]}\quad\left(\frac{[\mathrm{kJ}]}{[\mathrm{h}]}=[\mathrm{kJ/h}]\right)$$

題意より，ヒートポンプのCOPが4.0，消費電力が1.34 kW（=1.34 [kJ/s]）なので，これらの値を(1)式に代入すると，

$$4.0=\frac{\dfrac{137\times10^{3}\,[\mathrm{kJ}]}{t[\mathrm{h}]}}{1.34\,[\mathrm{kJ/s}]}=\frac{\dfrac{137\times10^{3}\,[\mathrm{kJ}]}{t\times3\,600\,[\mathrm{s}]}}{1.34\,[\mathrm{kJ/s}]}$$

1 h=3 600 s（1時間=60分×60秒/分=3 600秒）であることに注意して計算します。

$$\therefore\ t=\frac{137\times10^{3}}{1.34\times3\,600}\times\frac{1}{4}\fallingdotseq7.1\,[\mathrm{h}]$$

機械
71

より深く理解する！

公式を適用するだけなので，考え方そのものは難しくない内容です。ただし，単位やその接頭語などの変換で注意する事項が多く，計算ミスしやすい問題でしょう。単位には日頃からよく意識しておくこと，また，単位の接頭語も重要なものは覚えておきましょう（166ページ参照）。

＊　＊　＊　＊　＊　＊　＊　＊　＊　＊　＊

成績係数は少し古い考え方で，少しずつ使われなくなっています。より正確にエネルギー消費効率を表す指標としては**通年エネルギー消費効率（APF）**があり，次式で表されます。

$$\mathrm{APF}=\frac{\text{冷暖房中には発揮した能力の総和}\,[\mathrm{kW\cdot h}]}{\text{冷暖房中の消費電力の総和}\,[\mathrm{kW\cdot h}]}$$

この式は，電力[kW]（仕事率）ではなく電力量[kW·h]（仕事）に関するものであることが特徴です。APFは，エアコンの省エネルギー性能を評価する指標として広く使われています。

［機械］

72 送風機用電動機の所要出力

ビルの空気調和装置用に送風機を使用して，風量 1 200 m^3/min，風圧 160 mmAq の空気を送出する場合，この送風機用電動機の所要出力 [kW] はいくらになるか。正しい値を次のうちから選べ。

ただし，1 mmAq＝9.8 Pa，送風機の効率は 0.58，余裕係数は 1.3 とする。

(1)　4.2　　(2)　7.2　　(3)　14.0　　(4)　41.6　　(5)　70.3

POINT

公式に各数値を代入するだけですが，単位について理解できていれば公式を覚えていなくても解答できます。

出題テーマをとらえる！

❶　送風機用電動機の所要出力 P [kW] は，風量を Q [m^3/min]，風圧を ρH [kPa]，送風機の効率を η，余裕係数を α として，

$$P=\frac{\alpha Q\rho H}{60}\cdot\frac{1}{\eta}\quad\cdots(1)$$

補足　式中の数値「60」は風量 Q の単位に分 [min]（＝60 秒 [s]）が含まれているため，これを出力 P の単位 [kW]（＝[kJ/s]）に換算するためのものです。また，余裕係数 α は文字通り「余裕を持たせるための係数」で，通常は 1.05～1.2 の範囲に収まります。

答　(5)

解説

題意より 1 mmAq＝9.8 Pa なので，風圧 ρH＝160 [mmAq] は次のように単位を変換できます。

$$\rho H = 160 \times 9.8 = 1\,568\,[\mathrm{Pa}] = 1.568\,[\mathrm{kPa}]$$

求める所要出力 P は，これと題意の各数値（Q＝1200 [m³/min]，η＝0.58，α＝1.3）を(1)式に代入して，

$$P = \frac{1.3 \times 1\,200 \times 1.568}{60} \times \frac{1}{0.58} \fallingdotseq 70.3\,[\mathrm{kW}]$$

より深く理解する！

「電動機応用」分野に登場する公式は，クレーン，エレベータ，ポンプ，送風機と数が多く，それだけ個々の出題頻度は低く，使用する機会も多くありません。そこで，できる限り公式を覚えていない状態からでも答えられるようにしておきましょう。例えば，送風機用電動機の所要出力の公式 $\left(P = \dfrac{\alpha Q \rho H}{60} \cdot \dfrac{1}{\eta}\right)$ の場合は，以下のようにして考えられるはずです。

実際の出力 ηP の単位 [kW]＝[kJ/s]＝[kN·m/s] を，風量 Q の単位 [m³/min]＝[m³/60s]，風圧 ρH の単位 [kPa]＝[kN/m²] からつくるには，[kN/m²] と [m³/60s] を掛ける（乗じる）だけです。すなわち，

$$\eta P = \frac{Q \rho H}{60} \quad \longleftrightarrow \quad [\mathrm{kN \cdot m/s}] = \frac{[\mathrm{m^3/s}]}{60} \times [\mathrm{kN/m^2}]$$

ここに余裕係数を考慮すれば，(1)式が導出できます。ただし，このような考え方ができるには，仕事の単位 [J]＝[N·m]，仕事率の単位 [W]＝[J/s]，圧力の単位 [Pa]＝[N/m²] といった変換を，仕事（力×距離），仕事率（単位時間当たりの仕事），圧力（単位面積当たりの力）の定義から理解しておく必要があります。単位とその変換は非常に重要な基本事項なので，日頃からよく意識して学習しておきましょう。

［機械］

73 論理回路とその組合せ

次の論理回路について，(a)及び(b)の問に答えよ。

(a) 図1に示す論理回路の真理値表として，正しいものを次の(1)～(5)のうちから一つ選べ

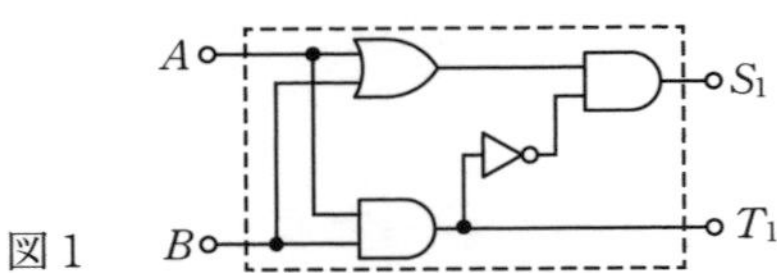

図1

(1)

入力		出力	
A	B	S_1	T_1
0	0	0	0
0	1	0	0
1	0	0	0
1	1	0	1

(2)

入力		出力	
A	B	S_1	T_1
0	0	0	1
0	1	0	0
1	0	0	0
1	1	0	1

(3)

入力		出力	
A	B	S_1	T_1
0	0	0	0
0	1	1	0
1	0	0	0
1	1	0	1

(4)

入力		出力	
A	B	S_1	T_1
0	0	0	0
0	1	1	0
1	0	1	0
1	1	0	1

(5)

入力		出力	
A	B	S_1	T_1
0	0	0	1
0	1	1	0
1	0	1	0
1	1	0	1

(b) 図1に示す論理回路を2組用いて図2に示すように接続して構成したとき，A，B 及び C の入力に対する出力 S_2 及び T_2 の記述として，正しいものを次の(1)～(5)のうちから一つ選べ。

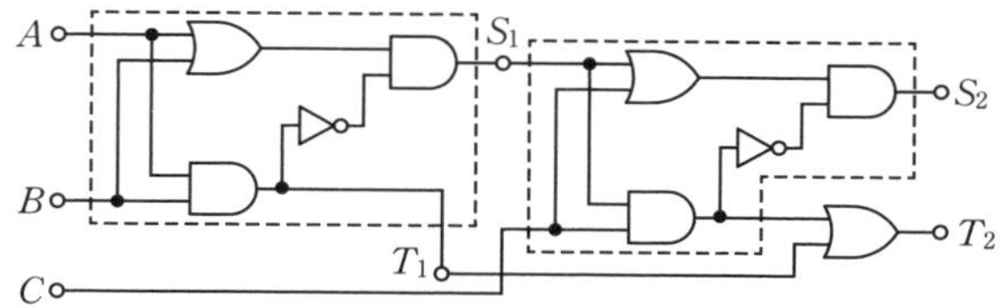

図2

(1) $A=0$，$B=0$，$C=0$ を入力したときの出力は，$S_2=0$，$T_2=1$ である。
(2) $A=0$，$B=0$，$C=1$ を入力したときの出力は，$S_2=0$，$T_2=1$ である。
(3) $A=0$，$B=1$，$C=0$ を入力したときの出力は，$S_2=1$，$T_2=0$ である。
(4) $A=1$，$B=0$，$C=1$ を入力したときの出力は，$S_2=1$，$T_2=0$ である。
(5) $A=1$，$B=1$，$C=0$ を入力したときの出力は，$S_2=1$，$T_2=1$ である。

機械 73

POINT

論理式をつくることもできますが，回路図から考える方が簡単です。
(a) 入力の四つの組合せを順番に検証するだけです。
(b) (a)の結果（真理値表）を利用して解答します。

出題テーマをとらえる！

❶ 「シーケンス制御（自動制御）」296 ページ参照

❷ シーケンス制御の信号処理用回路は，AND 回路・OR 回路・NOT 回路などから構成されています。これらは信号を「1」か「0」で表し，さまざまな演算を行います。このような回路を**論理回路**といい，論理回路の演算方法は**論理式**，論理回路のつながりは**回路図**で表されます。また，論理回路の入力（**論理変数**）と出力の関係を表に表したものを**真理値表**といいます。

❸ **AND(アンド) 回路（論理積回路）・OR(オア) 回路（論理和回路）・NOT(ノット) 回路（論理否定回路）**の図記号と論理式，真理値表は次のとおりです。これらの定義を**ブール代数の公理**といいます。

AND

A
B
A+B

OR

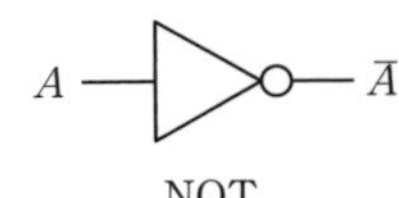

NOT

入力		出力
A	B	$A \cdot B$
0	0	0
0	1	0
1	0	0
1	1	1

入力		出力
A	B	$A+B$
0	0	0
0	1	1
1	0	1
1	1	1

入力	出力
A	$\overline{A}$
0	1
1	0

＊信号は常に「1」（ある）か「0」（ない）で表されます。電流ではないので，二つの入力信号「1」が合流しても「2」にはなりません。なお，$\overline{A}$ の ―（バー）は否定を意味します。

補足　**NAND（ナンド）回路（否定論理積回路），NOR（ノア）回路（否定論理和回路），ExOR（エクスクルーシブオア）回路（排他的論理和回路）**の図記号と論理式，真理値表は次のとおりです。

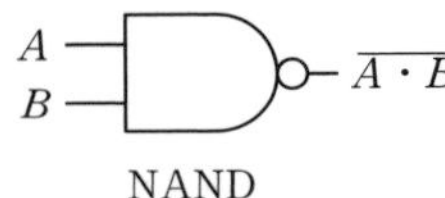

NAND

NOR

A
B
$\overline{A} \cdot B + A \cdot \overline{B}$

ExOR

入力		出力
A	B	$\overline{A \cdot B}$
0	0	1
0	1	1
1	0	1
1	1	0

入力		出力
A	B	$\overline{A+B}$
0	0	1
0	1	0
1	0	0
1	1	0

入力		出力
A	B	$\overline{A} \cdot B + A \cdot \overline{B}$
0	0	0
0	1	1
1	0	1
1	1	0

答　(a)－(4)，(b)－(3)

解説

(a)　論理回路の真理値表

入力の四つの組合せを順番に検証していきます。

①　$A=0$，$B=0$ のとき，下図①のように $S_1=0$，$T_1=0$ です。よって，$T_1=1$ となる選択肢(2)と(5)は誤りです。

② $A=0$, $B=1$ のとき，下図②のように $S_1=1$, $T_1=0$ です。よって，$S_1=0$ となる選択肢(1)と(2)は誤りです。

③ $A=1$, $B=0$ のとき，下図③のように $S_1=1$, $T_1=0$ です。よって，$S_1=0$ となる選択肢(1)～(3)は誤りです。

以上から，答えは選択肢(4)であることが分かります。

補足 ④ $A=1$, $B=1$ のとき，下図④のように $S_1=0$, $T_1=1$ です。ただし，すべての選択肢で $S_1=0$, $T_1=1$ となっているため，このことは確認する必要はありません。

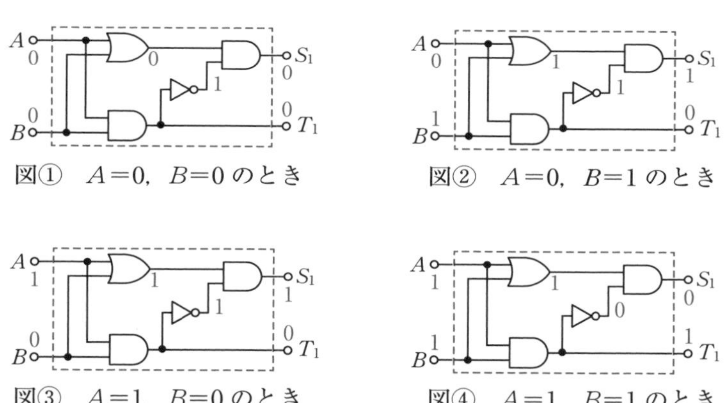

図① $A=0$, $B=0$ のとき　図② $A=0$, $B=1$ のとき

図③ $A=1$, $B=0$ のとき　図④ $A=1$, $B=1$ のとき

(b) A, B 及び C の入力に対する出力 S_2 及び T_2 の記述

小問(a)で得られた次の真理値表を利用しますが，選択肢の五つの組合せを順番に検証することに変わりはありません。

入力		出力	
A	B	S_1	T_1
0	0	0	0
0	1	1	0
1	0	1	0
1	1	0	1

(1) $A=0$, $B=0$, $C=0$ のとき，次図のように $S_2=0$, $T_2=0$ です。よって，これは誤りです。

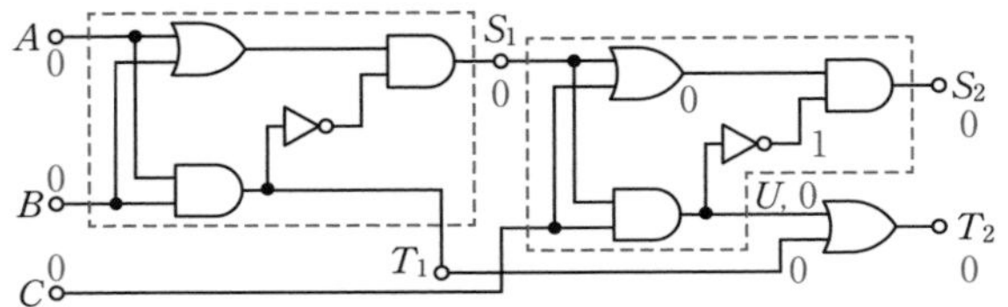

左側の論理回路の入力 $A=0$, $B=0$ なので，真理値表より出力 $S_1=0$, $T_1=0$ です。また，右側の論理回路の入力 $S_1=0$, $C=0$ なので，真理値表より出力 $S_2=0$, $U=0$ です。

(2)　$A=0$, $B=0$, $C=1$ のとき，次図のように $S_2=1$, $T_2=0$ です。よって，これは誤りです。

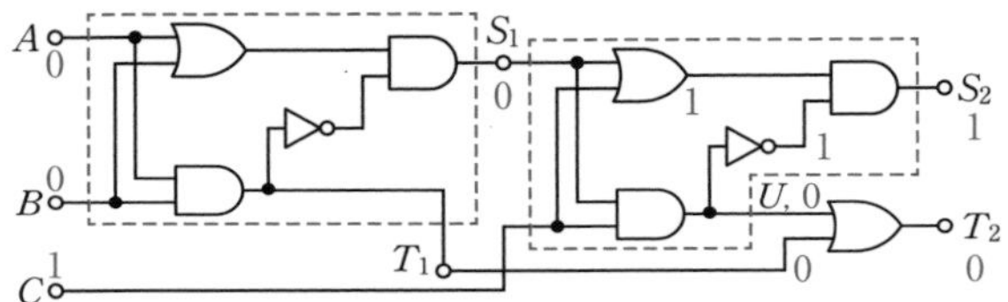

左側の論理回路の入力 $A=0$, $B=0$ なので，真理値表より出力 $S_1=0$, $T_1=0$ です。また，右側の論理回路の入力 $S_1=0$, $C=1$ なので，真理値表より出力 $S_2=1$, $U=0$ です。

(3)　$A=0$, $B=1$, $C=0$ のとき，次図のように $S_2=1$, $T_2=0$ です。よって，これが答えです。

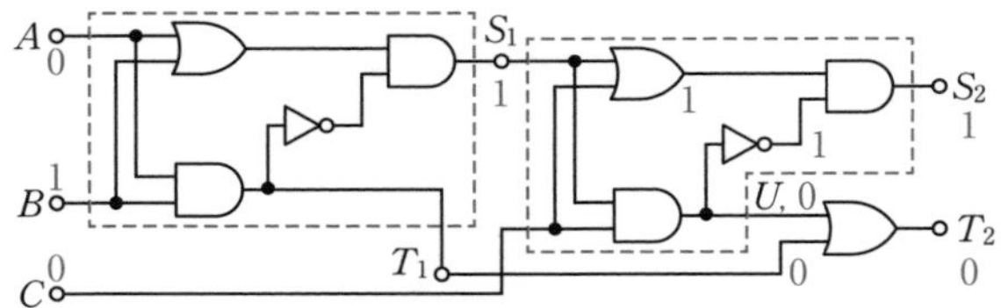

左側の論理回路の入力 $A=0$, $B=1$ なので，真理値表より出力 $S_1=1$, $T_1=0$ です。また，右側の論理回路の入力 $S_1=1$, $C=0$ なので，真理値表より出力 $S_2=1$, $U=0$ です。

(4)　$A=1$, $B=0$, $C=1$ のとき，次図のように $S_2=0$, $T_2=1$ です。よって，これは誤りです。

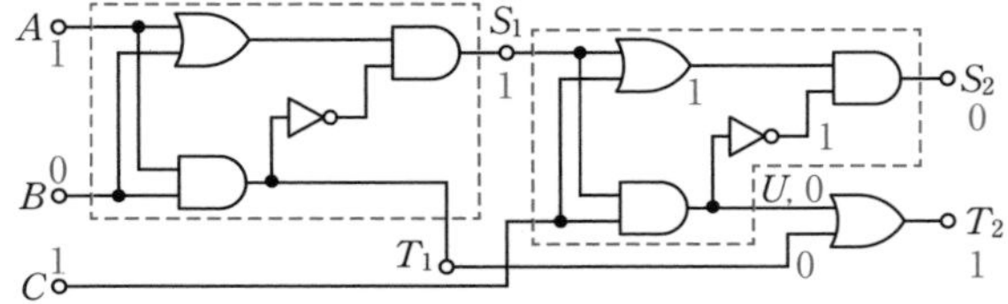

左側の論理回路の入力 $A=1$，$B=0$ なので，真理値表より出力 $S_1=1$，$T_1=0$ です。また，右側の論理回路の入力 $S_1=1$，$C=1$ なので，真理値表より出力 $S_2=0$，$U=1$ です。

(5)　$A=1$，$B=1$，$C=0$ のとき，次図のように $S_2=0$，$T_2=1$ です。よって，これは誤りです。

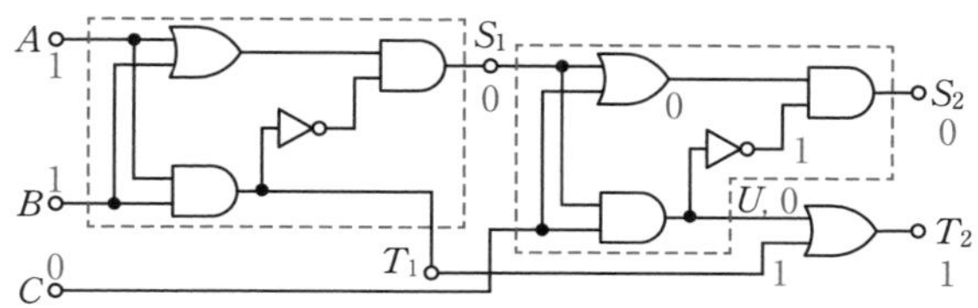

左側の論理回路の入力 $A=1$，$B=1$ なので，真理値表より出力 $S_1=0$，$T_1=1$ です。また，右側の論理回路の入力 $S_1=0$，$C=0$ なので，真理値表より出力 $S_2=0$，$U=0$ です。

より深く理解する！

最も簡単でミスが少ないのは以上のような解き方ですが，論理式をつくって解くこともできます（出題テーマは，331 ページを参照）。少し考え方が複雑になるだけですが，ミスする確率も少し高くなると思います。

(a)　論理回路の真理値表

次図のように回路図に論理式を書き込み，出力 S_1，T_1 の論理式をつくります。

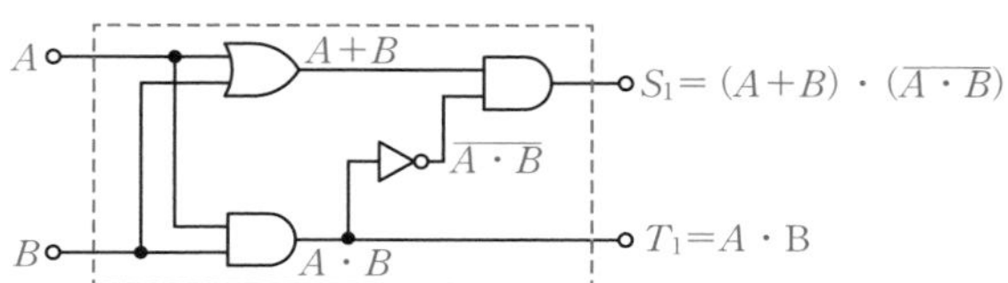

$S_1=(A+B)\cdot(\overline{A\cdot B})$

この式を変形すると，

$S_1=(A+B)\cdot(\overline{A\cdot B})$　←ド・モルガンの定理を適用

$=(A+B)\cdot(\overline{A}+\overline{B})$　←分配法則を適用

$=A\cdot\overline{A}+A\cdot\overline{B}+B\cdot\overline{A}+B\cdot\overline{B}$　←交換法則，否定元の定理を適用

$=0+A\cdot\overline{B}+\overline{A}\cdot B+0=A\cdot\overline{B}+\overline{A}\cdot B$　…(a)

以上のようにExOR回路が得られます。また，出力 T_1 はAND回路です。

$$T_1 = A \cdot B \quad \cdots\text{(b)}$$

これら(a)式，(b)式から，入力の四つの組合せを順番に検証していきます。このとき，「恒等の定理」を適用します。

① $A=0$，$B=0$ のとき，

$S_1 = A \cdot \overline{B} + \overline{A} \cdot B = 0 \cdot \overline{0} + \overline{0} \cdot 0 = 0 \cdot 1 + 1 \cdot 0 = 0 \qquad T_1 = 0 \cdot 0 = 0$

② $A=0$，$B=1$ のとき

$S_1 = A \cdot \overline{B} + \overline{A} \cdot B = 0 \cdot \overline{1} + \overline{0} \cdot 1 = 0 \cdot 0 + 1 \cdot 1 = 1 \qquad T_1 = 0 \cdot 1 = 0$

③ $A=1$，$B=0$ のとき

$S_1 = A \cdot \overline{B} + \overline{A} \cdot B = 1 \cdot \overline{0} + \overline{1} \cdot 0 = 1 \cdot 1 + 0 \cdot 0 = 1 \qquad T_1 = 1 \cdot 0 = 0$

以上から，答えは選択肢(4)であることが分かります。

補 足 ④ $A=1$，$B=1$ のとき

$S_1 = A \cdot \overline{B} + \overline{A} \cdot B = 1 \cdot \overline{1} + \overline{1} \cdot 1 = 1 \cdot 0 + 0 \cdot 1 = 0 \qquad T_1 = 1 \cdot 1 = 1$

ただし，すべての選択肢で $S_1=0$，$T_1=1$ となっているため，このことを確認する必要はありません。

(b) A，B及びCの入力に対する出力 S_2 及び T_2 の記述

小問(a)の結果を利用して，次図のように回路図に論理式を書き込み，出力 S_2，T_2 の論理式をつくります。

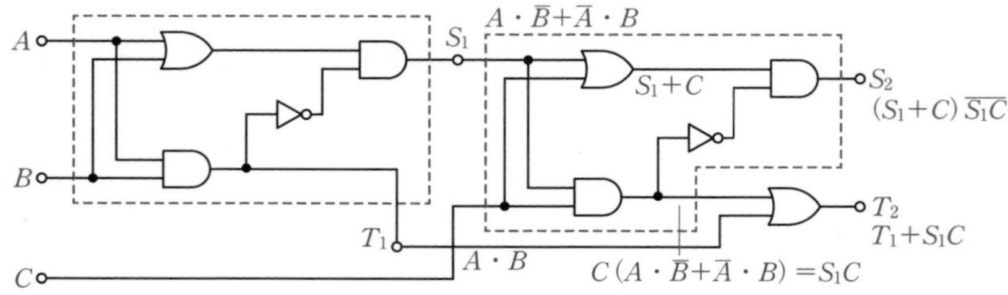

$S_2 = (S_1 + C)\overline{S_1 \cdot C}$ ←ド・モルガンの定理を適用

$\quad = (S_1 + C)(\overline{S_1} + \overline{C})$ ←分配法則を適用

$\quad = S_1 \cdot \overline{S_1} + S_1 \cdot \overline{C} + C \cdot \overline{S_1} + C \cdot \overline{C}$ ←交換法則，否定元の定理を適用

$\quad = 0 + S_1 \cdot \overline{C} + \overline{S_1} \cdot C + 0$

$\quad = S_1 \cdot \overline{C} + \overline{S_1} \cdot C \quad \cdots\text{(c)}$

$T_2 = T_1 + S_1 \cdot C \quad \cdots\text{(d)}$

続いて，選択肢(1)～(5)の組合せを順番に検証していきます。このとき，小問(a)の結果を利用するほか，「恒等の定理」を適用します。

(1)　$A=0$, $B=0$ のとき，小問(a)より $S_1=0$，$T_1=0$ です。また，$C=0$ なので，

$$S_2=S_1\cdot\overline{C}+\overline{S_1}\cdot C=0\cdot\overline{0}+\overline{0}\cdot 0=0\cdot 1+1\cdot 0=0 \qquad T_2=T_1+S_1\cdot C=0+0\cdot 0=0$$

よって，これは誤りです。

(2)　$A=0$, $B=0$ のとき，小問(a)より $S_1=0$，$T_1=0$ です。また，$C=1$ なので，

$$S_2=S_1\cdot\overline{C}+\overline{S_1}\cdot C=0\cdot\overline{1}+\overline{0}\cdot 1=0\cdot 0+1\cdot 1=1 \qquad T_2=T_1+S_1\cdot C=0+0\cdot 1=0$$

よって，これは誤りです。

(3)　$A=0$, $B=1$ のとき，小問(a)より $S_1=1$，$T_1=0$ です。また，$C=0$ なので，

$$S_2=S_1\cdot\overline{C}+\overline{S_1}\cdot C=1\cdot\overline{0}+\overline{1}\cdot 0=1\cdot 1+0\cdot 0=1 \qquad T_2=T_1+S_1\cdot C=0+1\cdot 0=0$$

よって，これが答えです。

(4)　$A=1$, $B=0$ のとき，小問(a)より $S_1=1$，$T_1=0$ です。また，$C=1$ なので，

$$S_2=S_1\cdot\overline{C}+\overline{S_1}\cdot C=1\cdot\overline{1}+\overline{1}\cdot 1=1\cdot 0+0\cdot 1=0 \qquad T_2=T_1+S_1\cdot C=0+1\cdot 1=1$$

よって，これは誤りです。

(5)　$A=1$, $B=1$ のとき，小問(a)より $S_1=0$，$T_1=1$ です。また，$C=0$ なので，

$$S_2=S_1\cdot\overline{C}+\overline{S_1}\cdot C=0\cdot\overline{0}+\overline{1}\cdot 0=0\cdot 1+0\cdot 0=0 \qquad T_2=T_1+S_1\cdot C=1+0\cdot 0=1$$

よって，これは誤りです

＊　＊　＊　＊　＊　＊　＊　＊　＊　＊　＊

論理式の法則と定理（331 ページ参照）は，覚える内容が多く学習するのが大変な割に出題頻度が低いので，重要度は低いといえるでしょう。ただし本問のように，法則や定理をほとんど使わないで解ける問題は，できるだけ解けるようにしておきましょう。

出題テーマ：論理式／真理値表／ブール代数／カルノー図

H27年，問14

［機械］

74 論理式と真理値表

次の真理値表の出力を表す論理式として，正しい式を次の(1)～(5)のうちから一つ選べ。

A	B	C	D	X
0	0	0	0	1
0	0	0	1	1
0	0	1	0	1
0	0	1	1	1
0	1	0	0	1
0	1	0	1	0
0	1	1	0	1
0	1	1	1	0
1	0	0	0	0
1	0	0	1	0
1	0	1	0	0
1	0	1	1	0
1	1	0	0	0
1	1	0	1	0
1	1	1	0	1
1	1	1	1	1

(1)　$X=\overline{A}\cdot\overline{B}+\overline{A}\cdot\overline{D}+B\cdot C\cdot D$　　(2)　$X=\overline{A}\cdot B+\overline{A}\cdot\overline{D}+A\cdot B\cdot C$

(3)　$X=\overline{A}\cdot\overline{B}+\overline{A}\cdot\overline{D}+A\cdot B\cdot C$　　(4)　$X=\overline{A}\cdot\overline{B}+\overline{A}\cdot\overline{C}+B\cdot C\cdot D$

(5)　$X=\overline{A}\cdot\overline{B}+\overline{A}\cdot\overline{C}+A\cdot B\cdot D$

POINT

真理値表から論理式を「論理積の論理和」の形で導き，これを簡単化します。あるいは，カルノー図を用いて解くこともできます。

出題テーマをとらえる！

❶ 「回路図と論理式」「真理値表」323～324ページ参照

❷ **ブール代数**という数学の理論から，以下の法則と定理が導かれます。これらの法則と定理を使って論理式を変形することにより，論理式を簡単化することができます。その際，吸収法則，否定元の定理，同一の定理の三つが特に重要です。

●**交換法則**

$A+B=B+A$ …(1)

$A \cdot B=B \cdot A$ …(1)′

●**結合法則**

$(A+B)+C=A+(B+C)$ …(2)

$(A \cdot B) \cdot C=A \cdot (B \cdot C)$ …(2)′

●**吸収法則**

$A+A \cdot B=A$ …(3)

$A \cdot (A+B)=A$ …(3)′

●**分配法則**

$A+B \cdot C=(A+B) \cdot (A+C)$ …(4)

$A \cdot (B+C)=A \cdot B+A \cdot C$ …(4)′

●**否定元の定理（補元の定理）**

$A+\overline{A}=1$ …(5)

$A \cdot \overline{A}=0$ …(5)′

●**同一の定理**

$A+A=A$ …(6)

$A \cdot A=A$ …(6)′

●**恒等の定理**

$A+0=A$ …(7)

$A+1=1$ …(7)′

$A \cdot 0=0$ …(7)″

$A \cdot 1=A$ …(7)‴

●**二重否定の定理（復元の定理）**

$\overline{\overline{A}}=A$ …(8)

●**ド・モルガンの定理**

$\overline{A+B}=\overline{A} \cdot \overline{B}$ …(9)

$\overline{A \cdot B}=\overline{A}+\overline{B}$ …(9)′

❸ 次のような手順により，真理値表から論理式を導くことができます。

1. 真理値表で出力が1になっているすべての行の入力を論理積で表す。
2. それら論理積のすべての論理和を求める。

なお，このようにして導かれた論理式の形式を**加法標準形**といいます。

参考 ❹ 論理式を機械的に簡単化する方法として，**カルノー図**を使う方法もあります（333ページ参照）。

答 (3)

機械 74

解説

真理値表で出力 X が 1 である行だけに着目して，それぞれ論理変数（A，B，C，D）の積（論理積）で表します。**【加法標準形の導出手順 1】**

A	B	C	D	X
0	0	0	0	1
0	0	0	1	1
0	0	1	0	1
0	0	1	1	1
0	1	0	0	1
0	1	1	0	1
1	1	1	0	1
1	1	1	1	1

→ $\overline{A}\cdot\overline{B}\cdot\overline{C}\cdot\overline{D}$（第 1 項）
→ $\overline{A}\cdot\overline{B}\cdot\overline{C}\cdot D$（第 2 項）
→ $\overline{A}\cdot\overline{B}\cdot C\cdot\overline{D}$（第 3 項）
→ $\overline{A}\cdot\overline{B}\cdot C\cdot D$（第 4 項）
→ $\overline{A}\cdot B\cdot\overline{C}\cdot\overline{D}$（第 5 項）
→ $\overline{A}\cdot B\cdot C\cdot\overline{D}$（第 6 項）
→ $A\cdot B\cdot C\cdot\overline{D}$（第 7 項）
→ $A\cdot B\cdot C\cdot D$（第 8 項）

これら論理積の論理和が真理値表の表す論理式です。**【加法標準形の導出手順 2】**

ここで，2 項ずつ論理和を計算すると，

> 第 1 項から第 8 項まで一挙にまとめて計算しても構いませんが，混乱してミスにつながるのを避けるため，ここでは小分けにして計算します。

第 1 項＋第 2 項$=\overline{A}\cdot\overline{B}\cdot\overline{C}\cdot\overline{D}+\overline{A}\cdot\overline{B}\cdot\overline{C}\cdot D=\overline{A}\cdot\overline{B}\cdot\overline{C}\cdot(\overline{D}+D)=\overline{A}\cdot\overline{B}\cdot\overline{C}$ …**(a)**

第 3 項＋第 4 項$=\overline{A}\cdot\overline{B}\cdot C\cdot\overline{D}+\overline{A}\cdot\overline{B}\cdot C\cdot D=\overline{A}\cdot\overline{B}\cdot C\cdot(\overline{D}+D)=\overline{A}\cdot\overline{B}\cdot C$ …**(b)**

第 5 項＋第 6 項$=\overline{A}\cdot B\cdot\overline{C}\cdot\overline{D}+\overline{A}\cdot B\cdot C\cdot\overline{D}=\overline{A}\cdot B\cdot\overline{D}\cdot\overline{C}+\overline{A}\cdot B\cdot\overline{D}\cdot C$

$=\overline{A}\cdot B\cdot\overline{D}\cdot(\overline{C}+C)=\overline{A}\cdot B\cdot\overline{D}$ …**(c)**

第 7 項＋第 8 項$=A\cdot B\cdot C\cdot\overline{D}+A\cdot B\cdot C\cdot D=A\cdot B\cdot C\cdot(\overline{D}+D)=A\cdot B\cdot C$ …**(d)**

> ここでは，(4)′ 式や(5)式，(2)′ 式を活用しています。

さらに，(a)＋(b)式より，第 1 項から第 4 項までの和を計算すると，

第 1～4 項までの論理和$=\overline{A}\cdot\overline{B}\cdot\overline{C}+\overline{A}\cdot\overline{B}\cdot C=\overline{A}\cdot\overline{B}\cdot(\overline{C}+C)=\overline{A}\cdot\overline{B}$ …**(e)**

よって，(e)＋(c)＋(d)式より，求める論理式は，

$$\overline{A}\cdot\overline{B}+\overline{A}\cdot B\cdot\overline{D}+A\cdot B\cdot C=\overline{A}\cdot(\overline{B}+B\cdot\overline{D})+A\cdot B\cdot C$$

$$=\overline{A}\cdot(\overline{B}+\overline{D})+A\cdot B\cdot C$$

ここでは(4)式を用いて，$\overline{B}+B\cdot\overline{D}=(\overline{B}+B)(\overline{B}+\overline{D})=\overline{B}+\overline{D}$ と計算しました。

$$=\overline{A}\cdot\overline{B}+\overline{A}\cdot\overline{D}+A\cdot B\cdot C$$

論理式の簡単化は他にもいろいろな仕方で演算できますので，答えが一致すればどんな仕方でも構いません。

より深く理解する！

内容的には決して難しくありませんが，計算の手間が多く，やや面倒な演算も要求される問題です。ブール代数の法則と定理（331 ページ参照）は重要度の低いテーマなので，学習する余裕がなければ無視して先に進みましょう。

＊　＊　＊　＊　＊　＊　＊　＊　＊　＊　＊

この問題はカルノー図を用いて解くこともできます（カルノー図は変数が四つ以下の場合に便利だと言われています）。以下に紹介しますが，学習時間に余裕がない限りは無視して構いません。

●カルノー図による解法の手順

1. 入力信号を表の縦と横に振り分ける（分け方は任意）。

2. 表に入力信号の値を入れる。このとき，できるだけ同じ数字が並ぶようにする。さらに，出力信号が 1 となる欄に 1 を入れる。

3. 表中の 1 をできるだけ少ない数の四角形で囲む。

補足　囲み方には次のルールがあります。

・囲み内の 1 は 2^n 個（$n=0$，1，2，…），すなわち 1，2，4，…個にする。

・表中の 1 は複数の囲みに含まれても構わない。

・表の上下端，左右端はそれぞれ連続していると見なす。

4. 個々の囲み内で共通の入力信号を見つけ，その論理積を求める。そして，それらの論理積の論理和を求める。

カルノー図による手順 1～3 により，次表を作成します。

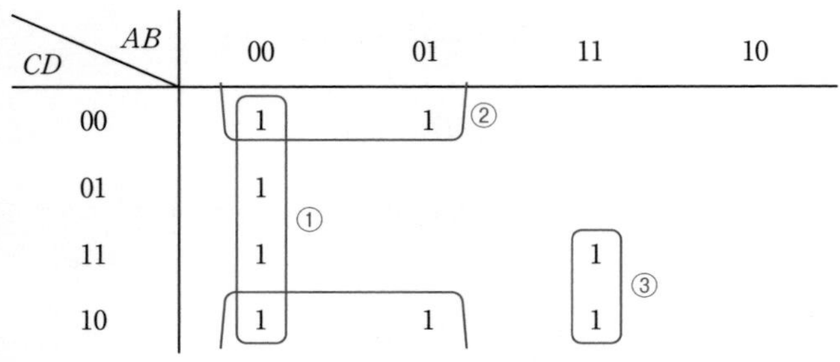

続いて，手順 4 を実行します。

①の囲みでは入力信号 AB(00)が共通なので，求める論理積は $\overline{A}\cdot\overline{B}$ です。

②の囲みでは入力信号 A(0) と D(0)が共通なので，求める論理積は $\overline{A}\cdot\overline{D}$ です。

③の囲みでは入力信号 AB(11) と C(1)が共通なので，求める論理積は $A\cdot B\cdot C$ です。

以上より，論理積の論理和は $\overline{A}\cdot\overline{B}+\overline{A}\cdot\overline{D}+A\cdot B\cdot C$ であり，これが求める出力 X の論理式です。

［機械］

75 論理演算と基数変換

二つのビットパターン 1011 と 0101 のビットごとの論理演算を行う。排他的論理和（ExOR）は［（ア）］，否定論理和（NOR）は［（イ）］であり，［（ア）］と［（イ）］との論理和（OR）は［（ウ）］である。0101 と［（ウ）］との排他的論理和（ExOR）の結果を 2 進数と考え，その数値を 16 進数で表すと［（エ）］である。

上記の記述中の空白箇所(ア)，(イ)，(ウ)及び(エ)に当てはまる組合せとして，正しいものを次の(1)～(5)のうちから一つ選べ。

	（ア）	（イ）	（ウ）	（エ）
(1)	1010	0010	1010	9
(2)	1110	0000	1111	B
(3)	1110	0000	1110	9
(4)	1010	0100	1111	9
(5)	1110	0000	1110	B

POINT

ごく基本的な問題です。2 進数の 16 進数への変換（基数変換）は，10 進数を経由して行いましょう。

出題テーマをとらえる！

❶ n 個の数字（やアルファベット）を用いて表される数を $\boldsymbol{n}$ **進数**といい，この n を**基数**といいます。例えば，私たちが普段使っている **10 進数**は，0～9 までの 10 個の数字を用いて数を表します。

補足 例として，10 進数の 123 は次のように表すことができます。

$$123 = 1 \times 10^2 + 2 \times 10^1 + 3 \times 10^0$$

❷ **2 進数**は，0 と 1 の 2 個の数字を用いて表される数です。なお，2 進数の 1 桁(けた)で表される情報量の単位を**ビット**いいます。一般には 8 ビットを一つの単位として，これを**バイト**といいます。

補足　2 進数や 10 進数であることを明確にするために，$(\quad)_2$，$(\quad)_{10}$ のように基数を添えて表すことがあります。

例として，2 進数の 1010 は，10 進数では次のように表すことができます。

$$(1010)_2 = 1\times 2^3 + 0\times 2^2 + 1\times 2^1 + 0\times 2^0 = (10)_{10}$$

❸ **16 進数**は，0～9 までの 10 個の数字と，A～F までの 6 個のアルファベットを用いて表される数です。

補足　10 進数，2 進数，16 進数の関係は次表のとおりです。

10 進数	2 進数	16 進数
0	0	0
1	1	1
2	10	2
3	11	3
4	100	4
5	101	5
6	110	6
7	111	7
8	1000	8

10 進数	2 進数	16 進数
9	1001	9
10	1010	A
11	1011	B
12	1100	C
13	1101	D
14	1110	E
15	1111	F
16	10000	10

❹ 「排他的論理和回路・否定論理和回路・論理積回路」（323～324 ページ参照）

答　(5)

解説

(ア)～(ウ)　各ビットパターンのビットごとの論理演算を行います。このとき，各ビットパターンのビットを次表のように入力（A，B）と考えます。排他的論理和（ExOR）は $\overline{A}\cdot B + A\cdot\overline{B}$，否定論理和（NOR）は $\overline{A+B}$ なので，出力はそれぞれ次表のようになります。

入力	A	1	0	1	1	←ビットパターン 1011
	B	0	1	0	1	←ビットパターン 0101
出力 $\overline{A}\cdot B+A\cdot\overline{B}$		1	1	1	0	**←（ア）の答え**
出力 $\overline{A+B}$		0	0	0	0	**←（イ）の答え**

さらに，排他的論理和 $\overline{A}\cdot B+A\cdot\overline{B}=C$，否定論理和 $\overline{A+B}=D$ とすると，これらの入力の論理和（OR）は $C+D$ なので，出力は次表のようになります。

入力	C	1	1	1	0	← $\overline{A}\cdot B+A\cdot\overline{B}=C$
	D	0	0	0	0	← $\overline{A+B}=D$
出力 $C+D$		1	1	1	0	**←(ウ)の答え**

(エ)　ビットパターン 0101 と(ウ)の 1110 との排他的論理和は，(ア)と同様に考えて，次表のようになります。

入力	0	1	0	1	←ビットパターン 0101
	1	1	1	0	←(ウ)の答え
出力	1	0	1	1	←排他的論理和

2 進数の $(1011)_2$ を 10 進数に変換したのち 16 進数に変換すると，次のようになります。

$$(1011)_2=1\times2^3+0\times2^2+1\times2^1+1\times2^0=(11)_{10}=(\mathrm{B})_{16}$$

16 進数では，9 の次は A（10 進数の 10 に相当），その次は B（10 進数の 11 に相当）です。

より深く理解する！

本問は，論理式の法則や定理をほとんど使わない上に，基数変換もごく単純なので，できるだけ解けるようにしておきましょう。

＊　＊　＊　＊　＊　＊　＊　＊　＊　＊　＊

本問は 2 進数から 16 進数への変換でしたが，実際には，10 進数，2 進数，16 進数の間で相互変換を行うすべてのパターンの出題が考えられます。ここでは，10 進数から 2 進数や 16 進数への変換，2 進数と 16 進数の相互変換の方法をごく簡単に紹介します。

機械 75

● 10 進数から 2 進数への変換

10 進数を 2 で割り，その商を再び 2 で割ります。この操作を商が 1 になるまで繰り返します。最後の商（1）と余り（1 または 0）を下から上に順に並べれば，2 進数が求められます。

例えば，10 進数の 25 を 2 進数に変換すると，次のようになります。

```
2) 25        余り
2) 12  ・・・1  ↑ 11001
2)  6  ・・・0
2)  3  ・・・0
    1  ・・・1
```

● 10 進数から 16 進数への変換

10 進数を 16 で割り，その商を再び 16 で割ります。この操作を商が F 未満になるまで繰り返します。最後の商と余りを下から上に順に並べれば，16 進数が求められます。

例えば，10 進数の 365 を 16 進数に変換すると，次のようになります。

```
16) 365         余り
16)  22  ・・・13→D  ↑ 16D
      1  ・・・6
```

● 2 進数と 16 進数の相互変換

2 進数を 16 進数に変換するには，2 進数の最下位桁から 4 桁ずつ区切って，それぞれ 16 進数に変換して並べます。

また，16 進数を 2 進数に変換するには，16 進数の各桁の数を 4 桁の 2 進数に変換して，それらを並べます。

例えば，2 進数の 100111101 を 16 進数に，16 進数の ABC を 2 進数に変換すると，それぞれ次のようになります。

```
1   0011   1101
1    3      D
──────────→ 13D
```

計算は次のとおりです。

$(0011)_2 = 0\times2^3 + 0\times2^2 + 1\times2^1 + 1\times2^0 = (3)_{16}$

$(1101)_2 = 1\times2^3 + 1\times2^2 + 0\times2^1 + 1\times2^0 = (13)_{10} = (D)_{16}$

$$\underbrace{1010}_{}\ \underbrace{1011}_{}\ \underbrace{1100}_{}$$

A B C

1010 1011 1100 → 101010111100

計算は次のとおりです。

$(A)_{16}=(10)_{10}=(1010)$　$(B)_{16}=(11)_{10}=(1011)$　$(C)_{16}=(12)_{10}=(1100)$

［法規］76 低圧架空配電線（単相2線式）の漏えい電流

「電気設備技術基準」では，低圧電線路の絶縁性能として，「低圧電線路中絶縁部分の電線と大地との間及び電線の線心相互間の絶縁抵抗は，使用電圧に対する漏えい電流が最大供給電流の［（ア）］を超えないようにしなければならない。」と規定している。

いま，定格容量75 kV·A，一次電圧6 600 V，二次電圧105 Vの単相変圧器に接続された単相2線式105 V 1回線の低圧架空配電線路について，上記規定に基づく，この配電線路の電線1線当たりの漏えい電流の許容最大値[A]を求めることとする。

上記の記述中の空白箇所(ア)に当てはまる語句と漏えい電流の許容最大値[A]との組合せとして，最も適切なのは次のうちどれか。

	（ア）	漏えい電流の許容最大値[A]
(1)	1 000分の1	0.714
(2)	1 000分の1	1.429
(3)	1 500分の1	0.476
(4)	2 000分の1	0.357
(5)	2 000分の1	0.179

POINT

最大供給電流は電気方式によって求め方が異なります。最大供給電流が求められれば，漏えい電流の範囲（公式）から最大値を計算するだけです。

出題テーマをとらえる！

❶ 低圧電線路では電圧が低いので，絶縁破壊よりも漏（ろう）えい電流（漏（も）れ電流）の大きさが問題になります。電線1線当たりの漏えい電流 I_g [A]の範囲は，**最大供給電流**（＝最大使用可能電流）I_m [A]を基準として，

$$I_g \leqq \frac{I_m}{2\,000} \quad \cdots(1) \qquad \leftarrow \text{「電気設備技術基準」第 22 条の規定}$$

補足 ❷ 電線1線当たりの絶縁抵抗 R_g[Ω] の範囲は，最大使用電圧を V[V] とすると，

$$R_g \geqq \frac{V}{I_g} \quad \cdots(2) \qquad \leftarrow \text{「電気設備技術基準」第 22 条の規定}$$

漏えい電流は電線路が長くなると大きくなります。すなわち，絶縁抵抗と電線路の長さ（∝漏えい電流）は反比例の関係にあります。

❸ 最大供給電流 I_m[A] は，供給用変圧器の低圧側の定格電流と考えます。

単相変圧器の場合，変圧器の定格容量を P_1[kV·A]（$=P_1\times10^3$[V·A]），低圧側の線間電圧（二次電圧）を V_2[V] として，

単相 2 線式：$I_m = \dfrac{P_1\times10^3}{V_2}$ [A] …(3)

単相 3 線式：$I_m = \dfrac{P_1\times10^3}{2V_2}$ [A] …(4)

また，三相変圧器の場合，変圧器の定格容量を P_3[kV·A]（$=P_3\times10^3$[V·A]），低圧側の線間電圧（二次電圧）を V_2[V] として，

$$I_m = \frac{P_3\times10^3}{\sqrt{3}\,V_2}\ [\text{A}] \quad \cdots(5)$$

(3)～(5)式の分子中の P_1 の単位は [kV·A] なので，これを [V·A] の単位とするために 10^3 倍を掛けています。そうしないと，I_m の単位が [A] ではなく，[kA] になってしまいます。

答　(4)

解説

（ア）「電気設備技術基準」（正式名称：**電気設備の技術基準を定める省令**）第22条では，「低圧電線路の絶縁性能」として，「低圧電線路中絶縁部分の電線と大地との間及び電線の線心相互間の絶縁抵抗は，使用電圧に対する漏えい電流が

最大供給電流の**2 000 分の 1**を超えないようにしなければならない。」と規定しています。これを式として表したものが(1)式です。

補足　条文中に登場する用語「線心」は「心線」と同じものです。これは，電線やケーブルの中心部にある導体のことです。

●漏えい電流の許容最大値[A]

題意より，低圧架空配電線路は単相 2 線式なので，最大供給電流 I_{m}[A]は，(3)式より，

$$I_{\mathrm{m}}=\frac{75\times10^3}{105}\fallingdotseq714.3\,[\mathrm{A}]$$

よって，漏えい電流 I_{g}[A]の範囲は，(1)式より，

$$I_{\mathrm{g}}\leqq\frac{I_{\mathrm{m}}}{2\,000}=\frac{714.3}{2\,000}\fallingdotseq0.357\,[\mathrm{A}]$$

したがって，漏えい電流 I_{g} の許容最大値は 0.357 A です。

より深く理解する！

ここでは，（本問のような単相 2 線式ではなく）次のような単相 3 線式変圧器の最大供給電流の値を求めてみましょう。

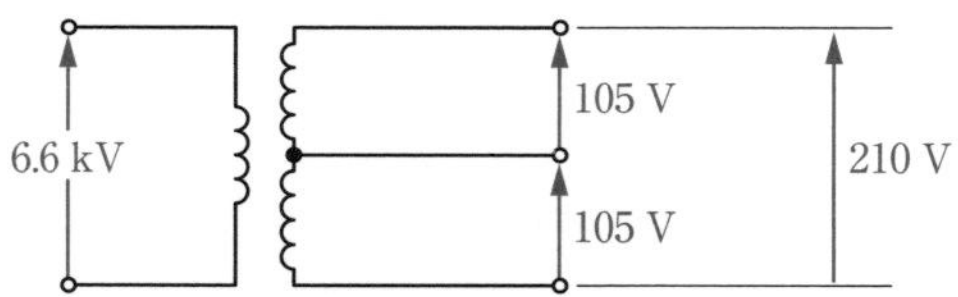

（定格容量 10 kV・A，一次電圧 6 600 V，二次電圧 105/210 V）

最大供給電流 I_{m}[A]の値は，(4)式に $P_1=10$[kV・A]，$V_2=105$[V]を代入して，

$$I_{\mathrm{m}}=\frac{P_1\times10^3}{2V_2}=\frac{10\times10^3}{2\times105}\fallingdotseq47.6\,[\mathrm{A}]$$

ここでは，二次電圧 V_2 の値として 105 V を採用することに注意しましょう。あるいは，(4)式中の $2V_2$ の値として 210 V を採用すると考えても構いません。計算結果は同じです。

［法規］

77 高圧ケーブルの交流絶縁耐力試験

「電気設備技術基準の解釈」に基づいて，使用電圧6 600 V，周波数50 Hzの電路に接続する高圧ケーブルの交流絶縁耐力試験を実施する。次の(a)及び(b)の問に答えよ。

ただし，試験回路は図のとおりとする。高圧ケーブルは3線一括で試験電圧を印加するものとし，各試験機器の損失は無視する。また，被試験体の高圧ケーブルと試験用変圧器の仕様は次のとおりとする。

【高圧ケーブルの仕様】

ケーブルの種類：6 600 Vトリプレックス形架橋ポリエチレン絶縁ビニルシースケーブル（CVT）

公称断面積：100 mm^2，ケーブルのこう長：87 m

1線の対地静電容量：0.45 μF/km

【試験用変圧器の仕様】

定格入力電圧：AC 0-120 V，定格出力電圧：AC 0-12 000 V

入力電源周波数：50 Hz

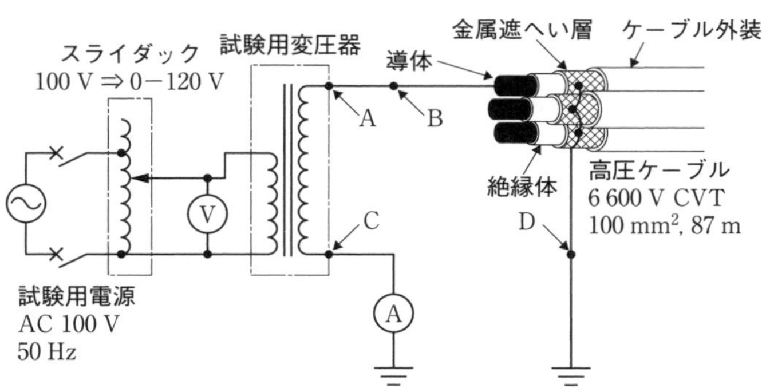

(a)　この交流絶縁耐力試験に必要な皮相電力（以下，試験容量という。）の値[kV·A]として，最も近いものを次の(1)～(5)のうちから一つ選べ。

(1) 1.4　(2) 3.0　(3) 4.0　(4) 4.8　(5) 7.0

(b)　上記(a)の計算の結果，試験容量が使用する試験用変圧器の容量よりも大きいことがわかった。そこで，この試験回路に高圧補償リアクトルを接続し，試験容量を試験用変圧器の容量より小さくすることができた。

このとき，同リアクトルの接続位置（図中のA～Dのうちの2点間）と，試験用変圧器の容量の値 [kV·A] の組合せとして，正しいものを次の(1)～(5)のうちから一つ選べ。

ただし，接続する高圧補償リアクトルの仕様は次のとおりとし，接続する台数は1台とする。また，同リアクトルによる損失は無視し，A–B間に同リアクトルを接続する場合は，図中のAB間の電線を取り除くものとする。

【高圧補償リアクトルの仕様】

定格容量：3.5 kvar，定格周波数：50 Hz，定格電圧：12 000 V

電流：292 mA（12 000 V　50 Hz 印加時）

	高圧補償リアクトル接続位置	試験用変圧器の容量 [kV·A]
(1)	A–B 間	1
(2)	A–C 間	1
(3)	C–D 間	2
(4)	A–C 間	2
(5)	A–B 間	3

POINT

(a)　ケーブル（被試験体）の絶縁耐力試験を交流で行います。試験電圧とそれによって流れる充電電流を計算し，両者を用いて試験容量を計算します。

(b)　小問(a)で求めた値が試験用変圧器（試験装置）の容量を超えているので，補償リアクトルを接続してケーブルの対地静電容量を小さくし，試験容量を小さくします。試験電圧は小問(a)で求めたので，試験電流（＝被試験体電流－補償リアクトル電流）を求められれば試験装置の容量も求められることになります。

出題テーマをとらえる！

❶ **絶縁耐力試験**は，電路や機器の絶縁物に対して，規定の試験電圧を指定の箇所に連続して10分間加えて耐えうるのかを確認する試験です。

補足　「指定の箇所」とは「電路と大地との間（多心ケーブルにあっては，心線相互間及び心線と大地との間)」，すなわち「**充電部分と大地との間**」または「**充電部分相互間**」と理解できます。

❷ 最大使用電圧 E_m [V] と使用電圧（公称電圧）E [V] の関係は，E の範囲（区分）によって異なります。

$$E \leqq 1\,000\ \mathrm{V} \quad \Rightarrow \quad E_m = 1.15\,E \quad \cdots(1)$$

$$1\,000 < E < 50\,000\ \mathrm{V} \quad \Rightarrow \quad E_m = \frac{1.15}{1.1}E \quad \cdots(2)$$

↑いずれも「電気設備技術基準の解釈」第 1 条の規定

補足 **最大使用電圧**とは，(1)式や(2)式などで求められる「通常の使用状態において電路に加わる最大の線間電圧」をいいます。

❸ 高圧・特別高圧の電路（または，変圧器の電路）の**絶縁耐力試験の試験電圧** V_T [V] は，最大使用電圧 E_m の範囲などによって異なります。

$$E_m \leqq 7\,000\ \mathrm{V} \quad \Rightarrow \quad V_T = 1.5\,E_m \quad \cdots(3)$$

$$7\,000\ \mathrm{V} < E_m \leqq 15\,000\ \mathrm{V} \quad \Rightarrow \quad V_T = 0.92\,E_m \quad \cdots(4)$$ ←中性点接地式電路の場合

$$7\,000\ \mathrm{V} < E_m \leqq 60\,000\ \mathrm{V} \quad \Rightarrow \quad V_T = 1.25\,E_m \quad \cdots(5)$$ ←最低値は 10 500 V とする

↑いずれも「電気設備技術基準の解釈」第 15～16 条の規定

補足 電線にケーブルを使用する交流の電路では，上記の **2 倍の直流電圧**で試験を行うことができます。

絶縁耐力試験を交流で行うと，充電電流が流れます（直流で行った場合は流れません）。ケーブルを使用する交流の電路などの場合では，充電電流が大きくなって試験装置（電源）の容量不足を生じることがあります。このため，直流電圧でも試験を行うことができるとされています。

❹ **絶縁耐力試験装置の容量** P_T [V·A] は，被試験体の対地静電容量を C [F]，充電電流を I_C [A]，試験装置（電源）の角周波数を ω [rad/s] として，

$$P_T = I_C V_T = \omega C V_T^2 \quad \cdots(6)$$

❺ 「充電電流」213 ページ参照

補足 $I_C = \omega C V_T \quad \cdots(7)$

❻ **補償リアクトル**は，被試験体と並列に接続することにより，充電電流の一部を打ち消すように働きます。これによって，試験容量（必要な皮相電力）を小さくすることができます。

法規 77

答　(a)－(3)，(b)－(4)

解説

(a)　交流絶縁耐力試験に必要な皮相電力（試験容量）の値[kV･A]

高圧ケーブルも含め，高圧・特別高圧の電路の絶縁耐力試験を行うときの試験電圧は，「電気設備技術基準の解釈」第15条（高圧又は特別高圧の電路の絶縁性能）第1項第一号で規定されています。試験電圧は最大使用電圧の区分によって異なるので，まずは，使用電圧から最大使用電圧を求める必要があります。最大使用電圧と使用電圧の関係は，「電気設備技術基準の解釈」第1条（用語の定義）第1項第二号で規定されています。

試験電圧 V_T は，次の手順で求めます。
① 最大使用電圧 E_m を求める。
② E_m の倍率（1.5 or 0.92 or 1.25）を確定する。
③ 倍率が1.25の場合，最低値（10 500 V）未満かどうかを確認する。最低値未満の場合は最低値の10 500 Vとする。

本問では使用電圧 $E=6\,600$ [V] なので，最大使用電圧 E_m [V] は，(2)式より，

$$E_m=\frac{1.15}{1.1}E=\frac{1.15}{1.1}\times 6\,600=6\,900\ [\mathrm{V}]$$

よって，試験電圧 V_T [V] は，(3)式より，

$$V_T=1.5\,E_m=1.5\times 6\,900=10\,350\ [\mathrm{V}]$$

また，高圧ケーブルの対地静電容量 C は，題意にケーブル1線の1 km当たりの値（0.45 μF/km）とケーブルのこう長（87 m＝0.087 km）が与えられているので，3線一括では，

$$C=0.45\ [\mu\mathrm{F/km}]\times 0.087\ [\mathrm{km}]\times 3\ (\text{線})=0.11745\ [\mu\mathrm{F}]=0.11745\times 10^{-6}\ [\mathrm{F}]$$

よって，試験時に流れる充電電流 I_C [A] は，(7)式より，試験用変圧器の入力電源の周波数を f（＝50 [Hz]），角周波数を ω（＝$2\pi f$ [rad/s]）として，

$$I_C=\omega C V_T=2\pi f C V_T=2\pi\times 50\times 0.11745\times 10^{-6}\times 10\,350$$
$$\fallingdotseq 0.3819\ [\mathrm{A}]\quad\cdots(\mathrm{a})$$

したがって，必要な試験容量 P_T は，(6)式より，

$$P_T = I_C V_T = 0.3819 \times 10\,350$$
$$\fallingdotseq 3\,953\,[\mathrm{V \cdot A}] = 3.953\,[\mathrm{kV \cdot A}] \quad \rightarrow \quad 4.0\,\mathrm{kV \cdot A}$$

(b)　高圧補償リアクトルの接続位置と，試験用変圧器の容量の値 [kV・A]

試験回路に高圧補償リアクトルを接続する場合，被試験体（ケーブル）と並列に接続します。選択肢(1)～(5)には，A–B 間，A–C 間，C–D 間の 3 種類がありますが，A–B 間と C–D 間は直列接続となるので，答えは A–C 間（選択肢(2)または(4)）です。

A–D 間に接続しても並列接続になりますが，この場合，被試験体（ケーブル）に流れる電流を電流計で測定できなくなってしまいます。

次図のように補償リアクトルを A–C 間に接続したとき，被試験体を流れる電流を $\dot{I}_C$ [A]，補償リアクトルを流れる電流を $\dot{I}_L$ [A]，試験電流を $\dot{I}_T$ [A] とすると，等価回路と電流のベクトル図は次ページのようになります。

補償リアクトルには，定格電圧 12 000 V のときに 292 mA の電流が流れる（題意）ので，試験電圧 V_T (=10 350 [V]) を加えたときに流れる電流 $\dot{I}_L$ [A] の大きさ I_L [A] は，

$$I_L = \frac{10\,350}{12\,000} \times 292 = 251.85\,[\mathrm{mA}] = 0.251\,85\,[\mathrm{A}] \quad \cdots\textbf{(b)}$$

補償リアクトルに流れる電流は電圧に比例するので，このように計算できます。

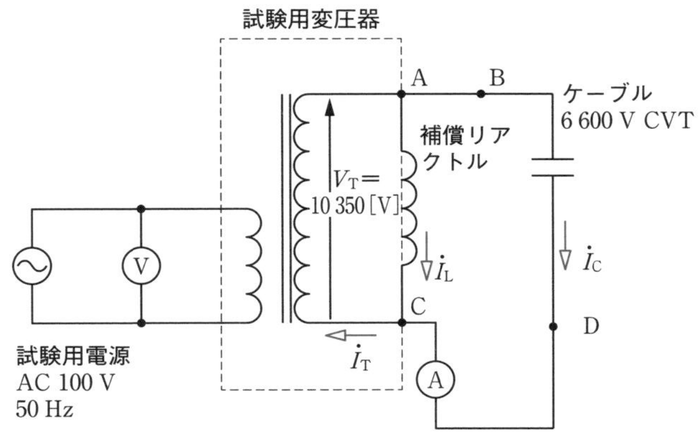

法規
77

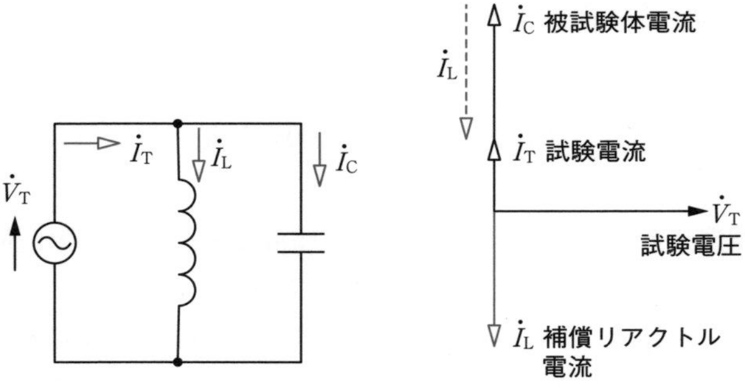

よって，試験電流 I_L [A] は，(a)式－(b)式より，

$$I_T = I_C - I_L = 0.381\,9 - 0.251\,85 \fallingdotseq 0.13\ [\mathrm{A}]$$

したがって，試験変圧器の容量 P の値は，

$$P = I_T V_T = 0.13 \times 10\,350 = 1\,345.5\ [\mathrm{V \cdot A}] \fallingdotseq 1.34\ [\mathrm{kV \cdot A}]$$

選択肢(1)と(4)のうち，この値よりも大きいのは選択肢(4)（2 kV·A）だけなので，これが答えです。

選択肢(1)の値（1 kV·A）の方が 1.34 kV·A に近いので，これを答えとして選びたくなってしまいます。しかし，この計算で求めた値は，実際には最低値であることに注意が必要です。

より深く理解する！

「電気設備技術基準の解釈」（正式名称：**電気設備の技術基準の解釈**）には，(1)～(2)式以外の使用電圧の範囲，(3)～(5)式以外の最大使用電圧の範囲も規定されていますが，電験三種で出題される可能性はほとんどありません（第三種電気主任技術者の保安監督範囲は，50 000 V 未満であるため）。

［法規］78 金属製外箱を持つ低圧電動機の B 種・D 種接地抵抗値

変圧器によって高圧電路に結合されている低圧電路に施設された使用電圧 100 V の金属製外箱を有する電動ポンプがある。この変圧器の B 種接地抵抗値及びその低圧電路に施設された電動ポンプの金属製外箱の D 種接地抵抗値に関して，次の (a) 及び (b) の問に答えよ。

ただし，次の条件によるものとする。

（ア）　変圧器の高圧側電路の 1 線地絡電流は 3A とする。

（イ）　高圧側電路と低圧側電路との混触時に低圧電路の対地電圧が 150 V を超えた場合に，1.2 秒で自動的に高圧電路を遮断する装置が設けられている。

(a)　変圧器の低圧側に施された B 種接地工事の接地抵抗値について，「電気設備技術基準の解釈」で許容されている上限の抵抗値 [Ω] として，最も近いものを次の (1)～(5) のうちから一つ選べ。

(1)　10　　(2)　25　　(3)　50　　(4)　75　　(5)　100

(b)　電動ポンプに完全地絡事故が発生した場合，電動ポンプの金属製外箱の対地電圧を 25 V 以下としたい。このための電動ポンプの金属製外箱に施す D 種接地工事の接地抵抗値 [Ω] の上限値として，最も近いものを次の (1)～(5) のうちから一つ選べ。

ただし，B 種接地抵抗値は，上記 (a) で求めた値を使用する。

(1)　15　　(2)　20　　(3)　25　　(4)　30　　(5)　35

POINT

(a)　題意の条件から B 種接地抵抗値を求める易（やさ）しい内容です。

(b)　完全地絡時は，回路の一部が大地と電気的につながり，D 種接地抵抗と B 種接地抵抗の直列回路になります。

⇨ 出題テーマをとらえる！

❶ 大地に対して高い電位を持つ電路の一部が，大地と電気的につながってしまう異常事態を**地絡（事故）**といいます。送配電線の1線（1相）が地絡事故を起こすことを**1線地絡**といい，架空送配電線路の大部分の事故がこれに該当します。また，地絡抵抗（地絡点の抵抗）が零の場合を**完全地絡**といいます。

❷ 電気設備による感電や火災を防ぐために，電流が安全かつ確実に大地に通ずるよう，設備機器と大地を導体で接続することを**接地（工事）**といいます。接地工事には，A種・B種・C種・D種などの種類があります。

補足 設備機器と大地間の抵抗を**接地抵抗**といいます。

❸ **B種接地抵抗値** R_B [Ω] は，接地工事を施す変圧器の種類や設置する自動遮断装置の遮断時間（動作時間）t [s] などによって異なります。

高圧・特別高圧（35 kV 以下）の電路と低圧電路を結合し，地絡発生時に自動的に高圧・特別高圧電路を遮断する装置（自動遮断装置）を設けた場合は，変圧器の高圧・特別高圧側の電路の1線地絡電流を I_g [A] として，

$$t \leqq 1\text{秒} \quad \Rightarrow \quad R_B \leqq \frac{600}{I_g} \quad \cdots(1)$$

$$1\text{秒} < t \leqq 2\text{秒} \quad \Rightarrow \quad R_B \leqq \frac{300}{I_g} \quad \cdots(2)$$

また，上記以外の場合（自動遮断装置のない場合）は，

$$R_B \leqq \frac{150}{I_g} \quad \cdots(3)$$

参考 ❹ **D種接地抵抗値**は，**100 Ω 以下**とします。なお，低圧電路において地絡発生時に0.5秒以内に電路を自動的に遮断する装置を施設するときは，接地抵抗値を**500 Ω 以下**とします。また，接地工事を施す金属体と大地との間の抵抗値が100 Ω 以下である場合は，工事を省略できます。

❺ 地絡事故時の，低圧電動機（使用電圧 V [V]）の金属製外箱の対地電圧 V_0 [V] は，金属製外箱のD種接地抵抗値を R_D [Ω]，B種接地抵抗値を R_B [Ω] とすると，

$$V_0 = \frac{R_D}{R_B + R_D} V \quad \cdots(4)$$

補足 地絡事故時には，R_D と R_B の直列合成抵抗に使用電圧 V が加わること

になるので，対地電圧 V_0 は R_D の分圧となります。

答　(a)－(5)，(b)－(4)

解説

接地抵抗値は，「電気設備技術基準の解釈」第 17 条（接地工事の種類及び施設方法）で規定されています（B 種は第 2 項第一号，D 種は第 4 項第一号及び第 6 号）。

(a)　変圧器の低圧側に施されたＢ種接地工事の接地抵抗値の上限 [Ω]

題意の条件（ア）より，1 線地絡電流 $I_g=3$ [A] です。また，（イ）から自動遮断装置の動作時間 $t=1.2$ [秒] です。よって，B 種接地抵抗値 R_B [Ω] の範囲は，(2)式より，

$$R_B \leqq \frac{300}{I_g} = \frac{300}{3} = 100\ [\Omega]$$

したがって，B 種接地抵抗値 R_B の上限は 100 Ω です。

(b)　電動ポンプの金属製外箱に施すＤ種接地工事の接地抵抗値の上限 [Ω]

低圧電路に施設された電動ポンプは，使用電圧を V（＝100 [V]），地絡事故時の対地電圧を V_0（≦25 [V]），電動機の金属製外箱の D 種接地抵抗値を R_D [Ω]，B 種接地抵抗値を R_B（＝100 [Ω]）とすると，(4)式より，

$$25\ [\mathrm{V}] \geqq V_0 = \frac{R_D}{R_B + R_D} V = \frac{R_D}{100 + R_D} \times 100$$

$$\rightarrow\ \frac{25}{100} \geqq \frac{R_D}{100 + R_D}\ \rightarrow\ 100 + R_D \geqq 4R_D$$

$$\therefore\ R_D \leqq \frac{100}{3} \fallingdotseq 33.33\ [\Omega]$$

したがって，D 種接地抵抗値 R_D の上限は 30 Ω です。

別解　電動ポンプに完全地絡事故が発生した場合の等価回路は，次図のようになります。

法規 78

地絡により，金属製外箱の接地抵抗 R_D [Ω] と B 種接地抵抗 R_B (＝100 [Ω]) の直列回路に使用電圧 V (＝100 [V]) が加わることになるので，1 線地絡電流 I_g (＝3 [A]) は，

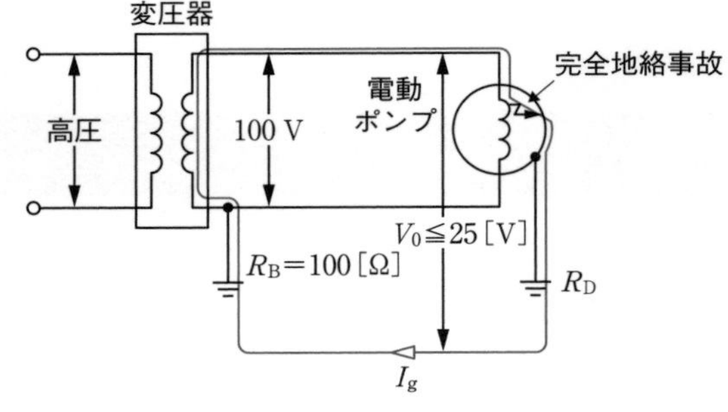

$$I_g = \frac{V}{R_B + R_D}$$

よって，金属製外箱の対地電圧 V_0 (≦25 [V]) は，

$$V_0 = R_D I_g = \frac{R_D}{R_B + R_D} V \quad \text{←ここで各数値を代入}$$

$$= \frac{R_D}{100 + R_D} \times 100 \leqq 25 \quad \rightarrow \quad \frac{R_D}{100 + R_D} \leqq \frac{25}{100}$$

$$\rightarrow \quad 4R_D \leqq 100 + R_D \qquad \therefore \ R_D \leqq \frac{100}{3} \fallingdotseq 33.33 \ [\Omega]$$

したがって，D 種接地抵抗値 R_D の上限は 30 Ω です。

補足 仮に選択肢(5)の 35 Ω を選んだ場合，対地電圧 V_0 [V] は，

$$V_0 = \frac{R_D}{R_B + R_D} V = \frac{35}{100 + 35} \times 100 \fallingdotseq 25.9 \ [\text{V}]$$

このように「25 V 以下」とはならないので，誤りであることが確認できます。

より深く理解する！

小問(b)は，(4)式を覚えておけば簡単に解けてしまいます。ただし，この式は丸暗記するのではなく，地絡事故時の回路を理解した上で使いこなせるようにしておきましょう。暗記せずとも別解のようにも解けてしまうので，やはり理解することが大切です。

［法規］79　中性点非接地方式高圧配電線路のB 種接地抵抗値

6.6 kV の中性点非接地方式高圧配電線路に，総容量 750 kV·A の変圧器（二次側が低圧）が接続されている。高低圧が混触した場合，低圧側の対地電圧をある値以下に抑制するために，変圧器の二次側に B 種接地工事を施すが，この接地工事に関して「電気設備技術基準の解釈」に基づき，次の(a)及び(b)に答えよ。

ただし，高圧配電線路の電源側変電所において，当該配電線路及びこれと同一母線に接続された配電線路はすべて三相 3 線式で，当該配電線路を含めた回線数の合計は 7 回線である。その内訳は，こう長 15 km の架空配電線路（絶縁電線）が 2 回線，こう長 10 km の架空配電線路（絶縁電線）が 3 回線及びこう長 4.5 km の地中配電線路（ケーブル）が 2 回線とする。

なお，高圧配電線路の 1 線地絡電流は次式によって求めるものとする。

$$I=1+\frac{\frac{V}{3}L-100}{150}+\frac{\frac{V}{3}L'-1}{2}$$

I は，1 線地絡電流（[A] を単位とし，小数点以下は切り上げる。）。

V は，配電線路の公称電圧を 1.1 で除した電圧（[kV] を単位とする。）。

L は，同一母線に接続される架空配電線路の電線延長（[km] を単位とする。）。

L' は，同一母線に接続される地中配電線路の線路延長（[km] を単位とする。）。

(a)　高圧配電線路の 1 線地絡電流の値 [A] として，正しいのは次のうちどれか。

(1)　10　　(2)　12　　(3)　13　　(4)　21　　(5)　30

(b)　このとき，これらの変圧器に施す B 種接地工事の接地抵抗の値 [Ω] は何オーム以下でなければならないか。正しい値を次のうちから選べ。

ただし，変電所引出口には高圧側の電路と低圧側の電路が混触したとき，1 秒以内に自動的に高圧電路を遮断する装置が設けられているものとする。

(1)　12.5　　(2)　25　　(3)　40　　(4)　50　　(5)　75

POINT

(a) 「電線延長」と「線路延長」の違いや回線数など，1 線地絡電流を表す式に代入する各数値に注意しましょう。

(b) B 種接地工事の接地抵抗値が，自動遮断装置が設置されている場合とされていない場合とで異なることに注意しましょう。

出題テーマをとらえる！

❶ 高圧・特別高圧の電路と変圧器で結合されている低圧電路に，変圧器の故障や電線の断線などの事故によって高電圧が進入することを**混触**（こんしょく）といいます。

❷ 「地絡事故」350 ページ参照

❸ 地絡事故の防止や地絡保護（地絡事故から電力系統を守ること）のため，22 kV 以上の送配電用の変圧器は中性点を接地します。中性点の接地方式には，直接接地方式，抵抗接地方式，消弧リアクトル接地方式，補償リアクトル接地方式，非接地方式などがあります。

❹ 一般に 6.6 kV 以下の配電用の変圧器では，電線路や変圧器の絶縁が容易で，1 線地絡電流が少なく，そのまま送電を続けることができるので，**非接地方式**が採用されています。変圧器の二次側を接地しないので，中性点を引き出す必要がなく Δ 結線にできるため，故障や修理のときには V 結線で運転することができます。

補足　33 kV 以下の送配電系統では，長さが短い場合は異常電圧の発生のおそれがないため，非接地方式が採用されます。ただし，電線路が長い場合には，変圧器を Y 結線として，中性点を抵抗接地しています。

❺ 中性点非接地式高圧電路の 1 線地絡電流 I_1 [A] は，使用する電線によって異なっています。

ケーブル以外の電線路（ほとんどの架空電線路）：$I_1=1+\dfrac{\dfrac{V}{3}L-100}{150}$

ケーブルの電線路：$I_1=1+\dfrac{\dfrac{V}{3}L'-1}{2}$

ケーブル以外とケーブルからなる電線路の場合は，前ページの問題文で与えられた式で表されます。これらの式は問題文に与えられるので，覚える必要はありません。

I [A] は，**小数点以下は切り上げ，2A 未満のときは 2A** とします。

V [kV] は，**高圧電路の公称電圧を 1.1 で除した（割った）値**です。

L [km] は，同一母線に接続される高圧電路の**電線延長**です。

L' [km] は，同一母線に接続される高圧電路のケーブル部分の**線路延長**です。

補足　架空電線路はほとんどが 3 線式なので，電線延長はこう長の 3 倍の長さです。また，ケーブルは 3 心一括なので，こう長と同じ長さです。

❻「B 種接地抵抗値」350 ページ参照

答　(a)−(2)，(b)−(4)

解説

(a)　高圧配電線路の 1 線地絡電流の値 [A]

B 種接地抵抗値の計算に用いる 1 線地絡電流の計算式は，「電気設備技術基準の解釈」第 17 条（接地工事の種類及び施設方法）第 2 項第二号に規定されています。

題意に与えられた計算式中の各数値は，

$$V=\frac{6.6}{1.1}=6\,[\mathrm{kV}]$$ ←単位が [kV] であることに注意

$$L=15\,[\mathrm{km}]\times 3\,(\text{線})\times 2\,(\text{回線})+10\,[\mathrm{km}]\times 3\,(\text{線})\times 3\,(\text{回線})=180\,[\mathrm{km}]$$

$$L'=4.5\,[\mathrm{km}]\times 1\,(\text{括})\times 2\,(\text{回線})=9\,[\mathrm{km}]$$

これらを題意の式に代入すると，

$$I=1+\frac{\frac{6}{3}\times 180-100}{150}+\frac{\frac{6}{3}\times 9-1}{2}=1+\frac{260}{150}+\frac{17}{2}\fallingdotseq 1+1.73+8.5$$

$$=11.23\,[\mathrm{A}]\ \rightarrow\ 12\mathrm{A}$$ ←小数点以下は切り上げ

(b)　変圧器に施す B 種接地工事の接地抵抗値の上限 [Ω]

B 接地抵抗値は，「電気設備技術基準の解釈」第 17 条（接地工事の種類及び施設方法）第 2 号第一号で規定されています。

題意より，自動遮断装置の遮断時間（動作時間）は 1 秒以内なので，B 種接地抵抗値 R_{B} [Ω] の範囲は，上記(a)より 1 線地絡電流を I_{g} (＝12 [A]) として，

法規 79

$$R_B \leqq \frac{600}{I_g} = \frac{600}{12} = 50\ [\Omega]$$

したがって，B 種接地抵抗値 R_B の上限は 50 Ω です。

より深く理解する！

1 線地絡電流を求める計算式は，代入する各値の数値や単位に注意すること。最近の出題では題意に計算式が与えられているので，計算式を暗記する必要はありません。

［法規］

80 架空電線路の電線に加わる風圧荷重

人家が多く連なっている場所以外の場所であって，氷雪の多い地方のうち，海岸その他の低温季に最大風圧を生じる地方に設置されている公称断面積60 mm²，仕上り外径15 mmの6 600 V屋外用ポリエチレン絶縁電線（6 600 V　OE）を使用した高圧架空電線路がある。この電線路の電線の風圧荷重について「電気設備技術基準の解釈」に基づき，次の(a)及び(b)の問に答えよ。

ただし，電線に対する甲種風圧荷重は980 Pa，乙種風圧荷重の計算で用いる氷雪の厚さは6 mmとする。

(a)　低温季において電線1条，長さ1 m当たりに加わる風圧荷重の値[N]として，最も近いものを次の(1)～(5)のうちから一つ選べ。

(1)　10.3　　(2)　13.2　　(3)　14.7　　(4)　20.6　　(5)　26.5

(b)　低温季に適用される風圧荷重が乙種風圧荷重となる電線の仕上り外径の値[mm]として，最も大きいものを次の(1)～(5)のうちから一つ選べ。

(1)　10　　(2)　12　　(3)　15　　(4)　18　　(5)　21

POINT

「圧力」は単位面積（1 m²）当たりに働く力の大きさなので，単位は[Pa]=[N/m²]です。また，乙種風圧荷重の計算で用いる氷雪の厚さ6 mmの扱いに注意しましょう。

出題テーマをとらえる！

❶　架空電線路の構成材（支持物や電線など）に加わる風圧による荷重を**風圧荷重**といい，次式で表されます。

風圧荷重[N]＝構成材の垂直投影面積[m²]×風圧[Pa]　…(1)

補足　垂直投影面積[m²]は，「構成材の直径[m]×構成材の長さ[m]」で表されます。

❷ 風圧荷重には甲種・乙種・丙種などの種類があり，季節や地方によって適用が異なります。

甲種風圧荷重は，架空電線に加わる風圧 **980 Pa** を基本として計算します。または，**風速 40 m/s 以上**を想定した風洞(ふうどう)実験に基づく値から計算します。

乙種風圧荷重は，架渉線（支持物に架設された電線類）の周囲に厚さ 6 mm，比重 0.9 の**氷雪が付着した状態**に対し，甲種風圧荷重の **0.5 倍**を基礎として計算したものです。

丙種風圧荷重は，甲種風圧荷重の **0.5 倍**を基礎として計算したものです。

これらの適用区分は，次表に示すとおりです。

季節	地方		適用する風圧荷重
高温季	全ての地方		甲種
低温季	氷雪の多い地方	海岸地その他の低温季に最大風圧を生じる地方	甲種と乙種の大きい方
		上記以外の地方	乙種
	「氷雪の多い地方」以外の地方		丙種

答　(a)－(3)，(b)－(2)

解説

(a)　低温季において電線 1 条，長さ 1 m 当たりに加わる風圧荷重の値 [N]

各種の風圧荷重については，「電気設備技術基準の解釈」第 58 条（架空電線路の強度検討に用いる荷重）に規定されています。

電線路は，題意より「人家が多く連なっている場所以外の場所であって，**氷雪の多い地方**のうち，**海岸その他の低温季に最大風圧を生じる地方**に設置さている」ので，適用する風圧荷重は「**甲種と乙種の大きい方**」です。したがって，甲種・乙種風圧荷重を計算して，両者の大小を比較します。

まず，題意の但し書きより，電線に対する甲種風圧荷重は 980 Pa を基礎として計算します。仕上り外径が 15 mm なので，長さ 1 m 当たりの甲種風圧荷重は，

$$980\,[\mathrm{Pa}]\times 15\,[\mathrm{mm}]\times 1\,[\mathrm{m}]=980\,[\mathrm{N/m^2}]\times(15\times 10^{-3})\,[\mathrm{m}]\times 1\,[\mathrm{m}]$$
$$=14.7\,[\mathrm{N}]\quad\cdots(\mathrm{a})$$

次に乙種風圧荷重は，甲種風圧荷重の 0.5 倍，すなわち (980×0.5＝) 490 Pa を基礎として，題意の但し書きより氷雪の厚さ（6 mm）も考慮に入れて計算するので，長さ 1 m 当たりでは，

$$490\,[\mathrm{Pa}]\times(6+15+6)\,[\mathrm{mm}]\times 1\,[\mathrm{m}]=490\,[\mathrm{N/m^2}]\times(27\times 10^{-3})\,[\mathrm{m}]\times 1\,[\mathrm{m}]$$
$$=13.23\,[\mathrm{N}]\quad\cdots(\mathrm{b})$$

両者（(a)と(b)）を比較して，大きい方の 14.7 N を適用します。

補足 風圧荷重は甲種が 980 Pa，乙種が 490 Pa を基礎として計算しますが，乙種の場合は厚さ 6 mm の氷雪が付着しているので，その分だけ電線 1 m 当たりの垂直投影面積が増加しています。氷雪は電線の周囲に付着するので，垂直投影面では上下に 6 mm ずつ増加することに注意が必要です。

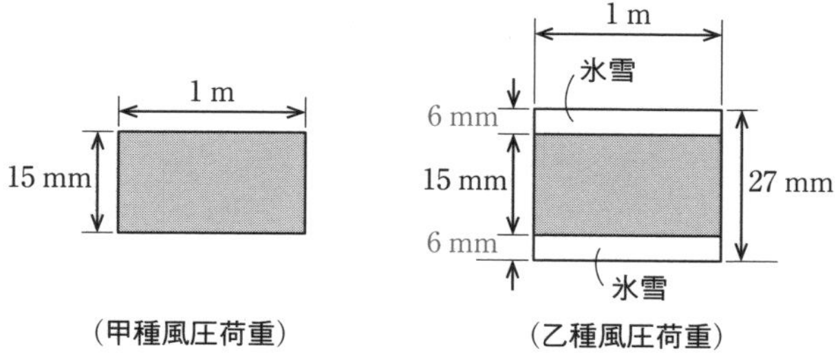

（甲種風圧荷重）　（乙種風圧荷重）

(b)　低温季に乙種風圧荷重が適用される電線の仕上り外径の最大値 [mm]

小問(a)から分かるように，電線の仕上り外径の値によって，適用される風圧荷重は甲種と乙種のどちらか（大きい方）になります。

> 小問(a)のように，仕上り外径が 15 mm の場合は甲種風圧荷重が適用されました。しかし，仕上り外径の値によっては，「甲種風圧荷重＜乙種風圧荷重」となって，乙種風圧荷重が適用されることになるということです。

乙種適用荷重が適用される場合の仕上り外径を D [mm] とすると，甲種・乙種風圧荷重は次のように計算できます。

> (a)式と(b)式中の「15 mm」を D [mm] に置き換えれば，甲種・乙種風圧荷重の計算式が立てられます。

甲種：$980\,[\mathrm{Pa}]\times D\,[\mathrm{mm}]\times 1\,[\mathrm{m}]=980\,[\mathrm{N/m^2}]\times(D\times 10^{-3})\,[\mathrm{m^2}]=0.98\,D\,[\mathrm{N}]$

乙種：$490\,[\mathrm{Pa}]\times(6+D+6)\,[\mathrm{mm}]\times1\,[\mathrm{m}]=490\,[\mathrm{N/m^2}]\times\{(D+12)\times10^{-3}\}\,[\mathrm{m^2}]$

$$=0.49\,(D+12)\,[N]$$

題意より，「甲種風圧荷重≦乙種風圧荷重」となるので，

$0.98D\leqq0.49\,(D+12)$ → $2D\leqq D+12$

$\therefore\ D\leqq12\,\mathrm{mm}$ …(c)

したがって，仕上り外径の最大値は，この(c)式を満たす選択肢(2)の「12 mm」になります。

ここでは，仕上り外径が 12 mm のときに甲種風圧荷重と乙種風圧荷重が等しくなるので，これを答えとしています。

補足 題意より，「甲種風圧荷重＜乙種風圧荷重」という条件を考え，得られた不等式 $D<12\,\mathrm{mm}$ から，答えとして選択肢(1)の「10 mm」を選びたくなってしまいます。しかし，問題文には「最も大きいもの」とあるので，「甲種風圧荷重＝乙種風圧荷重」となる選択肢(2)を選ぶのが妥当だと考えられます。

より深く理解する！

「電気設備技術基準の解釈」第 58 条第 1 項第一号ハでは，人家が多く連なっている場所に施設される架空電線路の構成材のうち，低圧または高圧の架空電線路の支持物及び架渉線などについては，丙種風圧荷重を適用することができると規定しています。

［法規］81 A種鉄筋コンクリート柱の支線

図のように低圧架空電線と高圧架空電線を併架するA種鉄筋コンクリート柱がある。この電線路の引留箇所において下記の条件で支線を設けるものとする。

（ア） 低高圧電線間の離隔距離を2mとし，高圧電線の取り付け高さを10m，低圧電線と支線の取り付け高さをそれぞれ8mとする。

（イ） 支線には直径2.3mmの亜鉛めっき鋼線（引張強さ1.23 kN/mm²）を素線として使用し，また，素線のより合わせによる引張荷重の減少係数は無視するものとする。

（ウ） 低圧電線の水平張力は4kN，高圧電線のそれは9kNとし，これらの全荷重を支線で支えるものとする。

このとき，次の(a)及び(b)に答えよ。

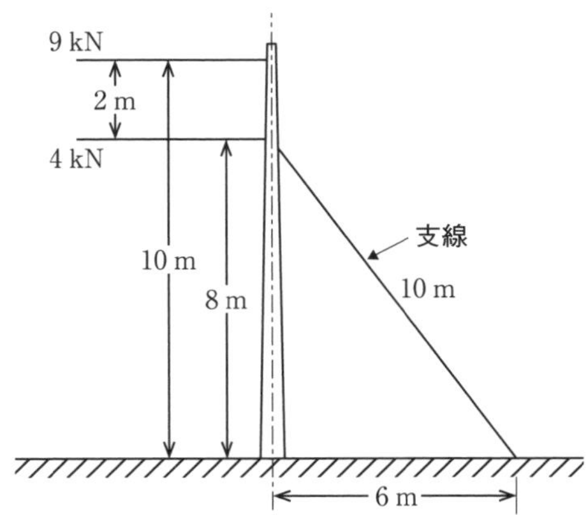

(a) 支線に生じる引張荷重の値[kN]として，最も近いのは次のうちどれか。

(1) 15.4　(2) 19.1　(3) 25.4　(4) 27.4　(5) 29.0

(b) 「電気設備技術基準の解釈」によれば，支線の素線の条数を最小いくらにしなければならないか。

(1) 5　(2) 8　(3) 10　(4) 12　(5) 14

POINT

(a) 「力」の釣り合いではなく,「力のモーメント」の釣り合いを考えて解答します。したがって,力のモーメントの基本的な知識が必要です。
(b) 支線の素線の必要条数の公式を適用しますが,代入する各数値に注意します。単位によく注意しながら計算すれば,ミスが減らせるでしょう。

出題テーマをとらえる!

❶ 物体を回転させようとする効果 M は,回転させようとする力の大きさを F [N],回転軸 O から力 F の作用点 A までの距離(線分 $\overline{\mathrm{OA}}$ の長さ)を L [m] とすると,

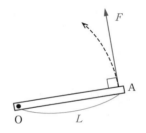

$$M = FL \quad \cdots(1)$$

F
A
O
L

この M [N·m] を**力のモーメント**といいます。

補足 F は「物体を回転させようとする力」であるところがポイントです。例えば,力の方向が $\overline{\mathrm{OA}}$ と平行であれば,物体は回転しようとしません。この場合,力のモーメントは零です。

❷ 支線の素線の必要条数 n の範囲は,次式で表されます。

$$n \geqq \frac{\text{支線の張力} \times \text{安全率}}{\text{素線1条当たりの引張荷重}} \times \frac{1}{\text{引張荷重の減少係数}} \quad \cdots(2)$$

電線の張力を**引張荷重**(ひっぱりかじゅう)ともいい,単位面積当たりの「引張荷重の最大値(切断に至らない値)」を**引張強さ**といいます。

なお,**安全率**は次式で定義され,この率が高いほど安全度は高くなります。

$$\text{安全率} = \frac{\text{引張荷重の最大値 (切断に至らない値)}}{\text{引張荷重}}$$

支線の安全率は**2.5以上**が基本ですが,**引留支線**(ひきとめ)(電線路の引留箇所,すなわち端末に設ける支線)などでは**1.5以上**とされています。

また,引張荷重の**減少係数**は,電線のより合わせによって生じる引張荷重の減少を反映させた係数です。

答　(a)－(3)，(b)－(2)

解説

(a)　支線に生じる引張荷重の値 [kN]

A 種鉄筋コンクリート柱には，次の三つの「回転させようとする力」が働きます。ただし，**回転軸は柱の根本**です。

① 反時計回りに回転させようとする，低圧電線の水平張力（4 kN）

② 反時計回りに回転させようとする，高圧電線の水平張力（9 kN）

③ 時計回りに回転させようとする，支線の引張荷重の**水平成分**

支線の引張荷重のうち，垂直成分にコンクリート柱を回転させようとする作用はありません。回転させようとするのは，コンクリート柱と直交する水平成分だけです。

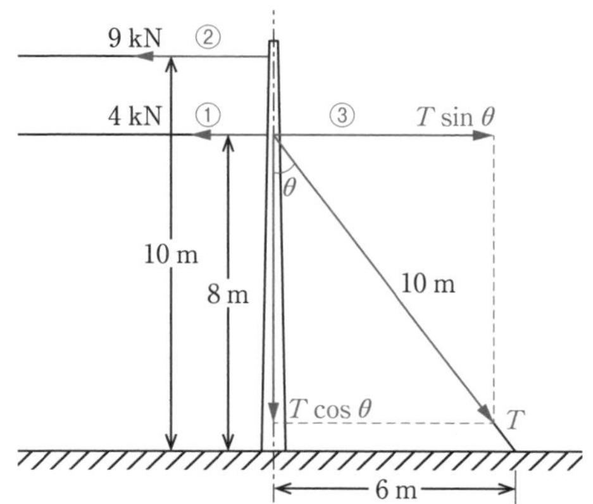

題意の条件(ウ)より，これら①～③による力のモーメントが釣り合っていることが分かります。

①，②による力のモーメントを M_L，M_H とすると，(1)式に題意の各数値を代入して，

$$M_L = 4\,[\mathrm{kN}] \times 8\,[\mathrm{m}] = 32\,[\mathrm{kN \cdot m}]$$

$$M_H = 9\,[\mathrm{kN}] \times 10\,[\mathrm{m}] = 90\,[\mathrm{kN \cdot m}]$$

また，支線の引張荷重を T [kN]，支線とコンクリート柱のなす角度を θ とすると，水平成分は $T\sin\theta$ [kN] なので，③による力のモーメント M は，(1)式に

各値を代入して，

$$M = T\sin\theta\,[\mathrm{kN}]\times 8\,[\mathrm{m}] = 8T\sin\theta = 8T\times\frac{6}{10} = 4.8T\,[\mathrm{kN}]$$

M_{L} と M_{H} は反時計回りの力のモーメント，M は時計回りの力のモーメントなので，釣り合いを考えると，

$$M_{\mathrm{L}} + M_{\mathrm{H}} = M \qquad \text{←各数値を代入}$$

$$32+90 = 4.8T \qquad \therefore\ T = \frac{32+90}{4.8} \fallingdotseq 25.4\,[\mathrm{kN}]$$

(b)　支線の素線の最小条数

支線の素線の必要条数 n の範囲を，(2)式より求めます。

①「支線の張力」(支線に生じる引張荷重) は，小問(a)で求めた 25.4 kN です。

②「支線の安全率」は，支線が引留支線であることから 1.5 です。

支線の安全率については，「電気設備技術基準の解釈」第 61 条（支線の施設方法及び支柱による代用）第 1 項第二号に規定されています。なお，引留支線は第 62 条（架空電線路の支持物における支線の施設）第三号の規定により施設する支線に該当します。

③「素線 1 条当たりの引張荷重」は，題意の条件(イ)から求められます。

支線に使用する素線（亜鉛めっき鋼線）の断面積は，直径が 2.3 mm なので，

$$\text{円周率}\pi\times(\text{半径})^2 = \pi\times\left(\frac{\text{直径}}{2}\right)^2 = \pi\left(\frac{2.3}{2}\right)^2 \fallingdotseq 4.15\,[\mathrm{mm}^2]$$

亜鉛めっき鋼線の「引張荷重の最大値」は，引張強さが 1.23 kN/mm² なので，

$$1.23\,[\mathrm{kN/mm^2}]\times 4.15\,[\mathrm{mm^2}] \fallingdotseq 5.1\,[\mathrm{kN}]$$

「素線 1 条当たりの引張荷重」は，この「引張荷重の最大値」となります。

④「引張荷重の減少係数」は，題意の条件(イ)から無視できます。つまり，考えなくても良いということです。

以上の①～③（④は無視）の値を(2)式に代入すると，

$$n \geqq \frac{25.4\times 1.5}{5.1} \fallingdotseq 7.47$$

支線の素線の必要条数 n は必ず正の整数（1，2，3，……）なので，この不等式を満たす最小の $n=8$ となります。

より深く理解する！

(2)式は丸暗記で済ませるのではなく，その意味するところを理解しておきましょう。

また，本問では「引張強さ」が「単位面積当たりの力」として，[kN/mm^2]という単位を持っています。しかし，[N]や[kN]など力の単位を持つものとして問題文に登場することもあるので，十分に注意しましょう。

［法規］82 低圧屋内幹線の電線と過電流遮断器の組合せ

次の文章は，「電気設備技術基準の解釈」に基づく，低圧屋内幹線に使用する電線の許容電流とその幹線を保護する遮断器の定格電流との組み合わせに関する工事例である。ここで，当該低圧幹線に接続する負荷のうち，電動機又はこれに類する起動電流が大きい電気機械器具を「電動機等」という。

a. 電動機等の定格電流の合計が 40 A，他の電気使用機械器具の定格電流の合計が 30 A のとき，許容電流 （ア） [A] 以上の電線と定格電流が （イ） [A] 以下の過電流遮断器とを組み合わせて使用した。

b. 電動機等の定格電流の合計が 20 A，他の電気使用機械器具の定格電流の合計が 50 A のとき，許容電流 （ウ） [A] 以上の電線と定格電流が 100 A 以下の過電流遮断器とを組み合わせて使用した。

c. 電動機等の定格電流の合計が 60 A，他の電気使用機械器具の定格電流の合計が 0 A のとき，許容電流 66 A 以上の電線と定格電流が （エ） [A] 以下の過電流遮断器とを組み合わせて使用した。

上記の記述中の空白箇所（ア），（イ），（ウ）及び（エ）に当てはまる組合せとして，正しいものを次の(1)～(5)のうちから一つ選べ。

	（ア）	（イ）	（ウ）	（エ）
(1)	85	150	75	200
(2)	85	160	70	165
(3)	80	160	75	165
(4)	80	150	70	200
(5)	80	150	70	165

POINT

低圧幹線の許容電流の範囲，低圧幹線に施設する過電流遮断器の定格電流の範囲を表す公式を適用するだけです。

出題テーマをとらえる！

❶ **遮断器**（CB）は回路の開閉を行うほか，事故時には**保護継電器**（R）からの信号を受けて，過電流，短絡・地絡電流を自動的に遮断し，各種の電気機械器具を保護します。

補足 **配線用遮断器**（MCCB）は低圧電路（屋内配線の電路など）の保護器で，過電流遮断器（過電流に対する遮断器）の一種です。本問で使用されている遮断器は，このMCCBと考えられます。

❷ 低圧幹線は，電気機械器具の定格電流の合計以上の許容電流の電線とします。ただし，電動機等が接続される場合には，特別な計算式を満たす電線とする必要があります。すなわち，低圧幹線の許容電流 I_A [A] の範囲は，電動機の定格電流の合計 I_M [A] と，電動機以外の電気機械器具の定格電流の合計 I_H [A] との大小関係などによって異なります。

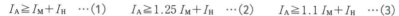

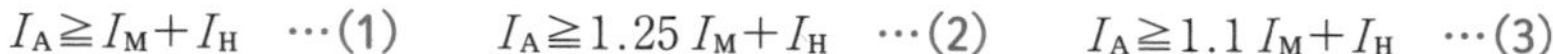

$I_A \geqq I_M + I_H$ …(1)　$I_A \geqq 1.25\, I_M + I_H$ …(2)　$I_A \geqq 1.1\, I_M + I_H$ …(3)

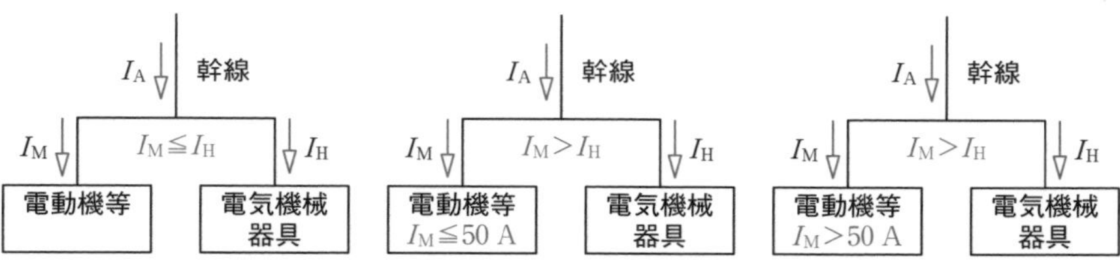

❸ 低圧幹線に施設する過電流遮断器の定格電流 I_B [A] は，電動機等の有無などによって異なります。

電動機等が**ない**場合　$I_B \leqq I_A$　…(4)

電動機等が**ある**場合　$I_B \leqq 3\, I_M + I_H$　…(5)
または，　$I_B \leqq 2.5\, I_A$　…(6)
}最大値が小さい方とする

答　(5)

解説

以下では，電動機等の定格電流の合計を I_M [A]，その他の電気使用機械器具の定格電流の合計を I_H [A] とします。

a.（ア） $I_M = 40$ [A]，$I_H = 30$ [A] なので，大小関係は $50\text{ A} > I_M > I_H$ です。

よって，幹線の電線の許容電流 I_A [A] の範囲は，(2)式より，

$$I_A \geqq 1.25\,I_M + I_H = 1.25 \times 40 + 30 = 80\,[A] \;\rightarrow\; I_A \geqq 80\ A$$

この時点で，答えは選択肢(3)～(5)のいずれかに絞られます。

(イ)　これより，幹線に施設する過電流遮断器の定格電流 I_B [A] の範囲は，(5)式より，

$$I_B \leqq 3\,I_M + I_H = 3 \times 40 + 30 = 150\,[A]$$

または，(6)式より，

$$I_B \leqq 2.5\,I_A = 2.5 \times 80 = 200\,[A]$$

最大値が小さいのは(5)式から計算した 150 A なので，

$$I_B \leqq 150\ A$$

選択肢(3)～(5)のうち，この不等式を満たすのは(4)と(5)の二つだけです。

b. (ウ)　$I_M = 20$ [A]，$I_H = 50$ [A] なので，大小関係は $I_M < I_H$ です。

よって，幹線の電線の許容電流 I_A [A] の範囲は，(1)式より，

$$I_A \geqq I_M + I_H = 20 + 50 = 70\,[A] \;\rightarrow\; I_A \geqq 70\ A$$

選択肢(4)と(5)について，(ウ)の数値は同じ「70 A」です。ですから，答えを求めるだけなら，この計算は不要です。

補足　これより，幹線に施設する過電流遮断器の定格電流 I_B [A] の範囲は，(5)式より，

$$I_B \leqq 3\,I_M + I_H = 3 \times 20 + 50 = 110\,[A]$$

または，(6)式より，

$$I_B \leqq 2.5\,I_A = 2.5 \times 70 = 175\,[A]$$

最大値が小さいのは(5)式から計算した 110 A なので，

$$I_B \leqq 110\ A$$

本問では $I_B=100$ [A] で，この不等式を満たしていることが確認できます。

c.（エ） $I_M=60$ [A]，$I_H=0$ [A]，幹線の電線の許容電流 $I_A \geqq 66$ [A] なので，幹線に施設する過電流遮断器の定格電流 I_B [A] の範囲は，(5) 式より，

$$I_B \leqq 3\,I_M + I_H = 3 \times 60 + 0 = 180\ [\mathrm{A}]$$

または，(6) 式より，

$$I_B \leqq 2.5\,I_A = 2.5 \times 66 = 165\ [\mathrm{A}]$$

最大値が小さいのは (6) 式から計算した 165 A なので，

$I_B \leqq 165$ A

選択肢 (4) と (5) のうち，この不等式を満たすのは (5) だけです。

補足 大小関係は $I_M > I_H$ かつ $I_M > 50$ A なので，幹線の電線の許容電流 I_A [A] の範囲は，(3) 式より，

$$I_A \geqq 1.1\,I_M + I_H = 1.1 \times 60 + 0 = 66\ [\mathrm{A}] \ \rightarrow\ I_A \geqq 66\ \mathrm{A}$$

本問では $I_A \geqq 66$ [A] で，この不等式と一致していることが確認できます。

より深く理解する！

「電気設備技術基準」第 14 条（過電流からの電線及び電気機械器具の保護対策）では，「電路の必要な箇所には，過電流による過熱焼損から電線及び電気機械器具を保護し，かつ，火災の発生を防止できるよう，過電流遮断器を施設しなければならない。」と規定しています。

＊　＊　＊　＊　＊　＊　＊　＊　＊　＊　＊

「電気設備技術基準の解釈」第 148 条（低圧幹線）第 1 項では，第二号で低圧幹線に使用する電線の許容電流，第五号でその幹線を保護する過電流遮断器の定格電流について規定しています。

なお，第四号も頻繁に出題されている内容なので，ここで確認しておきましょう。第四号では，**幹線の過電流遮断器が省略できる場合**を規定しています。省略できるのは，以下の①～④のような場合です。

① 低圧幹線の許容電流が，その低圧幹線の電源側に接続する他の低圧幹線を保護する過電流遮断器の定格電流の 55％以上である場合

② 過電流遮断器に直接接続する低圧幹線または上記①の低圧幹線に接続する長さ8m以下の低圧幹線であって，その低圧幹線（下線部）の許容電流が，その低圧幹線の電源側に接続する他の低圧幹線を保護する過電流遮断器の定格電流の35％以上である場合

③ 過電流遮断器に直接接続する低圧幹線または上記①や②に掲げる低圧幹線に接続する長さ3m以下の低圧幹線であって，その低圧幹線（下線部）の負荷側に他の低圧幹線を接続しない場合

④ 低圧幹線に電気を供給する電源が太陽電池のみであって，その低圧幹線の許容電流が，その低圧幹線を通過する最大短絡電流以上である場合

［法規］

83 調整池式水力発電所の運転パターン

発電所の最大出力が40 000 kWで最大使用水量が20 m³/s，有効容量360 000 m³の調整池を有する水力発電所がある。河川流量が10 m³/s一定である時期に，河川の全流量を発電に利用して図のような発電を毎日行った。毎朝満水になる8時から発電を開始し，調整池の有効容量の水を使い切るx時まで発電を行い，その後は発電を停止して翌日に備えて貯水のみをする運転パターンである。次の(a)及び(b)の問に答えよ。

ただし，発電所出力[kW]は使用水量[m³/s]のみに比例するものとし，その他の要素にはよらないものとする。

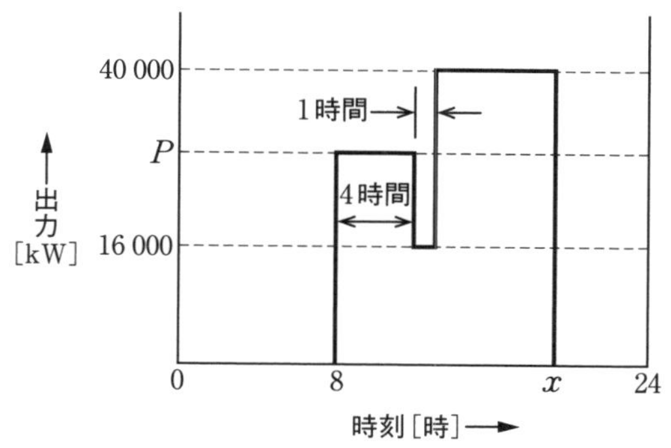

(a)　運転を終了する時刻xとして，最も近いものを次の(1)～(5)のうちから一つ選べ。

(1)　19時　(2)　20時　(3)　21時　(4)　22時　(5)　23時

(b)　図に示す出力P[kW]の値として，最も近いものを次の(1)～(5)のうちから一つ選べ。

(1)　20 000　(2)　22 000　(3)　24 000　(4)　26 000　(5)　28 000

POINT

(a)　x 時には調整池の有効容量の水を使い切って，x 時～翌 8 時の間に満水になるまで貯水していることから考えます。

(b)　題意より河川流量は一定なので，24 時間ずっと（x 時～翌 8 時の間だけでなく，8 時～x 時の間にも）調整池に水が流れ込んでいることに注意しましょう。

出題テーマをとらえる！

❶　**調整池**などの水を貯める施設では，最高水位を超えると水が流失し，最低水位以下（水路より低い位置など）では水を流すことができません。最高水位と最低水位の間にある水だけが有効に使用できる容量で，これを**有効容量**といいます。

❷　**調整池式発電**では，夜間等の軽負荷時に河川流量を池（調整池）に蓄えておき，日中等の重負荷時に放流して発電します。

答	(a)－(4)，(b)－(4)

解説

(a)　運転を終了する時刻 x

題意より，x 時には水を使い切って，x 時～翌 8 時の間に河川流量 10 m³/s により満水（有効容量 360 000 m³）になるまで貯水していることから，

$$\{(24-x)+(8-0)\}\,[\mathrm{h}]\times 3\,600\,[\mathrm{s/h}]\times 10\,[\mathrm{m^3/s}]=360\,000\,[\mathrm{m^3}]$$

問題図のグラフにおける x 時～24 時，0～8 時の二つの時間について，調整池に流れ込む河川流量の総量を計算します。このとき，1 時間を（60 分×60 秒＝）3 600 秒に換算するのを忘れないようにしてください。

$$24-x+8=10 \qquad \therefore\ x=24+8-10=22\,[時]$$

別解 河川流量 10 m³/s により貯水するので，有効容量 360 000 m³ を貯水するのに必要な時間は，

$$\frac{360\,000\,[\mathrm{m^3}]}{10\,[\mathrm{m^3/s}]}=36\,000\,[\mathrm{s}]=600\,[\mathrm{min}]=10\,[\mathrm{h}]$$

貯水は，0 時～8 時及び x 時～24 時の間に行うことから，

$$10=(8-0)+(24-x) \qquad \therefore\ x=22\,[\text{時}]$$

(b) 図に示す出力 P[kW] の値

題意より，有効容量 360 000 m³ の水を（$x-8=22-8=$）14 時間で使い切っています。ここでは，この 14 時間を出力の等しい三つの時間（時間帯）に分けて考えます。このとき同時に，題意の但し書き（発電所出力[kW] は使用水量[m³/s] のみに比例）から，発電所出力と使用水量を対応させて考えます。

時間（時間帯）	4 時間（8～12 時）	1 時間（12～13 時）	9 時間（13～22 時）
発電所出力	P[kW]	16 000 kW	40 000 kW
使用水量	$\frac{P}{2\,000}$ [m³/s]	8 m³/s	20 m³/s
河川流量	10 m³/s（一定）		

出力 16 000 kW 時の使用水量 Q_2 [m³/s] の計算は次のとおりです。
出力と流量が比例することから，

$$40\,000\,\mathrm{kW}:20\,\mathrm{m^3/s}=16\,000\,\mathrm{kW}:Q_2\,[\mathrm{m^3/s}] \qquad \therefore\ Q_2=\frac{20\times16\,000}{40\,000}=8\,[\mathrm{m^3/s}]$$

同様に，出力 P[kW] 時の使用水量 Q_1 [m³/s] の計算は次のとおりです。

$$40\,000\,\mathrm{kW}:20\,\mathrm{m^3/s}=P:Q_1 \qquad \therefore\ Q_1=\frac{20P}{40\,000}=\frac{P}{2\,000}[\mathrm{m^3/s}]$$

上表より，使用水量の総量 [m³] は，

$$\frac{P}{2\,000}\times4\times3\,600+8\times1\times3\,600+20\times9\times3\,600=7.2\,P+676\,800\,[\mathrm{m^3}] \quad \cdots\text{(a)}$$

また，河川流量の総量 [m³] は，

$$10\times14\times3\,600=504\,000\,[\mathrm{m^3}] \quad \cdots\text{(b)}$$

題意より，使用水量と河川流量の総量の差（(a) 式－(b) 式）が有効容量 360 000 m³ と等しくなるので，

法規 83

$(a)式-(b)式=360\,000 \rightarrow (7.2P+676\,800)-504\,000=360\,000$

$\rightarrow 7.2P=360\,000-676\,800+504\,000=187\,200$

$$\therefore P=\frac{187\,200}{7.2}=26\,000\,[\mathrm{kW}]$$

14時間で有効容量 $360\,000\mathrm{m}^3$ を使い切りますが，この間にも調整池に水が流れ込んでいるので，

調整池からの水の減少量 ＝ 使用水量 － 河川流量

⇒ $360\,000\mathrm{m}^3=(a)式-(b)式$

となることに注意が必要です。

補足 使用水量と河川流量の総量をまとめて計算しても構いません。その場合は次のような計算になります。

$$\left(\frac{P}{2\,000}-10\right)\times4\times3\,600+(8-10)\times1\times3\,600+(20-10)\times9\times3\,600=360\,000$$

$$4\left(\frac{P}{2\,000}-10\right)-2\times1+10\times9=100$$

$$\frac{P}{500}-40-2+90=100 \qquad \therefore P=26\,000\,[\mathrm{kW}]$$

より深く理解する！

8時～12時（4時間）の使用水量 Q_1 は，出力 $P=26\,000\,[\mathrm{kW}]$ なので，

$$Q_1=\frac{P}{2\,000}=\frac{26\,000}{2\,000}=13\,[\mathrm{m}^3/\mathrm{s}]$$

これより，前ページの表は次のように書き換えられます。

時間（時間帯）	4時間（8～12時）	1時間（12～13時）	9時間（13～22時）
発電所出力	26 000 kW	16 000 kW	40 000 kW
使用水量 Q	13 m³/s	8 m³/s	20 m³/s
河川流量 q	10 m³/s（一定）		
貯水量	減少（$Q>q$）	増加（$Q<q$）	減少（$Q>q$）

ちなみに，使用水量と河川流量が等しくなるときの出力 $p\,[\mathrm{kW}]$ は，

$$40\,000\,\mathrm{kW}:20\,\mathrm{m}^3/\mathrm{s}=p\,[\mathrm{kW}]:10\,\mathrm{m}^3/\mathrm{s}$$

$$\therefore p=\frac{40\,000\times10}{20}=20\,000\,[\mathrm{kW}]$$

以上の結果を図（グラフ）にまとめると，次のようになります。

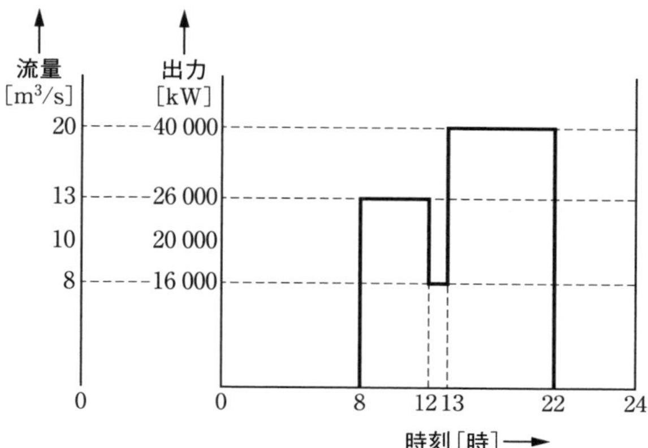

H29 年，問 13

［法規］84 自家用発電設備を持つ工場の送電・受電電力量

自家用水力発電所をもつ工場があり，電力系統と常時系統連系している。

ここでは，自家用水力発電所の発電電力は工場内において消費させ，同電力が工場の消費電力よりも大きくなり余剰が発生した場合，その余剰分は電力系統に逆潮流（送電）させる運用をしている。

この工場のある日（0 時～24 時）の消費電力と自家用水力発電所の発電電力はそれぞれ図 1 及び図 2 のように推移した。

次の(a)及び(b)の問に答えよ。

なお，自家用水力発電所の所内電力は無視できるものとする。

(a) この日の電力系統への送電電力量の値 [MW·h] と電力系統からの受電電力量の値 [MW·h] の組合せとして，最も近いものを次の(1)～(5)のうちから一つ選べ。

	送電電力量 [MW·h]	受電電力量 [MW·h]
(1)	12.5	26.0
(2)	12.5	38.5
(3)	26.0	38.5
(4)	38.5	26.0
(5)	26.0	12.5

(b) この日，自家用水力発電所で発電した電力量のうち，工場内で消費された電力量の比率 [%] として，最も近いものを次の(1)～(5)のうちから一つ選べ。

(1) 18.3　(2) 32.5　(3) 81.7　(4) 87.6　(5) 93.2

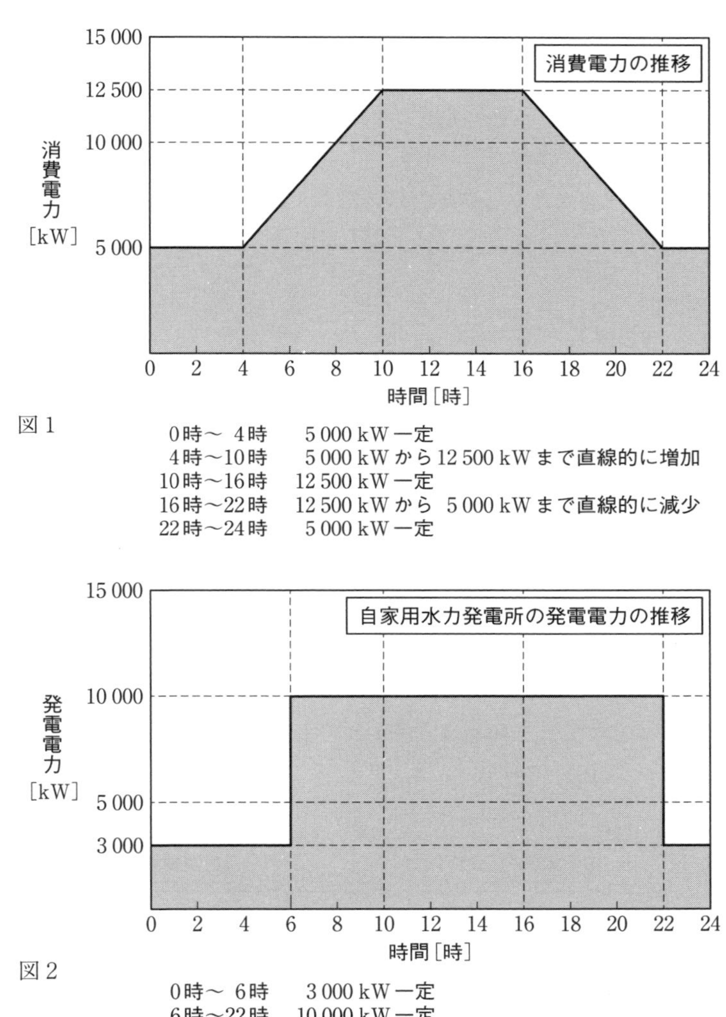

図 1

図 2

POINT

問題図の縦軸が電力 $\boldsymbol{P}$，横軸が時間 $\boldsymbol{t}$ なので，電力量はグラフで囲まれた部分の面積 $\boldsymbol{Pt}$ として計算することができます。また，消費電力と発電電力の関係は，二つの図（図 1 と図 2）を一つの図に重ねて表すことで調べることができます。

出題テーマをとらえる！

❶　発電設備などが電力系統へ並列（接続）する時点から解列（切り離し）する時点までの状態を**系統連系**といいます。

❷　電流がある時間内にする仕事の量（エネルギー量）を**電力量**といいます。t秒間（時間t[s]）の電力量W[J]は，電力をP[W]として，

$$W = Pt \qquad \cdots(1)$$

電力量の単位は[J]＝[W·s]（ワット秒）ですが，一般には[W·h]（ワット時）や[kW·h]（キロワット時），電力系統では[MW·h]（メガワット時）も用いられます。

答　(a)－(2)，(b)－(5)

解説

電力の推移を表す二つの問題図（図1と図2）を一つの図にまとめると，次のようになります。

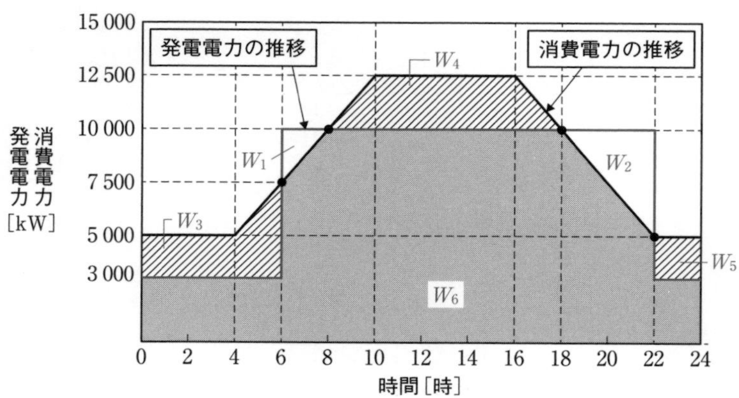

(a)　送電電力量[MW·h]と受電電力量[MW·h]の組合せ

●送電電力量

送電電力量は，発電電力が消費電力を上まわる部分，すなわち上図の面積W_1，W_2の合計（$W_1 + W_2$）として計算することができます。

4 時～10 時において，消費電力と発電電力が等しくなるのは 6 時と 8 時なので，

$$W_1=\frac{(10\,000-7\,500)\,[\mathrm{kW}]\times(8-6)\,[\mathrm{h}]}{2}=2\,500\,[\mathrm{kW\cdot h}]$$

三角形の面積は，「底辺（長さ）× 高さ÷2」で求めることができます。ここでは，「底辺（長さ）」を「時間」，「高さ」を「電力」に対応させて計算しています。

また，16 時～22 時において，消費電力と発電電力が等しくなるのは 18 時と 22 時なので，

$$W_2=\frac{(10\,000-5\,000)\,[\mathrm{kW}]\times(22-18)\,[\mathrm{h}]}{2}=10\,000\,[\mathrm{kW\cdot h}]$$

よって，この日の送電電力量の値は，

$$W_1+W_2=2\,500+10\,000=12\,500\,[\mathrm{kW\cdot h}]=12.5\,[\mathrm{MW\cdot h}]$$

補足 4 時～10 時における消費電力の変化率（1 時間当たりの増加率）は，

$$\frac{12\,500-5\,000}{10-4}=1\,250\,[\mathrm{kW/h}]$$

この増加率は，4 時～10 時における消費電力グラフの「傾き」に該当します。

よって，4 時（消費電力 5 000 kW）から 2 時間経過した 6 時における消費電力の値は，

$$5\,000\,[\mathrm{kW}]+1\,250\,[\mathrm{kW/h}]\times2\,[\mathrm{h}]=7\,500\,[\mathrm{kW}]$$

この値は，6 時における発電電力 10 000 kW を超えていません。

また，消費電力が 7 500 kW（6 時）から 10 000 kW（6 時～22 時の発電電力と等しい値）に増加するまでの経過時間は，

$$\frac{10\,000\,[\mathrm{kW}]-7\,500\,[\mathrm{kW}]}{1\,250\,[\mathrm{kW/h}]}=2\,[\mathrm{h}]$$

したがって，4 時～10 時において，発電電力が消費電力を上まわる時間は，6 時～8 時です（6 時と 8 時に「発電電力」と「消費電力」のグラフが交わります）。

次に，16 時～22 時における消費電力の変化率（1 時間当たりの減少率）は，

$$\frac{5\,000-12\,500}{22-16}=-1\,250\ [\mathrm{kW/h}]$$

この減少率は，16 時～22 時における消費電力グラフの「傾き」に該当します。

よって，消費電力が 12 500 kW（16 時）から 10 000 kW（6 時～22 時の発電電力と等しい値）になるまでの経過時間は，

$$\frac{10\,000\ [\mathrm{kW}]-12\,500\ [\mathrm{kW}]}{-1\,250\ [\mathrm{kW/h}]}=2\ [\mathrm{h}]$$

したがって，16 時～22 時において，発電電力が消費電力を上まわる時間は，18 時～22 時です（18 時と 22 時に「発電電力」と「消費電力」のグラフが交わります）。

●受電電力量

受電電力量は，消費電力が発電電力を上まわる部分，すなわち 378 ページの図の面積 W_3，W_4，W_5 の合計（$W_3+W_4+W_5$）として計算することができます。よって，

$$W_3=(5\,000-3\,000)\ [\mathrm{kW}]\times(6-0)\ [\mathrm{h}]+\frac{(7\,500-5\,000)\ [\mathrm{kW}]\times(6-4)\ [\mathrm{h}]}{2}$$

$$=12\,000+2\,500=14\,500\ [\mathrm{kW\cdot h}]$$

$$W_4=\frac{\{(16-10)+(18-8)\}\ [\mathrm{h}]\times(12\,500-10\,000)\ [\mathrm{kW}]}{2}$$

$$=\frac{16\times2\,500}{2}=20\,000\ [\mathrm{kW\cdot h}]$$

ここでは，W_3 は長方形と三角形の二つの部分に分けて計算しました。また，W_4 は台形の面積として計算しました。なお，台形の面積は，「(上底＋下底)×高さ÷2」で求めることができます。

$$W_5=(5\,000-3\,000)\ [\mathrm{kW}]\times(24-22)\ [\mathrm{h}]=4\,000\ [\mathrm{kW\cdot h}]$$

以上より，受電電力量（$W_3+W_4+W_5$）の値は，

$$W_3+W_4+W_5=14\,500+20\,000+4\,000=38\,500\ [\mathrm{kW\cdot h}]=38.5\ [\mathrm{MW\cdot h}]$$

(b)　発電電力量のうち，工場内で消費された電力量の比率 [%]

自家用水力発電所で発電した電力量 W_G は，問題図 2 から，

$$W_G = 24\,[\mathrm{h}] \times 3\,000\,[\mathrm{kW}] + (22-6)\,[\mathrm{h}] \times (10\,000-3\,000)\,[\mathrm{kW}]$$
$$= 72\,000 + 112\,000 = 184\,000\,[\mathrm{kW \cdot h}] = 184\,[\mathrm{MW \cdot h}]$$

このうち，工場内で消費された電力量は 378 ページの図の W_6 の面積として表されますが，W_6 は W_G から W_1 及び W_2 を差し引いた値です。よって，

$$W_6 = W_G - (W_1 + W_2) = 184\,000 - 2\,500 - 10\,000 = 171\,500\,[\mathrm{kW \cdot h}]$$
$$= 171.5\,[\mathrm{MW \cdot h}]$$

したがって，その比率 [%] は，

$$\frac{W_6}{W_G} \times 100 = \frac{171.5}{184} \times 100 \fallingdotseq 93.2\,[\%]$$

より深く理解する！

本問は，「直線（グラフ）の傾き」や「面積計算」など，初歩的な数学知識を駆使して解答する内容です。複雑な知識は必要としませんが，図（グラフ）に慣れておくことと，要領よく，手早く正確に計算する能力が求められます。電験三種の法規科目では，本問以上に面倒なグラフ問題は出題されないはずですので，本問が解ければ合格する実力は十分です。

［法規］

85 三相変圧器の過負荷運転の回避

定格容量 500 kV・A の三相変圧器に三相負荷 400 kW（遅れ力率 0.8）が接続されている。この負荷に新たに三相負荷 60 kW（遅れ力率 0.6）を追加する場合，この変圧器が過負荷運転とならないために電力用コンデンサを設置するとすれば，その必要最少容量 [kvar] はいくらか。正しい値を次のうちから選べ。

(1) 63　(2) 92　(3) 184　(4) 190　(5) 382

POINT

電力科目における「進相コンデンサの容量」を，視点を変えて出題したものです。電力ベクトル図をもとに，変圧器が過負荷運転（定格容量を超える負荷での運転）とならないための条件を立式します。

出題テーマをとらえる！

❶「進相コンデンサの容量」205 ページ参照

補足　いま，負荷（有効電力 P_1 [kW]）の皮相電力から，変圧器の定格容量 W [kV·A] を決定したとします（一般に，変圧器の定格容量は負荷の皮相電力から決定されます）。このとき，定格容量 W は変えずに，無効電力 Q [kvar] の進相コンデンサを設置して，力率を $\cos\theta_1 \rightarrow \cos\theta_2$ に改善すると，右図のように，有効電力が $P_1 \rightarrow P_2$ [kW]，無効電力が $Q_1 \rightarrow Q_2$ [kvar] と変化するので，新たに有効電力 ΔP [kW] の負荷を増設しても過負荷運転とはなりません。

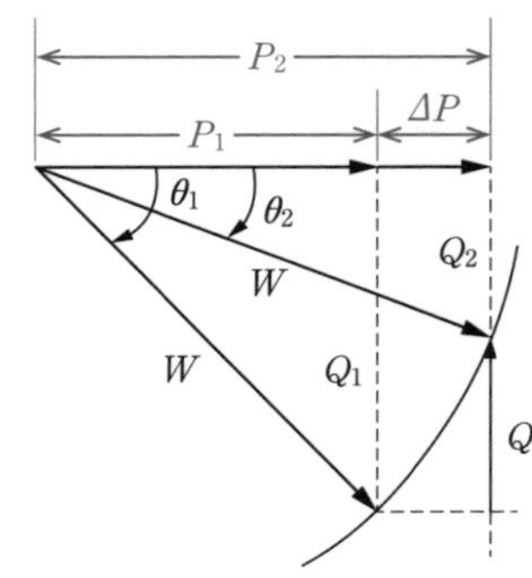

答　(3)

解説

既設の三相負荷 P_1（$=400$ [kW]）の無効電力 Q_1 [kvar] は，遅れ力率を $\cos\theta_1$（$=0.8$）とすると，

$$Q_1 = P_1 \tan\theta_1 = P_1 \frac{\sin\theta_1}{\cos\theta_1} = P_1 \frac{\sqrt{1-\cos^2\theta_1}}{\cos\theta_1} = 400 \times \frac{\sqrt{1-0.8^2}}{0.8}$$

$$= 400 \times \frac{0.6}{0.8} = 300 \text{ [kvar]}$$

また，追加した新設の三相負荷 P_2（$=60$ [kW]）の無効電力 Q_2 [kvar] は，遅れ力率を $\cos\theta_2$（$=0.6$）とすると，

$$Q_2 = P_2 \tan\theta_2 = P_2 \frac{\sin\theta_2}{\cos\theta_2} = P_1 \frac{\sqrt{1-\cos^2\theta_2}}{\cos\theta_2} = 60 \times \frac{\sqrt{1-0.6^2}}{0.6}$$

$$= 60 \times \frac{0.8}{0.6} = 80 \text{ [kvar]}$$

容量 Q_C [kvar] の電力用コンデンサ（進相コンデンサ）を設置したときの無効電力を Q とすると，

$$Q = Q_1 + Q_2 - Q_C = 300 + 80 - Q_C = 380 - Q_C \text{ [kvar]}$$

二つの三相負荷（既設と新設）を合わせた三相負荷を P とすると，

$$P = P_1 + P_2 = 400 + 60 = 460 \text{ [kW]}$$

定格容量 500 kV·A の変圧器が過負荷運転とならないための条件は，下の電力ベクトル図より，

$$\sqrt{P^2+Q^2} \leqq 500 \text{ [kV·A]} \qquad \text{←両辺を 2 乗する}$$

$$P^2 + Q^2 \leqq 500^2 \qquad \text{← } P \text{ と } Q \text{ の値を代入する}$$

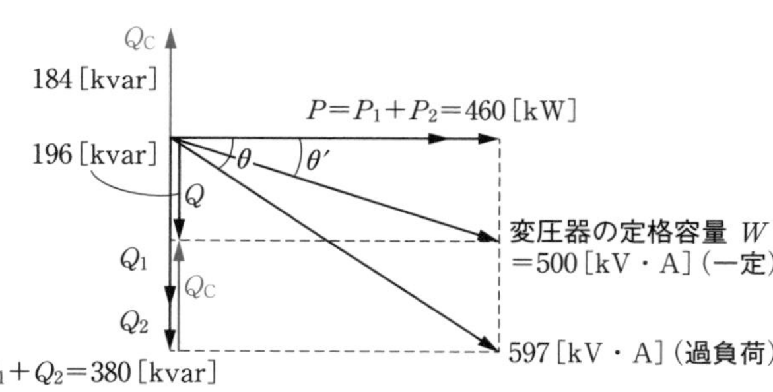

$$460^2+(380-Q_C)^2 \leqq 500^2$$

$$(380-Q_C)^2 \leqq 500^2-460^2$$ ←平方根をとる

$$380-Q_C \leqq \sqrt{500^2-460^2} \fallingdotseq 196$$

$$\therefore\ Q_C \geqq 380-196=184\ [\mathrm{kvar}]$$

別解 変圧器が過負荷運転とならないための無効電力の最大値 Q [kvar] は,

$$Q=\sqrt{500^2-(P_1+P_2)}=\sqrt{500^2-460^2}=\sqrt{38\,400} \fallingdotseq 196\ [\mathrm{kvar}]$$

したがって，電力用コンデンサの必要最少容量の値は,

$$Q_C=Q_1+Q_2-Q=380-196=184\ [\mathrm{kvar}]$$

より深く理解する！

平成 18 年に本問によく似た問題が出題されています。その問題では，電力用コンデンサを設置する前の，新たに三相負荷を追加したときの合成負荷の力率 $\cos\theta$ の値が問われています。$\cos\theta$ の値はいくらになるでしょうか？ **ぜひ考えてみてください。**

略解 求める合成負荷の力率 $\cos\theta$ は,

$$\cos\theta=\frac{P_1+P_2}{\sqrt{(P_1+P_2)^2+(Q_1+Q_2)^2}}=\frac{460}{\sqrt{460^2+380^2}} \fallingdotseq \frac{460}{597} \fallingdotseq 0.77$$

なお，このときの合成負荷を計算してみると,

$$\frac{P_1+P_2}{\cos\theta}=\frac{460}{0.77} \fallingdotseq 597\ [\mathrm{kV \cdot A}]$$

このように，三相変圧器の定格容量 500 kV·A を超えていることが確認できます。

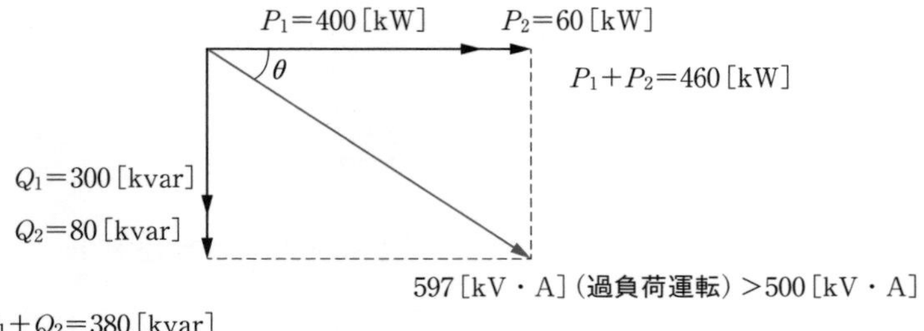

［法規］

86 進相設備の直列リアクトル

三相3線式，受電電圧6.6 kV，周波数50 Hzの自家用電気設備を有する需要家が，直列リアクトルと進相コンデンサからなる定格設備容量100 kvarの進相設備を施設することを計画した。この計画におけるリアクトルには，当該需要家の遊休中の進相設備から直列リアクトルのみを流用することとした。施設する進相設備の進相コンデンサのインピーダンスを基準として，これを $-j100\%$ と考えて，次の(a)及び(b)の問に答えよ。

なお，関係する機器の仕様は，次のとおりである。

・施設する進相コンデンサ：回路電圧6.6 kV，周波数50 Hz，
定格容量三相106 kvar

・遊休中の進相設備：回路電圧6.6 kV，周波数50 Hz
進相コンデンサ　定格容量三相160 kvar
直列リアクトル　進相コンデンサのインピーダンスの6%

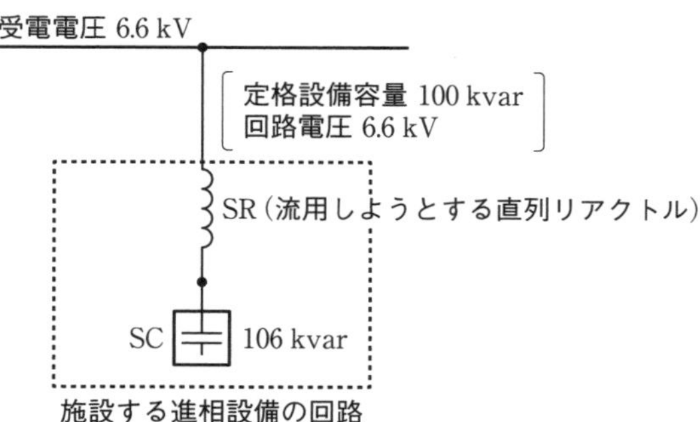

(a)　回路電圧6.6 kVのとき，施設する進相設備のコンデンサの端子電圧の値[V]として，最も近いものを次の(1)～(5)のうちから一つ選べ。

(1)　6 600　　(2)　6 875　　(3)　7 020　　(4)　7 170　　(5)　7 590

(b) この計画における進相設備の，第5調波の影響に関する対応について，正しいものを次の(1)～(5)のうちから一つ選べ。

(1) インピーダンスが0%の共振状態に近くなり，過電流により流用しようとするリアクトルとコンデンサは共に焼損のおそれがあるため，本計画の機器流用は危険であり，流用してはならない。

(2) インピーダンスが約 $-j10$%となり進み電流が多く流れ，流用しようとするリアクトルの高調波耐量が保証されている確認をしたうえで流用する必要がある。

(3) インピーダンスが約 $+j10$%となり遅れ電流が多く流れ，流用しようとするリアクトルの高調波耐量が保証されている確認をしたうえで流用する必要がある。

(4) インピーダンスが約 $-j25$%となり進み電流が流れ，流用しようとするリアクトルの高調波耐量を確認したうえで流用する必要がある。

(5) インピーダンスが約 $+j25$%となり遅れ電流が流れ，流用しようとするリアクトルの高調波耐量を確認したうえで流用する必要がある。

POINT

(a) 進相設備は直列リアクトル（流用）と進相コンデンサ（新設）からなるので，等価回路を書いて考えます。また，インピーダンスは，進相コンデンサを基準に百分率（%）で表されていること，進相コンデンサと直列リアクトルの定格容量が異なることに注意します。

(b) 等価回路は小問(a)と同じですが，第5調波では周波数が5倍になるのでインピーダンスも変化します。選択肢ではインピーダンスの値について言及されているので，インピーダンスの値を検討することで答えが求められます。

出題テーマをとらえる！

❶ 一定の周期を持つ交流でありながら波形が正弦波ではないものを，**非正弦波交流（ひずみ波交流）**といいます。

❷ 非正弦波交流は，直流の成分（直流分）と交流の成分（交流分）とに分けられます。

交流分はさらに，周波数の異なる正弦波交流に分けることができます。このうち，周波数の最も低い正弦波を**基本波**，基本波の整数倍の周波数を持つ正弦波を

高調波といいます。

非正弦波交流＝直流分＋基本波＋高調波
交流分

❸ 電力系統における基本波の周波数は50 Hz（東日本）または60 Hz（西日本）で，これよりも高い周波数を持つ高調波（特に，周波数3倍の**第3調波**，周波数5倍の**第5調波**，周波数7倍の**第7調波**）が何らかの原因で発生すると，電路上の電気機器に悪影響を及ぼす性質があることから，抑制対策が必要になります。

❹ **進相コンデンサ（SC）**は進相設備として，遅れ力率を改善するために設置されます。

また，**直列リアクトル（SR）**は，進相コンデンサに直列に接続することで，高調波電流の電力系統への流出を抑制することができます。これは，第5高調波などの高調波に対する回路全体のリアクタンスを誘導性にするものです。

第5調波に対する誘導性リアクタンスは容量性リアクタンスの4%なので，JIS規格では振動数の変動を考慮して6%の直列リアクトルを使用することになっています。

❺ 「百分率インピーダンス」196ページ参照

❻ 「共振」95〜96ページ参照

法規 86

答 (a)−(2)，(b)−(1)

解説

(a) 回路電圧6.6 kVのときの進相設備のコンデンサの端子電圧の値[V]

問題文が長く情報量が多いので思わずたじろいでしまいそうですが，しっかり丁寧に読んでいけば，それほど複雑な状況ではないことが分かります。

題意より，進相設備は直列リアクトル（流用）と進相コンデンサ（新設）からなるので，等価回路を書いて考えます。1相分の等価回路を書くと，次図のようになります。

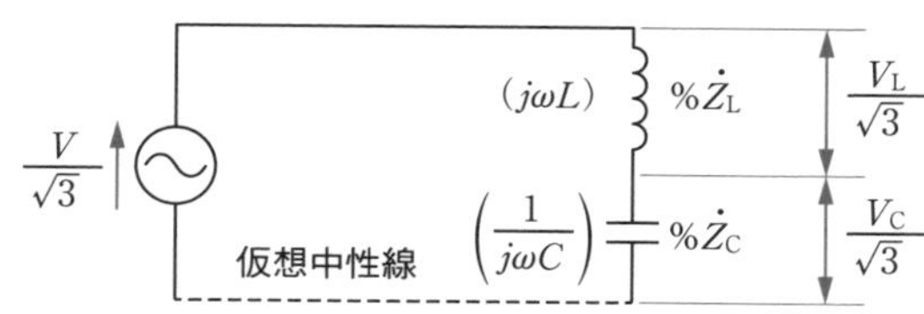

普通，電圧は「線間電圧」のことを指します。よって，1相当たりの等価回路を書くときは，これを $\frac{1}{\sqrt{3}}$ 倍にして「相電圧」とする必要があります。

題意より，施設する進相コンデンサの百分率インピーダンス $\%\dot{Z}_C=-j100\,[\%]$ です。

流用しようとする直列リアクトルの百分率インピーダンス $\%\dot{Z}_L$ は，題意より，遊休中の進相コンデンサ（定格容量三相 160 kvar）のインピーダンスの 6% なので，これを施設する進相コンデンサ（定格容量三相 106 kvar）と同じ基準に揃えると，

$$\%\dot{Z}_L=j\frac{106}{160}\times 6=j3.975\,[\%]$$

角周波数を ω とすると，
直列リアクトルのインピーダンス $\dot{Z}_L=j\omega L$
進相コンデンサのインピーダンス $\dot{Z}_C=\frac{1}{j\omega C}=-j\frac{1}{\omega C}$
このように，$\dot{Z}_L$ と $\dot{Z}_C$ の符号（位相）が逆になることに注意しましょう。

したがって，回路（線間）電圧 $V(=6.6\,[\mathrm{kV}]=6\,600\,[\mathrm{V}])$ が加わったとき，施設する進相コンデンサの端子電圧 $V_C\,[\mathrm{V}]$ は，

$$V_C=\sqrt{3}\times\frac{V}{\sqrt{3}}\times\frac{\%\dot{Z}_C}{\%\dot{Z}_C+\%\dot{Z}_L}=\frac{\%\dot{Z}_C}{\%\dot{Z}_C+\%\dot{Z}_L}V$$
$$=\frac{-j100}{-j100+j3.975}\times 6\,600=\frac{100}{100-3.975}\times 6\,600\fallingdotseq 6\,873\,[\mathrm{V}]\quad\rightarrow\quad 6\,875\mathrm{V}$$

参考 回路（線間）電圧 $V\,(=6.6\,[\mathrm{kV}]=6\,600\,[\mathrm{V}])$ が加わったとき，直列リアクトルの端子電圧 $V_L\,[\mathrm{V}]$ は，

$$V_L=\sqrt{3}\times\frac{V}{\sqrt{3}}\times\frac{\%\dot{Z}_L}{\%\dot{Z}_C+\%\dot{Z}_L}=\frac{\%\dot{Z}_L}{\%\dot{Z}_C+\%\dot{Z}_L}V$$
$$=\frac{j3.79}{-j100+j3.79}\times 6\,600=\frac{-3.79}{100-3.79}\times 6\,600\fallingdotseq -260\,[\mathrm{V}]\quad\rightarrow\quad 260\mathrm{V}$$

(b)　進相設備の第5調波の影響に関する対応

第5調波の周波数は基本波の周波数（50 Hz）の5倍なので，角周波数も5倍になります。

周波数 f と角周波数 ω は比例関係（$\omega=2\pi f \rightarrow \omega \propto f$）にあります。

第5調波に対する等価回路を書くと，次図のようになります。

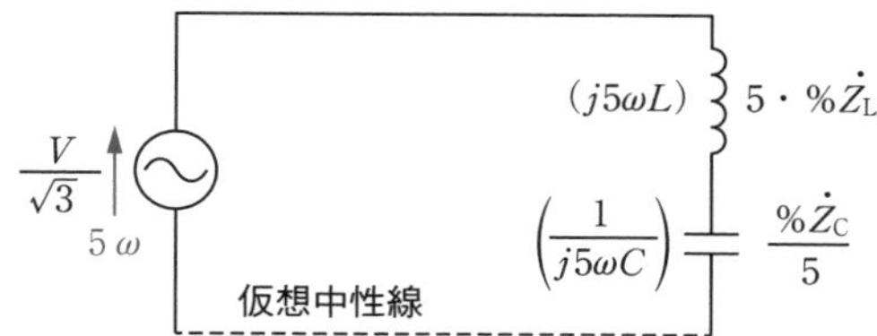

この等価回路は，小問(a)の等価回路における ω を 5ω に置き換えただけです。このとき，インピーダンスの値も次のように変化していることに注意してください。

直列リアクトルのインピーダンス $\dot{Z}_{\mathrm{L5}}=j5\omega L=5\dot{Z}_{\mathrm{L}}$ → 5倍に変化

進相コンデンサのインピーダンス $\dot{Z}_{\mathrm{C5}}=\frac{1}{j5\omega C}=\frac{1}{5}\dot{Z}_{\mathrm{C}}$ → $\frac{1}{5}$ 倍に変化

第5調波における進相コンデンサの百分率インピーダンス $\%\dot{Z}_{\mathrm{C5}}$ [%]，直列リアクトルの百分率インピーダンス $\%\dot{Z}_{\mathrm{L5}}$ [%] は，

$$\%\dot{Z}_{\mathrm{C5}}=\frac{1}{5}\%\dot{Z}_{\mathrm{C}}=\frac{1}{5}\times(-j100)=-j20\ [\%]$$

$$\%\dot{Z}_{\mathrm{L5}}=5\%\dot{Z}_{\mathrm{L}}=5\times j3.975=j19.875\ [\%]$$

よって，電源に対する第5調波における百分率インピーダンスは，

$$\%\dot{Z}_{\mathrm{C5}}+\%\dot{Z}_{\mathrm{L5}}=-j20+j19.875=-j0.125\ [\%]$$

小問(a)の基本波における百分率インピーダンスは，

$\%\dot{Z}_{\mathrm{C}}+\%\dot{Z}_{\mathrm{L}}=-j100+j3.975=-j96.025\ [\%]$

両者を比較すると，$-j0.125\% \ll -96.025\%$ $\left(\frac{0.125}{96.025} \fallingdotseq \frac{1}{770}\right)$ なので，$-j0.125\%$ はほとんど0%に近い値であることが分かります。

この値はほとんど0%に近い値なので，選択肢(1)にあるように，「インピーダンスが0%の（直列）共振状態に近くなり，過電流により流用しようとするリアクトルとコンデンサは共に焼損のおそれがあるため，本計画の機器流用は危険であり，流用してはならない。」となります。

より深く理解する！

基本波に対する誘導性リアクタンスと容量性リアクタンスを $X_L(=\omega L)$, $X_C\left(=\dfrac{1}{\omega C}\right)$ とすると，第5調波に対する誘導性リアクタンスと容量性リアクタンスは $5X_L(=5\omega\cdot L)$, $\dfrac{1}{5}X_C\left(=\dfrac{1}{5\omega\cdot C}\right)$ です。両者が等しくなるときを考えると，

$$5X_L=\frac{1}{5}X_C \quad \rightarrow \quad X_L=\frac{X_C}{25}=0.04X_C \quad \rightarrow \quad \frac{X_L}{X_C}=0.04=4\%$$

すなわち，X_L が X_C の4%より大きいときに回路全体が誘導性になります。そして，振動数の変動を考慮して余裕をみた値が6%です。

ちなみに，第3調波に対して同様に考えると，

$$3X_L=\frac{1}{3}X_C \quad \rightarrow \quad X_L=\frac{X_C}{9}=0.111\cdots\fallingdotseq 11\% \quad \rightarrow \quad \frac{X_L}{X_C}=11\%$$

そして，余裕をみた値は13%です。

［法規］

87 中性点非接地方式の地絡保護協調

図は，電圧 6 600 V，周波数 50 Hz，中性点非接地方式の三相 3 線式配電線路及び需要家 A の高圧地絡保護システムを簡易に表した単線図である。次の(a)及び(b)の問に答えよ。

ただし，図で使用している主要な文字記号は付表のとおりとし，C_1=3.0［μF］，C_2=0.015［μF］とする。なお，図示されていない線路定数及び配電用変電所の制限抵抗は無視するものとする。

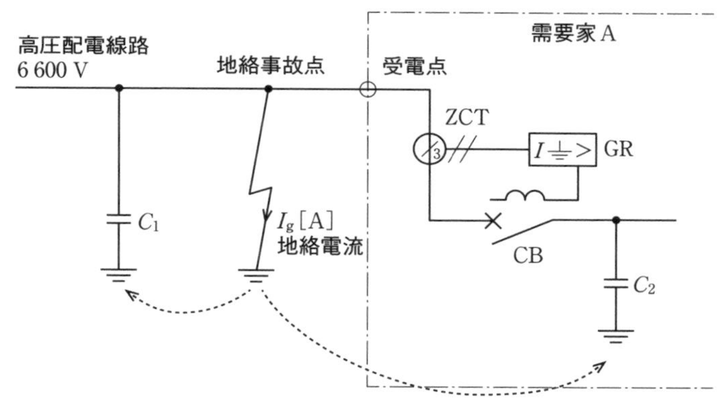

付　表

文字・記号	名称・内容
C_1	配電線路側一相の全対地静電容量
C_2	需要家側一相の全対地静電容量
ZCT	零相変流器
GR	地絡継電器
CB	遮断器

(a)　図の配電線路において，遮断器 CB が「入」の状態で地絡事故点に 1 線完全地絡事故が発生した場合の地絡電流 I_g［A］の値として，最も近いものを次の(1)～(5)のうちから一つ選べ。

ただし，間欠アークによる高調波の影響は無視できるものとする。

(1)　4　　(2)　7　　(3)　11　　(4)　19　　(5)　33

(b)　図のような高圧配電線路に接続される需要家が，需要家構内の地絡保護のために設置する継電器の保護協調に関する記述として，誤っているものを次の(1)～(5)のうちから一つ選べ。

なお，記述中「不必要動作」とは，需要家の構外事故において継電器が動作することをいう。

(1)　需要家が設置する地絡継電器の動作電流及び動作時限整定値は，配電用変電所の整定値より小さくする必要がある。

(2)　需要家の構内高圧ケーブルが極めて短い場合，需要家が設置する継電器が無方向性地絡継電器でも，不必要動作の発生は少ない。

(3)　需要家が地絡方向継電器を設置すれば，構内高圧ケーブルが長い場合でも不必要動作は防げる。

(4)　需要家が地絡方向継電器を設置した場合，その整定値は配電用変電所との保護協調に関し動作時限のみ考慮すればよい。

(5)　地絡事故電流の大きさを考える場合，地絡事故が間欠アーク現象を伴うことを想定し，波形ひずみによる高調波の影響を考慮する必要がある。

POINT

(a)　中性点非接地方式の地絡事故について，等価回路が書ければ解けたも同然の内容です。

(b)　前提となる知識や読解力も必要ですが，それ以上に理論的に答えを導くことが大切です。「明らかな誤り」を見つけることに注力してみましょう。

出題テーマをとらえる！

❶ 「地絡事故」350ページ参照

補足　地絡事故を確実に検出し，最小範囲で故障箇所を素早く遮断することで，事故の拡大から電力系統を守ることを**地絡保護**といいます。

❷ 「中性点非接地方式」354ページ参照

補足　中性点非接地方式において，次図のように1線地絡事故が起こった場合，他の電線の対地静電容量 C を通して地絡電流が流れることになります。

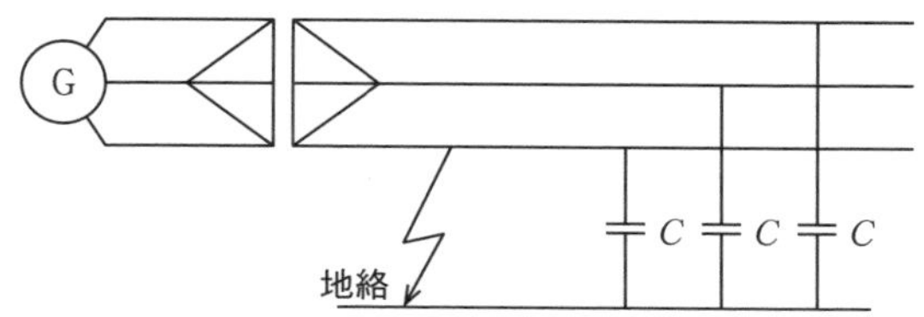

参考 非接地方式とはいっても，実際には完全な非接地ではなく，地絡事故の検知などを目的とした配電用変電所では**制限抵抗**（定格以上の電流が流れないようにするための抵抗）を介して大地と接続されています。

❸ **間欠**（かんけつ）**アーク地絡**は，中性点非接地方式で発生する異常現象の一つです。この現象では，1線地絡事故によって地絡点のアーク電流が消弧（しょうこ）と再点弧（さいてんこ）を交互に繰り返し，故障相の電圧が正常時の数倍に達することさえあります。

❹ **変流器（CT）**は大電流を小電流にする変成器です。**零相変流器（ZCT）**は，地絡電流などの，三相回路の事故による不平衡電流を検出する変流器です。

❺ **保護継電器（R）**は，回路の異常を検出して遮断器を動作させ，各機器を保護する機器です。地絡事故を検出するものは**地絡継電器（GR）**といいます。なお，保護継電器には，事故の発生箇所を判別する機能を持つものがあります。例えば，地絡事故点の方向を検出できる**地絡方向継電器（DGR）**があります。

補足 地絡継電器が地絡電流を検出するためには零相変流器が必要です。

❻ 電気配線の接続関係を，実際の配線数で表した図を**複線図**（複線結線図）といいます。これに対して，各配線を1本の線（単線）で簡易化して表した図を**単線図**（単線結線図）といいます。

❼ **時限**（じげん）とは「限定した時間」という意味です。また，**整定値**（せいてい）とは簡単に言うと，調整して定めた「動作の基準値」のことです。

❽ **保護協調**とは，回路の故障箇所を早期に検出し，健全回路の不要な遮断を回避し，故障箇所を切り離すことで故障の波及や拡大を防ぐための調整です。具体的には，保護装置間の動作値及び動作時間の調整を行います。

❾ 「送配電方式（交流方式）」205ページ参照

答　(a)－(3)，(b)－(4)

解説

(a)　地絡事故点に1線完全地絡事故が発生した場合の地絡電流 I_g[A]の値

電圧（線間電圧）を V（=6 600 [V]）とすると，配電線路側と需要家側の1相の全対地静電容量が C_1（=3.0 [μF]），C_2（=0.015 [μF]）なので，問題図の等価回路は次図のようになります。なお，$X_1\left(=\dfrac{1}{3\omega C_1}\right)$，$X_2\left(=\dfrac{1}{3\omega C_2}\right)$は，角周波数を ω としたときの配電線路側と需要家側の3相分のリアクタンス（合成リアクタンス）です。

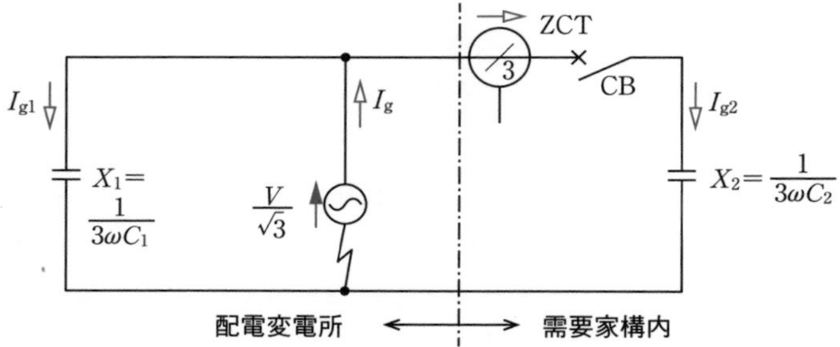

「電圧」は普通「線間電圧」を指すので，「相電圧」は $\dfrac{V}{\sqrt{3}}$ です。また，等しい n 個（n=1,2,3,……）の静電容量 C を並列に接続したとき，合成静電容量 $C'=nC$ です。このとき，合成リアクタンス X は，角周波数を ω として $X=\dfrac{1}{\omega C'}=\dfrac{1}{n\omega C}$ です。

地絡電流 I_g は，配電線路側の電流 I_{g1} と需要家側の電流 I_{g2} に分流するので，キルヒホッフの電流則から，

$$I_g=I_{g1}+I_{g2}\quad\cdots(a)$$

分流した地絡電流 I_{g1}，I_{g2} は，上図より，

$$I_{g1}=\frac{\frac{V}{\sqrt{3}}}{X_1}=\frac{V}{\sqrt{3}}\times 3\omega C_1=\sqrt{3}\omega C_1 V$$

$$I_{g2}=\frac{\frac{V}{\sqrt{3}}}{X_2}=\frac{V}{\sqrt{3}}\times 3\omega C_2=\sqrt{3}\omega C_2 V$$

これらを(a)式に代入して整理した後，各数値を代入すると，

$$I_g=\sqrt{3}\omega C_1 V+\sqrt{3}\omega C_2 V=\sqrt{3}\omega(C_1+C_2)V$$ ←各数値を代入する

$= \sqrt{3} \times (2\pi \times 50) \times (3.0 + 0.015) \times 10^{-6} \times 6\,600$　←単位の接頭語 $\mu = 10^{-6}$ に注意

$= 10.827 \cdots \fallingdotseq 11[\mathrm{A}]$

(b)　需要家構内の地絡保護のために設置する継電器の保護協調

(1)は正しい内容です。需要家側の地絡継電器の動作電流及び動作時限整定値（≒動作するまでの時間）を，配電用変電所側の地絡継電器の整定値より小さくしておけば，仮に配電用変電所側で地絡事故が起こったとしても，需要家側の地絡継電器の方が先に動作し，需要家構内での被害を抑えることができます。

(2)は正しい内容です。「需要家の構内高圧ケーブルが極めて短い」ということは，当然，対地静電容量 C_2 も極めて小さい，つまり合成リアクタンス $X_2\left(=\dfrac{1}{3\omega C_2}\right)$ が極めて大きいので，地絡電流 I_g の分流 I_{g2} は極めて小さくなります。したがって，不必要動作の発生は少なくなります。

(3)は正しい内容です。(2)で説明したことと同じように，「構内高圧ケーブルが長い場合」は地絡電流 I_g の分流 I_{g2} が大きくなります。それだけ不必要動作の発生が多くなりますが，これを地絡方向継電器を設置することで防ぐことができます。

地絡方向継電器は電流の向きを検出するので，その分だけ不必要動作を少なくできます。

(4)は明らかに誤った内容です。地絡方向継電器は方向性を検出するもので，電流量の検出に優れているわけではありません。したがって，動作時限だけでなく動作電流も考慮しなければいけません。

(5)は正しい内容です。地絡事故電流の大きさを求める小問(a)の但し書きがヒントになっています。「間欠アークによる高調波の影響は無視できる」とあることからも正しい内容であることが推測できます。実際に地絡電流はひずみ波であることが多く，地絡事故電流の大きさを考える場合には高調波の影響を考慮しなければいけません。

より深く理解する！

令和元（2019）年に本問に少し似た設定の問題が出題されています。これをアレンジした問題として，次図のような電路について制限抵抗 R_B に流れる電流 I_B を求めてみましょう。ただし，電路の角周波数を ω，線間電圧を V，1線の対地静電容量を C とします。

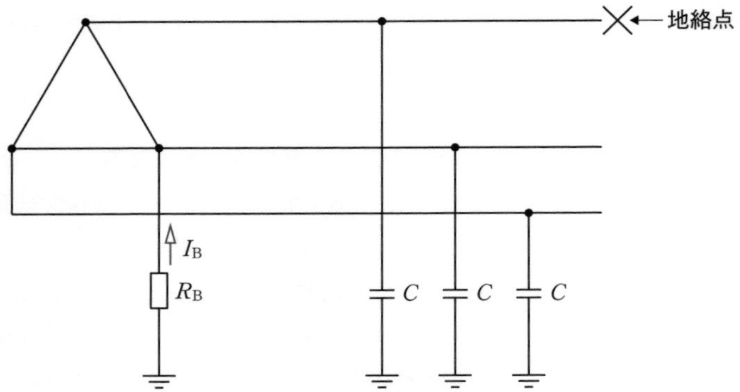

略解　等価回路は右図のようになります。したがって，電流 I_B は次式のように求められます。

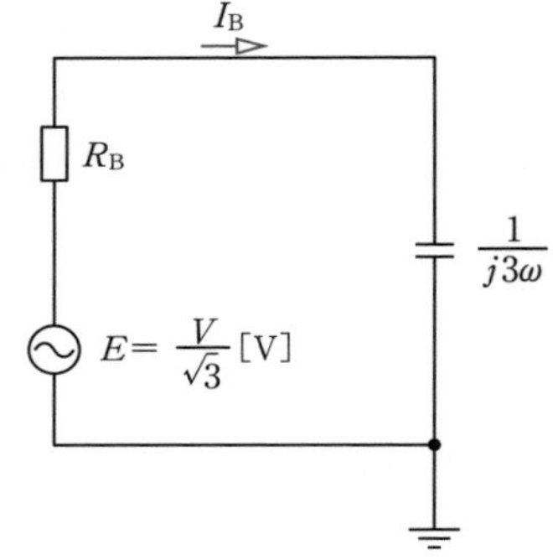

$$I_B=\frac{\frac{V}{\sqrt{3}}}{\sqrt{R_B{}^2+\left\{\frac{1}{\omega\cdot 3C}\right\}^2}}$$

$$=\frac{V}{\sqrt{3R_B{}^2+\frac{1}{3\omega^2C^2}}}$$

［法規］

88 配電系統における変圧器の損失と効率

ある需要家では，図1に示すように定格容量300 kV·A，定格電圧における鉄損430 W及び全負荷銅損2 800 Wの変圧器を介して配電線路から定格電圧で受電し，需要家負荷に電力を供給している。この需要家には出力150 kWの太陽電池発電所が設置されており，図1に示す位置で連系されている。

ある日の需要家負荷の日負荷曲線が図2であり，太陽電池発電所の発電出力曲線が図3であるとするとき，次の(a)及び(b)の問に答えよ。

ただし，需要家の負荷力率は100%とし，太陽電池発電所の運転力率も100%とする。なお，鉄損，銅損以外の変圧器の損失及び需要家構内の線路損失は無視するものとする。

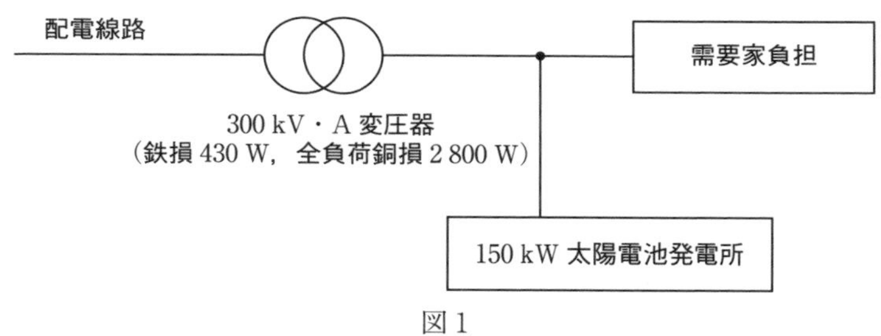

図1

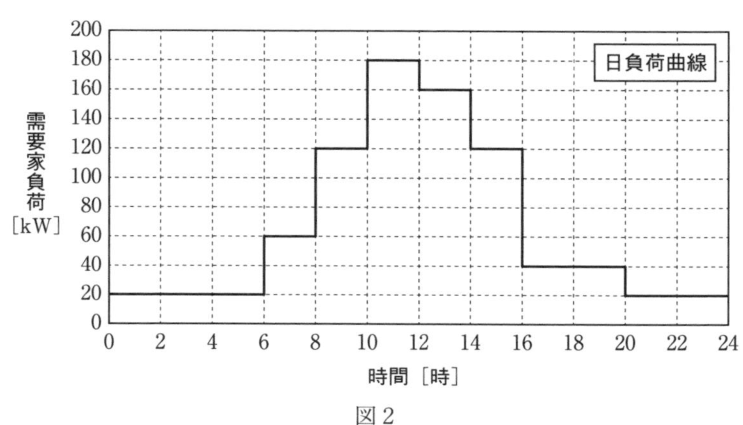

図2

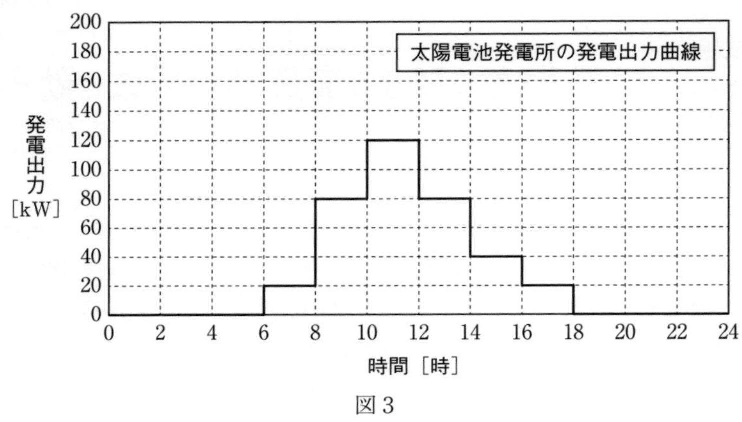

図 3

(a)　変圧器の1日の損失電力量の値[kW·h]として，最も近いものを次の(1)～(5)のうちから一つ選べ。

(1)　10.3　　(2)　11.8　　(3)　13.2　　(4)　16.3　　(5)　24.4

(b)　変圧器の全日効率の値[%]として，最も近いものを次の(1)～(5)のうちから一つ選べ。

(1)　97.5　　(2)　97.8　　(3)　98.7　　(4)　99.0　　(5)　99.4

POINT

(a)　鉄損は一定ですが，銅損は一定ではないことに注意しましょう。

(b)　小問(a)と併せて，負荷電力と発電電力の関係は，二つの図（図2と図3）を一つの図に重ねて表すことで調べることができます。

出題テーマをとらえる！

❶ 「系統連系」378ページ参照

❷　需要電力の時間的変化を表す曲線（グラフ）を**負荷曲線**といいます。1年の変化を表す**年**(ねん)**負荷曲線**，1月の変化を表す**月**(つき)**負荷曲線**，1日の変化を表す**日**(にち)**負荷曲線**などがあります。

❸　変圧器の負荷は時間的に変化するので，変圧器の効率は，ある期間中における全入力電力量に対する全出力電力量の比（百分率）で表します。特に，期間を1日としたときの効率を**全日効率**といいます。

$$全日効率 = \frac{1日の全出力電力量}{1日の全入力電力量} \times 100\,[\%] \quad \cdots(1)$$

$$= \frac{1日の全出力電力量}{1日の全出力電力量 + 1日の全損失電力量} \times 100\,[\%] \quad \cdots(2)$$

❹ 「変圧器の効率」277〜278ページ参照

答 (a)－(2), (b)－(3)

解説

需要家負荷の日負荷曲線（問題図2）と太陽電池発電所の発電出力曲線（問題図3）を一つにまとめると，次図のようになります。

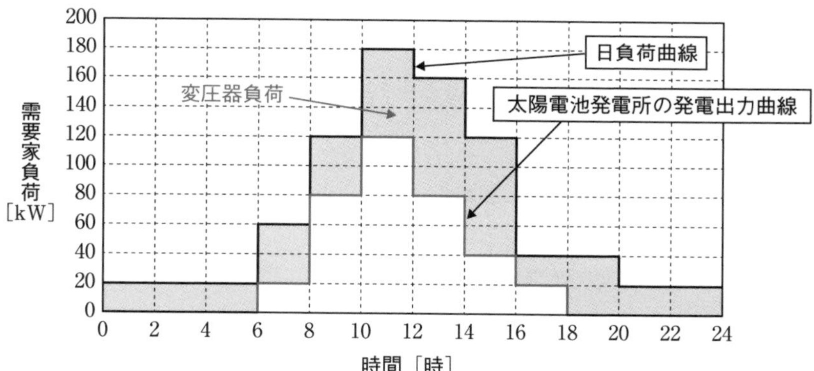

この図から，需要家負荷の日負荷曲線は常に太陽電池発電所の発電出力曲線を上まわっていることが分かります。すなわち，電力の流れは常に次図のようになります。同時に，両曲線に挟まれた高さが変圧器負荷（変圧器に加わる負荷）を表し，両曲線に囲まれた部分の面積が変圧器負荷の電力量を表すことも分かります。

次図から，「変圧器負荷＝需要家負荷－太陽電池発電所の発電出力」です。すなわち，変圧器負荷は受電（買電）電力量だけです。

法規 88

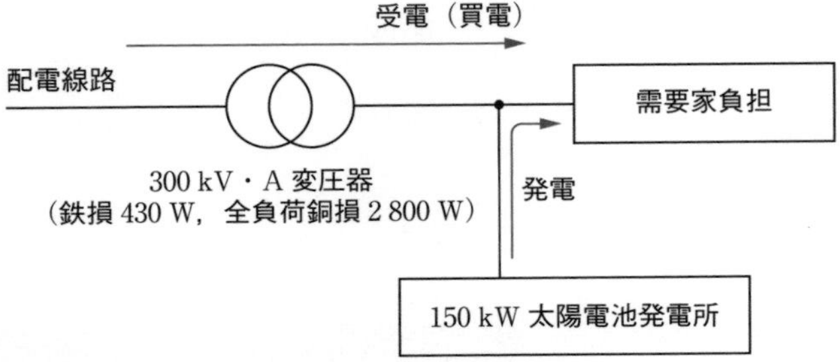

(a)　変圧器の 1 日の損失電力量の値 [kW･h]

題意の但し書き（鉄損，銅損以外の変圧器の損失は無視する）より，変圧器の損失は鉄損と銅損だけです。よって，損失電力量は鉄損と銅損によるものだけを考えます。

●鉄損電力量

変圧器の定格電圧による鉄損を p_i (=430 [W]) とすると，1 日（24 時間）の鉄損電力量 w_i は，

$$w_i = 24 \times p_i = 24 \times 430 = 10\,320\,[\mathrm{W \cdot h}] = 10.32\,[\mathrm{kW \cdot h}] \quad \cdots \text{(a)}$$

●銅損電力量

前ページの図から，変圧器に加わる 1 日の負荷は，20 kW が 12 時間（0 時～6 時，16 時～18 時，20 時～24 時），40 kW が 6 時間 (6 時～10 時，18 時～20 時)，60 kW が 2 時間（10 時～12 時），80 kW が 4 時間（12 時～16 時）であり，題意の但し書きより負荷力率は 100% です。よって，変圧器の 1 日の銅損電力量 w_c は，全負荷銅損を p_c (=2 800 [W]) として，

$$w_c = p_c\left\{\left(\frac{20}{300}\right)^2 \times 12 + \left(\frac{40}{300}\right)^2 \times 6 + \left(\frac{60}{300}\right)^2 \times 2 + \left(\frac{80}{300}\right)^2 \times 4\right\}$$

> 変圧器の鉄損は一定（負荷に無関係な無負荷損）ですが，銅損は負荷率 $\left(\dfrac{\text{負荷}}{\text{全負荷}}\right)$ の 2 乗に比例します（負荷損の一種）。また，定格容量 300 kV･A の単位 [kV･A] ですが，力率 1 (=100%) を掛けることで，単位 [kW] へと変換されます。

$$= \frac{2\,800}{300^2}(4\,800 + 9\,600 + 7\,200 + 25\,600) = \frac{28}{3^2}(48 + 96 + 72 + 256)$$

$$= \frac{28}{9} \times 472 \fallingdotseq 1\,468\,[\mathrm{W \cdot h}] = 1.468\,[\mathrm{kW \cdot h}] \quad \cdots \text{(b)}$$

したがって，変圧器の１日の損失電力量 w [kW·h] は，(a)式＋(b)式より，

$$w = w_{\mathrm{i}} + w_{\mathrm{c}} = 10.32 + 1.468 = 11.788 \fallingdotseq 11.8\ [\mathrm{kW \cdot h}]$$

(b)　変圧器の全日効率の値 [%]

小問(a)でも述べたように，変圧器に加わる１日の負荷は，20 kW が 12 時間，40 kW が 6 時間，60 kW が 2 時間，80 kW が 4 時間であり，負荷力率は 100% です。よって，変圧器の１日中の全出力電力量 W [kW·h] は，

$$W = 20 \times 12 + 40 \times 6 + 60 \times 2 + 80 \times 4 = 920\ [\mathrm{kW \cdot h}]$$

したがって，変圧器の全日効率 η_{D} [%] の値は，(2)式より，

$$\eta_{\mathrm{D}} = \frac{W}{W + w} \times 100 = \frac{920}{920 + 11.8} \times 100 \fallingdotseq 98.7\ [\%]$$

より深く理解する！

一つひとつの知識は難しくないものの，広く浅くさまざまな知識が要求される問題です。また，図を重ね合わせるなどの解法も要求されるので，対応力を問われる問題といえるでしょう。

［法規］

89 二つの工場の日負荷曲線

ある事業所内におけるA工場及びB工場の，それぞれのある日の負荷曲線は図のようであった。それぞれの工場の設備容量が，A工場では400 kW，B工場では700 kWであるとき，次の(a)及び(b)の問に答えよ。

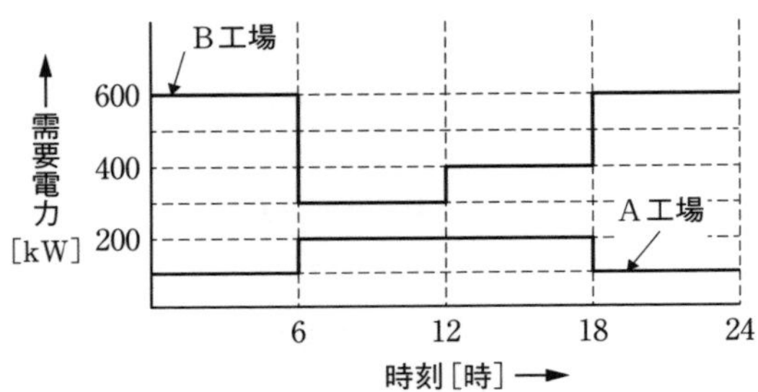

(a)　A工場及びB工場を合わせた需要率の値［%］として，最も近いものを次の(1)～(5)のうちから一つ選べ。

(1)　54.5　　(2)　56.8　　(3)　63.6　　(4)　89.3　　(5)　90.4

(b)　A工場及びB工場を合わせた総合負荷率の値［%］として，最も近いものを次の(1)～(5)のうちから一つ選べ。

(1)　56.8　　(2)　63.6　　(3)　78.1　　(4)　89.3　　(5)　91.6

POINT

負荷曲線から必要な数値を読み取り，需要率と負荷率の公式を適用するだけの簡単な内容です。ただし，需要率や負荷率の定義はしっかり理解しておく必要があります。

出題テーマをとらえる！

❶　ある期間中における需要家の設備容量に対する**最大需要電力**（需要電力の最大値）の百分率を**需要率**といいます。普通，需要率は100%を超えません。

$$需要率 = \frac{最大需要電力}{設備容量} \times 100\,[\%] \quad \cdots(1)$$

補足　設備容量は皮相電力を指すので，単位は [kV·A] です。すなわち，

最大電力 [kW]＝設備容量 [kV·A]×力率

❷ 「負荷曲線」398 ページ参照

❸ ある期間中における最大需要電力に対する平均需要電力の百分率を**負荷率**といいます。「ある期間」が 1 年の場合の**年負荷率**，1 月の場合の**月負荷率**，1 日の場合の**日負荷率**などがあります。

$$負荷率 = \frac{平均需要電力}{最大需要電力} \times 100\,[\%] \quad \cdots(2)$$

参考　❹ **合成最大需要電力**に対する各負荷の最大需要電力の総和を**不等率**（ふとう）といいます。普通，不等率は 1 より大きい値となります。

$$不等率 = \frac{最大需要電力の総和}{合成最大需要電力} \quad \cdots(3)$$

補足　同一時刻に発生した各負荷を合計したとき，その最大値を**合成最大需要電力**といいます。合成最大需要電力は次式で表されます。

$$合成最大需要電力 = \frac{最大需要電力の総和}{不等率} = \frac{(設備容量 \times 需要率)の総和}{不等率} \quad \cdots(4)$$

法規 89

答　(a)－(3)，(b)－(4)

解説

(a)　A 工場及び B 工場を合わせた需要率の値 [%]

A 工場と B 工場を合わせた設備容量は，題意より (400＋700＝) 1 100 kW です。また，両工場を合わせたこの日の最大需要電力（合成最大需要電力）は，問題に示された日負荷曲線より，0 時～6 時及び 18 時～24 時における (600＋100＝)700 kW です。

時間帯	0 時～6 時	6 時～12 時	12 時～18 時	18 時～24 時
合成最大需要電力	700 kW (最大値)	500 kW	600 kW	700 kW (最大値)

したがって，両工場を合わせた需要率の値は，(1)式より，

$$需要率\left(=\frac{600+100}{400+700}\times100\right)=\frac{700}{1100}\times100\fallingdotseq63.6\ [\%]$$

(b)　A 工場及び B 工場を合わせた総合負荷率の値 [%]

A 工場と B 工場を合わせた最大需要電力（合成最大需要電力）は，小問(a)より 700 kW です。また，前ページの表から，平均需要電力は，

$$平均需要電力=\frac{700\times(6-0)+500\times(12-6)+600\times(18-12)+700\times(24-18)}{24}$$

$$=\frac{4\,200+3\,000+3\,600+4\,200}{24}=\frac{15\,000}{24}=625\ [\mathrm{kW}]$$

平均需要電力は，負荷曲線と横軸（時間軸）が囲む面積（ある期間中の総需要電力量）を時間（期間）で割った値として計算できます。

したがって，この日の両工場を合わせた総合負荷率の値は，(2)式より，

$$総合負荷率=\frac{625}{700}\times100\fallingdotseq89.3\ [\%]$$

より深く理解する！

本問では必要ありませんでしたが，(3)式や(4)式も必ず覚えておきましょう。

＊　＊　＊　＊　＊　＊　＊　＊　＊　＊　＊

需要設備のすべての電気使用機器を同時に使用することは普通ありません。また，最大需要電力を使用し続けることも普通はありません。したがって，一般には次のような大小関係が成り立ちます。

設備容量＞最大需要電力＞平均需要電力

つまり，需要率は「設備容量 ＞ 最大需要電力」の程度を表し，負荷率は「最大需要電力 ＞ 平均需要電力」の程度を表しています。

＊　＊　＊　＊　＊　＊　＊　＊　＊　＊　＊

個々の負荷は時間的に変動するので，同一時刻に最大需要電力を示すことは普通ありません。その程度を表すのが不等率です。不等率が大きいほど一定の供給設備で大きな需要設備に電力を供給することができます。すなわち，供給設備の利用率が高いこと意味します。

[法規]

90 配電系統へ流出する第 5 調波電流

三相 3 線式配電線路から 6 600 V で受電している需要家がある。この需要家から配電系統へ流出する第 5 調波電流を算出するにあたり，次の(a)及び(b)に答えよ。

ただし，需要家の負荷設備は定格容量 500 kV·A の三相機器のみで，力率改善用として 6% 直列リアクトル付きコンデンサ設備が設置されており，この三相機器（以下，高調波発生機器という。）から発生する第 5 調波電流は，負荷設備の定格電流に対し 15% とする。

また，受電点より見た配電線路側の第 n 調波に対するインピーダンスは 10 MV·A 基準で $j6\times n$ [%]，コンデンサ設備のインピーダンスは 10 MV·A 基準で $j50\times\left(6\times n-\dfrac{100}{n}\right)$ [%] で表され，高調波発生機器は定電流源と見なせるものとし，次のような等価回路で表すことができる。

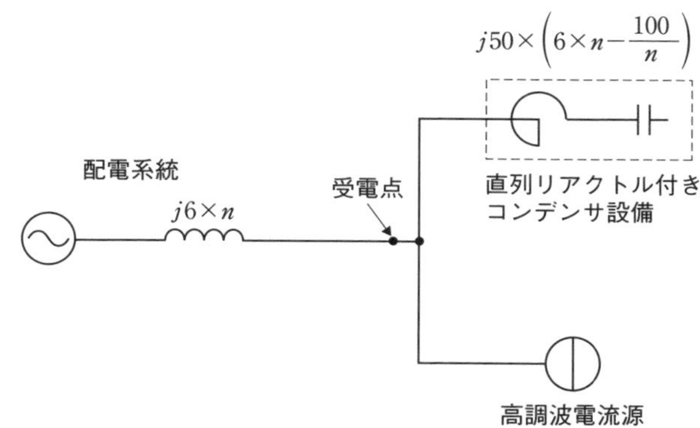

(a) 高調波発生機器から発生する第 5 調波電流の受電点電圧に換算した電流の値 [A] として，最も近いのは次のうちどれか。

(1) 1.3　(2) 6.6　(3) 11.4　(4) 32.8　(5) 43.7

(b) 受電点から配電系統に流出した第 5 調波電流の値 [A] として，最も近いのは次のうちどれか。

(1) 1.2　(2) 6.2　(3) 10.8　(4) 30.9　(5) 41.2

POINT

(a)　三相電力の公式を適用するだけです。三相3線式であることと，負荷設備の定格容量が皮相電力で表されることに注意しましょう。

(b)　高調波発生機器からの第5調波電流は，配電系統と直列リアクトル付きコンデンサ設備に分流します。

出題テーマをとらえる！

❶ 「送配電方式（交流方式）」205ページ参照

❷ 「高調波」387ページ参照

❸ 「直列リアクトル」「進相コンデンサ」387ページ参照

補足　進相コンデンサのみを設置すると，電力系統のリアクタンスと共振回路を形成し，高調波電流を増大させてしまいます。

参考　直列リアクトルには，コンデンサ投入時の突入電流を抑制する働きもあります。

❹ 「三相電力」102ページ参照

答　(a)－(2)，(b)－(2)

解説

問題文がやや長く設定を理解するのに苦労しますが，等価回路を見れば単純な状況であることに気づけるはずです。

(a)　第5調波電流の受電点電圧に換算した電流の値[A]

題意より，需要家の受電電圧は6 600 V，需要家の負荷設備は定格容量が500 kV·Aなので，負荷設備の定格電流I_n[A]は，

$$I_n=\frac{500\,[\mathrm{kV\cdot A}]}{\sqrt{3}\times 6\,600\,[\mathrm{V}]}=\frac{500\times 10^3\,[\mathrm{V\cdot A}]}{6\,600\sqrt{3}\,[\mathrm{V}]}\fallingdotseq 43.74\,[\mathrm{A}]$$

三相3線式では，皮相電力$S=\sqrt{3}VI$ [V·A]（V：線間電圧[V]，I：線電流[A]）です。

題意より，高調波発生機器から発生する第5調波電流I_5[A]の値は，定格電流

I_n に対して 15%なので，

$$I_5 = \frac{15}{100} I_n = \frac{15}{100} \times 43.74 = 6.561 \fallingdotseq 6.6\,[\mathrm{A}]$$

(b)　受電点から配電系統に流出した第 5 調波電流の値 [A]

題意より，第 5 調波に対する配電線路のインピーダンス $\dot{Z}_{L5}\,[\Omega]$，（直列リアクトル付き）コンデンサ設備のインピーダンス $\dot{Z}_{C5}\,[\Omega]$ は，

$$\dot{Z}_{L5} = j6 \times 5 = j30\,[\Omega]$$

$$\dot{Z}_{C5} = j50 \times \left(6 \times 5 - \frac{100}{5}\right) = j50 \times 10 = j500\,[\Omega]$$

高調波発生機器からの定電流（第 5 調波電流）$I_5 (= 6.561\,[\mathrm{A}])$ は，この $\dot{Z}_{L5}$ と $\dot{Z}_{C5}$ に分流するので，配電系統への流出分 $I_{L5}\,[\mathrm{A}]$ の値は，

$$I_{L5} = I_5 \times \frac{\dot{Z}_{C5}}{\dot{Z}_{L5} + \dot{Z}_{C5}} = 6.561 \times \frac{j500}{j30 + j500} \fallingdotseq 6.2\,[\mathrm{A}]$$

より深く理解する！

ここでは，進相コンデンサに直列リアクトルが付いていない場合を考えてみましょう。

本問と同様の状況を次図のような等価回路で表します。ただし，第 5 調波電流を $I_5\,[\mathrm{A}]$，第 5 調波に対する系統の誘導性リアクタンスを $5X_{L0}\,[\Omega]$，直列リアクトルの誘導性リアクタンスを $5X_L\,[\Omega]$，進相コンデンサの容量性リアクタンスを $\frac{X_C}{5}\,[\Omega]$ とします。

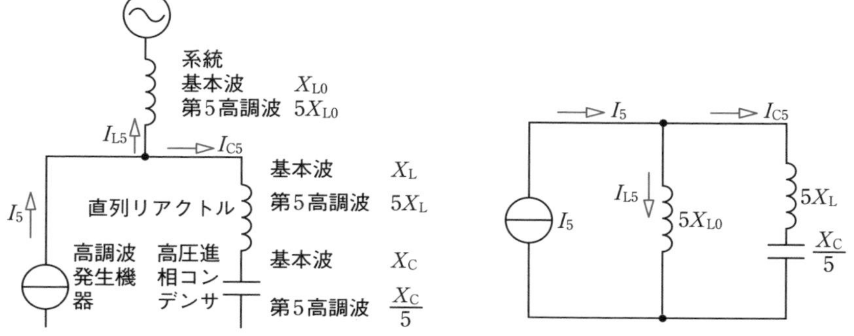

すると，系統に流出する第 5 調波電流 $I_{L5}\,[\mathrm{A}]$ は，同じように考えて，

$$I_{L5}=\frac{j\left(5X_L-\frac{X_C}{5}\right)}{j5X_{L0}+j\left(5X_L-\frac{X_C}{5}\right)}\times I_5=\frac{5X_L-\frac{X_C}{5}}{5X_{L0}+5X_L-\frac{X_C}{5}}I_5$$

$$=\frac{X_C-25X_L}{X_C-25(X_{L0}+X_L)}$$

ここで，直列リアクトルがない場合は $X_L=0$ なので，

$$I_{L5}=\frac{X_C}{X_C-25X_{L0}}I_5>I_5$$

このように $I_{L5}>I_5$ となり，高調波電流を増大させてしまうことになります。

索 引

●さ行

●た行

●な行

●や行

●ら行

〈著者略歴〉
石井理仁（いしい　まさひと）

著書　「電気Q&A」シリーズ
『電気の基礎知識』
『電気設備のトラブル事例』
『電気設備の疑問解決』（オーム社）　ほか多数
資格　技術士（電気電子部門）
第一種電気主任技術者

電験三種 計算問題の基本＆解法が面白いほどわかる本

2023年5月22日　　第1版第1刷発行

著　者　石井理仁
発行者　村上和夫
発行所　株式会社 オーム社
郵便番号　101-8460
東京都千代田区神田錦町3-1
電話　03(3233)0641(代表)
URL　https://www.ohmsha.co.jp/

印刷　真興社　　製本　協栄製本
ISBN978-4-274-23039-4　Printed in Japan